新农科建设：
　　理念、机制与行动

——浙江农林大学一流本科教育改革与实践

沈月琴　郭建忠　主编

中国农业出版社

北　京

编写人员名单

主　编：沈月琴　郭建忠

副主编：吴　鹏　代向阳　尹国俊

参　编（以姓氏笔画为序）：

王晓霞　刘庆坡　李　宣　吴俊龙

余慧敏　汪翠翠　张洪涛　陈　秀

卓庆卿　罗锡平　周红伟　庞林江

赵阿勇　赵科理　徐丽华　徐丽君

高　君　郭　恺　童再康　曾松伟

蔡细平　臧运祥

　　浙江农林大学位于杭州市临安区、杭州城西科创大走廊的西端，是浙江省重点建设高校、浙江省人民政府与国家林业和草原局共建高校。学校创建于 1958 年，经过 60 余年的建设，已发展成为以农林、生物、环境学科为特色，涵盖八大学科门类的多科性大学，建立了完整的本硕博人才培养和学位授权体系。现有一级学科博士学位授权点 6 个，一级学科硕士学位授权点 19 个，专业学位硕士授权类别 16 个。拥有中国工程院院士 1 人、共享院士 5 人、"长江学者"特聘教授 2 人、国家"杰出青年科学基金"获得者 2 人、国家"万人计划"领军人才 3 人、"新世纪百千万人才工程"国家级人选 7 人，教育部新世纪优秀人才 2 人、国家优秀青年科学基金获得者 1 人、中宣部"四个一批"人才 3 人、科技部创新领军人才 1 人、中科院"百人计划" 4 人、全国林业和草原教学名师 2 人、国家级教学团队 1 个、教育部创新团队 1 个、农业部（现农业农村部）农业科研杰出人才及其创新团队 1 个，拥有全国模范教师、全国优秀教师、全国师德先进个人等 16 人，享受国务院特殊津贴 15 人。

　　学校始终把提高本科教学质量作为核心任务，不断深化教育教学改革，扎实推进新农科建设，取得了一批教育教学成果。2004 年，时任浙江省委书记习近平视察浙江农林大学时指出，建设生态省，林学院大有可为，责任重大。2005 年，在"两山"理念引领下，学校开启建设生态大学新征程，确立"生态育人、创新强校"发展战略，坚持以"生态育人"为特色培养高素质农林人才。面向新农业、新乡村、新农民、新生态，学校强化系统设计，在新农科建设和生态育人道路上不断探索。十多年来，为社会培养了 3 万余名高素质农林人才；农学、林学等 11 个涉农专业入选国家级一流专业建设点，7 个专业被列入国家卓越农林教育人才培养计划；"中国竹文化"等 9 门农林类课程获批国家一流课程；森林培育学科党支部获中共中央"全国先进基层党组织"荣誉称号；获批国家级实验教学平台 1 个；获批教育部新农科研究与改革实践项目 5 项。基于生态文明建设和乡村振兴战略，2019 年学校作为教育部新农科建设工作组和实施组核心成员单位之一，承办新农科建设安吉研讨会，共同倡导并发布"安吉共识——中国新农科建设宣言"，并牵头成立浙江省新农科建设联盟，引领和推动浙江省新农科建设。

　　《新农科建设：理念、机制与行动——浙江农林大学一流本科教育改革与实践》基于学校优势特色，以新农科建设为统领，形成严密的逻辑体系，全方位立体展示学校新农科建设的最新成就，收编的文章都是近一届教学成果奖的总结和近五年来教育教学研究及改革的部分成果。本书分为总论与分论两篇，其中分论篇又细分为新农科人才培养模式改革、新农科专业改造与升级、新生态课程改革、"浙三农"课程思政建设、农林创新创业教育、新农科教育教学治理创新等六个板块。本书全面反映了教育部对高等教育教学改革的最新要求，特别是在加强农林特色课程思政建设、构建适应农林发展新需求的全产业链专业群、优化新农科"四性"课程体系、深耕新农科人才培养合作教育模式以及实施院长主管本科教学和学科专业一体化等方面，进行了卓有成效的探索，对于高校教师、教育管理工作者有重要启发意义。

由于编者水平有限，书中不足之处在所难免，请广大同仁不吝赐教。同时，期待与广大同仁进行广泛交流与合作。

编　者

2021 年 12 月

CONTENTS　目　录

前言

第一篇　总　论

对标"双一流"，破解地方农林类高校发展难题 ·· 3
"两山"理念引领下的新农科人才培养改革与实践 ···································· 5
中国高等农业教育新农科建设的若干思考 ·· 13
基于卓越农林计划的"124"复合应用型农科人才培养体系的创新与实践 ·············· 19
坚守本色、彰显特色，着力培养全面发展的农林业时代新人 ·········· 26
深耕绿水青山　全面加快新林科建设 ·· 28
"创新-创业-专业"融合教育模式的探索与实践 ·································· 33
高校创业教育生态化运行机制研究——基于浙江农林大学的实践探索 ·········· 36
把握好思政课程与课程思政的关系 ·· 41
课程思政的当代价值及建设路径研究 ·· 50
新时代高校课程思政研究范式及其实践路径探析 ·································· 54
以"规划引领，资源集约，评价驱动"筑牢人才培养中心地位的探索与实践 ·········· 58
地方高校"专业·学科·支部"融合发展的基层教学组织改革与实践 ·············· 64

第二篇　分　论

第1部分　新农科人才培养模式改革 ·· 71

以现代产业学院助推新时期产教融合 ·· 71
新文科背景下农林经济管理专业人才培养模式优化研究 ·························· 73
农林院校粮食新工科政校企协同模式的探索与实践 ·································· 76
林业新工科人才培养产教融合的研究与探索 ·· 79
"产研教赛"深度融合的农林院校电子信息类人才培养改革与实践 ·············· 86
"卓越引领、素养为本"的林业新工科人才培养模式探索与实践 ·············· 93
卓越兽医人才培养"五要素·三融合"体系创建与实践 ·························· 99
两链融合、多元发展——地方高校园艺复合应用型人才培养模式的探索与实践 ····· 105
OBE 理念下的农林院校信息化人才培养模式的实践与研究 ···················· 110
乡村振兴背景下高等农林院校的经管人才培养 ·································· 114
拔尖创新人才培养的研究性实验教学改革——以畜牧微生物学
　　实验教学改革为例 ·· 119
开设学术英语课程　培养农林拔尖人才 ·· 121

第2部分 新农科专业改造与升级 ·········· 127

　　浙江农林大学基于多学科交叉融合的林学专业改革与实践 ·········· 127

　　"三维四提"培养农业资源与环境专业卓越人才的探索与实践 ·········· 129

　　"四实递阶式"实践教学筑育一流人居环境专业人才 ·········· 135

　　基于"一流专业"建设提升人才培养能力 ·········· 144

　　地方高校本科专业结构调整探索与实践——以浙江农林大学为例 ·········· 149

　　产业、高校、专业——农林院校竹木特色工业设计专业建设与探索 ·········· 155

　　新农科建设背景下林学专业实践教学体系构建与实践 ·········· 161

　　"本硕博"联动培养下风景园林专业实践平台构建——以浙江农林大学为例 ·········· 165

　　乡村振兴背景下农林经济管理专业实践教学改革与创新 ·········· 168

第3部分 新生态课程改革 ·········· 175

　　基于新型农科人才培养的多学科交融、多模态联动的大学化学教学改革与实践 ·········· 175

　　基于科研融教的土壤学课程提质升级的探索与实践 ·········· 182

　　"中国竹文化"在线精品课程教学实践探索 ·········· 187

　　微生物类课程一体化拓展资源构建与应用 ·········· 190

　　生物农药与生物防治学线上线下混合式教学模式的探索 ·········· 196

　　农业气象学教学改革的探索与实践 ·········· 199

　　"森林经理学"课程产教学联动实践教学模式的探讨——以浙江农林大学为例 ·········· 202

　　家畜环境卫生学课程的教学创新 ·········· 207

　　基于大学生创新创业能力培养的植物学教学改革和探索 ·········· 210

　　竹产品感性设计互动教学实践 ·········· 213

第4部分 "浙三农"课程思政建设 ·········· 217

　　以"红藏行"推进新时代思政理论课教学改革与实践 ·········· 217

　　乡村振兴视域下课程思政的多元实践体系探索——以浙江高校为例 ·········· 220

　　"思政引领、育人压舱、学术扬帆"大学物理课程思政的探索与实践 ·········· 227

　　大学物理课程思政的课堂实践探索 ·········· 231

　　农林高校工科专业课程思政教学体系构建与实践 ·········· 234

　　风景园林专业课程思政教学探索与实践 ·········· 241

　　农林高校茶学专业公共化学课程思政实践探索 ·········· 246

　　课程思政理念下对外汉语茶文化教学设计研究 ·········· 249

　　基于"三实一体"教学体系的风景园林设计类课程思政改革探索
　　　　——以园林规划设计（公园设计）为例 ·········· 253

　　环境法课程的课程思政及参与式教学法的运用探索 ·········· 257

　　新农科背景下园艺专业课程思政教学体系研究与实践 ·········· 268

第5部分 农林创新创业教育 ·········· 271

　　"走在乡间小路上"——农林经济管理专业实践育人探索与实践 ·········· 271

　　"一核两翼、三维并行"农林生物类专业实践教学创新与实践 ·········· 277

　　创新创业教育深度融合专业教育的双螺旋模式探索与实践
　　　　——以浙江农林大学为例 ·········· 283

地方农林高校创新创业教育保障体系构建研究——以浙江农林大学为例 ……………… 296

协同创新背景下林学类实验教学中心建设实践 ………………………………………… 299

农村水环境治理虚拟仿真实验的建设与应用 …………………………………………… 304

农林类高校多维多尺度工程训练教学体系构建与评价 ………………………………… 309

第 6 部分　新农科教育教学治理创新 ………………………………………………… 316

学科专业支部一体化育人——林学类专业创新人才培养廿年探索与实践 …………… 316

地方本科院校学科专业一体化建设探索与实践——以浙江农林大学

　工程学院为例 …………………………………………………………………………… 322

"三全育人"视域下学科竞赛组织管理机制的构建与实践 …………………………… 331

农学类高校公共实验平台管理模式研究 ………………………………………………… 334

基于生态学视角的大学生课堂学习投入度及影响因素研究 …………………………… 336

农业资源与环境专业学生转专业的动机分析及对策研究 ……………………………… 342

新时期高校教务管理工作面临的挑战与对策探讨 ……………………………………… 344

基于"慕课"理念的新一代网络教学平台建设与应用 ………………………………… 346

第一篇

总　论

对标"双一流"，破解地方农林类高校发展难题[*]

沈 希

"双一流"建设以学科为总牵引和总抓手，是一项系统性工程，涉及人才队伍、平台建设、生源质量、资源投入、治理水平等方方面面，其背后是大学内涵发展水平和综合办学实力的比拼。广大地方农林类高校肩负着为国家、区域"三农"事业培养大批知农爱农、全面发展的时代新人，产出更多扎根中国大地的优秀科技成果的重任。在"双一流"建设背景下，地方农林类高校要有对标一流、比肩一流的自信和行动。

毋庸讳言，当下无论是在办学水平、政策资源、社会声誉方面，还是对标"双一流"建设标准、区域经济社会发展需求方面，地方农林类高校仍存在一些共性问题与差距，主要表现在四个方面：

第一，办学资源存在瓶颈。近年来，全国多地出台引进国内外高水平大学和研究机构的实施办法，并加大政策资源倾斜力度。在地方政府教育经费投入相对不变的前提下，原本办学经费匮乏的地方农林类高校开源拓渠空间进一步压缩。

第二，竞争环境日益加剧。目前，传统农林类强校稳居"双一流"行列，很多综合性大学也开始参与农林类学科建设和人才培养。在全国第四轮学科评估中，多所综合性大学在农业工程、环境科学与工程、食品科学与工程、风景园林学、兽医学、草学等学科领域表现突出。地方农林类高校面临的竞争更为激烈。

第三，治理水平亟待提升。从内部来看，地方农林类高校仍秉承着传统农林学科的发展模式，传统优势学科与新技术、新业态融合不足，新兴交叉学科发育不强；校院两级管理体制机制未能充分理顺，未能充分给予学院办学自主权，"学科为主体，学院办大学"的现代大学治理理念不够深入人心；以人财物等资源配置为核心的人事制度改革较为滞后，未能充分激发推动事业发展的内生动力。从外部来看，地方农林类高校思想不够解放，与地方政府、企业、科研院所及国外高水平大学的深度合作不够密切，争取各类办学资源的意识、能力和渠道有限；办学实力和社会声誉不强，致使学校服务地方经济社会发展的水平较低，支撑解决山水林田湖草治理等实际问题的能力不足。

第四，优质生源尤显不足。优质生源是高校办学的重要因素之一，影响着科研团队建设、人才队伍储备、社会声誉提升等方方面面。囿于社会各界对农林类学科专业仍存在固化思维与偏见，一些地方农林类高校生源质量长期处于偏低水平，这已成为制约学校实现跨越发展的突出短板之一。

综上，在日趋激烈的高等教育竞争环境下，用"慢进则退、不进则亡"来形容地方农林类高校所面临的严峻态势并不为过。但如果辩证地看，地方农林类高校亦拥有前所

---

[*] 本文发表于：中国教育报，2021.5.17.

未有的历史机遇。

一是中央始终将"三农"事业作为全党工作的重中之重。党的十九届五中全会更是提出"优先发展农业农村，全面推进乡村振兴""推动绿色发展，促进人与自然和谐共生"等一系列与农林类高校密切相关的重大战略举措，让地方农林类高校的发展前景更加可期。

二是"双一流"建设打破原有身份壁垒，以学科为基础，坚持扶优、扶需、扶特、扶新，实行"开放竞争、动态调整"的评价机制，为地方农林类高校坚持特色办学、聚力跻身一流提供了可能。

三是地方农林类高校始终扎根区域、深耕地方，有与地方政府、高新企业及科研院所开展深度合作的便利，能聚焦乡村振兴战略、生态文明建设、美丽中国建设等重点领域，实现双方优势互补、信息互通、资源互利。

聚力"双一流"建设，是地方农林类高校必须直面的时代命题，可从四个方面进行破题：

第一，解放思想、登高望远。适逢"十四五"开局，地方农林类高校应当紧紧把握时代脉搏，深入学习贯彻党的十九届六中全会精神及国家、地方"十四五"规划和2035年远景目标，充分解放思想，突出"三个面向"——面向未来"三农"发展趋势、面向一流要求、面向学校发展实际，科学制定学校"十四五"规划和2035年远景目标，以目标和问题为导向，充分凝聚全体师生员工干事创业的动力，激发各类办学要素竞相迸发的活力。

第二，特色兴校、扬长补短。学科建设绝非一日之功，欲登峰"一流"必须拥有深厚的学科积淀。地方农林类高校在办学资源极为有限的前提下，必须以点带面、重点突破，聚力特色优势学科实现优势更优、特色更特。因此，地方农林类高校应当进一步结合区域、地方的行业产业特征、科技文化优势、环境特点、人文精神风貌，整合办学资源，规划学科及研究方向，构建高质量科研平台，创建高水平创新团队，营造具有学科传统特色与气派的学术文化，做大做特做强优势学科。

第三，生态布局、有破有立。地方农林类高校要立足前沿、放眼未来，充分发挥农林类高校学科基础较为宽广、发展空间较大、面向未来科技发展的韧性和适应力较强等优势特点，大力推动学科专业调整与优化。以优势学科为牵引，超前布局，加强新兴交叉学科和特色学科培育，构建科学合理、结构优化、适宜师生成长的学科生态。同时，以新农科建设为契机，加快专业改造与优化，淘汰不适应区域产业发展的老旧专业，建立与优势学科、新兴学科相互支撑、相辅相成的新专业，切实实现学科专业基业长青的良性循环。

第四，服务战略、优内拓外。一方面，应优化内部治理，坚持"两个导向"。一是聚焦"问题导向"。重点聚焦扩大学院办学自主权、部门责权统一、人财物分配政策的健全与完善，突出激发内生发展动力。二是强化"目标导向"。对标对表系列评估指标，如"双一流"、学科专业评估、学位点增列等核心指标，将指标分析、梳理、细化为部门学院具体任务，并加大绩效考核力度，突出目标任务的刚性约束。另一方面，应拓展外部资源，坚持"服务地方"。地方农林类高校要牢固树立"有为才有位"的办学理念，在校院两级层面全面深化与地方的战略合作，以优势特色学科专业为突破口，聚焦服务乡村振兴、生态文明建设等重大战略的核心技术与关键领域，产出一批扎根中国大地的标志性成果，培养一批强农兴农的高质量人才，提升大学服务地方产业发展和集聚办学资源的能力。

"两山"理念引领下的新农科人才培养改革与实践

沈月琴　郭建忠　蔡细平　代向阳　吴鹏　梅亚明　王正加
尹国俊　刘庆坡　董杜斌

一、成果简介及主要解决的教学问题

（一）成果简介

2004 年，时任浙江省委书记习近平视察浙江农林大学时指出，建设生态省，林学院大有可为，责任重大。2005 年，在"两山"理念引领下，学校开启建设生态大学新征程，确立"生态育人、创新强校"发展战略，坚持以"生态育人"为特色培养高素质农林人才。基于生态文明建设和乡村振兴战略，2019 年学校作为教育部新农科建设工作组和实施组核心成员单位，共同倡导并发布"安吉共识——中国新农科建设宣言"（以下简称"安吉共识"）。面向新农业、新农村、新农民、新生态，农科人才培养亟需转型升级。

在"两山"理念引领下，面向新农村建设和乡村振兴，学校强化系统设计，在迈向新农科建设和生态育人道路上不断探索，通过"增、改、撤、并"举措，形成与新产业新需求相匹配的全产业链专业群，包括智慧农业、现代林业、人居环境、美丽城镇、健康时尚、绿色生态等六大专业群；基于教育生态系统理论和新农业、新农村、新农民、新生态等"四新"要求，根据生态性、开放性、交叉性、先进性等"四性"原则，将生态理念内化到人才培养全过程，重构了"四性"课程体系；深耕校地、校企"定向招生-定向培养-定向就业"的"三定"合作教育模式，培养复合交叉型人才；集全校之力开设新农科求真实验班，培养新农科拔尖创新型人才；创新院长主管本科教学和学科专业一体化体制机制，着力保障培养具有生态特质的卓越农林新才（图1）。

2005—2020 年间，学校始终践行"两山"理念，探索和推进新农科建设，为社会培养了 3 万余名高素质农林人才；农学、林学等 11 个涉农专业入选国家级一流专业建设点；"中国竹文化"等 9 门农林类课程获批国家一流课程；"超纤科技——新型多功能无醛纤维板先行者"等 2 个项目分获中国"互联网＋"大学生创新创业大赛高教主赛道金、银奖；森林培育学科党支部获中共中央"全国先进基层党组织"荣誉称号。学校承办新农科建设安吉研讨会，共同发布"安吉共识"，获批教育部新农科研究与改革实践项目 5 项（浙江省项目 11 项），牵头成立浙江省新农科建设联盟，引领和推动浙江省新农科建设。项目成果被省内外多所高校借鉴应用，成效显著。

教育部本科教学审核评估专家组和成果鉴定专家组认为，该成果理念先进，内容丰富，创新性强，同行评价高，具有很好的示范推广价值，在同类研究中居于国内领先水平。

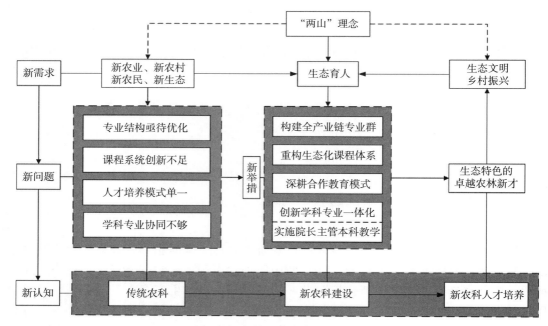

图 1　新农科人才培养改革思路

（二）主要解决的教学问题

1. 专业结构亟待优化　传统涉农专业难以适应新农业、新农村、新农民、新生态的新需求，亟需改造升级。

2. 课程系统创新不足　课程体系较为传统，与信息技术、生物技术等交叉融合的课程偏少，适应新技术、新产业要求的课程不足，支撑"生态育人"目标的特色课程有待加强。

3. 人才培养模式单一　高校与政府、行业、企业合作机制尚不健全，社会资源整合与协同不足，"三农"情怀教育及锤炼不足，人才培养难以满足新农科多元化人才需求。

4. 学科专业协同不够　涉农学科与专业难以同步发展，专业建设和人才培养资源配置机制不够完善，学科优势未充分转化为专业优势，体制机制亟待创新。

二、成果解决教学问题的方法

（一）践行"两山"理念，构建适应新产业新需求的六大全产业链专业群

在"两山"理念引领下，2005 年学校提出建设"生态大学"，把生态理念融入人才培养全过程。紧密对接生态文明建设、乡村振兴战略等国家战略，按照"面向需求、聚焦农林、彰显生态"原则，加强专业布局顶层设计，构建了与新农业新农村新生态需求相匹配、一二三产融合的全产业链专业群，包括智慧农业、现代林业、人居环境、美丽城镇、健康时尚、绿色生态等六大专业群。

通过建立专业评估、预警与退出机制和实施"增、改、撤、并"举措，新增城乡规划、家具设计与工程等 7 个专业，完善专业群内全产业链专业布局；新增数据科学与大数据技术、智能科学与技术等专业，有效支撑涉农专业改造升级；利用现代生物技术、信息技术、工程技术、人工智能等新技术改造升级林学等 10 个传统农科专业；停招交通运输、日语等 16 个专业（图 2）。

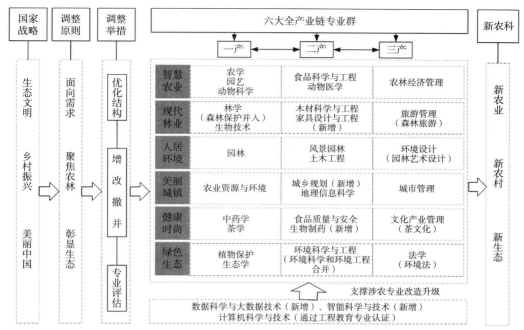

图 2 六大全产业链生态化专业群

（二）坚持需求导向，重构新农科"四性"课程体系

基于教育生态系统理论，结合"四新"要求和生态育人目标，根据生态性、开放性、交叉性、先进性等"四性"原则，将生态理念内化到人才培养全过程（表1）。

表 1 新农科"四性"课程体系

	原则	思路	举措	典型案例
人才培养生态系统	生态性	强化生态素养教育	①生态类课程（一二三课堂联动，10＋N学分）②新生态系列课程	①面向全校开设生态类课程（10＋N学分）：包括生态环境教育（4学分）＋生态创新创业教育（4学分）＋生态社会实践教育（2学分）＋其他生态类课堂（N学分）②"新生态"系列课程：开设生态环境类、生态经济类、生态文化类、美丽乡村类等四类116门课程③作为秘书处单位创设浙江省大学生生态环境科技创新大赛（省级一类竞赛）
	开放性	强化学生多元发展	①文理（农）交融②竞赛进课堂（一课堂）③本硕贯通（2～5学分）④职业发展（2～4学分）	①农林经济管理专业课程：现代林业、智慧农业、农产品加工概论气候变化与碳汇经济专题②竞赛进课堂乡村田野调查与创新实践生命科学前瞻与创新实践
	交叉性	强化学科交叉融合	①农＋信息技术②农＋经济管理③农＋人工智能④农＋生物技术	林学专业交叉课程：①林业信息技术与物联网②资源与环境经济学、林产品营销与品牌管理③林业智能装备④生物信息学
	先进性	强化课程育人功能	①课程育人大纲、挖掘生态素养元素②打造"浙三农"品牌	①成立"浙三农"校课课程思政研究中心②建设新农科课程思政示范学院③打造"新生态""课说三农"课程思政教学团队

生态性：通过 2006 年到 2020 年 4 轮人才培养方案修订，将生态教育理念和内涵融入人才培养全过程，突显需求导向、宽厚基础、交叉融合和生态育人特色，形成了"10＋N 学分"的一二三课堂联动的生态化课程体系，即"生态环境教育（4 学分）＋生态创新创业教育（4 学分）＋生态社会实践教育（2 学分）＋其他生态类课程（N 学分）"，生态教育覆盖所有本科生。面向新农科新需求，打造生态环境类、生态经济类、生态文化类和美丽乡村类等具有农林特色的"新生态"系列课程。

开放性：为满足学生多元和全面发展的需要，人才培养方案中专门设置职业发展课程（2～4 学分）、本研贯通课程（2～5 学分）和跨学科门类个性发展选修课，促进文理交融，每类课程面向所有学生开放，由学生自主选修；同时，为了提高学生创新创业能力，将学科竞赛引进一课堂，专门设置"生命科学前瞻与创新实践""乡村田野调查与创新实践"等竞赛类课程。

交叉性：利用现代生物技术、信息技术、工程技术、人工智能等新技术系统改造和优化课程体系，推进农工、农理、农文等课程交叉融合。打造生物信息学、林业智能装备、林业信息技术与物联网等一批农科类新兴交叉课程。

先进性：坚持立德树人，聚焦课程育人，将教学大纲全面修订为课程育人大纲，突出生态育人思政元素，包括生态文明、"三农"情怀、乡村振兴等，实现课程思政全覆盖；打造"浙三农"品牌的校课程思政研究中心，建设新农科课程思政示范学院和"新生态""课说三农"课程思政教学团队，全面加强"三农"情怀和生态文明教育。

（三）加强多方协同，深耕新农科人才培养合作教育模式

深化"三定"合作教育模式，培养复合交叉型人才。学校与政府、企业合作，深化"定向招生-定向培养-定向就业"的"三定"合作教育模式。学校与地方政府、用人单位等多方协同，实行招生招聘并轨和基层定向就业，共同商议人才培养方案、共同组建专业师资队伍、共同建立实践教学基地、共同建设课程与教材，协同培养复合交叉型人才。2012 年开始，浙江省人社厅、农业厅、财政厅、教育厅联合发文，定向培养具有事业编制的基层农技人才，涉及农学、园艺等 7 个专业（免学费）。2015 年开始，与浙江省粮食和物资储备局合作开办食品科学与工程（粮油储检）专业，校企协同定向培养粮油储检人才（国有企业编制），学生按照培养协议到各级粮食系统定向就业，学费由用人单位一次性奖补。

开设新农科求真实验班，培养新农科拔尖创新型人才。学校加强顶层设计，积极探索新农科拔尖创新人才培养模式。以集贤学院为主体，联合多个专业学院，举全校之力开设新农科求真实验班，涵盖农学等 8 个农科类专业，通过"一制三化"（导师制、小班化、国际化、个性化）合力培养"宽厚基础、融通国际、差异教育"的拔尖创新型农科人才。采用"2＋2"培养方式，实行大类招生培养和小班化教学，大学一二年级强化学术英语、大学写作等通识教育，厚植学术基础，着力培养学生的批判性思维和创新能力，三年级自主选择分流专业；强化英语交流能力培养，开设入学国际夏令营，并设立国际交流专项基金，学生 100％参加国际访学，拓宽学生国际视野；实行全员全程导师制（全部由研究生导师担任），制定个人培养计划，实现差异化教育（图 3）。

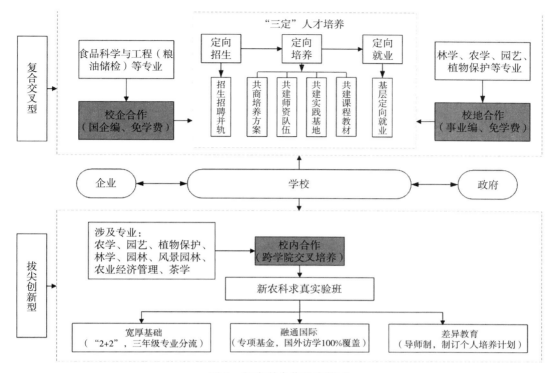

图 3　新农科合作教育模式

（四）创新体制机制，全面实施院长主管本科教学和学科专业一体化

院长主管本科教学。为保障新农科人才培养改革有效推进，保障优质资源充分配置到人才培养全过程，校党委专题研究确定实施院长主管本科教学制度。定期召开院长本科教学工作例会，校长、分管副校长共同出席，教务处处长、教学质控中心主任和各学院院长参加，共同研讨本科教育教学和人才培养重点工作；实施院长年度教学工作述职，由校长担任组长的专门考核小组对各学院院长的本科教学工作进行年度考核，结果与学院年度考核和院长个人考核直接挂钩。

学科专业一体化。为解决涉农学科和专业"两张皮"现象，创新性探索学科专业一体化机制，实现组织机构一体化、任务考核一体化、人才培养一体化等；建立学科专业管理团队（1＋X），设置学科专业负责人岗位，对学科和专业建设工作负总责，下设专业建设、学位点等负责人（X）（图 4），实现学科专业互促发展。

三、成果的创新点

（一）重构了六大全产业链专业群和"四性"课程新体系

在"两山"理念引领下，以生态育人为目标，面向新农业、新农村、新农民、新生态的新需求，聚焦农林、生物、生态领域，构建了智慧农业、现代林业、人居环境、美丽城镇、健康时尚、绿色生态等六大全产业链专业群。根据生态性、开放性、交叉性和先进性等"四性"原则，创建"生态环境教育＋生态创新创业教育＋生态社会实践教育"、一二三课堂联动的"10＋N学分"生态化课程体系，设计生态环境类、生态经济

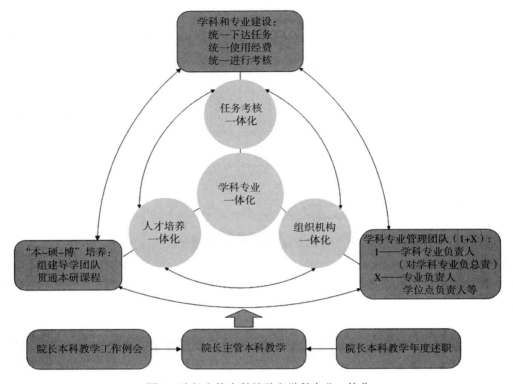

图 4　院长主管本科教学和学科专业一体化

类、生态文化类、美丽乡村类等 4 类"新生态"系列课程。突出生态文明、"三农"情怀等思政元素，全面实施课程育人大纲；打造"浙三农"校课程思政研究中心和"新生态""课说三农"课程思政教学团队等。

（二）创建了新农科校政企"三定"合作教育新模式

深化校政企协同育人模式，创新"定向招生-定向培养-定向就业"的"三定"合作教育模式，打通"招生-培养-就业"一体化人才培养全过程，实行招生招聘并轨和基层定向就业，实施"四共"培养模式，即共商培养方案、共建师资队伍、共建实践基地、共建课程教材。2012 年，浙江省人社厅、农业厅、财政厅、教育厅联合发文，定向培养具有事业编制的基层农技人才，涉及园艺等 7 个专业（免学费），培养了 5 届 1 374 名"下得去、留得住、用得上"的毕业生；2015 年，与浙江省粮食与物资储备局合作定向培养食品科学与工程（粮油储检）专业人才，学费由用人单位一次性奖补，培养了 190 名毕业生；为乡村振兴培养了一批知农爱农的复合交叉型卓越农林新才。

（三）探索了院长主管本科教学和学科专业一体化建设新机制

为实现学科专业互促发展，创新性探索实施院长主管本科教学制度，包括院长本科教学工作例会和院长年度教学工作述职制度，保障优质资源充分配置到本科人才培养全过程。建立学科专业一体化机制，实行组织机构一体化、任务考核一体化和人才培养一体化。设立学科专业管理团队（1＋X），设置学科专业负责人岗位，对学科和专业建设工作负总责，同步提升学科专业建设水平。

四、成果的推广应用效果

（一）学生培养成果成效显著，为乡村振兴提供坚实人才支撑

学校持续推进生态育人和新农科建设，直接受益 28 个专业 3 万余名学生，人才培养质量显著提升。

学生培养成果成效显著。2016 年以来，涉农专业升学率（指本科生考研的升学率）增幅达 52%，其中农业资源与环境 161 班升学率达 74%；学生发表高水平论文 212 篇，其中木材科学与工程 182 班姜林伟在国际顶级期刊《Applied Catalysis B-Environmental》（IF：14.23）发表论文。园艺专业单幼霞作为中国唯一本科生代表赴澳大利亚出席全球青年农业峰会。2016 年以来学科竞赛获国家级奖项数量年增长率达 20% 以上，其中《超纤科技——新型多功能无醛纤维板先行者》等 2 个项目分别获得中国"互联网＋"大学生创新创业大赛高教主赛道金、银奖。

培养了一批卓越农林新才。为浙江省定向培养 5 届 1 374 名农技人才，为粮食系统定向培养 190 名粮油储检人才。有效解决了农业人才"下不去、用不上、留不住"的关键问题，得到农业农村部、自然资源部和教育部等高度肯定。培养了"国家科技创新人物"俞德超、"全国脱贫攻坚先进个人"陈顶峰和王晓桢、"全国就业创业先进个人"杨珍等一批杰出校友。

（二）学科专业建设水平持续提升，新农科建设教研成果丰硕

学科专业一体化建设成效显著。林学、木材科学与工程、农业资源与环境、风景园林、农林经济管理等 5 个学科获批一级学科博士学位授权点；学科发展有效带动了专业发展，学校所有高峰高原学科支撑专业均获得国家级一流专业建设点，真正实现了学科专业良性互动发展，园艺、生态学等 11 个农科类专业获国家级一流专业建设点，环境科学与工程等 13 个专业获省级一流专业建设点；木材科学与工程专业通过 SWST 国际专业认证（国内第 2 个专业）；建成"中国竹文化"等 9 门具有农林特色的国家级一流课程和 76 门省级一流课程。

新农科教育教学成果突出。农学等 7 个专业获教育部卓越农林计划项目，"新农科建设改革与发展之农林院校专业生态体系研究"等 5 个新农科研究与改革实践项目获教育部认定（浙江省项目 11 项）；"木材科学与工程专业'一体两翼'实践基地集群建设"等 3 个项目入选中国高教学会"校企合作双百计划"典型案例；出版《践行生态教育理念创新协同育人模式》等著作或教材 52 部；在《高等教育研究》等期刊上发表"中国高等农业教育新农科建设的若干思考"等相关论文 13 篇。

（三）成果外溢效果显著，社会影响持续扩大

深入推进新农科建设。学校作为教育部新农科建设工作组和实施组核心成员单位，深度参与新农科建设"三部曲"。承办教育部新农科建设安吉研讨会，全国 50 余所涉农高校的 140 余位党委书记、校长和有关知名专家参会，共同发布"安吉共识"，引起国内外广泛关注。会后习近平总书记回信，寄语全国涉农高校广大师生以立德树人为根本，强农兴农为己任。学校牵头成立浙江省新农科建设联盟，引领浙江特色的新农科建设新征程。

社会影响力持续提升。学校在"安吉共识"发布会、校长论坛、中国高博会等作

"深耕绿水青山，扎实推进新农科建设"等主旨报告 10 余次，推广新农科经验做法，引起广泛关注。中国农业大学、南京林业大学、浙江海洋大学等 20 多所高校来校交流并借鉴做法，共同推进新农科建设。成果被教育部、农业农村部、新华社、人民网、中国教育报以及中央电视台等政府网站和新闻媒体报道。中国教育在线以《浙江农林大学践行"两山"理念　培养生态化人才的实践探索》为题，报道我校助力乡村振兴、聚焦生态化人才培养的改革与实践。《中国教育报·高教周刊》头版刊登《农林类高校人才培养如何"领舞"乡村振兴》，专题报道我校农技、林技人员的定向培养和新农科求真实验班拔尖创新型人才培养的典型做法和成效。中国网以《浙江农林大学：大力推进新农科建设"五个一"行动》为题，专题报道我校探索新农科建设新机制，多措并举推动新农科人才培养改革的做法和经验。

中国高等农业教育新农科建设的若干思考[*]

应义斌　梅亚明

改革开放以来，中国农业经历了持续的快速发展，用仅占全世界十分之一的土地保障了全世界五分之一人口的粮食安全，支撑了世界第二大经济体快速发展的农产品需求。在对农业快速发展原因的研究中，高等农业教育的人才支撑、科技支撑、服务支撑被认为是农业快速发展的重要基础。当今，中国经济水平发展到了一个新的层次，中国的高等农业教育是否与经济发展水平相适应？是否满足当今现代农业的要求？能否满足今天物质相对丰富以后人民的教育需求？本文试图通过对中国高等农业教育的发展、新时代呼唤新农科、四个转变耕犁新农科等三个方面的阐述，提出建设新农科的若干思考。

一、中国高等农业教育的发展

中国近现代高等农业教育经历了东仿日本、西学欧美、照搬苏联、自主探索的曲折经历。第 1 阶段，东仿日本阶段。1904 年，清政府颁布《奏定学堂章程》："农工商各项实业学堂，以学成后各得治生之计为主，最有益于邦本。其程度亦有高等、中等、初等之分，宜饬各就地方情形，审择所宜，亟谋广设"。该项章程构建了初、中、高 3 个层级的农业教育体系。《奏定高等农工商实业学堂章程》规定："高等农业学堂以授高等农业学艺，使将来能经理公私农务产业，并可充各农业学堂之教员、管理员为宗旨"。1919 年全国有农科大学 4 所，农业专门学校 8 所。第 2 阶段，西学欧美阶段。1922 年，北洋政府颁布实施"壬戌学制"，高等农业教育从全面效仿日本逐步转变为学习借鉴美欧发达国家的成功经验，初步建立了自己的教育体系。1949 年，全国高等农业院校数量达到了 48 所。第 3 阶段，照搬苏联阶段。1952 年，为了配合社会主义改造，适应计划经济体制，培养经济建设急需的专门人才，中国照搬了苏联模式，大规模调整了高等学校的院系设置和区域分布，把原先设在综合性大学的农、林学院（系）组建成独立的农、林院校，同时还新组建了一批农、林、水产和农机等行业院校。这一阶段是中国高等农业教育的重要转折发展期，培养了一大批农业建设人才，基本适应了当时发展农业生产的需要。第 4 阶段，自主探索阶段。1978 年以来，国家对一些被撤、搬、分、并的高校，进行了恢复或重建，先后有 18 所农业高校被农业部和教育部确立为农业部部属院校。1995 年以后，按照"共建、调整、合作、合并"的八字方针，对高等教育进行了布局调整，优化了资源配置和结构布局。据统计，2000 年教育部直属高等农业院校有 4 所，高等农业院校与综合大学及其他高校合并的达 12 所。2017 年，全国本科以上涉农高校的数量基本稳定在 39 所左右。

* 本文发表于：浙江农林大学学报，2019，36（1）：1-6.

中国高等农业教育从建立之初，即担负了为满足广大人民不断增长的物质需要而不断提升农业生产力水平的使命。1949 年以来，长期的计划经济体制下，高校缺少办学自主权，不利于农业高等教育演进，导致中国农业高等教育发展受限于原有路径，为国家经济建设培养合格人才、服务于物质生产的农业高等教育模式仍是当时农业高等教育的主流模式。改革开放之初，中国的农业生产力仍处于较低水平，人民的温饱问题还没有得到全面解决，农村仍然处于半自然经济状态，高等农业教育肩负农村、农业和农民发展的使命，面向物质生产办学仍然是其重要职责。此时，高等农业教育表现出来的主要特征：一是主要沿用苏联的专业教育模式；二是高等农业教育的首要职责是服务物质生产的要求；三是高等农业教育任务主要依靠单科性农业院校来完成。

二、新时代呼唤新农科

（一）社会主要矛盾已发生变化

农业高校一直贯彻党的教育方针，扎根农业大地，培养产业和岗位需要的专业技术人才，极大地促进了生产力的发展，满足了人民日益增长的物质文化需要。中国人民依靠自己的力量解决了约 14 亿人的吃饭问题，这是了不起的壮举。当今，中国的经济、政治、文化、社会、生态文明建设水平已达到前所未有的新高度，人们已经不满足于吃饱穿暖，农业生产也从单纯的增产增量转向开发优质环保的农业产品。

中国特色社会主义进入新时代，中国社会主要矛盾已经转化为人民日益增长的美好生活需要和不平衡不充分的发展之间的矛盾。这将是确定我们中心工作和战略部署的指南。当前，中国经济社会发展不平衡不充分的主要表现之一是城乡发展的不平衡与不充分，中国农村、农业与农民发展的不平衡与不充分。即：农村发展不充分与城乡间的发展不平衡；农业发展不充分与现代产业的发展不平衡；农民发展不充分与市民间的发展不平衡。高等农业教育则是破解这种农村、农业和农民发展不平衡与不充分的重要支撑和引领力量，是全面建成小康社会与全面实现社会主义现代化的关键。社会主要矛盾的转变对高等农林高校提出了新的要求，要求农林高校更加关注人们对美好生活的追求，更加关注绿色环保、健康营养的产品供给，更加关注服务农业全产业链。

（二）高等教育即将迈入普及化阶段

马丁·特罗在《从精英向大众化高等教育转变中的问题》一文中，正式提出了高等教育发展的三阶段理论以及模式论等概念。马丁·特罗以高等教育的毛入学率作为衡量一个国家高等教育规模扩张程度以及划分其历史发展阶段的量化指标，他将高等教育发展的历程分为精英教育阶段、大众教育阶段和普及教育阶段。他认为："一些国家的精英高等教育，在其规模扩大到能为 15.00% 左右的适龄青年提供学习机会之前，它的性质基本上不会改变。当达到 15.00% 时，高等教育系统的性质开始改变，转向大众化。如果过渡成功，大众高等教育可在不改变其性质的前提下，发展规模直至其容量达到适龄人口的 50.00%。当超过 50.00% 时，高等教育开始快速迈向普及化阶段。"据统计，1978 年，中国高等教育毛入学率为 1.55%；1999 年大学开始扩招，2002 年达到 15.00%，标志着高等教育从精英教育进入大众化阶段。2016 年教育事业统计公报公布中国高等教育毛入学率为 42.70%，2020 年中国高等教育毛入学率达到 54.4%。中国即将迈入高等教育普及化阶段。高等教育公平的重点将不再只是保证民众受教育的权利，而是转化为关注受众个性化发展的需求。因此，要加强对高等教育结构的适应性调整，尤其是教育教学结构的调整，逐步建立起以学生为中心的教育教学体系，从而满足高等教育受众多元化、个性化的学习需求。

高等教育进入普及化阶段以后，高等农业教育的首要任务不再仅仅是为农业培养专业人才了。高等教育的工具主义功能必须让位于人文主义功能，教育的主要目的是使人作为社会的人得到充分而自由的发展。高等农业教育作为国家高等教育的重要组成部分，其首要任务是提升国民素质，其价值重心逐步从社会价值、知识价值转变到个体价值、社会价值、知识价值并重。

（三）社会开始进入后物质时代

物质时代倡导物质丰富化和利益最大化，物质崇拜、消费主义盛行。欲望过多的物质时代，造成了现代人心灵的困顿和精神的迷茫，使部分人陷于物质沼泽无法自拔。这种诱导渗透到了社会的各个角落，高校的象牙塔也已被这种诱导入侵，毒害着学生的人生观、世界观和价值观。这种诱导具体体现在人才培养上，潜移默化地在学生中产生了工具化、商业化、功利化、世俗化的倾向。曾引发中国社会广泛关注的"钱学森之问"和北京大学钱理群教授所提的我们正在培养"精致的利己主义者"，背后折射的正是以物质为导向的人才培养模式越来越不适应经济社会发展对创新人才的现实需求。这需要教育工作者进行反思。物质文明的高度发展并不能最终解决精神文明发展滞后的问题。在后物质时代，高等教育应该更加关注个体的自我价值的实现，即人本主义教育思想，促进个人的发展和完善。高校不是职业训练营，在培养学生方面，不能只局限于一般的职业教育，而是需要将通识教育和专业教育、科学精神与人文素养高度融合，培养学生全面发展，帮助学生实现自我价值。

社会在物质丰富程度达到一定程度后，其价值观必然从物质主义转向后物质主义，即到达后物质时代。后物质时代的典型特点是人们从关注物质价值逐渐转向关注非物质价值，对物质价值的追求让位于对非物质价值的追求。面对后物质时代人们的新要求，高等农业教育的目标是培养生态文明建设、可持续发展的倡议者与弘扬者，健康食品、良好自然环境的保护者。后物质时代的新农科教育变革必然实现于与传统的农科教育进行激烈的价值碰撞之后。传统以物质主义和社会本位价值观为主导的农科教育在很多方面很难适应后物质时代的农科教育要求。新农科教育相对于传统农科教育而言更加强调人的主体精神，这是现代大学教育理念的实质，也是后物质时代的要求。

三、四个转变耕犁新农科

（一）从偏重服务产业经济向促进学生全面发展转变

立德树人是大学的立身之本，是对人才培养的根本要求。联合国教科文组织发布的"教育 2030 行动计划"中指出，教育应致力于个体的全面发展。哈佛大学德雷克·博克在《回归大学之道》中提出 8 个重要的大学教育目标：学会表达、学会思考、培养品德、培养合格公民、适应多元文化、全球化素养、广泛的兴趣和为职业生涯做准备。中国高等农业教育经过近 40 年的探索发展，目前还是留有深深的苏联教育模式的烙印，人才培养还是基于经济建设需要和面向岗位需求。一旦打破了社会经济发展给行业与岗位带来的变革，高校学生尤其是农科毕业生会面临就业面过窄、就业困难等问题。如按照订单式培养的模式，以现在瞬息万变的市场，培养出来的学生已经无法满足毕业后市场的需求了。

因此，高校要培养的不仅是在专业方面训练有素，而且具有更加丰富的知识和广阔的视野、更加全面综合的才能、对未来有良好适应力的学生。切实转变人才培养理念是深化教育教学改革、提升人才培养质量、促进学生全面发展首要之务，要以促进学生全面发展作为学校一切工作的出发点和落脚点。

（二）从单学科割裂独立发展向多学科交叉融合发展转变

以人工智能、无人控制技术、量子信息技术、虚拟现实技术以及生物技术为代表的第4次工业革命，对高校人才培养质量标准提出了更高的要求。耶鲁大学的理查德·莱文指出，中国大学本科教育缺乏2个非常重要的内容：第一，跨学科的广度；第二，批判性思维的培养。2015年，国务院办公厅下发《关于深化高等学校创新创业教育改革的实施意见》，要求高校创新人才培养机制，打通一级学科或专业类相近学科专业的基础课程，开设跨学科专业的交叉课程，探索建立跨院系、跨学科、跨专业交叉培养创新创业人才的新机制，促进人才培养由学科专业单一型向多学科融合型转变。科学技术迅猛发展，新型学科和学科群不断涌现，而专业发展却往往落后于学科的发展；过去中国高校的专业划分过细、专业口径狭窄，造成知识"阻隔"，学生的知识体系相对单一，培养的人才适应性差，缺乏发现问题、解决问题的能力，缺乏后续发展动力。因此，必须要破除学科壁垒，打破原有孤立的学科结构，整合相近学科，实现多学科交叉融合发展；要打造学科专业一体化，实现学生跨学科或交叉学科学习；促进专业结构的优化，丰富课程资源，培养创新型人才。

纵观中国的农业院校，虽然在规模上、学科专业数量上已经具备多科性或综合性高校的特征，但是学科专业发展很不平衡，非农科学科的发展远远落后于传统农科，传统农科在农业院校中长期占据不可动摇的主导地位。这种不平衡的学科专业结构与现代农业发展要求的学科专业交叉融合要求不相适应；与农业全产业链人才培养要求不相适应；与农业院校服务于农村发展、服务城镇化的要求不相适应。农业院校的教育手段与综合大学、工科院校、师范院校等高校相比偏向传统，教育理念、现代信息技术、现代教育手段的应用水平相对落后，与全面实现农业现代化的人才培养要求不相适应。

科学研究的一个重要特点是需要多学科协同合作，农业院校学科专业不平衡对于农业科学研究的协同发展具有不利影响，尤其是农科院校的理科发展水平普遍落后于农科发展水平，无法为农业科学的基础研究提供必须的研究支撑。农林院校的现代信息学科发展水平也局限了农业科学研究的发展水平。多学科交叉融合发展势在必行。

（三）从专注专业教育向专业教育与通识教育高度融合转变

传统高等农业教育坚守"螺丝钉精神"的工具主义价值观，体现了培养人才的奉献精神与集体主义精神，把人作为"工具"定位到社会需要当中。现代教育则需要强调人作为一个主体，首先应该是具有自主学习能力、思辨能力、自主创新能力、团队协作精神、人文情怀的主体人。现代高等教育最主要的目的是培养人成为一个社会主体，强调个性解放与主体性的弘扬，而不是社会当中的一个"工具"。传统工具主义的高等农业教育与现代教育理念和现代人才培养要求不相适应。

在中国，重专业教育轻通识教育一直是本科教育的痼疾。虽然通识教育的重要性已成共识，但总体而言，本科人才培养依然没有突破专业化的培养模式。2017年，上海、浙江试点开展高考改革，不分文理，就是要打破从基础教育阶段就出现文理分科，人为地把学生按照专业需求选拔培养，而不是根据学生全面发展的需求来培养人才，造成知识狭窄的通病。中国高等农业教育存在专业教育过窄、人文教育不足、功利导向过重的现象，不能很好地适应现代教育思想和现代农业发展的需要。虽然在各个高校的人才培养方案中都强调并体现了通识教育，但是通识教育课程质量堪忧，课程短缺、质量不高、"水课"泛滥现象较为严重，尤其是农业高校，由于引进教师基本上偏重于传统优势学科，人文、艺术、哲学类教师普遍缺乏。高等教育不仅仅在于专业知识的传授，更重在通过科学精神与人文素养的融合，使学生领会人类学习和创造知识的方式，形成全面综合的能力，实现和谐发展，而过度专业化和过于实用的教育难以产生高层次人才。通识教育可以帮助学生认知自我，滋养他们的灵魂，点亮指引其前行的灯塔。

与专业教育不同，通识教育是一种可迁移技能，能伴随学生一生的成长。哈佛大学德雷克·博克直言，人们很难找到其他哪门课程能像口头和书面表达课程那样，让如此多本科生终身受益。我们需要大力加强专业教育与通识教育融合，认识到"通专融合"的重要性。在这里要强调的是通识教育不仅是公共选修课的责任，而是每位教师的使命。农林高校更应该开设一批生态文明类、农业文明类、绿色环保类、食品安全类的通识课程。

（四）从专注知识本位向侧重个人本位转变

知识本位高等教育价值观认为高等教育的基本价值、主要价值在于知识创新、学术探究、促进学问的发展。知识本位高等教育价值观指导下的农业高等教育变革强化知识的继承与创新，强化领域的交叉与融合，强化知识创新的协同与共享。

个人本位高等教育价值观认为高等教育的基本价值、主要价值在于促进个人理智的发展，以达到完善个性之目的。人文精神与科学素养、创新能力的统一，是现代人的基本特征。随着信息化、互联网时代的来临，人们获取知识简易多样，知识本位高等教育价值观更显落后陈旧。因此，个人本位价值观指导下的新农科变革应当弱化职业训练，强化批判性思维、人文精神、道德情操的培养；应当弱化专业化培养，强化理智能力、社会技能、解决复杂问题能力的培养。

强化理智能力、社会技能、解决复杂问题能力的培养，目的在于改变长期以来的高等教育知识本位的惯性思维，打破人才培养的网格区划，重塑人的社会本性。新农科教育价值观必须包括社会本位价值观所倡导的社会正义、公民自由等价值判断，具备承担民族复兴、兴邦安国的家国情怀；同时也必须服务地方社会经济发展需要，服务于国家的生态文明建设、经济建设、政治建设、文化建设、社会建设需要，承担引导社会良好风气的任务。对个人本位价值观的侧重，并不否定新农科教育的社会本位价值观，教育是通过人才来为一定社会的经济、政治、文化发展需要服务的，是社会上层建筑的重要组成部分，为国家利益服务、为人民利益服务是不变的主题。

四、结语

伴随着中国改革开放的历史进程，经济、政治、文化、社会、生态文明建设水平已达到前所未有的新高度，新时代人民群众的需要已经从"物质文化需要"向着"美好生活需要"转变。注重高度专业化、技术化的教育教学方式和人才培养模式已无法适应新时代高等农业教育的新需求，通过从偏重服务产业经济向促进学生全面发展转变，从单学科割裂独立发展向多学科交叉融合发展转变，从专注专业教育向专业教育与通识教育高度融合转变，从专注知识本位向侧重个人本位转变，耕犁出实现学生全面发展与人生价值的新农科建设之路。这不仅是服务乡村振兴战略、建设好一所多科性农业大学的重要基石，更是未来能够有更多农业高校进入国内一流大学行列的必经之途。

基于卓越农林计划的"124"复合应用型
农科人才培养体系的创新与实践

刘庆坡 甘毅 饶琼 戎均康 刘兴泉 董杜斌 庞林江
赵光武 张传清 吕尊富

一、成果简介及主要解决的教学问题

(一)成果简介

浙江省重要窗口和共同富裕示范区建设,需要大量高素质农业科技人才。但是,我国传统高等农业教育培养的"人",难以满足现代农业、乡村振兴和粮食安全等国家战略新需求,供需错位矛盾突出。

基于此,项目组于2014年起依托教育部首批卓越农林人才(复合应用型)教育培养计划改革试点项目等创新项目和载体,面向农业和农村发展新需要,遵照"开放办学、创新驱动、产出导向"改革理念,借以农学、植物保护、食品科学与工程等传统专业的改造升级,对接现代农业产业链条,汇聚各方优质教学资源和创新要素,聚焦内涵提升,开展了一系列综合性教学改革,构建和实践了"一体化两协同四融合('124')"复合应用型卓越农科人才培养体系(图1)。

本成果通过建立和实施"学科专业负责人"制度及名师名课引领工程等,促进学院、学科、专业融通发展("一体化"),集聚和优化提升校内教育教学软硬实力,疏通了学科与专业、学科与学科、专业与产业间的"堵点";通过激发"校地、校企"联合办学活力("两协同"),搭建政产学研用"育人共同体",实现人才培养与产业需求同向联动,打通了专业产业间"最后一公里";通过在课程架构、过程培养、创新实践、课程思政、文化育人等教学维度上,深入推进跨学科专业交叉融合、专业教育与双创教育融合、教学与科研相长融合、专业教育与课程思政教育融合发展("四融合"),拓宽了学生的知识、素质和能力,提升了其家国情怀、创新创业能力和综合竞争力,为地方高校新型卓越农科人才培养破题。

成果实施以来,育人实力、教研水平和学生培养质量均显著提升,新增全职院士1人、教育部高等学校教学指导委员会(以下简称"教育部教指委")委员2人,获批国家级一流专业、一流课程、教育部新农科教改项目、高校思政工作精品项目、国家级班集体等。

(二)主要解决的教学问题

1. 学校教育和校外教学资源融通不到位 传统农科教育中,学科专业割裂,学科界限鲜明,专业产业脱节,人才培养中不能有效整合校内校外教学资源,政产学研用协同育人机制不健全。

2. 专业培养和社会多元需求对接不精准 传统农科专业口径过小,课程体系陈旧,

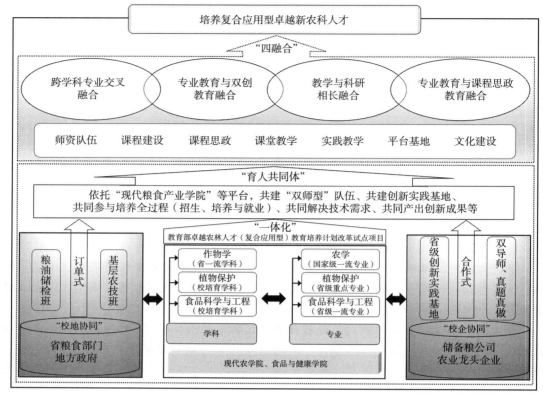

图1　"一体化两协同四融合（'124'）"复合应用型卓越农科人才培养体系

培养的学生知识结构单一、跨界适应与应用能力较弱，这与现代社会对卓越农科人才的多样化新需求不相适应。

3. 专业教育和双创、思政教育耦合不紧密　传统农科专业侧重于知识和技能传授，学生的创新意识、创业能力及解决复杂农学问题的能力不强，价值目标不够明确，不能满足社会发展对卓越农科人才提出的新要求。

二、成果解决教学问题的方法

在习近平新时代中国特色社会主义思想指导下，主动对接现代农业和粮食安全等国家战略新需求，按照"开放办学、创新驱动、产出导向"的改革理念和"重能力、强素养、凸创新"的改革要求，构建了"一体化两协同四融合（'124'）"人才培养新体系，基于建构主义理论，政产学研用协同，培养"厚基础、宽口径、精专业"的复合应用型卓越新农科人才。

（一）基于学科专业一体化，整合优化校内创新要素，强化育人功能

建立学科专业负责人制度。负责人主抓教学，兼顾学科和专业建设事务，从经费投入到资源共享等方面，促进学科与专业"真融合、久协调"发展，将学科资源转化为教学和人才培养资源，有效破解了学科与专业脱节难题。建成学科专业一体化的省级协同创新中心、省级重点本科实验教学中心等创新平台，供学生围绕产前、产中和产后全产业链开展创新实践活动，打破了学科间隐形的"墙"。

实施名师名课引领工程。院士深度参与人才培养过程，牵头"新生研讨课"，指导科研创新和毕业论文等。依托国家级一流课程和省级虚拟仿真实验项目等，开展线上线下师生交互式"互联网＋教学""翻转课堂"，学生虚实结合走进实验室和田间地头。基于高层次、双师型专家、科技特派员等，将学科前沿进展及产业发展成果融入课程和课堂，疏通了专业产业间的"堵点"。

（二）基于育人共同体建设，深耕校外优质教育资源，健全联动机制

搭建政产学研用"育人共同体"。联合地方政府、省粮食和物资储备局、省储备粮公司、勿忘农集团等政府、机关部门和农业龙头企业，依托浙江省 2011 协同创新中心等载体（图2），打造"现代粮食产业学院"等育人平台，共建双师型队伍和省级创新实践基地，共同参与学生（尤其是粮油储检定向生）的招生、培养（联合制定培养方案、授课/讲座、实践指导等）和定向就业（国企编制）等。

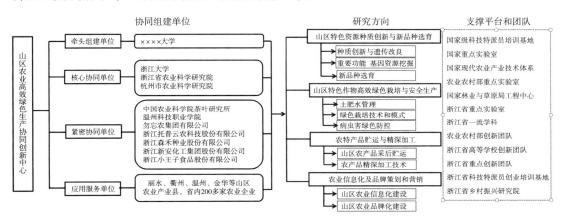

图 2　山区农业高效绿色生产协同创新中心组织架构

建立"育人共同体"会商与联动机制。定期召开"育人共同体"联席会议，推动骨干互访互动（学术交流、科研攻关、双向借调等）和学生联合培养（双导师制、双方出题、顶岗实习、真题真做等）。借助科技特派员和"百名博士服务百家农企"工程，解决企业技术难题。人才培养与产业需求紧密衔接、同向联动，打通了专业产业间"最后一公里"。

（三）基于复合应用型目标，修订升级人才培养方案，重塑课程架构

推动跨学科专业交叉融合。将课程体系由旧三段式"通识＋专业基础＋专业"调整为新三段式"通识基础＋专业＋多元拓展"（图3）。该体系更加注重学科交叉、产出导向、个性培养和价值塑造。创建了"五层级递进式"结合"四田模式"的实习实践教学体系（图3）。此外，实施多学科教师联合授课和指导学科竞赛等，推动文理工农深度交融，厚实学生通专基础，拓宽知识结构。

（四）基于多维度创新教育，强化双创人才过程培养，提升综合素质

推进专业教育与双创教育融合。基于新农科求真实验班、村官学院、继续教育学院等，将创新创业课程学习与实践（"互联网＋"大赛、现代农业创意大赛、入驻科技孵化园等）结合，培养学生的创新意识和创业能力；打造创新创业类新课程、改革课堂授课（教师将创新创业思想带入专业课堂）及培养方式（与农民企业家培训结合），将双创教育贯穿专业教育，优化学生的素质和能力结构。

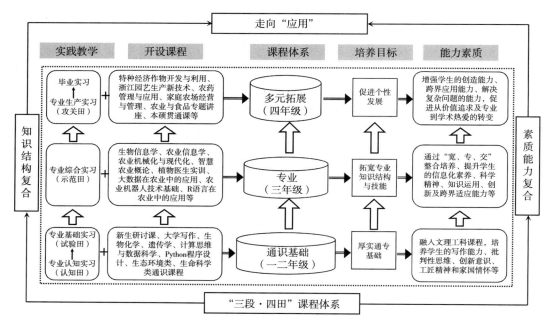

图 3 复合应用型卓越农科人才培养的课程体系及能力素质要求

促进教学与科研相长融合。实施大一新生进实验室，实行全程本研互助和导学团队制；执行提升人才培养质量的"七个一"要求；建强基层教学组织，改革教学模式和教学方法，革新教学内容，开展线上线下混合式、翻转课堂教学，运用研讨式和探究式等教学法，提高课程"两性一度"；学生通过项目驱动开展探索式任务化科研训练、学科竞赛和社会实践等，提高其解决复杂农学问题的科研素养。

（五）基于特色化育人载体，加强课程思政劳动教育，促进价值追求

强化专业教育与课程思政教育融合。开设课程思政示范课，将课程思政教育融入教学全过程。依托教育部高校思政工作精品项目——"七彩新农人"文化育人载体，举办农业文化节、师生丰收节、薯类科技文化节、昆虫文化节等特色文化系列活动，在田间地头开展劳动、思政、美育教育，通过系统性网格化培育"新农人"，激发学生的"三农"情怀、生态意识、奉献精神和家国担当，显著提升专业教育与劳动、思政教育的协同育人成效。

三、成果的创新点

（一）形成了"一体化两协同四融合"复合应用型人才培养新体系

基于教育部卓越农林计划，依托国家级创新平台和载体，以院士领衔的高水平师资和产业成果为支撑，通过推动学院、学科、专业一体化发展以及学校与政府、部门、企业等多元主体联动，汇聚校内校外优质教学资源，在师资、课程、课堂、实践、平台基地、课程思政及文化育人等多维度基础上，推动跨学科专业交叉融合、专业教育与双创教育融合、教学与科研相长融合、专业教育与课程思政教育融合，构建起"因材施教、创新驱动、资源共享、全程参与、协同育人"的新型培养体系，实现同类专业推广，相近专业辐射，为地方农林高校复合应用型卓越农科人才培养提供了可借鉴、可复制、可推广的创新性范例。

（二）创建了劳动和思政教育深度融入的"三段·四田"教学新范式

根据复合应用型培养目标，政产学研用协同修订培养方案，深入优化理论与实践课程架构，将课程体系由旧三段式"通识＋专业基础＋专业"调整为新三段式"通识基础＋专业＋多元拓展"；构建了贯穿培养全过程的"五层级递进式"（专业认知实习→专业基础实习→专业综合实习→专业生产实习→毕业实习）结合"四田模式"（认知田→试验田→示范田→攻关田）的实习实践教学体系，借助一堂田间地头的思政课——"七彩新农人"文化育人活动等，推动学生过程性、体验性和创新性学习。通过开展全程融入劳动、文化和课程思政教育的创新型教学活动，提升学生的综合素质、核心竞争力和职业胜任力，为新型卓越农科人才培养破题。

（三）建成了产教研融合多方深度协同的育人新机制

本着"立足长远、优势互补、务求实效、共同发展"的原则，与地方政府、机关部门、农业龙头企业等，建成"现代粮食产业学院"等"育人共同体"，通过机制创新（定期会商、双向互动、资源共享等），实现"四共建"，打通了专业教育（招生、联合培养、定向就业等）和产业需求（技术攻关、科技服务、人才需求等）链条各环节，促成了学科、专业与产业间有效联动和良性发展，破解了人才培养与产业需求脱节的难题。

四、成果的推广应用效果

（一）学生培养质量大幅提升

深造比率稳步攀高。考研录取率从 2014 届的 17.2％跃至 2020 届的 51.0％，其中植物保护和农学专业分别达 54.5％和 51.4％；142 名学生考入中国科学院、浙江大学、中国农业大学等著名院校，17 名学生境外（赫尔辛基大学、昆士兰大学等）或跨专业（法律、会计学等）深造；约 70％考生攻读专业学位研究生，为社会输送了一大批高级应用型人才。

育人成果屡创新高。获高校共青团活力团支部 1 个（农学 143 班）、省级活力（先进）团支部 2 个（农学 143 班、农学 123 班）；学生学科竞赛获奖 300 余人次（国家级奖项 8 项）；授权发明专利、实用新型和软件著作权 13 件；发表论文 79 篇（核心以上 43 篇）；承担省级以上大学生科研创新项目 29 项（国家级 14 项）。相比改革前，上述成果数量的增幅均超过 100％。

学生典范频繁涌现。在成果实施过程中，涌现出浙江省军营大学生战士典型人物王佳颖、三年综测第一的"创新型学霸"谢玲娟、斩获无数荣誉的"学霸寝室"等一大批优秀代表，被《中国教育在线》《浙江教育报》等媒体报道和转载。

（二）教学教研建设成果丰硕

专业建设成效明显。2014 年，农学、植物保护等专业入选教育部首批卓越农林人才（复合应用型）教育培养计划改革试点项目。农学专业先后入选浙江省"十三五"特色专业和国家级一流本科专业建设点；食品科学与工程入选浙江省一流本科专业建设点。

育人实力不断增强。新增全职中国工程院院士 1 人，教育部教指委委员 2 人，国家林业和草原局教材建设委员会委员 2 人，浙江省高校创新领军人才、优秀教师和"三育人"先进个人 3 人，浙江农林大学"我心目中的好老师"2 人，浙江省院士结对培养青年人才 1 人，校青年英才 7 人。

课程建设成绩突出。建成国家级一流课程 1 门（生物信息学）、浙江省级一流（精品在线）课程6门、浙江省优秀研究生课程（案例）4门；出版教材9部；开设课程思政示范课20门；建成党建共同体9个。

教学改革成果显著。获批教学改革项目28项，其中教育部新农科研究与改革实践项目和高校思政工作精品项目各1项，省级教改（虚拟仿真）项目5项；建成校级教学团队4个；获各类省校级教学成果奖励5项（其中一等奖2项）及"中国校企合作好案例"1个。

（三）成果推广示范影响广泛

专业声誉显著提升。各专业毕业生总体满意度平均为88.3%，其中2016届达90.7%，显著高于浙江省平均的85.7%（图4）；各专业招生录取平均分数自2014年起逐年大幅增长（图5），特别是基层农技和粮油储检定向生的生源良好（图6），其中，2020年农学、植物保护专业定向生的一段录取率分别达82.6%和85.7%。

文化建设备受关注。依托农学、植物保护等专业打造的农业文化节、师生丰收节、薯类科技文化节、昆虫文化节等特色农科文化活动被中央电视台、人民网等媒体（直播）报道。植物保护专业"抓昆虫做标本"屡次登上凤凰网、央广网。获全国高校"礼敬中华优秀传统文化"特色展示项目、浙江省高校文化育人示范载体等国家级和省级项目/荣誉6项，被学习强国、光明网等广为报道。

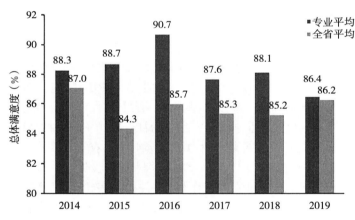

图4 各专业毕业生总体满意度情况（2014—2019年）

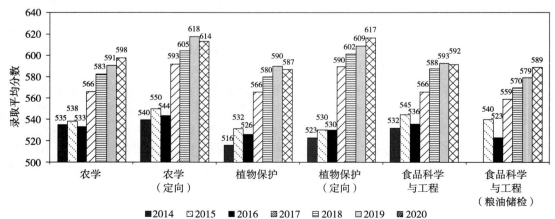

图5 各专业招生录取平均分数情况（2014—2020年）

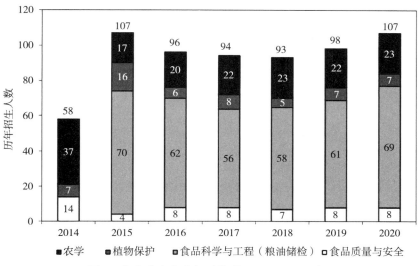

图 6 各专业定向生招录情况（2014—2020 年）

辐射示范效应深广。成果直接受益学生1 159人，并辐射园艺、茶学等6 个专业，间接受益1 730人；发表教改论文 12 篇。成果吸引福建农林大学、安徽农业大学、河北农业大学、新疆农业大学、长江大学、杭州师范大学、北京农学院、青岛农业大学、鲁东大学、浙江水利水电学院等 30 余所院校考察交流、借鉴使用。

坚守本色、彰显特色，着力培养全面发展的农林业时代新人[*]

应义斌

习近平总书记给全国涉农高校的书记校长和专家代表的回信，让全体涉农高校师生备受鼓舞，同时深感使命光荣、责任重大。作为新农科建设安吉研讨会的主要承办单位之一，浙江农林大学将认真贯彻习总书记"以立德树人为根本，以强农兴农为己任"的指示精神，不断致力于培养知农爱农、德智体美劳全面发展的农林业时代新人。

一、坚持立德树人，坚守育人本色

立德树人是大学立身之本，培养人、塑造人、成就人是大学最为重要的历史使命。在新时代，浙江农林大学将继续以立德树人为根本，坚持社会主义办学方向，遵循高等教育发展规律、现代农业发展规律和人才培养规律，将培养全面发展的农林业时代新人作为实现自身长远可持续发展的逻辑起点和基本理念，继续探索与实践院长主管本科教学、学科专业一体化、优质生源工程等事关学校人才培养质量和未来长远可持续发展的重要举措，加强通识教育，关注通专融合、素养本位和全面成长，拓宽学生国际化视野，培养德智体美劳全面发展的社会主义建设者和接班人。

二、加强生态引领，彰显农林特色

农学、林学是农林高校优势学科所在。浙江农林大学在林学、林业工程、风景园林、农林经济管理、农业资源与环境等方面有优势，在环境污染防治和生态修复方面有亮点，在生态农业、绿色农业、智慧农业等方面有特色。面向新农业、新农村、新农民、新生态，我们将进一步加强生态引领，发挥特色优势，用生态化的理念、生态化的教育、生态化的校园和生态化的管理，培养具有生态文明意识、创新精神和创业能力的高素质人才和现代农林业的未来领导者。

三、创新育人机制，培养时代新人

我们将主要通过五项举措，聚焦"安吉共识"，推进"北大仓行动"，落实"北京指南"，创新育人机制，着力培养全面发展的农林业时代新人。

1. 重构学科专业体系 应对新农科发展需求，在持续做强做优特色优势专业的同时，着力构建适合学生全面成长的学科生态。进一步加强学科专业一体化建设，实现学科和专业同向提质、协同并进。

---

* 本文发表于：中国农业教育，2019，20（5）：12-13.

2. 打造优质课程资源　以打造农林类国家级一流课程为目标，将学科、科研优势转化为优质课程资源，开发校本优势类、地域文化类、农林特色类等一系列"金课"。

3. 加强实践基地建设　以天目山国家级校外实践教育基地为引领，建设一批高水平农林类校外实践教育"高地"。

4. 深化国际合作交流　深化与康奈尔大学、不列颠哥伦比亚大学、伊利诺伊大学厄巴纳-香槟分校等世界知名高校的合作，汇聚高层次新农科教育国际合作伙伴，提升学生国际竞争力。

5. 选树新农科建设样板　加快推进新农科建设，科学优化现有涉农专业，系统调整专业结构和布局，实现对传统农林专业"提档升级"。实施卓越人才培养计划 2.0，推进农科与理工文学科的深度交叉融合，提升新农科求真实验班的教育教学水平，建成若干全国（区域）新农科样板"金专"。

面向未来，浙江农林大学和全体师生将全面学习贯彻落实习近平总书记的回信精神，为全力服务乡村振兴战略、生态文明建设与美丽中国建设而不懈努力和奋斗。

深耕绿水青山　全面加快新林科建设[*]

沈月琴　郭建忠　童再康　魏玲玲

2019 年 6 月 28 日，在教育部高等教育司指导下，教育部新农科建设工作组召开了新农科建设安吉研讨会，全国涉农高校的百余位书记校长和农林教育专家齐聚浙江安吉余村，共商新时代中国高等农林教育发展大计，在"绿水青山就是金山银山"理念的诞生地，共同发布了"安吉共识"。教育部高等教育司司长吴岩表示，新农科建设"安吉共识"是高等农林教育战线对新时代高等农林教育改革发展的新认识、新思考，为高等农林教育未来一个时期的发展画好了"施工图"、吹响了"开工号"。

浙江农林大学始建于 1958 年，时称天目林学院，2010 年更名为浙江农林大学。学校涉林的本科专业共 6 个，均为国家级或省级优势、特色专业。对如何更好地建设林科专业、突出优势特色专业和学科的特色，更好地建设新林科，学校一直在积极探索和实践。

一、新林科建设的背景

（一）新工科建设给新林科建设带来的启发和思考

新工科建设提出了"新理念""新结构""新模式""新质量"和"新体系"等五大研究和实践方向。"新理念"方向是指结合工程教育发展的历史与现实以及国内外工程教育改革的经验和教训，分析研究新工科的内涵、特征、规律和发展趋势等，提出工程教育改革创新的理念和思路。"新结构"方向是指面向新经济发展需要、面向未来、面向世界，开展新兴工科专业的研究与探索，对传统工科专业进行改造升级，推动学科专业结构改革与组织模式变革。"新模式"方向是指在总结卓越工程师教育培养计划、CDIO〔conceive（构思），design（设计），implement（实现），operate（运作）〕等工程教育人才培养模式改革经验的基础上，深化产教融合、校企合作的人才培养模式改革以及体制机制改革和大学组织模式创新。"新质量"方向是指在完善具有中国特色的国际实质等效的工程教育专业认证制度的基础上，研究制订新工科专业人才培养质量标准、教师评价标准和专业评估体系，开展多维度的质量评价等。"新体系"方向是指分析研究高校分类发展、工程人才分类培养的体系结构，提出推进工程教育办出特色和水平的宏观政策、组织体系和运行机制等。新工科建设的"复旦共识""天大行动""北京指南"三部曲对新林科建设的主要启迪是：必须注重求新求变，注重交叉融合和多维联动发展。

（二）新农科建设为新林科建设带来了发展机遇

新农科建设提出要"开改革发展新路，开创农林教育新格局"，要"育卓越农林新

---

* 本文发表于：中国林业教育，2020，38（1）：5-8。

才，打造人才培养新模式"，要"树农林教育新标，构建农林教育质量新标准"。"安吉共识"回答了为什么建设新农科、什么是新农科、怎样建设新农科等问题，明确了新农科建设的使命、任务、目标和责任。这都为新林科建设创造了最佳的历史机遇。

（三）《新林科共识》为新林科建设与发展指明了方向

2018 年中国林业教育学会发布的《新林科共识》提出，林业高校要主动适应生态文明建设、林业草原事业发展的新需求，加快构建与新时代林业草原功能定位相符的涉林学科专业新体系，促进林科与更多学科门类交叉融合发展，为林业草原事业新发展提供有力支撑；同时，建设新林科，要顺应国际林业发展趋势，立足中国国情，遵循现代学科交叉融合的内在规律，借鉴国际林学学科建设经验，统筹把握山水林田湖草生命共同体综合治理新理念，坚持学科、专业一体化建设。这为新林科的建设与发展指明了方向。

二、新林科建设的思考与行动

学科、专业和课程是构成高等学校的 3 个基本要素，缺一不可，三者之间存在着既相互区别又密切关联的辩证关系。但是，我国高校一直存在学科建设与专业建设"两张皮"和"学科强、专业弱"等现象。因此，"如何将学科优势转换为人才培养的优势"一直是高校的重要研究课题之一。浙江农林大学在学科和专业建设过程中，注重从理念创新、体系创新、模式创新和机制创新等 4 个方面逐层推进，形成了人才培养的闭环，提升了人才培养能力和水平。

（一）理念创新——生态引领，求新求变

2004 年，时任浙江省委书记的习近平同志来浙江农林大学视察时指出，建设生态省，林学院大有可为，责任重大。浙江农林大学全面落实这一重要指示精神，始终坚持以立德树人为根本任务，坚持生态引领，走内涵发展、特色发展之路，将"培养具有生态文明意识、创新精神和创业能力的高素质人才和现代农林业的未来领导者"作为学校人才培养的恒久目标。浙江农林大学始终认为，人才培养是大学的立身之本。世界一流大学可持续发展的历史证明：一方面，大学生毕业后在社会各行各业做出的贡献是母校获取社会声誉的最重要源泉；另一方面，大学实现高水平、可持续发展离不开校友的鼎力支持。因此，学校坚信，大学是校友的，尤其是本科校友的，校友是大学未来发展的最核心竞争力。在新时代背景下，社会有从物质时代加快进入后物质时代的迹象。后物质时代的人们更加注重价值实现和幸福体验。因此，面向未来的高等农林教育应更多关注人才培养的通专融合、素养本位和全面成长。

（二）体系创新——需求导向，集群发展

浙江农林大学基于全产业链理念，遵循"面向未来、聚焦农林、彰显生态"原则，打造智慧农业、现代林业、绿色环保、人居环境、生态文化、健康养生等六大全产业链学科专业体系，建设"现代林业学科群""现代林产加工学科群""绿色环保学科群""人居环境学科群""生态文化学科群""健康养生学科群"等六大涉林学科专业群，以促进学科交叉融合，挖掘学科发展的新增长点。其中，"现代林业学科群"的主攻方向是建设生态高效现代林业，支持乡村振兴战略。

浙江农林大学统筹兼顾"进一步持续做强做优特色优势学科""构建适合学生全面成长的学科生态"两大目标，按照"高峰""高原"、培育、基础 4 种类型分层分类建设 33

个学科。其中，"高峰""高原"学科大部分为涉林学科，具体如表1所示。

表 1　浙江农林大学分层分类建设学科的分布情况

学科建设类型	学科名称	建设数量（个）
"高峰"学科	林学	1
"高原"学科	农业资源与环境、林业工程、风景园林学、农林经济管理、生态学、作物学、园艺学	7
培育学科	食品科学与工程、植物保护、生物学、环境科学与工程、农业机械/机械工程、城乡规划学、工商管理、法学、畜牧学、兽医学、计算机科学与技术、光学工程	12
基础学科	中国语言文学、马克思主义理论、设计学、中药学、建筑学、土木工程、应用经济学、社会学、外国语言文学、新闻传播学、数学、化学、体育	13

（三）模式创新——交叉融合，深耕卓越

1. 开设求真实验班，着力打造人才培养新高地　浙江农林大学于 2018 年开设求真实验班，着力打造人才培养新高地。求真实验班作为拔尖创新人才培养试验区、创新创业教育改革先行区、本科教育国际合作示范区，实行"一制三化"培养模式，坚持"宽厚基础、差异教育、融通国际"的培养特色。例如，在求真实验班首次试点开设"大学写作"课程，旨在培养大学生的逻辑思维能力和批判性思维，提高学生学术性表达的技能与艺术，进而提升学生的人文素养和写作能力。

求真实验班面向新工科、新文科和新农科开设，涉及全校的 33 个专业，采用"2＋2"培养模式。其中，面向新农科开设的求真实验班覆盖的涉林专业有林学、木材科学与工程、农林经济管理、风景园林等，人才培养特色是坚持宽口径培养、突出国际化，目标是培养农林拔尖创新人才。

2. 改造传统专业，构建基于课程模块的多学科联合人才培养模式　浙江农林大学在专业建设过程中，充分发挥多学科、强学科的优势，促进本科人才培养质量的提升。以林学专业为例，依托林学优势特色学科群，重新修订人才培养方案，构建包括基本素质课程模块、基本技术课程模块和专业方向课程模块在内的课程体系，并采取本硕博人才培养一体化课程衔接模式，彰显学科和科研对人才培养的支撑度，促进学科专业一体化。依托林学的学科优势，浙江农林大学建成了 2 个品牌专业模块，并总结形成了"一根科技竹，两颗富民果"山区精准扶贫经验。一是围绕竹林培育、笋竹加工、竹炭生产、竹材深加工等，三十年如一日服务安吉、临安、丽水等地的竹产业，取得了显著的经济、社会、生态效益。二是攻克了山核桃、香榧的良种快繁、高值利用等关键技术，推进了干果产业的提质增效和农民增收。干果科技特派团被科学技术部列为"最美科技人员"。

3. 产教融合，不断完善协同育人模式　浙江农林大学不断强化产教融合协同育人，引入外部优质资源深度参与学校招生、人才培养、毕业生就业的全过程，不断完善"校地、校企、校所、校校、国际合作"5 种协同育人模式，全力服务乡村振兴。

在招生方面，学校面向浙江省重点林区丽水、衢州等地市，定向招收免学费的林学专业学生，培养"一懂两爱"的高层次专业人才。目前已累计招生 100 余人。

在人才培养方面，学校通过实施"竹资源与高效利用博士人才培养"项目，开设

"竹子遗传与培育""竹林生态与碳汇""竹材科学与技术""竹业经济与文化"等课程，实现一二三产业知识贯通；同时，分别以林学、农业资源与环境、生态学、林业工程、农林经济管理等学科为支撑，构建基于全产业链的多学科融合人才培养模式。特别是在整个人才培养过程中，明确了政府部门、产业行业、科研院所和高校在培养体系中的关系和作用，强调政产学研用合作，建构协同育人新格局。

（四）机制创新——强化职责，激发动能

1. 推进学科专业一体化建设，实现学科专业协同发展　浙江农林大学在学科专业一体化建设中，协同推进组织机构一体化、任务考核一体化和本硕博人才培养一体化，专门出台了有关协同建设和发展校院两级的学术委员会、专业建设委员会以及推进一流学科、一流专业建设等方面的一系列举措。其中，学科专业一体化建设的主要路径是组织结构一体化，即实行学科专业管理团队负责人制，设置"学科专业负责人"岗位，对专业建设和学科建设负全责，避免出现学科专业"两张皮"现象；主要手段是任务考核一体化，即在学校的学科建设绩效考核中将专业建设和本科人才培养纳入考核指标；最终目标是本硕博人才培养一体化，全面提升学生的科研素养、动手能力和国际化视野。

2. 实施院长主管本科教学制度，夯实本科教学核心地位　随着浙江农林大学校院两级管理体制改革的不断深化，学院的办学主体地位日益增强，学院在人才培养、科学研究、社会服务等方面承担的任务日益繁重。为了进一步凸显本科人才培养的重要性，强化本科教学工作，加快推进高水平本科教育建设，经校党委多次专题研讨，浙江农林大学下决心在全校范围内实施院长主管本科教学制度，要求本科教学工作由各学院院长主管，院长需亲自抓、带头干。根据院长主管本科教学制度，学校改革了教学工作例会制度，要求校长和分管教学副校长联合主持会议，教务处处长和各学院院长参加会议，定期专题研讨与部署本科教学工作。同时，从 2019 年开始，学校同步实施了院长年度教学工作述职制度，强化对学院本科教学工作的考核，切实保障将院长主管本科教学这一创新举措落到实处、做出成效。

三、新林科建设的建议与期待

党的十九大报告明确提出，加快一流大学和一流学科建设，实现高等教育内涵式发展。我国高等教育迎来了前所未有的机遇。"安吉共识"的发布为新农科未来的发展指明了道路，即新农科建设将通过"开新路、育新才、树新标"3 个方面的改革，扎根中国大地，掀起高等农林教育的质量革命。基于此，浙江农林大学对新林科建设充满期待，并提出以下建议。

（一）多方支持新林科发展，实现"四个突破"

面向生态文明建设和美丽中国建设，拓展涉林学科专业覆盖面，实现涉林学科专业数量的突破；服务国家战略和区域发展需求，提升涉林学科专业的内涵和影响力，实现涉林学科专业质量和声誉的突破；破解涉林专业招生、培养、就业过程中面临的困境，加大政策激励和资源配置力度，实现涉林教育资源支持政策的突破；共建林科人才培养联盟，做到育人优质资源共享，实现林科育人平台共建共享的突破。

（二）凝心聚力，全面加快新林科建设的实践步伐

党的十九大报告提出统筹山水林田湖草系统治理的理念，新时代的林业发展迎来了

新机遇。目前，我国林业改革正在全面深化，林业的发展方式正在快速转变，林业的内涵已发生了深刻变化。基于此，高等院校的新林科建设应在模式、机制方面大胆实践，实现新的突破，从而为培养"下得去、留得住、用得上"的新型现代林业人才创造更加有利的条件。

"创新-创业-专业"融合教育模式的探索与实践

孙伟圣　吴鹏　马小辉　王康　王翀　郑丽萍　陈审声　曹长省　陆文晃

创新、创业与专业教育的相对孤立，对创新创业教育和人才培养成效造成了较大影响。创新、创业与专业教育的深度融合是高校创新创业教育亟需解决的共性问题。2010年，学校第一次党代会提出建设"国内知名的生态性创业型大学"中长期发展愿景，明确了"培养具有生态文明意识、创新精神与创业能力的高素质人才和现代农林业的未来领军者"的人才培养目标。2011年，在省内率先成立实体化运行的创新创业学院。经过10年的探索实践，形成了层次丰富、开放活跃、复合交叉的"一融合、二递进、三联动"立体型实践实训教育体系，在完善创新创业教育治理机制、优化人才培养质量和提高社会服务能力等方面取得了显著成效。

一、主要解决的问题

（1）如何在管理体制上解决创新、创业与专业教育三者多头分散管理的问题。

（2）如何在人才培养过程中实现创新、创业与专业教育三者的有机融合。

（3）如何在机制上为创新、创业与专业教育融合的教育教学要素提供保障。

二、成果解决教学问题的方法

1. 建立实体化运行的创新创业学院　2011年学校成立集贤学院，开始了在高等教育大众化背景下实施精英教育、培养创新创业人才的积极探索。经过10年的探索实践，历经两次改革，创新创业教育管理体制得到不断完善。通过成立实体学院，设立创新创业教研部，引进专职教师，开设创新创业培养实体班级，做实创新创业教育，从体制上解决创新、创业与专业教育多头分散管理的问题。

2. 建立"全覆盖、深融合、个性化"的人才培养模式　通过修订人才培养方案，即在2016级人才培养方案中，设置了创业类必修学分（6分）和创新创业实践活动学分（10分），实现创业课程和创新创业活动100%全覆盖。以"宽厚基础、差异教育、融通国际"为人才培养特色，探索拔尖创新人才培养新模式，开设求真实验班、创业班和工商管理（创新创业管理方向）双学位班，满足创新创业教育个性化需求。促进专业教育和创新创业教育的深度融合（图1）。

3. 建立"一融合、二递进、三联动"立体型实践实训教育体系　针对实践实训教育相对薄弱的问题，结合农林产业特色，依托学科专业，通过组织各类竞赛活动，将学科竞赛、创新创业和学生科研紧密联系起来，形成三者联动。沿着"验证性实验-综合性实验-创新性实验"和"创业理论-创业体验-创业实践"这两个层层递进的深化教育路径，推动创新、创业和专业实践实训教育深度融合，形成了层次丰富、开放活跃、复合交叉

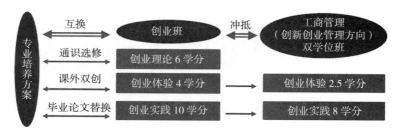

图 1 创新创业教育与专业教育深度融合

的"一融合、二递进、三联动"立体型实践实训教育体系。

4. 建立系统高效的教育教学要素保障机制 先后在替代论文、学分互认、荣誉导师、荣誉课程等方面出台了《求真实验班荣誉导师制实施办法（试行）》等30余项制度，每年设立325万元求真实验班专项培养基金、创业教育专项经费等，通过政策激励、资金投入、空间拓展等方式，全面服务创新创业人才培养，保障人才培养成效。

三、成果的创新点

1. 创新了专业与创新、创业融合教育实体化运行管理体制 在省内率先成立实体双创教育学院，构建了以创新创业教育工作领导小组为统领、集贤学院为主体、各学院及相关职能部门协同推进的"一体多翼"融合教育体制，从管理体制上有效解决了创新、创业与专业教育多头分散管理的问题。

2. 创建了"宽厚基础、差异教育、融通国际"的拔尖创新型人才培养模式 基于对未来人才竞争趋势的研判，确立了"健全人格、人文情怀、社会责任、国际视野、学术抱负、创新精神"的人才培养目标，强化通识教育、改革专业教育、新增成长教育，着重培养批判性思维和自主学习能力，建立了以"宽厚基础、差异教育、融通国际"为特色的拔尖创新型人才培养模式。

3. 创立了融专业与创新、创业教育于一体的多元学业评价制度 以教育教学目标为导向，通过实施"课内设立6个生态创业类必修学分""课外设立10个创新创业实践学分""建立创业班、专业、双学位班之间学分互认体系""发表论文、撰写创业实践报告替代毕业设计（论文）"等政策，打破传统以课程考试、毕业论文（设计）为标准的单一学业评价，建立了一套多元的、全过程的学业评价制度，有效提高了学生的自主学习能力和综合素质。

四、成果的推广应用效果

1. 人才培养效果显著，为"三农"发展提供农林力量 2018年以来，累计69 100人次参与创新创业活动，共10 360名本科生参加了43 663个双创活动项目并获得了双创学分。2015—2019年本科生学科竞赛获省级及以上奖项1 029项，其中一类竞赛获国家级奖107项，年平均增长率为81%；2019年获"互联网＋"大学生创新创业大赛全国总决赛金奖、银奖各1项，金奖数并列全国农林院校第一。10年来招收培养创新创业人才1 600余人。涌现出"全国就业创业优秀个人"、第七届"全国农村青年致富带头人"杨珍、"浙江省就业创业优秀个人"赵颖雷等在国内、省内有较大影响力的大学生农林业创新创业典型 70 余位，毕业生扎根基层、投身农林创新创业的群体逐渐扩大。

2. 教学改革成果丰硕，为"创新-创业-专业"融合教育贡献农林智慧 2015—2021 年来教师承担创新创业类科研项目 63 项，在《高教研究》等刊物发表论文 154 篇，出版教材、著作 10 部。建成创业管理学等一批省级精品在线开放课程，选拔和培养了 50 余位具有一定影响力的创新创业学科（专业）带头人。创新创业教育改革成果《浙江农林大学积极打造现代农林业创新创业教育体系》和《浙江农林大学：基于产学研合作的创新创业人才培养模式探索与实践》被教育部网站深度报道，并入选全国大学生创新创业实践联盟高校创新创业实践成果展。

3. 深受好评影响广泛，为"创新-创业-专业"融合教育提供农林经验 学校先后承办了全国创业型大学建设高峰论坛、创新创业教育国际研讨会、浙江省大学生创新创业大赛等活动，是全国大学生创新创业实践联盟常务理事单位、浙江省高校创业学院联盟副理事长单位，获评"浙江省普通高校示范性创业学院"，创新创业教育经验在全省、全国及国际会议上作专题介绍近 20 次。新华社、中央电视台、《人民日报》等主流媒体报道学校创新创业教育做法和师生创新创业事迹 300 余次，其中，新华社以《浙江农林大学：创业实践报告可替代毕业论文》为题发布报道，引起社会广泛关注，各级媒体转发 4 000 余次。学校创新创业教育经验被认为是可复制可推广的经验，产生了良好的示范和推广效应。

高校创业教育生态化运行机制研究
——基于浙江农林大学的实践探索[*]

王康　卢晶　李锦威　马小辉

在当下社会，"创业"已是大学生群体中的热门话题，"创业教育"成为了当代大学教育的重要内容。我国目前的高校创业教育亟待转型升级，从运行机制上彻底克服系统性不足、全面性不足、途径单一、缺乏实践等问题，从而在高校内部构建起一套能够适应知识经济时代"大众创业，万众创新"需求的创业教育生态化运行机制。

一、我国高校创业教育历史探究

根据徐小洲和李志永在《我国高校创业教育的制度与政策选择》中所述："20世纪90年代末，创业教育开始在我国高校出现，成为我国大学一种新的教育类型。经过10多年的探索，以及教育行政部门引导下的多元试点和试验，我国高校创业教育形成了三种典型的发展模式，即课堂教学主导型模式、创业意识和技能提升型模式、综合型模式。"

创业教育作为高等教育的一项重要内容受到了广泛关注。进入21世纪以来，我国相继出台了一些政策措施鼓励高等院校开展创业教育，1999年国务院批转《面向21世纪教育振兴行动计划》，提出加强对教师和学生的创业教育，鼓励自主创办高新技术企业；2002年教育部在清华大学、北京航空航天大学等9所高校开展创新创业教育试点工作；2012年3月教育部印发的《关于全面提高高等教育质量的若干意见》明确提出，把创新创业教育贯穿人才培养全过程。党的十八大以来，党和国家对创新创业人才的培养更加重视，做出了一系列重要部署，提出了明确要求。一系列政策引领着我国创新创业教育不断发展，为教育的探索和推广提供了重要的制度保障。

二、我国高校创业教育面临的问题

我国高校的创业教育正处于第一阶段（开展创业教育）向第二阶段（构建创业教育生态系统）的探索时期，这一过程中暴露出的突出问题便是教育机制的系统性缺失问题。高校在创业教育机制上仍然缺乏顶层设计和系统性规划，出现了教育目标狭隘、与专业教育和实践脱节、课程缺乏系统性、师资队伍的创新意识和能力欠缺、配套机制与设施短缺等问题，这些问题使得高校的创业教育仍然系统性不足、实效较差。以下为具体阐述。

（一）理念缺失——教育目标狭隘

这一点主要体现在创业教育的工具化倾向与人才培养目标的偏离上。目前国内的大

＊ 本文发表于：创新与创业教育，2017，8（5）：34-37.

学生对"创业"的理解普遍比较狭隘，他们大多认为创业就是创办企业，创业班毕业的学生就必须以成为一名优秀的企业家作为奋斗目标。实际上，创业教育的目标不应当局限于创办企业，更重要的是要培养学生的自主创新能力与开拓进取的企业家精神。但现阶段创业教育却忽视了最为重要的创新能力与企业家精神的培育。

（二）专业缺失——与专业教育和实践脱节

目前我国高校创业教育仍停留在通识教育层面，而未融入专业教育环节。比较典型的现象是无论专业教育的理论还是实践，都不涉及创业的具体内容，而创业教育也没有针对专业进行具体的分析指导。

（三）教学缺失——课程缺乏系统性

卓泽林和赵中建在《高水平大学创新创业教育生态系统建设及启示》中讲到："我国当前创业教育课程无论在设置还是设计层面都处于一种理论与实践脱节的状态，难以满足学生的现实诉求。"目前，我国高校在创业课程的设置上大多存在数量少、体系零散这两大问题。

（四）师资缺失——师资队伍的创新意识和能力欠缺

教师是创业教育生态系统中的重要因子，目前国内高校中开展创新创业教育的教师大多由兼职老师或者思政教师担任，大多数教师缺乏创业实践经历与创新创业精神，这极大地限制了创业能力的专业化培养程度与实效性。

（五）服务缺失——配套机制与设施短缺

目前我国许多高校对创业教育"一哄而上"，然而相应的配套支持机制与平台相对欠缺。该问题主要体现在：一方面，技术支持机制、政策服务机制、资金支持机制均难以满足大学生的创业需求；另一方面，孵化场地以及实习实践平台的短缺也成为制约创业实践教学发展的瓶颈。

本文通过引入浙江农林大学的创业教育生态化运行实践，提出创业教育生态化运行机制的一种构建模式，为创业教育提供丰富的现实支撑。

三、高校创业教育生态化运行实践探索

高校创业生态系统可以定义为："在一定的时间和空间内，以创业型大学、创业型人才培养为基本发展目标，创业主体大学生与各生态因子之间通过信念流动、激励保障、辐射带动等相互作用、相互依存所构成的统一体。"本文引入以建设生态性创业型大学为目标的浙江农林大学的创业教育生态系统建设案例，分析高校创业教育生态化运行机制的构建。

（一）创业教育课程体系

浙江农林大学从专业类创业课程建设、教学内容渗透创业内容、专业实践教学改革等三个方面来探索创业意识、创业知识和创业能力与专业教育的结合途径。从不同学科、不同专业、不同学生的需求出发，注重从应用领域增选主干专业课程的教学内容，改革教学方法，开设大量既适合于专业教学过程，又能传授学生创业内容的专业类创业课程。通过通识类的创业教育课程、专业类的创业教育课程以及部分实践课程，建立系统性的推进机制。从公共选修课和公共必修课两个维度开发一系列贴近时代前沿、符合学生需求的必修课与选修课，并赋予相应学分，构建起科学、全面的课程群。创业管理学等8门

课程成为校级精品课程，同时面向全体学生开设大学生就业指导、大学生职业发展2门必修课。学校人才培养方案中单设6学分"生态创业类"课程，要求全体学生必修2个创业学分；在课外单设4学分"创新创业类"课程，要求全体学生毕业前须获得6个相应学分。

（二）创业教育教师体系

《浙江农林大学高校创业导师培育工程实施计划》提出，学校通过开展创业导师选聘、师资培训、导师库建设、创业导师工作室创建和导师团队建设、创业导师和大学生培训结对等活动，培育一支数量充足、质量较高的创业导师队伍。建立创业导师选聘培养机制，按照动态管理原则，建设"浙江农林大学创业导师库"，为学校创业导师培训和创业教育高水平发展提供优秀人才。根据针对性、实效性原则，采取"请进来，送出去"等形式，开展创业导师能力提升培训，构建青年创业导师到基层、企业挂职，锻炼成长的长效机制，进一步建立完善促进学校创业导师专业发展和能力提升培训体系。引导相关部门和学院积极组织开展校本培训、工作坊交流、创业导师论坛、典型经验分享等多形式创业教育培训和各类创业探索实践活动。建立学校课程资源库和创业导师培训服务管理平台，通过开发建设，逐步建立校级创业导师培训服务信息化管理平台。

（三）创业教育平台体系

浙江农林大学的创业教育平台体系主要由教学、实训、竞赛、孵化四种平台类型构成，形成贯穿各个学院的平台生态分布。学校现有本科教学试验中心12个，省级以上试验教学示范中心6个，省级创业孵化器1个，工程训练中心1个，基本实现了专业学生的全覆盖。校内构筑具有转化、提升、孵化功能的"学科专业工作室、学院创新创业中心、学校创业孵化园"三级联动创业项目孵化平台。依托青山湖科技城、大学生创业孵化园、现代农林科技园等平台，吸引学生入驻。其中仅大学生创业孵化园，2015年就有创业团队17支，2016年有31支；学校各专业均建有校外实践基地，其中仅集贤学院（创新创业学院）2015年便建立高质量大学生创业实践基地21家。学校积极实施大学生创新创业训练计划，目前共有3 023名学生参与挑战杯，申报作品254项，有45个项目参加省赛，获1项一等奖，2项二等奖和4项银奖，7项三等奖和8项铜奖。

（四）创业教育服务体系

大学生创业遇到的普遍问题是缺乏人才、技术、资金及社会关系。学校需要根据这些问题，建立健全学生创业指导服务的专门机构，提供创业信息服务平台、网络培训平台，联合开发创业培训项目，发布创业项目指南，并提供技术支持与政策咨询，针对学生就业创业建立起完善的资金保障体系。浙江农林大学2015年来在创新创业教学上共投入506万元。每年设立创业教育基金100万元；创业平台建设260万元，企业设立"嘉韵风险投资基金"1 000万元；累计资助毕业生现代农林业创业240余万元；同时针对本科毕业生自主创业给予适当奖励。

四、高校创业教育生态互动的理论建构

在高校构建的由创业教育课程体系、创业教育教师体系、创业教育平台体系、创业教育实验班体系、创业教育管理体系、创业教育服务体系等六大体系组成的创业教育生态系统案例中，各个系统并非相互独立，而是不断互通互融、生态互动，从而使得全系

统呈现动态和多维度的特征。各个系统的生态互动主要呈现三种形式：引入式、联动式、相互影响式。

（一）引入式生态互动

引入式在各个系统间都有体现，如高校企业将作为学生一二课堂的延伸，这便是利用创业教育平台体系将创业教育课程体系中的学生课堂要素引入了企业；同时，将企业导师引入学校开办讲座，则体现了相应的逆向引入。再以将社会资本引入高校投资项目为例，这是创业教育服务体系中对创业教育平台体系的引入。通过各个子系统间的引入式互动，同时也增强了高校与企业在创业教育中的引入式互动。两者可相互引入，在师资、实训、管理等方面可相互学习，优势互补，进行合作办学，实行订单式培养。同时，高校也能够借此加强与天使投资机构、风险投资机构、创业投资基金管理团队和商业银行等的联系与合作，拓宽创业融资渠道，为优秀创业项目提供资金支持。

（二）联动式生态互动

联动式主要体现在当某一系统发挥显性作用时，其他各个子系统也同时联动，相互支撑。以高校创业教育体系下的创业实验班为例，这类班级培养方案由理论教学、创业体验、创业实践三部分组成，教学方法注重实践，全面采用讨论式、互动式、启发式教学模式。首先，这需要从创业管理体系上做好顶层设计，从课程体系和教师体系上给予足够的基础支撑，通过相应的课程体系和教师体系满足基础理论教学的需要；其次，还要通过创业教育平台体系为创业班的学生提供良好的创业体验环境；最后，还要通过完善的创业教育服务体系帮助学生开展创业实践。

（三）相互影响式生态互动

相互影响式主要体现在当某一子系统发生改变时，其他系统也会随之发生相应的变化。在六大系统中，创业教育管理体系属于整个生态系统的顶层设计，可称之为"生态键"。良好的管理体系能够使整个系统逐步得到优化，而管理体系若缺乏生命力和创造力，其他系统也很难发挥应有的作用。例如高校的整个创业管理体系中涵盖了学校各个相关职能部门，其中教务处、人事处直接事关创业教育的课程体系和教师体系，创业处、设备处等也分别事关平台体系和服务体系的建设。从这一点可知，构建创业教育生态系统需要充分认识各子系统间的相互作用，把握系统中的关键元素，从而实现全系统的不断优化。

五、高校创业教育成效评价与反馈机制建构

要真正建构成高校创业教育生态化运行机制，须在教育完成后期构建起完善的创业教育成效评价与反馈机制。良好的创业教育质量评价体系不仅可以有效地评定和监测创业教育中教与学双向过程和绩效，还可以全面监督并规范和引导师资队伍的教学行为，激励和组织学生的学习和实践活动。

（一）评价指标体系建构

"成效评价与反馈机制应当从创业教育环境、投入、成果、影响力等维度，通过评价指标、权重的确定，形成一个相对合理的创业教育质量评价指标体系。"以浙江农林大学为例，在学校创业教育质量评价指标中，着重突出创新能力、实践能力，关注创业教育的深度和广度。高校应当建立关注创业教育过程及结果的长效跟踪评价机制，全过程考

察学生的参与程度、对课程内容的理解和掌握程度，以及创业结果的持久性、稳定性和有效性。

（二）多元化评价方法探索

根据我国目前创业教育的开展情况，创业教育的评价可以分为"基于大学生创业就业"的定量化评价和"基于人才培养的创业教育"的多元化评价两大类。国内目前前者的定量化评价比较成熟，而后者尚不能完全采用定量化的指标，因此，应当采用定量化评价与定性评价相融合的组合评价方式进行综合评价和多元化的指标选取。同时，评价主体也应由单一的政府教育部门主导向更为多元化的主体发展，应鼓励第三方评价机构、高校、相关企业等多元主体参与，充分发挥各评价主体的自身特点及优势，共同推动高校创业教育评价体系日趋完善。

（三）创业教育生态运行体系的强化

在创业教育管理体系的顶层设计上，浙江农林大学成立了由校长任组长、分管副校长任副组长，学生处、研究生院、人事处、教务处、设备处、团委、创业学院等相关部门与学院负责人为成员的创新创业教育工作领导小组。建立了教务处牵头的工作机制，教务处长任办公室主任。小组明确了工作职责和运行机制，各部门和各二级学院都有专职或专人负责。这一创业教育管理的组织体系集创业教育、创业研究、创业人才培养等功能于一身，作为一个专门管理机构负责建设跨学科课程体系、管理创业教育试验班、管理创业孵化园、建设创业实践基地、开展国内外交流、进行创业教育教学改革研究、营造创业文化氛围等。同时，还成立了集贤学院创业教育指导委员会、创业教育教学委员会以加强创业教育宏观规划与中观协调功能。

把握好思政课程与课程思政的关系

高君

课程思政这个概念的提出，是希望学校各类型各性质的课程遵循教育教学基本规律，做到教书与育人相统一，做到与思政课程同向同行，达到良好的教育效果。这对其他各类课程教师和教学活动提出了更高要求和期待，也推动着思政课程教育教学改革的不断深化与创新。思政课程与课程思政，都强调课程的思政教育功能，都发挥着思想价值引领作用，都担负着立德树人的根本任务。课程育人是思政课程与课程思政的本质内涵，立德树人是思政课程与课程思政的内在要求，且二者统一于立德树人实践之中。但是，思政课程作为立德树人的关键课程，课程思政作为所有课程都要发挥立德树人功能的育人理念或课程观，两者的侧重点又是不同的。把握好思政课程与课程思政的关系，需要科学认识思政课程与课程思政的性质定位，正确理解思政课程与课程思政的辩证统一，有效发挥思政课程教师与课程思政教师的积极主动作用，实现思政育人效果的不断提升。

一、科学认识思政课程与课程思政的性质定位

（一）课程与课程育人

关于"课程"一词，其内涵是比较丰富的，不同学者也有着不同的课程概念。美国学者奥利瓦（Peter F. Oliva）在《课程发展》一书中提出：课程是在学校中所传授的东西，是一系列学科、教材内容、学习计划、个体学习者在学校教育中所取得的一系列经验等13种较具代表性的课程概念。但他并没有提出明确的课程概念。在我国，"课程"一词也是早已有之，宋代朱熹曾多次提及课程，如在《朱子语类》卷八中提到"小立课程，大作功夫"，在《朱子语类》卷十中提到"宽着期限，紧着课程"等。这里，把课程视作"功课及其进程"，与英文关于"课程"的本义"跑道"接近，也与现代社会理解的"课业及其进程"的含义相似。我国学界对于课程也有较多的理解。比如，有"学科"说，认为课程有广义和狭义两种，广义指所有学科的总和，狭义指一门学科；还有"进程"说、"总和"说、"经验"说等。

本文在论述思政课程与课程思政的关系中提到的"课程"，是指受教育者在教育者的指导下共同参与教与学各种活动的总和。这既包括由教育目标规定的学科（教学科目）及其教学内容、教学时数，也包括经过教育者精心设计的有目的、有计划的教学进程，还包括规定学生必须具有知识、能力、品德、价值观等各个学习阶段的学习要求。因此，"课程"的内涵，既要体现在对受教育者的学科专业知识和技能的传授上，也要体现在对受教育者的人文精神、科学精神、学术素养、道德素养、思想品德、理想信念、价值追求等的培育之中。

所谓课程育人，就是在课程的教育教学活动中进行育人。我国高校开设的各类课程

都具有育人功能，这是由我国教育制度的性质和育人目标的要求决定的。课程育人的本质在于实现思想价值引领，也就是说，我国高校各类课程都要始终坚持实现思想价值引领这根主线。近年来，国家出台了多个文件强调课程育人在育人体系中的重要地位和课堂育人的主渠道作用。同时，落实课程、课堂育人，要充分发挥教师育人的关键作用。所谓教师育人，强调的就是教师在传授专业知识的同时，引导学生坚持正确政治方向，坚持正确价值追求。在各类课程的课堂教学、知识传授中融入思政育人元素，以自身人格魅力影响学生，不仅向学生传授知识、增强学生才能，而且让学生懂得为人处事的道理，这才是课程育人的本义和真谛所在。

（二）思政课程是落实立德树人根本任务的关键课程

所谓思政课程，就是我国高校开设的思想政治理论课。思政课程具有体现思政教育目标的性质，因此，在落实立德树人根本任务中显得格外重要。关于思政课程的性质和任务，中央有关文件和意见都规定的十分明确。1949 年 9 月召开的中国人民政治协商会议第一届全体会议通过的《共同纲领》中明确指出：人民政府的文化教育工作，应以提高人民文化水平、培养国家建设人才、肃清封建的、买办的、法西斯主义的思想，发展为人民服务的思想为主要任务。1950 年 6 月全国高等教育会议通过的《关于实施高等学校课程改革的决定》明确指出，全国高等学校应根据共同纲领的规定，废除政治上的反动课程，开设新民主主义的革命政治课程，借以肃清封建的、买办的、法西斯主义的思想，发展为人民服务的思想；该会议通过的另一个文件《高等学校暂行规程》也重申了这一思想。这些文件都十分明确地规定了思政课程的性质和任务。

1980 年 7 月教育部颁布的《改进和加强高等学校马列主义课的试行办法》指出："我国高等学校开设马列主义课，对学生进行马列主义、毛泽东思想的基本理论教育，体现了社会主义高等学校的特点和优点，对各系专业的学生都是十分必要的，社会主义高等学校的性质和马列主义、毛泽东思想基本理论的指导作用，决定了马列主义课在整个高等教育中的重要地位。"这明确提出思政课程是体现社会主义性质的课程。1984 年 9 月中央宣传部、教育部印发的《关于加强和改进高等学校马列主义理论教育的若干规定》指出："马克思主义是我们党和国家的行动指南，是培养学生无产阶级世界观和共产主义道德的理论基础。把马列主义理论课作为必修课，是社会主义大学区别于资本主义大学的重要标志。所有大学生都必须认真学好这门课程。"这强调了思政课程的性质，并提出思政课程是每一个学生的必修课程。

1994 年 8 月中共中央印发的《关于进一步加强和改进学校德育工作的若干意见》指出："学校政治理论课和思想品德课是系统地对学生进行马克思主义理论教育和品德教育的主渠道和基本环节，要重点进行内容和方法的改革。"1995 年 10 月国家教委印发的《关于高校马克思主义理论课和思想品德课教学改革的若干意见》指出："对青年学生系统进行马克思主义基本理论和思想品德教育，是社会主义大学的本质特征之一。高校'两课'是高校思想理论教育的主渠道和主要阵地，是每个大学生的必修课程，'两课'教学为培养德、智、体等方面全面发展的社会主义事业的建设者和接班人，发挥了不可替代的功能和重要作用。"该文件明确地把思政课程定位为体现社会主义本质特征的课程，是高校思政教育的主渠道和主要阵地，是每个大学生的必修课程。2004 年 8 月中共中央、国务院发布的《关于进一步加强和改进大学生思想政治教育的意见》（以下简称

《意见》）中明确指出：高等学校思想政治理论课是大学生思想政治教育的主渠道。思想政治理论课是大学生的必修课，是帮助大学生树立正确世界观、人生观、价值观的重要途径，体现了社会主义大学的本质要求。这进一步指明了思政课程在大学生思想政治教育中的地位和作用。

2016 年 12 月 8 日，习近平总书记在全国高校思想政治工作会议的讲话中明确指出，高校立身之本在于立德树人。要坚持不懈传播马克思主义科学理论，抓好马克思主义理论教育，为学生一生成长奠定科学的思想基础。要用好课堂教学这个主渠道，思想政治理论课要坚持在改进中加强，提升思想政治教育亲和力和针对性，满足学生成长发展需求和期待，其他各门课都要守好一段渠、种好责任田，使各类课程与思想政治理论课同向同行，形成协同效应。2019 年 3 月 18 日，习近平总书记在学校思想政治理论课教师座谈会上的讲话中强调，思想政治理论课是落实立德树人根本任务的关键课程，思政课作用不可替代，思政课教师队伍责任重大；办好思想政治理论课的关键在教师，关键在发挥教师的积极性、主动性、创造性；还提出思想政治理论课教师六个方面的要求及推进思想政治理论课改革创新八个方面的统一。这就指明了思政课程在高校课程体系中的地位，指明了办好思政课程对高校履行自身使命的意义，同时明确了思政课程教师的职责要求，明确了思政课程改革创新的基本遵循。

从上述有关思政课程文献回顾和习近平总书记关于思政课程的重要论述可以看出，思政课程是高校落实立德树人根本任务，培养一代又一代拥护中国共产党领导和社会主义制度，并坚持为人民服务、为中国共产党治国理政服务、为巩固和发展中国特色社会主义服务、为改革开放和社会主义现代化建设服务的有用人才的关键课程，是对大学生进行思政教育的主渠道和专门性的课程，是体现我国高校社会主义性质、办学方向和本质特征的课程，是每一个大学生必须修好的课程，这是对思政课程性质、功能和地位的最集中概括，是我们办好思政课程的目的和初衷。它集中体现了我国社会主义大学最鲜明的底色，具有着较强的政治意识形态属性、服务功能和重要地位，是其他任何课程都不具备也不能取代的。

（三）课程思政育人理念的提出及其实质

课程作为学科知识的整合，是学科和专业发展的支撑。高校各专业的设置是建立在学科分类和课程开设基础之上的，各门课程的建设要服从和服务于学科发展和专业培养目标。立德树人作为我国高校的根本任务，关键是要落实到学校工作各个方面和教育教学各个环节，特别是要落实到课程体系和教学过程之中。实际上，各类课程都蕴含思政教育资源，也都有育人的功能。落实立德树人、发挥课程育人功能，就应该通过挖掘各门课程中蕴含的育人元素，发挥各门课程具有的精神塑造与思想价值引导的育人功能，解决好培养什么人、怎样培养人以及为谁培养人这个根本问题，真正把立德树人根本任务落到实处。

2004 年 8 月的《意见》明确指出：要深入发掘各类课程的思想政治教育资源，在传授专业知识过程中加强思想政治教育，使学生在学习科学文化知识过程中，自觉加强思想道德修养，提高政治觉悟，并提出坚持教书与育人相结合。学校教育要坚持育人为本、德育为先，把人才培养作为根本任务，把思想政治教育摆在首要位置。2016 年 12 月，习近平总书记在全国高校思想政治工作会议上强调，把思想政治工作贯穿教育教学全过程，实现全程育人、全方位育人。2017 年 2 月，中共中央、国务院印发的《关于加强和改进新形势下高校思想政治工作的意见》指出，要坚持全员全过程全方位育人，把思想价值引领贯穿教育教学全过程和各环节。中共教育部党组 2017 年 12 月印发的《高校思想政治工作质量提升工程实施纲要》进一步对高校育人工作提出了更加全面的、整体性的要求，要求充分发挥课程、科研、实践、文化、网络、心理、管理、服务、资助、组织等方面工作的育人功能，挖掘育人要素，完善育人机制，优化评价激励，强化实施保障，切实构建"十大"育人体系。上述要求均表明，落实好立德树人根本任务是一个系统工程，需要各个环节协调配合，形成合力。

课程思政的提出，是对课程本身蕴含的思政元素所承载的育人功能的认识的深化及对课程育人本源的回归；是把思政教育渗透到知识、经验或活动过程中，使教师在传授课程知识的基础上引导学生将所学知识转化为内在的德性，转化为自己精神系统的有机构成，转化为自己的一种素质或能力，成为个体认识世界与改造世界的基本能力和方法；是落实全员全过程全方位育人、使各类型各性质课程与思政课程同向同行，形成协同效应的重要体现；是新时代思政育人质量提升的现实需要。这正如马克思、恩格斯所指出的那样："人们的观念、观点和概念，一句话，人们的意识，随着人们的生活条件、人们的社会关系、人们的社会存在的改变而改变。"课程思政的提出，增强了对各类型各性质的课程育人功能的认识，使得课程育人从单一的思政课程主渠道扩展、延伸到了全部课程，这有利于将思政育人体系融入学科体系、教材体系和教学体系等各个方面。

因此，在高校，提出课程思政理念，绝不是一种偶然，它既是对原有的学科德育、课程育人理念和实践的不断延续，也是提升学科德育、课程育人的有效途径。强调课程思政，既是高校思想政治教育教学改革的内在要求，也是推动高校课堂教学改革的重要抓手，还是新时代高校课程改革创新的成果，为新时代高校加强思想政治教育提供了新思路与新方式。

课程思政强调把思政教育融入各类型各性质课程的教学和改革之中，体现了思政育人贯穿教育教学全过程的要求。从实质上看，课程思政是一种育人的理念或者是一种课程的观念，即"课程承载着思政"与"思政寓于课程之中"，它注重在知识的传授中强调思想价值的引领，在价值的引领中凝聚知识的传授与知识底蕴，而不是新增开一门或几门课程，也不是增设一项或几项活动，而是将高校思政育人潜移默化地融入各类课程的教育教学和改革的各个环节、各个方面，进而达到立德树人润物无声的效果。

从根本上看，课程思政是以培养什么人、怎样培养人和为谁培养人这个教育的首要问题为根本导向，强调所有课程都有育人功能，所有教师都有育人职责，所有课堂都是育人的主渠道。简而言之，课程思政，就是高校所有课程都要发挥思政的教育作用，增强课程的思想价值引领作用。这一课程育人理念，集中体现了社会主义大学的办学特色，坚持了社会主义大学的办学方向与育人导向，通过挖掘各类课程的思想价值意蕴，发挥所有课程的育人功能，把立德树人根本任务落到实处，确保社会主义大学培养目标的顺利实现。有研究者认为：课程思政在教育理念层面的突破，集中体现在将所有课程的教育性提升到思政教育的高度，表明首要的课程教学目标是正确人生观、价值观的养成。这对高校思政育人提出了新的要求，推动着思政课程的改革创新。

二、正确理解思政课程与课程思政的辩证统一

对于高校来说，思政课程发挥着对大学生进行专门性思政育人的功能，其他各门课程也都有思政育人的功能。2004 年 8 月的《意见》明确指出，高等学校思想政治理论课是大学生思想政治教育的主渠道，高等学校哲学社会科学课程负有思想政治教育的重要职责，各门课程都具有育人功能。作为思政育人的专门性课程的思政课程，与作为指导所有课程都要发挥育人功能的理念的课程思政，两者统一于立德树人实践之中。因此，把握好思政课程与课程思政的关系，就要正确理解两者的辩证统一。

（一）思政课程主导性与课程思政多样性的统一

思政课程是直接为培养学生思政素质而设计的课程，它概括和浓缩了特定社会所积累的思政观念、道德规范、价值观念及行为模式等，是一个在社会中占主导地位的意识形态的集中体现。统治阶级为确保自己的思想和意识形态成为占统治地位的思想，不仅要使统治阶级意识形态成为所有学校课程中占统治地位的思想，充分发挥统治阶级思想的主导作用，而且要专门设计集中反映统治阶级意识形态的课程。在思政课程以外的其他各类型各性质的课程中，也具有各种各样的思政教育资源，这些思政教育资源在没有得到挖掘和整理的时候，会呈现出多样化的状态，其思政育人的功能是自发的、偶然的，有可能与主导性的思政观念是一致的，也有可能与主导性的思政观念是相抵消的，这就需要有一种类型的课程发挥主导作用，引领各类型各性质课程沿着正确政治方向和价值导向实施育人功能。而思政课程作为一种直接反映在社会中占主导地位意识形态的专门性课程，除了课程本身具有直接提升学生思政素质的功能外，还具有主导、引领其他类型、性质的课程发挥思政育人的功能。

课程思政，就是要坚持以思政课程为主导、为引领，对各门课程中所蕴含的多样化的思政元素进行梳理、加工和提升，从而有效发挥各门课程的思政育人功能，落实立德树人根本任务。因此，课程思政建设要充分发挥思政课程在学科建设和课程建设中的引领作用，充分体现马克思主义理论对课程思政的指导作用。通过思政课程的主导、引领，使得各类课程的各种教育因素、教育影响、教育途径和教育力量所蕴含的育人因素得到有效发挥，保证课程育人的思政方向，实现主导性和多样性的统一。

（二）思政课程外显性和课程思政隐含性的统一

思政课程是为大学生开展思想政治教育教学而专门设立的课程，是列入教学计划，体现在课表上，有目的、有组织、有计划安排的课程（包括学科课程、活动课程等）。思政课程具有的鲜明外显性，主要体现在思政教育教学完整的课程体系和教育教学内容的政治性、思想性、理论性、建设性、批判性及国家主导意识形态的讲授上，而且，其教育教学内容是通过教学活动有组织、有计划地以明确的、外显的方式对学生思政素质产生影响。这种外显性，不仅倾向于把思政课程作为人类社会积累的知识和文化成果，强调要为受教育者提供专门的课程知识，而且倾向于把思政教育看成是一种经验学习，强调要从受教育者获得经验的角度实施教育。习近平总书记在 2020 年召开的学校思想政治理论课教师座谈会上明确指出，思政课要做思想政治教育的显性课程。作为系统、完整的思想政治教育课程，思政课程是大学生的必修课，覆盖全校学生，需要采取显性的、正面的教育方式进行系统思想理论教育，为学生一生打下坚实的理论基础。

马克思主义理论学科作为支撑思政课程的主要学科，在对大学生进行思政教育方面具有较强的优势。它把马克思主义理论同中国革命、建设和改革的伟大实践紧密结合起来，把思想政治教育同中华优秀传统文化、革命文化和社会主义先进文化紧密结合起来，集中体现立德树人的方向和宗旨。因此，思政课程这种理论性、系统化的思想政治观念和鲜明的政治意识形态性，不可能通过渗透在其他课程中来实现，必须充分发挥思政课程在立德树人中的显性作用。

课程思政理念下的大部分课程属于专业课和通识课，有必修课，也有选修课。而且，多数课程的授课对象是部分学生，支撑学科也大多数是马克思主义理论学科以外的其他学科。与思政课程相比较，各类专业课和通识课的思政元素是隐性的，在马克思主义理论指导下，通过对其隐含的思政元素进行挖掘、整理，进而发挥其思想价值引领作用。课程思政就是要使各类专业课和通识课在"守好一段渠，种好责任田"的基础上，潜移默化地渗透育人价值，发挥润物无声的隐性教育作用。因此，课程思政的隐含价值必须与思政课程的显性价值同向同行，形成协同效应，实现显性教育和隐性教育的统一。

（三）思政课程直接性与课程思政间接性的统一

思政课程是为提升大学生思政素质而设立的、直接和集中反映我国社会主义意识形态的一种课程，对大学生具有直接的思政育人功能。思政课程不是闲聊漫谈，而是应当有特定目标、系统计划、准确内容和科学方法的思政教育教学活动。作为对大学生直接开设的思政教育课程，其直接性，不仅体现在对大学生进行系统的马克思主义理论与思想政治教育的直接性上，而且体现在对课程思政导向的直接性上。思政课程可以直接地引导或带动其他各类型各性质课程的思政育人活动，并为其他各类课程思政育人活动提供一个客观的标尺。

在立德树人过程中，思政课程的直接作用是十分明显和重要的，因为思政课程的实施有助于直接强化我国主流意识形态，帮助大学生按照我们党和国家所期望的方向发展，否则思政教育就没有了引导和方向。思政课程的直接实施过程，既是把主流意识形态转化为学生个体思政观念的过程，也是个体在一定思政观念基础上接受新的思政信息，形成正确思政观念的过程。这个过程反映了思政教育的基本矛盾：教育者掌握的、社会所要求的思想政治品德要求与受教育者思想政治品德发展状况之间的矛盾。因此，思政课程的教育教学，要以明确的、直接的方式来进行，不能采取间接、隐晦的方式，含糊其辞地进行。

但是，仅仅依靠发挥思政课程教育教学的直接作用，没有课程思政的间接配合，不能保持同向同行，发挥其协调和间接的作用，思政育人的效果也会受到影响。其他各类型各性质的课程，尽管不是直接为提升大学生思政素质而设立的课程，但它为提升大学生思政素质奠定了良好的知识基础，无形中为大学生思政素质的提升起到了间接的作用。之所以提出课程思政育人理念，就是要通过挖掘各种课程中所蕴含的思政元素，间接地发挥课程思政育人的功能和作用。所以，只有正确处理好思政课程直接性与课程思政间接性的关系，才能更好地落实高校立德树人这一根本任务。

（四）思政课程整合性与课程思政分散性的统一

无论是思政课程还是其他各类课程，课程育人、课堂教学在立德树人中都发挥着主渠道和主阵地作用。课程育人，往往是要通过课堂教学这个重要平台来传授知识和培养人才，而支撑课堂教学的则是各类课程。各类课程中蕴含的思政因素在没有合理地、有意识地和系统地整合之前，它只是一种零星的、分散的和缺乏整体感的一种繁茂芜杂的状态。在各种因素的相互影响下，最终很可能使大学生思想道德发展依然处于一种"自然生长状态"。这就需要把各类课程中所蕴含的碎片化的、分散性的、相互隔离的思想价值元素进行内在的加工、整合和统筹规划，使之体系化、完整化，这样才能达到立德树人的整体效应。

思政课程，是以马克思主义理论为育人内容的学科性课程，在所有思政育人主渠道、主阵地中是系统化、完整化和理论化层次最高的课程，它能把其他各类型各性质育人渠道中的思政因素进行有效整合，通过整合各类课程所蕴含的思政素材，使其他各类课程中所具有的感性、零星的思政观点和思维方式在理论上得到凝练和提升，形成整体的育人效果。所以，思政课程所具有的整合性在课程育人中是十分必要和有意义的。如果缺乏思政课程的整合与提升，那么其他各类课程所提供的思政素材往往是零星的、杂乱无章的，处于一种自发地发挥作用的状态，不同课程素材之间甚至同一门课程不同素材之间很可能是相互矛盾和抵触的，不能很好地发挥其应有的育人作用和效果。但客观上，在高校整个课程体系和课堂教学中，思政课程只是一部分，其他课程和课堂教学占了较大比例，而且贯彻整个教学全过程，这就决定了大学生把大量时间和精力用于其他各类课程的学习，其思想道德修养和许多思想政治观点，往往在其他各类课程学习中表现出来。因此，脱离其他各类课程的思政课程教育教学活动，只能算是被列宁所批评过的那种"纯而又纯"的"马克思主义理论教育的直路"。

课程思政，作为以各类课程为载体、以各学科知识所蕴含的思政元素为契入点、以课程实施为基本途径的育人实践活动，可以弥补思政课程教育教学的一些不足。所以，只有把思政课程教育教学同其他各类课程教育教学结合起来，处理好思政课程整合性与课程思政分散性的关系，才能更好地发挥课堂教学在落实立德树人根本任务中的实际效果。

三、探索推进思政课程与课程思政的有机结合

各类课程都要传播一定知识和发挥育人功能，教育者在课程教育教学中传授知识与育人不是矛盾的，而是相互促进的。传授一定知识是育人的前提，而育人则有利于受教育者认识知识的重要性，提高学习知识的主动性和自觉性。落实立德树人根本任务，发挥课程育人重要作用，在课程教育教学中不仅要有政治性、思想性、理论性，也要有知识性、科学性、学术性；否则，课程育人就会丧失吸引力、说服力和针对性、有效性，也无法实现课程育人的目的。

课程育人中思政课程与课程思政发挥作用的重点与途径是有所不同的，但二者之间相辅相成、相互促进，在目标和任务上是共同的，在方向和功能上是一致的。各类课程都要围绕立德树人这一根本任务，发掘各自责任田中蕴含的育人资源与育人价值，把知识传授与理想信念培养结合起来，使大学生在各种知识学习中受到潜移默化的影响，形成所有课程共同育人的整体效应。只重视思政课程，不关注课程思政，则无法达到思政教育应有的效果；只关注课程思政，不重视思政课程，会使思政教育失去正确的价值方向。因此，我们要自觉地、有目的地把思政课程与课程思政有机结合起来，积极拓宽思政育人的途径与方式，不断提升思政育人的思想性、理论性和吸引力、针对性，真正实

现思政教育效果。

（一）有效发挥思政课程在立德树人中的引领示范作用

思政课程是集政治性、思想性、理论性于一体，旨在立德树人、培根铸魂的专门性课程，是落实立德树人根本任务的关键课程，在落实立德树人根本任务中发挥着引领示范和不可替代的作用。课程思政体系的整体架构和重要思政课程的引领示范，是保证正确方向的需要，也是实施课程思政要遵循的基本原则，因此，必须有效发挥以思政课程为核心的引领示范作用。

思政课程的教育教学，主要是通过课堂主渠道、覆盖高校所有专业、面向所有学生，在明确规定的若干门课程、统编教材和学分、课时等教学要求框架内实施。它直接向学生表明教育教学的目的和要求，其所要达到的教育教学任务和目的是十分明确的，就是要通过马克思主义科学理论和我们党创新理论的教育教学，引导学生认知、认同和接受科学理论，把理论知识的认知转化为对理想信念和信仰的追求，养成和保持优良德性和品行；引导学生坚定中国特色社会主义的道路自信、理论自信、制度自信和文化自信，自觉践行社会主义核心价值观。在立德树人和育人育才方面，思政课程具有独特优势；在学生成长成才中，思政课程发挥着直接的思想价值引领示范作用。因此，在办好思政课程的要求方面，只能在改进中加强，在创新中提高，绝不能以任何借口削弱思政课程。

有效发挥思政课程在立德树人中的引领示范作用，必须遵循教书育人规律，坚持育人和育才相统一，以育人为根本，引领其他各类课程发挥好课堂主渠道作用；在用科学理论武装人的过程中着力于筑牢青年学生的信仰基石，打牢青年一代成长发展的科学思想基础；在用正确思想塑造人的过程中着力夯实青年学生的人生根基，擦亮青年一代最鲜亮的精神底色；在用主流价值引导人的过程中着力激扬青年学生的青春梦想，凝聚青年一代开拓奋进的磅礴力量。

课程思政理念下的高校思政育人主渠道得到了拓展，但这绝不是思政课程既有主渠道地位的降低或削弱，而是在强调所有课堂都是育人主渠道的同时，对思政课程改革创新提出了更高的要求。思政课程在引领其他各类课程同向同行的同时，要更精准、更有效地发挥立德树人的功能，充分体现出立德树人专门性课程的示范担当和专业水准。

（二）有效发挥课程思政在立德树人中的润物无声作用

所有课堂都应发挥育人的主渠道作用，课程思政就是有效发挥课堂育人主渠道作用的必然选择。课程思政人，主要是指通过各种专业课程、专业课堂和教学方式中蕴含的思政教育资源进行的教育教学活动，它如同春风化雨润物无声，起到思想价值引领作用，实现立德树人的目的。在高校的常规课程和课堂教育教学中，专业课程和课堂的教育教学的比例远远超出思政课程和课堂所占比例。这样，发挥课程思政育人作用，要与学科建设、专业建设、课程建设、教材建设及教师队伍建设密切结合，其中，课程和课堂是基础，教师和学生是关键。要用好课堂教学主渠道和主阵地，在教育教学中发挥教师主导和学生主体作用，结合专业和课程特色，联系实际，做到有的放矢。

课程思政育人功能的发挥，具体是通过课程和专业来实施思政育人的教育活动，主要体现的是课程思政间接性和隐含性育人性质。它把教师的政治态度、政治认同融入各类专业课程教育教学中，寓思想价值观引导于知识传授之中，通过知识和技能传授，使学生在渴望求知的兴奋、愉悦和暗示下接受价值熏陶，启发学生自觉认知与认同，产生共鸣与升华，实现潜移默化的育人效果。课程思政育人的榜样示范性、交流平等性、知识专业性和方式方法灵活性的特点，在高校立德树人中往往可以达到"随风潜入夜，润物细无声"的效果。

需要明确的是，课程思政育人是没有统一模式的，它需要结合各种专业、各门课程的具体实际去探索适应，更需要思政课程的方向性引领。开展课程思政，要认真落实习近平总书记在学校思想政治理论课教师座谈会上提出的要求，完善课程体系，解决好各类课程和思政课程相互配合的问题，坚决避免将消极负面思想观念带入教学活动中。如此，才能充分体现课程思政与思政课程在育人目标上的一致性、在教育教学方式上的接近性和在教育教学效果上的互补性，构建高校思政教育同向同行的课程生态体系，通过充分利用各种方式和手段，在立德树人、培育时代新人上实现相互促进、相互补充、相辅相成、相得益彰。

（三）有效发挥思政课程教师与课程思政教师的积极主动作用

习近平总书记在 2019 年召开的学校思想政治理论课教师座谈会上强调，办好思想政治理论课的关键在教师，关键在发挥教师的积极性、主动性和创造性。思政课程教师作为立德树人"关键课程"的关键主体，要在学生心灵埋下真善美的种子，引导学生扣好人生第一粒扣子，传播好马克思主义科学理论，帮助学生树立坚定的理想信念，树立正确的世界观、人生观和价值观，认知、认同和践行社会主义核心价值观，养成独立人格、优良品质和良好心智，这些都是思政课程教师的基本任务与光荣职责。因此，对于思政课程教师来说，最重要的是要使思政课程真正成为立德树人的关键课程，更好地实现思政教育的目的和功能。目前，思政课程建设已经具备了前所未有的基础和条件，思政课程教师必须要发挥积极主动作用，有自信和底气，理直气壮地讲好思政课程。

从高校思政育人的全过程看，所有课程都有育人功能，所有教师都承担着育人职责。虽然思政课程育人是高校整体课程育人中极为重要的一部分，但并不能包揽所有立德树人、育人育才的工作，不能解决所有问题，还必须发挥其他专业课程立德树人、育人育才的功能。课程思政就是要发挥其他专业课程育人功能，发挥其他专业课堂育人主渠道、主阵地作用的一种育人观念，所以办好课程思政的关键也在教师，也同样要发挥各类专业课程教师的积极性、主动性、创造性。因此，对课程思政教师来说，最重要的是要真正遵循教育教学基本规律，做到教书与育人相统一。各类专业课程教师要结合不同学科、专业的特点，在引导学生学好专业知识、掌握专业本领、拓展多方面能力的同时，挖掘其课程中的思政教育资源，采取融入式、嵌入式、渗透式等各种方式和手段将思政教育内容融入课程之中，潜移默化地进行思想价值引导，促进学生全面成长成才。

所以，办好思政课程与课程思政的关键都在教师，都要有效发挥思政课程教师与课程思政教师的积极主动作用。无论是思政课程教师，还是课程思政教师，都应充分认识到自身肩负的责任和课程育人的功能，牢固树立为学生全面发展服务的意识，保持教育教学目的、方向和育人要求的一致性；都要注重培育学生的独立思考能力、创新创业创造精神、文化素质、人文与科学精神、协作精神、沟通和交流的能力，引导学生学会做人，学会做事；都要共同探索推进思政课程与课程思政有机结合的教育教学机制和有效途径，促进二者育人导向的有机结合和育人效用的相互配合，形成二者同向同行、协同发展的思政新格局。

课程思政的当代价值及建设路径研究[*]

李美好　施玮琪　王雅薇

一、课程思政的当代价值

（一）贯彻党的政策以及国家发展战略的需要

党的十九大报告提出要"加强和改进思想政治工作"，习近平总书记强调要使各类课程与思想政治理论课同向同行，形成协同效应。党的十九大报告还指出要加快一流大学和一流学科建设，实现高等教育内涵式发展。因此，各高校应把"课程思政"作为落实立德树人的重要基础性工作，要以习近平新时代中国特色社会主义思想为指导培养人才，坚定党的教育理念，把立德树人作为高校建设与人才培育工程的中心环节和基本任务，培养担当民族复兴大任的时代新人。

（二）适应新时代我国高校教学改革的需要

落实高校思想政治教育的改革创新有助于促进思想政治教育工作的发展。高等院校专业教学与思政教育的出发点和落脚点均是促进人的全面发展，培养全面的高素质人才。因而课程思政与我国教育改革两者共同发展、相伴前行、相互联系、相互促进。熬祖辉等人认为："课程思政的价值内核就是通过课程教授传播发扬马克思主义理论，把思想价值引领作用贯彻到教育教学的方方面面和重要节点，重点占领思想价值观竞争的道德制高点，促使高等院校成为新发展时期马克思主义研究和传播的基础地域和教育高地。"因此，将课程思政高效地渗透于课程的具体内容中，有利于弘扬社会主义核心价值观，传承新发展阶段的教学改革思想，实现思政教育的根本目的。

（三）课程思政弥补思政课程的需要

纵观漫长的教育发展史，高校思政教育遇到多重困难，思政教育与通识教育、专业课程的教学通常不能巧妙地贯通，只是停留在表层的知识教授阶段。要深入挖掘课程思政的内容，运用合适的教学方法，引导学生建立正向的认知，实现行为上的转化。这需要将立德树人的教育理念贯彻于整个教学历程中，把思想道德教育和文化素质培养穿插于专业课程的教育过程中，有效实现全过程培养、全方位培养。同时，这要求教育工作者将显性教育和隐性教育两者相结合并加以利用，既要发扬思想政治理论课程在社会主义核心价值观教育中的中心地位，又需要联系通识教学和专业课程各自独特、优越的培育功能，实现各个方面思政的整体教学目的。思政课程需要与课程思政有机互补，实现知识传授与价值观引领相统一、显性教育与隐形教育相联系，形成各方面的合力，进一步提升教育教学的质量与水平。

---

* 本文发表于：大学，2021（24）：103-106.

（四）新时期贯彻落实立德树人根本任务的需要

高等院校的课程思政教育是关系高校实现立德树人这一根本任务的重点，新时代推进高校课程思政建设必须坚定把传播马克思主义科学思想同发扬与贯彻社会主义核心价值观紧密结合，更好地在课程思政建设中坚定落实党的各项教育政策与方针，切实完成高校立德树人根本任务。高校在强调立德树人教育理念、注重提高思政意识、重视学术研究和技能拓展之余，应更多地着眼于学生思想道德的培养与健全；培养全面发展的高素质人才，让课程思政在指引学生正确价值观和人生方向上发挥其应有之意。深入贯彻立德树人的教育路线，在当今社会极其需要，也应极力推广，高校应让学生们深刻认识到课程思政的重要性。

二、课程思政的研究与建设

（一）持续受重视的课程思政

2004 年至今，中央先后出台多个关于进一步加强和改进未成年人思想道德建设和大学生思想政治教育工作的文件。由此，上海市作为我国课程思政发展先锋，拉开了课程思政改革的帷幕。2005 年上海市提出了两纲教育，即上海市学生民族精神指导大纲与上海市中小学生生命教育指导纲要。上海市在中小学教育中一直具备发展思政教育的引导意识，并一直坚定地进行改革与探索。2010 年，上海市承担了国家教育体制改革试点项目——"整体规划大中小学德育课程"。我国以上海市为实验点，做出了一系列课程调整和改革，最终在 2014 年正式提出了课程思政这一概念。可以说，课程思政是经过不断摸索和实践的结果。上海市各大高校也迅速跟随教育政策与方针，进行了课程思政改革，组织了大量相关的学习教育活动。其中上海高校推出的"大国方略"课程好评如潮，所传达出来的价值观念和先进意识在全国范围内都起到了模范引领作用。2016 年，习近平总书记在全国高校思想政治工作会议中强调了课程思政的作用与价值，这表明了我国教育的发展趋势以及我国对课程思政的重视。

（二）认识不断深化的思政教育

2004 年，我国对高校教育改革的探索仅仅落脚于思政课程，通过单一的课程来提高思政教育水平。在 2005 年到 2010 年的思政课程发展中，我们逐渐意识到，仅仅作为一门课程的思修课是不足以承担起高校育人重任的。在 2010 年到 2014 年的教育改革实践中，我们总结出要将思政教育融入每一门学科，融入每个教育细节上去，要让社会主义核心价值观渗透到整个教育体系中去。

2004 年到 2014 年提出的课程思政发展建议，反映出的是教育理念的进步，也是我们探索思政教育的实践结果。2016 年，习近平总书记在全国高校思想政治工作会议上的讲话指出，使各类课程与思想政治理论课同向同行，形成协同效应。中共中央、国务院印发的《关于加强和改进新形势下高校思想政治工作的意见》指出，要实施高校课程体系和教育教学创新计划，面向全体学生开设提高思想品德、人文素养、认知能力的哲学社会科学课程，充分发掘和运用各学科蕴含的思想政治教育资源。从 2014 年提出课程思政到 2016 年中央正式落实课程思政，课程思政的先进性和合理性已经得到充分证实。2017 年党的十九大把课程思政作为教育的一大重要事项，课程思政已经成为教育发展的必然趋势，人们对课程思政的认识也不再局限于研究其合理性，而是开始探讨落实课程思政的具体方式。

（三）课程思政的转型升级

在过去的十多年中，上海市实施的两纲教育课程改革仅面向中小学生，一定程度上只是把思政课程纳入常规学科的初步尝试，准确来说，这样的方式只能算作一种"添加"来丰富课程，但并没有充分发挥好思政课程的思政教育特性。2010 年，上海市承担了"整体规划大中小学德育课程"这一国家教育体制改革试点项目，意味着上海市把"思政教育融入普通课程"这一理念提上了议程。从此看出，上海市在思政教育的探索经验上具有课程思政的先进性和规律性。2016 年，习近平总书记在全国高校思想政治工作会议上提出了课程思政，明确了全国教育改革的方向，引导了教育变革趋势。从思政教育在2004 年还是一门单独的课程，到 2016 年习近平总书记正式提出将课程思政作为教育改革的方向，这体现了我们应对思想文化多样化时代做出的教育变革。从思政课程到课程思政，教育理念的进步和课程思政的诞生也是相互影响、相互进步、相辅相成的。党的十九大明确对课程思政提出更多更高的要求，课程思政需要贯穿整个教育体系。2017 年教育部关于印发《高等学校马克思主义学院建设标准（2017 年本）》的通知，体现出国家对课程思政发展的关注与推动。该文件指出，学院是直属学校领导的独立二级机构，统一开设全校思想政治理论课（包括"形势与政策"课），统一管理思想政治理论课教师，统一负责马克思主义理论学科建设。

三、课程思政的建设现状及困境

（一）课程思政尚未高效融入专业课程中

习近平总书记指出，思想政治理论课要坚持在改进中加强，提升思想政治教育亲和力和针对性，满足学生成长发展需求和期待，其他各门课都要守好一段渠、种好责任田，使各类课程与思想政治理论课同向同行，形成协同效应。但在实践过程中不难发现，由于各个学科具有其自身的特性，所以在某些课程中常常不能找到与课程思政的契合点，导致教师在课堂上无法自然而然地将课程思政内在蕴含的价值观等思政教育元素有机融入专业教学体系中。

（二）课程思政的机制尚不完善

课程思政的研究与发展尚且处在初步阶段，在短时间内建立起一系列行之有效的制度体系存在一定的难度，这导致顶层设计没有比对的依据、具体执行没有合理有效的章法。杨建超提出，可以通过线上线下的方式调查学生对课程思政的满意度，根据学生的反馈进行课程思政金牌教师培育，不断加快课程思政教育教学研究课题的立项。

（三）教师对于课程思政的主体性尚且不强

新式的课程研究中，难免会有一些因循守旧的教师出现思维偏差。例如，部分学科教师专注于专业知识系统化、综合化的传授，而忽视了专业课程与思想政治教育活动的共同之处与相互促进作用。杨建超还指出："有丰厚的人文知识储备和娴熟的运用能力，教师自然能将知识传授、价值引领和学生能力培养紧密结合起来。"由于部分教师在思想政治理论知识上的专业性还不足，因而仍不能将课程思政大力度、全方面地落实到教学大纲、教学方法和课堂教学等各个环节中。

四、课程思政的建设建议

（一）注重显性教育与隐性教育相结合

习近平总书记在 2019 年召开的学校思想政治理论课教师座谈会上提出，要坚持显性教育和隐性教育相统一，挖掘其他课程和教学方式中蕴含的思想政治教育资源，实现全员全程全方位育人。显性教育重在阐扬马克思主义理论之"道"，而隐性教育指借助一定的校园环境、文化活动等载体，逐步将思想政治教育内容与恰当的载体相融合，从而使受教育者形成符合学校及社会需要的思想品德规范，这就凸显了显性教育与隐性教育相结合的优势所在，也突出了人才教育的多样性与科学性。

（二）加强教学顶层设计与改革

各个高校需要进一步加强课程思政建设部门间的相互协同、合作与创新，提高重视程度。学校与教育管理者要重视对实际效果的考评，以考评促改革。同时，各高校要将评估的注意力转向教学过程，以学生的成长与发展状况作为评价教师"立德树人"教学任务完成情况的评估标准，将教师聘任考核的重要指标由从前的重视文章与项目数量等转向注重教师的教学质量。

（三）重视教师队伍及师资力量的强化

明确要求任课教师在课程思政的过程中落实责任与担当。在学习借鉴中不断创新授课方式，丰富课堂内容，营造课堂氛围，做到科学性与价值性、知识性与思想性的辩证统一。首先，教师在教学中要找准学生的合理诉求，着重突出课程设计中对专业知识的传授、对核心技能的培养以及对价值观的引领。其次，教师还需要深入贯彻习近平总书记关于教育的重要讲话精神，增强使命感，不断提高自身的思想政治修养。最后，教育工作者需要具有踏实严谨的工作作风和勇于开拓的创新精神，起到先锋模范作用。

（四）积极采用激励教育的方法

在大学生教育管理中采用激励教育方法，在应用激励理论进行思想政治教育管理实践过程中，可以遵循正面激励与负面激励相结合、物质激励与精神激励相结合的原则，恰当运用目标激励、信任激励、榜样激励、参与激励和竞争激励等措施来激发大学生潜能和具体行为的内在动力，调动他们的自主积极性。通过"启发式"教学代替传统的"灌输式"教学，进一步使学生成为课程思政的参与主体。

新时代高校课程思政研究范式及其实践路径探析*

张孟镇　　洪昀

在 2016 年召开的全国高校思想政治工作会议上，习近平总书记强调，要用好课堂教学这个主渠道，思想政治理论课要坚持在改进中加强，提升思想政治教育亲和力和针对性，满足学生成长发展需求和期待，其他各门课都要守好一段渠、种好责任田，使各类课程与思想政治理论课同向同行，形成协同效应。课程思政作为一种思政教育理念不断融入课堂教学改革，已成为创新思想政治教育工作的重要载体。

一、课程思政的内涵与价值意蕴

（一）课程思政的内涵

2004 年，中共中央、国务院在《关于进一步加强和改进大学生思想政治教育的意见》中强调，要深入发掘各类课程的思想政治教育资源，在传授专业知识过程中加强思想政治教育，使学生在学习科学文化知识过程中，自觉加强思想道德修养，提高政治觉悟。这是较早地提出课程思政理念的文件。

2017 年 12 月，教育部发布的《高校思想政治工作质量提升工作实施纲要》提出了课程育人质量提升体系建设任务，大力推动以课程思政为目标的课堂教学改革，实现思想政治教育与知识体系教育的有机统一。在该文件中明确提出了"课程思政"的概念。

所谓课程思政，简而言之，就是高校的所有课程都要发挥思想政治教育作用。这是一种创新的思想政治工作理念，即"课程承载思政"与"思政寓于课程"。坚持用好课堂教学主渠道，充分理解课程思政的丰富内涵，系统规划课程思政的生成路径。

（二）课程思政的价值意蕴

课程思政改革，即围绕"知识传授"与"价值引领"相结合的课程目标，构建"显性教育"与"隐性教育"相结合的课程内容体系。显性课程即高校思政理论课（四门必修课＋形势政策课）；隐性课程包含综合素养课程（即人文素质选修课、公共基础课等）和专业教育课程。目前，高校教学体系中隐性课程更多地侧重于"知识的讲授"，知识传授与价值引领的契合度不高，因此隐性课程已成为课程思政改革的重要探索领域。

1. 坚持"知识传授"与"价值引领"相结合　　围绕高等教育立德树人的根本任务，深入挖掘课程体系（特别是通识教育课、专业教育课、实践教学课）中的思想政治教育元素，在注重知识传授的同时，应进一步将习近平新时代中国特色社会主义思想融入课堂，加强意识形态的价值引领，将知识传授与价值引领有机结合，形成课程思政育人的协同联动效应，从而提升育人成效。

---

* 本文发表于：教育现代化，2019，6（34）：222-224.

2. 坚持"显性教育"与"隐形教育"相结合　思想政治理论课是一门具体的显性教育课程，是高校思想政治工作的主渠道，要在改进中加强、在创新中提高，充分发挥思想政治理论课在学科建设和课程思政中的引领作用。其他课程作为隐性课程，在"守好一段渠，种好责任田"的基础上，要潜移默化地渗透育人的价值，必须与思想政治理论课同向同行，形成协同效应。

3. 坚持"协同发展"与"创新载体"相结合　通过课程思政的推进，努力破解"孤岛式"的思想政治工作局面，营造课程教学与思想政治教育协同育人的良好氛围。在领导体制、队伍建设、组织运行管理以及评价机制等协同发展的同时，也要不断加强课堂教学改革以及实践教学改革，创新教学内容和教学方式，达到全课程育人、全员育人以及全过程育人。

二、课程思政的研究现状

近年来，国内多地高校试点课程思政改革，推进思想政治教育课程体系改革，形成了一些较为详尽的课程思政实施办法，并围绕课程思政的教学改革实践开展了一系列理论研究，主要集中在以下几个方面：

（一）课程思政的理念研究

部分专家学者深入剖析课程思政的内涵、价值意蕴以及内在逻辑等，如徐建光在《坚持全课程育人 深化课程思政改革》一文中认为，课程思政要全方位教学设计以及全过程引导推进，实现从思政课程向课程思政的转变；邱伟光在《课程思政的价值意蕴与生成路径》一文中认为，课程思政建设对高校落实立德树人根本任务、确保育人工作贯穿教育教学全过程具有重要意义，课程思政重在建设，教师是关键，教材是基础，资源挖掘是先决条件，制度建设是根本保障；何红娟在《"思政课程"到"课程思政"发展的内在逻辑及建构策略》一文中认为，课程思政是高校教育理念变革、思想政治教育自身复杂性本质和马克思主义教育思想发展的必然，其理论基础是实现课程系统性与协同性的耦合、课程理性价值和工具价值的统一、科学教育与人文教育的融通，思政教育理念转换、大思政模式构建和教育共同体形成、课程资源开发分别是课程思政建设的基本前提、根本要求、基本依托和必要基础。

（二）课程思政的方法论研究

一些专家学者从主体责任、教学改革以及创新载体等方面，提出建立课程思政长效运行机制和协同创新机制。如李江在《领航课程思政：党委主体责任的逻辑与行动》一文中认为，党委在课程思政中的政治责任，体现在宏观把握、顶层设计和立德树人的效果上，应构筑立体化的育人模式；高燕在《课程思政建设的关键问题与解决路径》一文中从明确主体责任、把脉学生需求、完善评价标准以及打通专业壁垒等方面建构课程思政体系，认为高校课程思政改革应重点在强化价值引领、推动理论建设、促进机制体制创新、形成协同育人机制等方面持续推进，构建"大思政"的新格局；李国娟在《课程思政建设必须牢牢把握五个关键环节》一文中从课程（基础）、思政（重点）、教师（关键）、院系（重心）、学生（成效）等 5 个方面建构课程思政体系。

（三）课程思政的实证性研究

一是以上海地区高校课程思政教学改革为例，开展总结性及创新性的研究，如高锡文在《基于协同育人的高校课程思政工作模式研究——以上海高校改革实践为例》一文中深入剖析上海高校课程思政改革的逻辑层次：协同育人——着力点、政治方向——根本点、以生为本——立足点、人才培养——核心点、改革创新——推动点。二是以某一特定专业课程为例，阐述如何将思想政治教育元素融入专业教育当中，加强专业课与"思政课"的互动，如顾莹《基于 OBE 理念的航空医学课程思政教育改革探讨》以及吕玉龙、屠君《基于艺术设计专业的高职课程思政实践途径探究——以浙江农业商贸职业学院艺术设计专业为例》分别结合航空医学专业课程以及艺术设计专业课程，探索协同育人的课程思政教学模式改革。

（四）课程思政的创新性研究

部分专家学者探索在"互联网＋"的时代背景下创新性地探索课程思政载体以及内容的研究，提出运用新媒体信息技术等技术手段来提升课程思政的实效性。如刘淑慧在《"互联网＋课程思政"模式建构的理论研究》一文中认为，"互联网＋课程思政"是解决高校"培养什么人，如何培养人以及为谁培养人"这个根本性问题的新范式，其目标是实现互联网与课程教学的深度融合，增强思政工作的亲和力和针对性，从而提升价值引领和意识形态教育效果。

（五）课程思政的特殊性研究

部分专家学者从生成路径以及创新载体的角度，探索专业课与思想政治教育元素的有机结合。如余江涛等在《专业教师实践"课程思政"的逻辑及其要领》一文中认为，从课程思政的短板——理工科专业教师着手，坚持专业定位与多学科融合、科学精神与人文精神融合以及实践中的学以致用；杨荣刚在《以专业课教学为平台创新思想政治教育模式探析》一文中认为，在专业课教学中开展思想政治教育应该坚持契合性、适度性、渗透性三个原则，打通专业知识教育与思想政治教育之间的知识通道和逻辑关系，实现专业课与思想政治理论课的交融互动，从而不断提升思想政治教育的实效性。

三、课程思政的工作路径探析

课程思政改革的初期，学界对于课程思政多集中于课程思政的价值意蕴以及实践路径的研究。2018 年后随着研究的深入，课程思政进入攻坚阶段，越来越多的专家学者以某门教学课程或者理工科专业为切入口，探讨专业课课程思政改革。虽然一些高校已经制定了课程思政的具体实施办法，但是目前对于课程思政的研究仍侧重于价值内涵及其生成路径分析，集中在理念研究以及宏观建构的层面，缺少对于课程思政育人质量管理以及创新协同的研究。笔者认为可以从如下方面进行深入研究：

（一）课程思政育人质量评价性研究

高校课程思政应进一步完善育人质量评价性研究，着力建立完善的育人评价体系和机制，制定可操作的量化指标，明确课程思政育人质量评价体系的评价主体与评价项目。探索校内外评价主体相结合的路径，校外评价主体为毕业生用人单位以及社会服务单位等，校内评价主体为教学部门、教师以及学生等，既要注重专业课思想政治教育的过程，又要注重教育效果。评价项目应更加多元化，一二三课堂联动全面对课程思政育人质量加以评价。

（二）课程思政育人范式研究

当前，对课程思政育人体系的研究缺乏相对统一的研究范式。今后应该在调研高校课程思政育人现状、基本特征及构成要素等相关性的研究基础之上，提出大学生课程思政育人范式构建的原则，科学设计范式构成模块，引导各模块建设重点内容，分析范式各模块与人才培养目标匹配度等，指导课程思政育人方案修订工作，并通过实践对范式设计理论的科学性、有效性进行验证。

（三）进一步细分课程思政主渠道

高校中的课程体系主要包括思政理论课、综合素养课程以及专业教育课程，其中对于专业课课程思政的研究相对比较薄弱，相比较政治理论课以及综合素养课程而言，专业课课程思政的建设将是课程思政工作深入推进的重点以及难点。在如何挖掘专业课中的思想政治教育元素，加强专业课与思想政治课的有机结合等方面应予以高度重视。同时，本科生与研究生的课程体系有所区别，相应的课程思政的实施路径也应有所区分。

（四）创新新时代课程思政的形式与内容

新时代的课程思政体系建设要坚持与时俱进、不断创新，探索将习近平新时代中国特色社会主义思想有机融入课程体系的新形式，在调研当前课程思政育人的现状及其课程体系特点的基础上，结合当前大学生的思想特点及行为特点，有效推进课程思政的建设与改革，例如在乡村振兴战略的背景下探索农林类高校课程思政体系。同时不断创新课程思政的教学载体及教学内容，特别是深入研究"互联网＋"时代课程思政的新特点，开展基于网络平台的"互联网＋"课程实践，提升课程思政的实效性与时效性。

以"规划引领，资源集约，评价驱动"
筑牢人才培养中心地位的探索与实践

梅亚明　陈方　李燕　钱光辉　杜春华　梅雨晴

董杜斌　郭建忠　孙伟圣

一、基于大学发展的本源要求：破解了地方高校的发展难题

（一）成果的背景

《国家教育事业发展"十一五"规划纲要》明确要求"全面加强教育规划工作，建立规划的动态调整和实施监测机制"，高校步入规划引领发展的时代。党的十九大提出"推动高等教育内涵式发展"，高校面临着从规模扩张的外延式发展向注重质量的内涵式发展的转型。浙江农林大学经过12年的跨越式发展，至2010年，学校专业门类、专业数量、学生人数扩大了10～15倍，办学资源稀释，部分专业培养质量下滑，人才培养短板凸显；同时学校更名后，政府与社会对学校人才培养有了新的期待。

（二）举措与成效

学校坚持"以本为本"，推进"四个回归"，在19项高教项目研究成果的基础上，跳出教学看教学，系统谋划并建构了"规划引领、资源集约、评价驱动"的实践范式。秉持"大学是校友的"主旨理念，将校友视为大学未来发展的核心竞争力，以人才培养规划为核心，以人才与师资队伍建设规划等专项规划为支撑，构建了完善的人才培养规划体系；通过学科专业一体化建设、独立组建12个校级本科实验教学中心、推进科研反哺教学等举措，促使有限资源聚力教学并实现了集约化利用；通过构建年度教育教学目标任务考核制度、实施院长主管本科教学制度、推进以教学业绩为本位的教师考评机制等举措，提高了人才培养规划执行力度与质量。10年来的改革与探索，成效显著。一是教学地位明显提升，教学投入不断增长，教学工作在学院年度工作考核中的占比从20%提升至30.8%；二是教学资源持续富集，省级以上教学资源与平台增长了2.4倍，计算机科学与技术专业在全国农林高校率先通过工程教育专业认证，木材科学与工程专业获得SWST国际认证；三是培养质量稳步提升，本科毕业生深造率从8%提升到24.1%，选调生数量在全省高校名列前茅，学生在省级以上学科竞赛获奖数增长了3倍，公开发表学术论文数增长了5倍（图1）。

（三）解决的问题

本成果有效解决了三个方面的教学问题，为地方高校突破资源瓶颈、提升人才培养水平提供了典型示范：

1. 教育教学重视不足　学校面临政府和社会日益增长的科研需求以及提高自身办学水平的压力，导致过度强化科学研究，人才培养中心地位虚化。

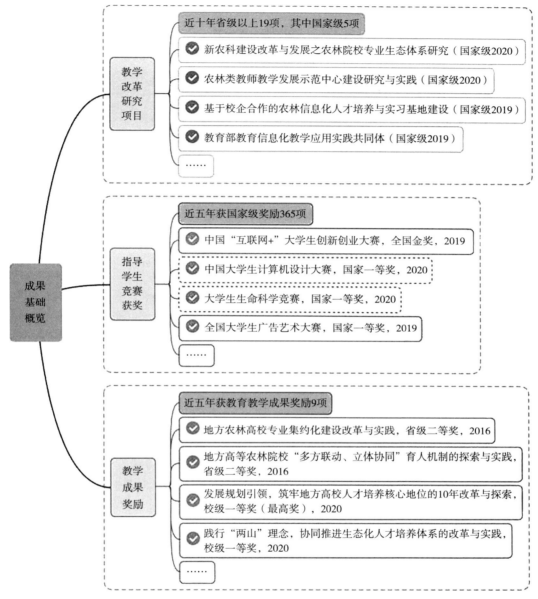

图 1　成果基础概览

2. 教学支撑条件不足　学校从千人规模跨入万人大学行列，教师队伍、课程资源、实验设施、空间场地等教学资源严重稀释，难以支撑人才培养需要。

3. 教育教学评价偏软　学校缺乏科学有效的教育教学评价办法，教育教学质量要素量化评价不够，教育教学成果在学院考核和教师业绩评价中体现不足。

二、勇于自我革新的十年探索：建构了人才培养的实践范式

在马克思主义系统整体观指导下，回归大学本位，通过顶层设计，评价抓实，构建支撑人才培养的规划体系，聚集教学资源，创建教学评价机制，筑牢了人才培养中心地

位，培养质量稳步提升（图2）。

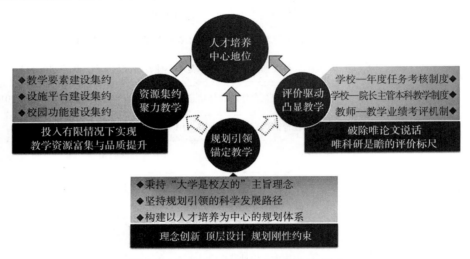

图2　十年探索，建构人才培养实践范式

（一）规划引领：锚定教学，构建人才培养为中心的规划体系

1. 秉持"大学是校友的"主旨理念　学校坚定认为大学声誉主要来源于校友在各行各业的贡献，大学发展有赖于广大校友的关心、支持与帮助，当下培养的未来校友也是大学未来发展的核心竞争力！因此，学校始终坚持人才培养的"初心"，回归常识，回归本分。2014年浙江农林大学发布《关于深化与完善校内管理体制改革的若干意见》，提出把人才培养作为学校最根本的工作，师资力量、资源配置、全体师生的精力及其工作评价都要以人才培养为中心，围绕中心配置办学资源。

2. 坚持规划引领的科学发展路径　遵循学生成长规律，以学生发展为根本，将"坚持发展战略引领，科学编制和实施学校事业发展规划，实现可持续发展"明确写入《浙江农林大学章程》。科学的发展路径让学校发展目标更加清晰，即以建设"生态性创业型大学"为发展目标，培养具有生态文明意识、创新精神和创业能力的高素质人才和现代农林业的未来领导者，构建以社会需求为导向、学生发展为根本的多样化人才培养体系。

3. 构建以人才培养为中心的规划体系　2011年学校编制《中长期发展规划纲要（2011—2020年）》，以规划纲要为指引，以人才培养为中心，以制定的"十二五""十三五"本科教育发展规划作为主体，以制定的师资队伍建设、实验室建设、专业建设等专项规划作为支撑，由各学院编制发展规划以具体落实，将教学中心地位从观念优势转化为体制优势、实践优势，构建以人才培养为中心的教学、科研、社会服务互联互动的规划体系。

（二）资源集约：聚力教学，打好资源集聚人才培养的组合拳

1. 教学要素建设集约　推进学科专业一体化建设，没有学科支撑和教学质量保障的本科专业逐步停止招生；基于一级学科设置了42个学科专业负责人和管理团队，构建了学科专业一体化的基层教学组织。构建以效益提升为导向的专业结构调整机制，撤并服务窄、培养弱、建不成专业群的专业，增加单位专业的资源投入。引导教师将科研成果积极转化为高质量课程、教材及教辅材料，林业碳汇研究团队出版了全国首套竹林碳汇知识科普作品；中药学专业教师团队建设的"百草园"已接待校内外学生实习、参观超过1万人次。

2. 设施平台建设集约　打破学院壁垒，把本科实验室从各学院剥离，与科研实验室分离，独立组建了12个校本科实验教学中心，由学校直属、学院代管、人员统配、经费单列。突破科研平台只用于完成科研任务的固化观念，校内29个国家级与省级科研平台、校外科研基地全部向本科生开放，建成高质量本科实习基地。鼓励教师依托科研项目组建师生一体研究团队，指导学生开展科研实训。构建校院两级教师教学发展运行体制，建成700平方米的中心场地，促进教师教学能力发展。

3. 校园功能建设集约　推进校园、植物园"两园合一"建设，打造数字化植物园，将校园建设成综合实践实训教学基地，拓展校园服务教学功能；完善校园"一湖两廊"的功能品质建设，建设"生态走廊""人文走廊"，展示生态文化和人文精神，以境化人，服务教学。目前校园已拥有植物3 300种，并吸引鸟类超过400种，2020年蝉联中国大学校园植物排行榜第一。

（三）评价驱动：凸显教学，创建学校-学院-教师三级评价制度

1. 学校层面建立年度任务目标考核制度　将人才培养规划内容逐一分解，凝练为由机关职能部门牵头、各学院参与完成的重大任务事项和控制性指标，同时融入上级管理部门对学校人才培养的评价要求，建构了一套完整的人才培养考核指标体系。每年年初下达任务，签订目标责任状；年末组织评价，召开考核交流大会。考核制度实现分类精准评价，突出检视指导、绩效挂钩、底线管理、流程闭环的特征，有效保证了人才培养目标任务的落地（图3）。

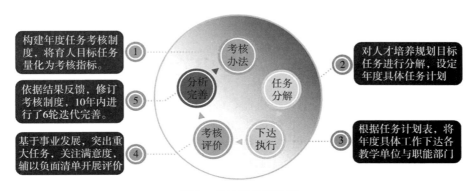

图3　考核评价闭环图

2. 学院层面实施院长主管本科教学制度　发布《院长主管本科教学实施细则》，明确各学院本科教育教学工作由院长亲自抓、带头干。每年年底召开教学工作述职会议，由院长进行人才培养工作年度述职。推进教学质量分级约谈举措，对学评教排名靠后且督导同行评价靠后的、出现Ⅱ级及以上教学事故的教师等，分别由各学院院长或教务处处长进行约谈，分管副校长对约谈人数较多的学院院长进行约谈，强化院长对学院人才培养工作的守土之责。

3. 教师层面创建教学业绩本位的教师考评机制　制定《教师本科教学工作业绩考核办法》及实施细则等制度，规定课程教学不达标者岗位考核实行一票否决。设立"教学型（副）教授"，指标单列，对申报的评聘对象由教务处负责人进行教学工作点评。完善教学荣誉奖励制度，设立育人奖、本科优质教学教师奖、"我心目中的好老师"等奖项，营造优教重奖的浓厚氛围。同时，实施青年教师助讲培养、考核制度，规范教师走上讲台、站稳讲台流程。

三、始于观念与时俱进的创新：形成了全新的制度、路径、机制

（一）实现了从顶层设计到规划落地的闭环管理，形成了一套有效保障人才培养中心地位的新制度

在清晰的发展理念和发展路径指引下，学校构建了中长期规划纲要、两个五年总体规划、专项规划、学院规划等支撑人才培养的发展规划体系，完成以人才培养为根本和导向的顶层设计。以规划实施为着力点，建立年度考核指标体系及考核管理办法，实现了人才培养的规划编制、任务分解、执行落实、评价反馈和结果运用"五位一体"，形成规划执行全程闭环的"生态圈"。10年间制定与教学工作直接相关的政策文件共计48项，考核管理办法历经六次完善迭代，更好地适应人才培养工作新变化与新要求。

（二）推进了学科专业一体化建设，走出了一条资源集约化应用并有效转化为教学资源的新路径

通过规划引导办学资源集约布局，充分激发办学要素功效与潜能，有效缓解了因规模扩张、资源投入有限对人才培养质量造成的冲击。10年来共撤并专业13个，招生专业数从66个降到50个；明确所有专业的学科依托关系，充分发挥学科对专业的支撑作用。科研平台、校外实验基地、教师科研项目及成果陆续转化为优质教学资源，对教学发挥了重要支撑作用，仅2014—2016年，学校源于科研成果转化编写的教材就达31本，建立的新形态课程共计51门。"两园合一"的校园教育功能凸显，成为"国家生态文明教育基地"。

（三）抓实了发展性教育教学考核与评价，创建了一项保障人才培养中心地位的评价新机制

建立学校-学院-教师三级教学评价机制，破除了唯论文说话、唯科研是瞻的评价标尺，形成了领导关注教学、学院主抓教学、教师投身教学的格局。严格执行规划年度任务考核制度，将考核结果与干部升迁、绩效分配直接挂钩，增强了学院及部门落实人才培养中心地位的责任感与使命感。实施院长主管本科教学、教学质量分级约谈等制度举措，教学质量成为评价学院工作成效的指挥棒。实施教学业绩本位的职称评定制度与年度工作考评机制，让潜心育人成为教师事业发展的内生动力。

四、源于中心地位筑牢的效应：人才培养能力水平显著提升

（一）人才培养质量显著提升

学校2018年成功获批博士授予单位，形成了本硕博完整的育人体系。10年来省级以上教学资源与平台增长了2.4倍，建有国家级一流专业建设点、特色专业、卓越农林人才培养计划专业等22个，国家专业综合改革试点项目1个，国家级实验教学平台1个，主持新工科与新农科项目7个，国家级虚拟仿真实验教学项目5个。计算机科学与技术专业在全国农林高校率先通过工程教育专业认证，木材科学与工程专业获得SWST国际认证。

本科毕业生深造率从 8％提升到 24.1％，毕业生考入国内 C9 联盟高校的数量翻了两番；县乡选调毕业生数量连续两年在全省排名前两位。近年来，学生在各类学科竞赛中获得省部级以上奖项 2 600 余项，其中一类学科竞赛获国家级奖 365 项，2019 年省级以上获奖数量较 2010 年增长了 3 倍；获第五届中国"互联网＋"大学生创新创业大赛全国金奖 1 项、银奖 1 项。本科生公开发表学术论文 1 356 篇，增长了 5 倍，其中被 SCI、EI、国内一级期刊收录 157 篇。

（二）人才培养中心地位彰显

"向教学要业绩"成为教师职称评定与学院年度工作的重要内容，近年来，学校教学为主型职称共评出教授 4 人、副教授 6 人，教学工作在学院年度工作考核中占比从 20％提升至 30.8％。10 年来学校教学投入增长了 2 倍，教师教学荣誉的物质奖励从无到有，目前个人单项奖励最高达 10 万元，教师获国家教学名师等省级以上教学荣誉 81 人，校级 377 人。推行校领导年度专项课题调研制度，目前已实施 5 年共计 44 项调研课题，其中 17 项与规划推进人才培养工作直接相关，并已转化为行之有效的政策举措。科研反哺教学成效斐然，源自教师多年科研成果转化而成的中国竹文化、森林经理学、土壤学等课程已获批国家在线开放课程、资源共享课程。大力推进"一库一表"工程，以"最多跑一次"的改革倒逼教学服务流程再造，目前日均服务师生达 29 万次，"师生时间是学校最宝贵的财富"已成为全校共识。

（三）发展经验获得广泛认可

2019 年学校承办了新农科建设安吉研讨会，引发了习近平总书记对高等农林教育的进一步关注，学校筑牢人才培养中心地位的典型做法获得全国农林院校的一致肯定。分管教学副校长在东盟创新创业教育与人才培养高峰论坛上，就人才培养工作推进策略与路径作主旨发言，引起与会专家学者的热烈反响。2020 年，时任浙江省委书记车俊到浙江农林大学考察，对学校学科专业一体化建设、党支部建在学科专业上以及人才培养的创新做法给予高度肯定。多年来学校与浙江省农业农村厅、省粮食和物资储备局通过定向招生、定向就业等方式联合培养农技人才，受到广泛关注与各界好评。南京农业大学、北京林业大学、宁波大学、香港大学、瑞典林奈大学、日本静冈产业大学等国内外院校来校访问，就规划引领育人工作及开展人才培养合作进行交流探讨。人民日报、光明网、中国教育报、新华网、中国青年报等数十家权威媒体也报道了学校人才培养工作的政策与成效。

地方高校"专业·学科·支部"融合发展的基层教学组织改革与实践

王正加　苏小菱　伊力塔　王晨　林海萍　郭恺　郑炳松
周湘　何明　胡恒康

一、成果简介及主要解决的教学问题

本成果是 1998 年以来，在学校从教学型大学向研究型大学转型发展过程中，坚持以"立德树人"为根本任务，以"强农兴农"为基本使命，以林学类卓越农林人才培养为核心，在深入推进基层教学组织改革和实践中形成的。

传统基层教学组织以知识传递为核心的"教研室"形式存在。随着高等教育普及化，学校办学规模和层次双提升，政府与市场对科学研究投入不断增长，科学研究成为教师的主攻事业，科研成果成为地方高校办学的核心增长点和关注点，重知识轻德育、重科研轻教学、重学科轻专业的"三重三轻"问题成为地方高校转型升级中的普遍困扰。由此，传统"教研室"面临理念变革、结构重设、功能重塑等挑战，基层教学组织遭遇治理机构分散、组织职能弱化、运行机制缺失等困境，严重影响教学质量。

为破解难题，浙江农林大学于 1998 年提出"院（系）-学科-专业"的建制思路，并在林学专业试点运行，同步将"支部建在学科专业上"；2005 年，实施"学科、专业、课程一体化建设"（浙江省教育厅重点教改项目），开辟了"党建引领、学科为基、专业为要"的基层教学组织重构之路。通过专业负责人、学科负责人、支部书记"三位一体"，强化协同育人，打造基层教学组织之"魂"；以课程建设为纽带，促进"学科-专业-课程-教材-教案"整体提升，构建基层教学组织之"体"；通过组织制度设计保障上下内外联动，促进体制机制融合，塑造基层教学组织之"形"，实现专业、学科、支部深度融合、同向发力、高质量发展。

本成果推动了林学专业与林学学科建设双提升、人才培养与组织管理共发展：林学专业先后获批国家一流专业建设点、教育部首批卓越农林人才教育培养计划、国家级特色专业和浙江省"十三五""十四五"优势专业等成果；林学学科由全国学科排名第 12 位上升到并列第 4 位（B+）。培养出以第一作者在国际顶级学术期刊《Nature》发表学术论文的科学家叶立斌、全国"五一劳动奖章"获得者史小娟、青年科学家 MCED 奖获得者姜姜、国家林草局第一批"最美林草科技推广员"邬玉芬、浙江农村青年致富带头人胡冬冬夫妇、浙江省服务欠发达地区优秀志愿者屠晓波等一大批青年先进典型，为我国林业现代化事业和乡村振兴提供了智力支撑和队伍保障。

主要解决的教学问题：

（1）育人引领"魂乏"　基层党建与教学工作相分离，党支部在人才培养中的引领作用难以彰显。

（2）教学功能"弱化" 学科建设对专业发展支撑不足，转型发展中"三重三轻"问题突出。

（3）基层组织"形散" 基层教学组织的融合机制不完善，学科建设与专业发展"分轨"现象明显。

二、成果解决教学问题的方法

实施"支部建在学科专业上"，确立"十年树木术为上，百年育人德为先"的育人理念，探索"专业、学科、课程一体化"建设，实现"资源共享、教研融通、人才共育"的育人新格局。

（一）立德树人，党建引领，筑牢基层教学组织之"魂"

1. 建立"三位一体"新架构，落实立德树人 专业负责人、学科负责人、党支部书记"三合为一"，明确学科专业建设重点难点工作由支部带头落实、难点任务由党员同志带头攻关等"双带头"建设。

2. 组建"专业方向党小组"，推进课程思政 按专业方向选优配强支部委员，设置党小组，由党小组牵头负责课程思政建设，做到"门门有思政，课课有德育"，指导学生树立远大理想，加强"三农"情怀教育。

3. 构建"三联系五考核"体系，树立育人先锋 推行党员教师"三个一联系"和"五个一考核"制度，率先垂范做到"四进、五导"，当好"四个引路人"，树立师德先锋、育人先锋，实现全员育人，服务学生成才成长。

（二）资源共享，学科专业融合，构建基层教学组织之"体"

1. 学科方向组建课程团队，实现"优教优课" 通过引进海外院士等高层次人才，按学科方向组建结构合理的课程教学团队，要求教师遵循 OBE 人才培养理念，全面实施优质优教，将科学前沿引入课堂，将科研成果转化成教学案例与教材内容，打造系列精品课程，并实现优质资源共建共享。

2. 学科平台支撑教学实践，实现"科教融合" 依托省部共建亚热带森林培育国家重点实验室、生物农药高效制备技术国家地方联合工程实验室、亚热带森林资源培育与高效利用学科创新引智基地（国家"111"计划）、林学类国家级实验教学示范中心等国家级教学科研平台，建立从认知实习、课程实验、综合实习、科研创新到实习实训的"阶梯式"创新实践培养体系，强化全过程创新创业能力培养。

3. 学科经费支撑创新实践，实现"科教互促" 学科和教师科研经费增设学生创新、国际交流、出国访学、学科竞赛、实习实训等五类创新创业项目；对接中国国际"互联网＋"大学生创新创业大赛、"挑战杯"中国大学生创业计划竞赛等重大赛事，全面推行"竞赛入课堂"，把参与学科竞赛作为必修学分，要求学生 100％参与创新创业活动，打造科教互促，全方位保障学生创新能力提升。

（三）并轨运行，完善制度建设，塑造基层教学组织之"形"

1. 构建"三位一体"融合机制，坚持立德树人目标 执行"院长主管本科教学"，专业负责人、学科负责人、支部书记"一体化配强"等制度，形成"党建引领、学科为基、专业为要"的立德树人新型教学基层组织。

2. 建立多元评价考核机制，保障教学中心地位 建立"新农科"教师教学发展中心，推进"四新"交叉融合课程建设机制，实施优课优酬。设置"教学为主型"职称评审制度，执行"教师自评、学生评价、团队评价、督导评价、领导评价"闭合教学质量评价管理制度体系，筑牢教学中心地位。

3. 打造"三全育人"培养机制，提升人才培养质量 全面推行本科导师制，建立"本-研1＋1"互助平台，构建"导师＋青年教师＋博士生＋硕士生＋本科生"五级"导学团队"育人机制，实现本硕博一体化培养，学科教师全员全程全方位深度参与人才培养。

三、成果的创新点

（一）组织架构创新：构建了"党建引领"的基层教学组织新形态，形成了"农林经验"

通过"支部建在学科上"，形成"三位一体"新架构，"一体化配强"，"三位一体"负责人全面考虑专业、学科和支部建设，开展"党建＋"活动，从办学定位、发展方向上强化党的领导，从组织构架上推进组织工作与业务工作融合，从组织管理上实现政治引领与教育培养紧密融通。明确重点、难点工作由支部、党员"双带头"完成，构建"支部领办、党员带头，学科支撑、全面共建，专业实施、具体推进"的育人新格局，彰显"一流支部引领一流人才培养，一流学科支撑一流专业建设"的一体化育人工作机制。

（二）育人模式创新：建立了"科教融通"的基层教学组织育人新模式，推进教学教研互促共进

通过"学科专业一体化"建设，整合校内外办学资源，实现"资源共享、平台共建、人才共育"的卓越农林人才育人新格局。建成从认知实习、课程实验、综合实习、科研创新到实习实训的"阶梯式"创新实践培养体系。以一流学科团队支撑一流教学团队，打造聚焦前沿的优质课程群，树立"注重知识交叉，突出绿色使命，具备国际视野"的培养理念。通过采取"竞赛入课堂"、构建"五级导学"的团队化育人模式，既有利于青年教师成长，又有利于推进"五类创新训练项目"的落地与实施，满足学生全方位创新训练和个性化发展需求，提升学生创新思维与创新技能水平。

（三）保障体系创新：形成了"三位一体"的基层教学工作新保障，提升了人才培养质量

强化"三位一体"基层教学组织新架构在人才培养中的中心地位，先后出台了"院长主管本科教学"、《本科教学业绩考核办法》等保障教学的相关制度与管理规定20余项，构建了"以教学为中心"的制度设计，充分调动广大教师从事科研教学和育人工作的积极性，形成以学科大平台、大团队、大项目为支撑的教学团队和人才培养项目，构建了"三全育人"工作格局。执行"教师自评、学生评价、团队评价、督导评价、领导评价"五级教学评价体系，对教学各个环节进行全方位质量监控和评估，形成"检查-评价-反馈-改进"闭合质量管理机制，实施优课优酬，保障教学质量持续提升。

四、成果的推广应用效果

（一）应用效果

1. 立德树人成效显著，知识能力素质培养全面提升 通过本成果的实践运用，全面

提升了学生综合素质和创新创业能力。近年，在校生 100％参与各类学科竞赛和创新创业训练项目，本科生以第一作者发表 SCI 等论文 49 篇，获中国国际"互联网＋"大学生创新创业大赛全国金奖、"挑战杯"中国大学生创业计划竞赛全国金奖、全国大学生生命科学竞赛一等奖等省部级及以上奖项 107 项，获批省部级以上大学生创新创业项目 34 项；培养学生树立远大理想、提升学术抱负，本科生升学率从原来的 21％上升到 42％，出国深造和访学 99 人次，较 5 年前提升 350％，其中 5 人获得国家留学基金委全额资助，4 人获得加拿大不列颠哥伦比亚大学（UBC）全额 UBG 奖学金；培养学生坚定服务"三农"信念、坚持把论文写在祖国的大地上，每年 1 200 余人次参加劳动教育实践，近 30％毕业生考取选调生、西部计划、乡镇公务员、基层事业单位等，在校生积极参与暑期社会实践和各类志愿服务活动，荣获全国大学生"三下乡"暑期社会实践重点团队、浙江省十佳社会实践团队等荣誉；60 余人次先后获浙江省"十佳大学生"、全国梁希优秀学子、全国林科"十佳毕业生"等荣誉称号，林学（林业技术）181 班团支部、生态学 161 班团支部先后获得全国高校和全省高校"活力团支部"称号，全面提升了人才培养质量。

2. 党建科教成绩斐然，专业学科支部建设全面丰收 经成果实施，森林培育学科党支部被中共中央授予"全国先进基层党组织"、入选教育部全国高校"双带头人"教师党支部书记工作室。近五年，学科共引进海外院士、海外优青、国家杰青、长江学者等高层次人才 7 人，自行培养国家杰青和国家百千万人才各 1 人，学科党员获"全国优秀共产党员""浙江省特级专家""全国林草教学名师""浙江省万人计划杰出人才教学名师"等荣誉 21 人次。林学学科第四轮学科评估由全国排名第 12 位上升到第 4 位（B＋）。林学、生态学等 4 个专业获批国家一流专业建设点；林学专业先后获批国家级特色专业、教育部卓越农林人才教育培养计划、国家"专业综合改革试点"和浙江省"十三五""十四五"优势专业等；"森林保护学"获批国家级教学团队；建成森林经理、中国竹文化等国家级一流课程 5 门；获批教育部新农科研究与改革实践等教改项目 18 项；出版《中国经济竹类》等各级规划教材 23 部。

（二）推广效果

1. 示范推广良好，形成了教学改革创新的"农林经验" 本成果在"支部建在学科专业上""专业-学科-课程一体化"等方面进行全面系统研究，制订了一系列制度文件，总结提炼工作经验，吸引了浙江大学、北京林业大学、东北林业大学、南京林业大学、福建农林大学等 30 余所高校 300 余人来校交流学习，获得高度评价。中国工程院院士曹福亮称赞本成果"开辟了新林科人才培养的先河"。原浙江省委书记车俊指出，"支部建在学科上"的做法是我省高等教育改革的典型案例，要好好推广！浙江省教育厅在《关于进一步加快推进省重点高校建设的通知》中指出，要"总结推广专业、学科、支部一体化建设和党支部书记、学科带头人、专业负责人一体化配强的'农林经验'"。

2. 辐射应用广泛，打造了服务区域办学的基地窗口 成果实施中，学科牵头组建了天目山国家级大学生校外实践教育基地和潘母岗现代林业校外实践基地。基地实施"空、林、地"三维数据管理，为校内 11 个专业 32 门课程、全国 56 所高校 63 门课程提供教学和综合实习平台，年累计服务超 5 000 人次，为全国林业现代化发展起到引领与示范作用。团队受邀在全国高等农林水院校党建与思政工作研讨会、浙江省全省基层党建述职评议会等重要活动中，就"'支部建在学科上'党建工作模式的探索与实践"等主题做专题介绍，相关课程和成果在全国高校院（系）立德树人知行联盟思政"全"课堂中进行重点推介。人民日报、中国绿色时报等主流媒体先后对本成果相关内容和成效进行宣传报道。

第二篇

分　论

以现代产业学院助推新时期产教融合[*]

沈希

教育部办公厅、工业和信息化部办公厅联合发布的《现代产业学院建设指南（试行）》提出要以区域产业发展急需为牵引，面向行业特色鲜明、与产业联系紧密的高校，建设若干与地方政府、行业企业等多主体共建共管共享的现代产业学院。建设现代产业学院是深化产教融合的重要途径，是时代发展到新阶段的产物，也是产教融合深入推进的一种新的组织形式。

现代产业学院具有鲜明的特征。一是人才培养理念更加注重质量和效果。现代产业学院的建设要求转变过去单一的人才培养目标定位。首先，坚守"质量第一"和"服务行业"的原则，深化人才培养标准与企业人才需求一体化，量身定制产业发展的硬性（实用性）人才，精准培养企业所需的高端人才。其次，遵循产业需求牵引逻辑，满足产业发展对人才能力素质的需求，改变基于知识传递的传统人才培养逻辑。从更关注知识的高效传递和基本技能的掌握转向更为注重批判性思维和创新能力的培养，以此推动产业技术创新和产品升级迭代。二是办学主体关系更加突出企业的教育实体作用。大学和企业是现代产业学院运行的重要载体，其合作内容和方式需要在具体实践过程中不断创新。现代产业学院的优势在于校企双方"共在一条船上"，彼此利益交错，是一个价值共同体。这在一定程度上解决了"两张皮"等问题，是对松散校企合作本质上的超越。现代产业学院以满足企业需求为目标，直接服务于产业发展。在具体实践过程中，高校需要主动"让权"于企业，赋予企业更多参与人才培养的主动权，包括参与资源整合与配置、学生管理、制定人才培养方案等，促进人才培养与产业需求紧密结合。三是管理体制机制更加强调紧密性、协同性和灵活性。建设现代产业学院需要创新管理体制、重组机构，从根本上看，主要是由于校企合作的体制问题没有得到有效解决，企业的积极性不高，人才培养的效果不显著。这种建立在学科专业基础上的管理体制不利于现代产业学院人才培养目标的实现，需要改变仅仅将学科专业进行机械化整合的组织模式，改变产教融合中企业和大学各自分散的现状。

当前，建设现代产业学院，促进产教深度融合，需要抓好以下三个方面。

第一，转变固有的人才培养范式，构建"学习共同体"。由以知识传授为主向以学生主动学习为主转变，由注重学生知识的掌握向更加注重学生的问题解决能力、创新能力、

* 本文发表于：教育发展研究，2021，41（5）：3。

批判性思维能力提升转变，由基于知识逻辑构建评价体系向基于技术创新构建评价体系转变。现代产业学院是当前提高人才培养质量的有益探索，除了教育的"工具性目的"，最终目的是为了人的发展，这种发展超越简单的知识传递，以学生的主动学习贯穿教育教学全过程。这不仅是一个"传道授业"的过程，更是一个师生共同"解惑"的过程。在由大学、企业、学院共同组成的"生态圈"中，学生、大学教师、行业教师等组成"学习共同体"，共同建构生成知识。在新的培养范式下，需要秉持以学生为中心的教育理念，改革学生学习的方式，培养学生的"动手"能力。可通过定制专业、导师、课表等方式满足学生个性发展的需要，提高学生学习的效果，促进个人能力的提升。同时，发挥项目导向制和设备实操的培养特色，帮助学生实现从打基础到实操训练、从参与项目部分工作到独立完成项目工作的个人成长。

第二，发挥大学与企业的优势，构建"校企命运共同体"。现代产业学院建设应淡化大学育人、企业用人的固化分工，打造校企共同育人的伙伴关系，实现校企双方共谋发展、共同治理、共享资源。在这样一种关系下，应提高行业企业在人才培养过程中的参与度，使其参与到教育教学的各个环节中，使培养的学生与行业的发展更有针对性，破解育人与用人之间的错位难题。改变过去松散的校企合作模式，破除"课堂教学"与"企业实习"二者割裂的局面，让课堂走进企业，在企业实践中创建新的课堂模式。基于对国家和区域重大战略需求及科技前沿发展领域的分析，大学与企业联合组建科研团队，共同申报科研项目，开展应用型研究，以研究反哺教学，完善校企人才培养协同机制。

第三，打破传统学院组建模式，由以学科专业为核心的模式向以行业产业为核心的模式转变。现代产业学院的建设应打破传统模式，遵循行业产业发展的逻辑，以产业需求为引领，重组学科领域和相关专业。在新的模式下，学院不再是按照"兵种"的概念开展人才培养，而是将整个产业作为"战区"，以产业发展为核心，培养具备综合实践能力、满足产业发展需求的复合型人才。组建与行业企业无缝对接的新型组织，需要分析掌握区域内行业、产业、企业创新发展需求，找准与区域经济社会发展的契合点，分析自身与当地行业、产业对应的学科与专业，进行重组，改革课程体系，与行业、产业发展紧密对接。同时，切实分析企业的用人需求，了解企业对人才知识结构、实际技能、能力素质的要求，改革教学体系，与企业共同制定相应的教学计划，实行"订单式""定制式""个性化"的人才培养。

新文科背景下农林经济管理专业人才
培养模式优化研究

曾起艳　李兰英　沈月琴　徐彩瑶　李雷　王凤婷　刘强

新时代呼唤新文科建设，新文科建设是推进文科专业人才培养供给侧结构性改革的重要抓手，是顺应数字经济时代的必然选择。2020 年 11 月 3 日《新文科建设宣言》正式发布，要求着力推动文科教育创新发展，提出了实现文科与理工农医的深度交叉融合，打造文科"金专"的任务目标。新文科建设需要紧扣新时代哲学社会科学发展的新要求，强化科学技术方法运用，通过创新与融合，突破传统文科的思维和教学模式，从而为传统文科建设注入新元素，为新时代一流人才培养提供有力支撑。与此同时，我国正处于全面实施乡村振兴战略的关键时期，浙江省更是国家乡村振兴示范省、率先建设共同富裕示范区，亟需"一懂两爱三过硬"的现代农林经济管理复合型人才，这给农林经济管理专业人才培养带来了新的机遇与挑战。农林经济管理专业的人才培养迫切需要遵循新文科专业建设的基本要求，剖析传统人才培养模式中存在的问题，探寻新文科背景下人才培养模式优化的策略建议。

一、新文科建设对农林经济管理专业人才培养的基本要求

新文科建设是推进文科专业人才培养供给侧结构性改革的重要抓手，是顺应新时代人才需求的必然选择，这对农林经济管理专业人才培养模式提出了以下三个方面的基本要求。

1. 立德树人，以文化人　坚持立德树人根本任务，将乡村振兴、"两山"理念、生态文明和共同富裕等思政元素进教材、进课堂、进头脑，提高学生思想觉悟、道德水准、文明素养；将"三农"情怀、乡村振兴战略的人才需求有机融入专业课程的课程思政，使毕业生就业选择与乡村振兴人才需求高度契合，培养具有"三农"情怀、服务乡村振兴和生态文明建设的农林经济管理人才。

2. 打破壁垒，交叉融合　完善多学科融合的专业课程体系，从乡村振兴和生态文明建设需求出发，基于大数据和人工智能，建立经济学、管理学、农学、理学、工学等学科相融的课程体系，实现跨学科知识的深度融合，培养学生的知识融通和应用能力，匹配"一懂两爱三过硬"的"三农"人才培养，适应新时代需要。

3. 需求导向，产教融合　发挥专业特色优势，促进产教融合育人，提高学生理论联系实际能力、创新创业能力，统筹推进育人育才与经济社会发展相结合，完善全链条育人机制。

二、新文科背景下农林经济管理专业人才培养模式存在的问题

新文科建设对农林经济管理专业人才培养提出了新要求，但现阶段农林经济管理专

业人才培养模式仍存在以下三方面的问题。

1. 人才培养方案和课程体系有待完善 农林经济管理专业是文科传统的老专业，课程设置一定程度上形成了路径依赖，与新文科要求的宽视野、大格局、交叉融合、新技术嵌入等有很大的差距，如何实现经济学、管理学、农学、理学、工学等学科交叉融合，实现跨学科知识的深度融合，适应新文科建设需要是一个突出问题。

2. 产教融合深度有待推进 新文科背景下需要产教融合，多元育人，推进创新创业人才的培养。但是目前农林经济管理专业普遍开设的实践实训环节，还以课堂教学为主，实践性不足。在校企合作开发课程、开发案例教学、企业导师进课堂、学生进企业等方面，校企双方的合作深度还不够。

3. 复合型师资有待加强 新文科建设对于农林经济管理专业师资的要求非常高，需要具备交叉融合学科知识、"大文科""国际化"视野以及"三农"情怀，目前具备这种综合素质的复合型农林经济管理专任教师还需加强。

三、新文科背景下农林经济管理专业人才培养模式优化的策略

新文科背景下农林经济管理专业育人模式的改革与创新须以农林经济管理与农理工学科融合发展、产教融合育人为实施原则，以乡村振兴、生态文明建设和新文科创新发展需求为导向，以培养具有强烈本土化意识和国际视野的"一懂两爱三过硬"人才为根本，强化思政教育，提高产教融合能力，综合运用大数据、人工智能等现代信息技术优化升级人才培养方案，推进经济学、管理学、农学、理学、工学多学科交叉融合发展，形成可考核成果、可示范推广经验，具体的措施包括以下四个方面（图1）。

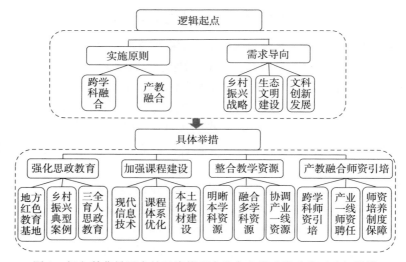

图 1　新文科背景下农林经济管理专业育人模式的改革思路与举措

1. 需要强化思政教育，提升学生"三农"情怀 坚持以立德树人为根本，以宽厚基础、差异教育、多元融合和强化实践为原则，将思政教育、知识教育和职业事业教育贯穿人才培养全过程。一是将地方红色教育基地与学校思政教育相结合，厚植学生家国情怀，推进师生接力走千村、访万户、读"三农"，培养学生的"知农爱农"品格。二是建立健全服务乡村振兴需求的人才培养模式，运用大数据技术分析乡村振兴战略的人才需

求，采用差异化人才培养模式，匹配乡村振兴战略对不同人才的需求。三是将学科融合发展和复合型人才培养相结合，建设课程思政引领的"三全育人"课程群，引导大学生"学农爱农，奉献于农"，为乡村振兴和生态文明建设输送德性知性相融的一流人才。四是推行"四年一贯制"的分类实践，通过定向生进乡镇"挂职"农经干部，拔尖生本硕博联动科研创新训练、村官学院生、复合应用生"顶岗"任村官助理等举措，实施"浸入式"实践育人，厚植学生的"三农"情怀。

2. 需要加强课程建设，夯实专业基础 一是以"两性一度"为标准，加强课程资源建设。充分挖掘课程思政元素，推进大数据、人工智能等信息技术与课程建设的有机融合，打造"互联网＋"示范金课，力争建设国家级或省级线下、线上、线上线下混合式、虚拟仿真和社会实践等金课，充分体现课程建设的"创新性"。二是优化课程体系，强化多学科课程建设，增强解决复杂问题的能力，注重思维传承，充分体现课程建设的"高阶性"。三是结合中国案例推进本土化教材建设，打造中国特色的本土化教材，推出计量经济学、农业经济学、林业经济学、林业政策学等本土化教材。在教材建设的过程中，兼顾课程难度与中国国情，充分体现课程建设的"挑战度"。

3. 需要整合教学资源，深度推进产教融合 深化产教融合是新文科建设的根本生命力所在，农林经济管理专业是实践应用性很强的专业，产教融合非常关键，这就需要多方整合教学资源，彰显学科融合优势。一是整合学科和校内建设资源。整合浙江省培育智库、省一流学科、国家一流专业建设点等资源，实施优质生源工程、"四年一贯"导师制、本硕博联动机制、出国交流和考研奖励政策等，为培养一流人才奠定基础。同时，统筹校内农学、林学、生态学、工程学等优质教学资源，实现资源共享，人才协同培养。二是协调融合校内外资源。在现有企事业单位订单人才培养基础上，继续引入政府及事业单位、企业开展人才订单式培养，持续推进产教深度融合。三是科研反哺教学，推进科教融合。推进产教融合，鼓励校企合作共建科研和创新创业实验室，支持学生参与教师的课题，激发学生对科研的兴趣，鼓励教师将课题研究成果作为案例教学引入课堂。鼓励产教融合开展应用课题研究，共同探索数字经济时代下"三农"发展的新机遇与新挑战。鼓励行业企业将实践中遇到的相关"三农"问题转化为应用课题，校企合作共同攻关，同时可以将相关项目作为大学生创新创业训练和毕业论文的课题来源，让毕业论文更加接地气，更能培养学生解决实际问题的能力。

4. 需要引培育协相结合，增强师资实力 师资人才是新文科背景下农林经济管理专业育人模式改革和创新的根本。在师资队伍建设过程中，继续引进和培养各类优秀人才，提升学科办学水平，形成梯队合理的人才师资队伍。一是重视跨学科高层次人才的引进和培育，形成学科交叉融合发展的专业群，打造跨学科的特色鲜明的教学团队。二是重视政府、企事业单位、研究院所等实践类师资的聘任和管理，持续推进"双师制"队伍建设，为产教深度融合、协同育人提供智力支持。三是完善人才培养环境，为各类人才成长提供良好的发展空间，逐渐形成师资梯队结构合理、产教有机融合的师资队伍。

农林院校粮食新工科政校企协同模式的探索与实践[*]

庞林江　路兴花　成纪予　刘兴泉　张宜明

传统高校的教育模式，往往都是以某些环节的专业技能教育为主，而随着社会需求的多样化和新业态、新形势的跨界发展，需要不断创新教育模式，从而培养具有跨界整合能力的创新创业型工科专业人才，即新工科人才。自 2016 年提出新工科建设后，从"复旦共识""天大行动"到"北京指南"，逐步形成了共识。一般认为，新工科是随着科学、应用科学、工程科学和工程实践的创新与进步，不同学科交叉与交融，所形成的包含新兴工程学科或领域、新范式和新工科教育等在内的综合概念。新工科涉及现代工科领域的新定义、新认识、新工程范式、新工科教育、新工程研究与创新、新工程实践等多个方面。而建立多样化和个性化的面向创新创业能力培养的工程教育培养模式，是新工科建设的重要内容之一，众多高校开展了新工科相关方面的探索和实践。

正是在此背景下，浙江农林大学粮食相关专业进行了粮食新工科政校企协同模式的探索与实践。随着粮食产业的转型升级和规模扩大，产业技术人才严重短缺。同时，随着粮食产业与"物联网＋"、云计算、大数据、智能制造等新技术融合的不断深化，掌握新型现代技术的粮食技术人才缺口将更加明显。粮食工程专业人才的知识结构在原来的基础上迫切需要向智能制造和信息工程领域扩展，适应并引领粮食产业向多领域、多梯度、深层次、高技术、智能化、低能耗、高效益、可持续的方向发展。而现有的粮食人才培养模式与新型粮食人才的要求还有一定的差距。粮食新工科政校企协同模式的探索与实践，拓展了专业育人的新途径，为人才培养模式改革提供了有力支撑，也为我国建立多样化和个性化的面向创新创业能力培养的工程教育培养模式提供了一种参考。

一、协同育人模式的探索举措

（一）建立"政校企协同""校校协同""政校协同"的"多专业、多层次、多高校"协同育人新模式

2012 年，浙江农林大学主动对接社会需求，与浙江省农业厅、财政厅、人社厅和教育厅联合，实施农学、园艺、食品质量与安全等 7 个专业基层农技人员的定向培养，进行了"政校"协同的初步探索。2015 年，浙江农林大学与浙江省粮食局、浙江省储备粮管理有限公司、各地区粮油收储企业等联合，订单式培养食品科学与工程（粮油储检）人才，进一步拓展了"政校企"协同培养模式。2016 年，学校与浙江经贸职业技术学院协同开展了食品质量与安全（农产品加工与质量检测）专业四年制高职本科人才培养，深

＊ 本文发表于：安徽农学通报，2019，25（1）：150-151.

化教育改革，探索发展本科层次职业教育、加快高端技术技能人才培养的重要举措，进行了"校校"协同育人模式上的新探索。三大协同育人模式的探索和实践，逐渐形成了"多专业、多层次、多高校"的协同育人新模式。

（二）建立集教育、培训、研发于一体的共享型协同育人实践平台，奠定了新工科育人的坚实基础

以粮油储藏与检测技术、粮食工程、食品科学与工程、食品质量与安全4个专业为主干，无缝对接粮食产业"技能型、应用型、复合型与创新性"人才需求，有效促进了校校协同与校内协同，以及学科融合与专业复合。同时，将高校的科研力量与粮食企业的技术力量进行整合，共同组建了粮食工程重点实验室，发挥双方在政策、资源、平台及技术等方面的优势，合力开展了粮食产业新工科专业群建设与人才培养，共建了专业群平台和资源平台，强化了一二三课堂联动，提升了学生实践创新的能力。

二、协同育人模式的成效

（一）完善了人才培养体系

浙江农林大学以基层农技人员和食品科学与工程（粮油储检）人才培养为抓手，实行定向招生、定向培养、定向就业的人才培养模式，主动对接和服务产业，顺应粮食行业转型升级以及粮食产业深度融合的新一轮发展需要，围绕体制机制创新、培养模式创新、培养体系创新，深化"政校企"协同育人模式，完善粮食产业新工科人才培养体系。2015—2019年，主持省级教学建设项目5项，校级教改项目85项；教学改革成效显著，获得"地方高等农林院校'多方联动、立体协同'育人机制的探索与实践"省级教学成果二等奖和校教学成果一等奖等荣誉，教师发表教改论文12篇。

（二）促成了良好的学风，取得了显著的成效，受到用人单位的一致好评

基层农技人员和食品科学与工程（粮油储检）人才的招生均是提前批招生，根据近年的招生情况来看，提前招生生源质量普遍较好，优秀的生源也为后续人才培养奠定了基础。在培养期间，明确的培养目标和就业需求，针对性的方案和管理，使得学生学习动力足，学风好。2017—2019年本科生主持国家级项目8项，省部级项目10项，获得各类省级及以上竞赛奖励60余项。2012—2019年，食品质量与安全等7个专业开展基层农技人员的定向培养，实现了"政校"协同培养学生，已累计培养毕业生300多名。培养的学生受到了用人单位的一致好评，用人单位特此多次来校交流反馈学生的业绩。2015年，浙江农林大学与浙江省粮食局、浙江省储备粮管理有限公司、各地区粮油收储企业等联合，订单式培养食品科学与工程（粮油储检）人才，是校企协同培养模式的进一步拓展。目前，已有23人进入粮食系统工作，用人单位均反馈学生表现很好。在校培养的学生有3届，共190人，暑期期间的归属单位实习既加强了学生与就业单位的沟通，又为学生的实践技能培训提供了保障，同时用人单位也可以深入了解学生。根据学生提交的暑期实习报告中的用人单位反馈看，深受用人单位好评。2016年，浙江农林大学与浙江经贸职业技术学院协同，开展食品质量与安全（农产品加工与质量检测）专业四年制高职本科人才培养，目前尚未有毕业生，但为"校校"协同培养学生打下了坚实基础。同时，浙江农林大学积极与浙江省储备粮管理有限公司和杭州市粮油中心检测监测站联系，开展粮食储备和检验从业人员培训工作，培训学员在第4届全国粮食行业职业技能竞赛获得二

等奖 2 项、三等奖 2 项。

三、展望

浙江农林大学以粮食新工科政校企协同育人为起点，构建以粮油储藏与检测技术、粮食工程、食品科学与工程、食品质量与安全 4 个专业为主干，"互联网＋""大数据"和"智能制造"为两翼的复合型专业群。加强与浙江省粮食局及各级粮食系统的对接，整合高校教学师资队伍和以粮食产业为主的产业师资队伍，发挥双方在政策、资源、平台及技术等方面的优势，深化高校主体、政府主导、行业指导、企业参与的协同育人模式，逐步突破制约工程教育人才培养质量的政策壁垒、资源壁垒、区域壁垒，筹建"粮食学院"，以产业需求为切入点，以产业型学院创建为抓手，以"学校、政府、企业""多高校""多专业"大协同育人模式为推动力，为培养产业、行业所需的各类型人才提供智力和技术支撑，推动行业的发展。

林业新工科人才培养产教融合的研究与探索

李光耀　俞友明　金春德

　　产业发展与教育教学由结合、合作走向融合，是我国近年来科技发展和产业升级对技术技能人才培养的新要求。党的十九大报告提出了"深化产教融合、校企合作"的要求，国务院办公厅印发了《关于深化产教融合的若干意见》，这些将产教融合上升为国家教育改革和人才资源开发的基本制度安排，充分体现了产教融合这一教育思想的重大意义。在深化教育供给侧结构性改革的背景下，高校如何改进人才培养模式、深化产教融合、变革教育组织形态和政策服务供给方式、构建产教融合长效机制，围绕产业重大技术、关键工艺和核心问题开展协同创新，提高科研成果产业化转化水平，是高校内涵式发展面临的瓶颈问题。就农林高校而言，首先从学校教育定位层面来看，培养适应林业新经济发展的现代林业新工科实用性人才是农林高校当前的重要任务。随着林业新经济的发展，林业产业的新需求正倒逼传统林业工程教学模式与理念的变革，进而促进林业新工科教育与林业产业新经济有效衔接。其次是林业新经济层面，林业教育所培养的人才主要是在林业产业及相关产业内进行"内部消化"，践行林业新工科教育产教融合机制，确保人才对口，有助于促进林业新经济的发展。

一、林业新经济背景下林业新工科教育"产教融合"的内涵

　　产教融合是产业与教育行业或系统之间的结合，两者在同一框架下，围绕初心，共同完成相应的内容和任务，在实现目标过程中相互交融。林业新工科教育产教融合是指在林业新经济背景的指导之下，将林业新工科教育定位与林业产业需求紧密融合，通过制定更具针对性的林业新工科人才培养计划，促使教学过程与产业生产过程对接，是集林业新工科人才培养、林业产业科技研发、林业新经济社会服务于一体的产教双向互动与整合的过程。因此，林业新经济背景下林业新工科教育产教融合的本质是以对接林业产业需求为先导、以系统培养卓越农林人才为基础，强化工程教育，打破藩篱分割，开展产教协同育人，产教之间也由单向自发随机走向双向互动自觉，具有较高的交融性和稳定性特点，双方都是以主导者身份在产教深度交融中形成发展的共同体。林业新工科教育将林业产业的理念、技术和资源引入甚至整合到人才培养体系和培养机制中，助力高素质林业创新人才培养，林业产业企业吸收林业新工科高素质人才、科研和双创成果转化，推动林业产业发展。

二、林业新工科教育"产教融合"的特征

　　1. 林业新工科教育产教融合参与方的多元化和协同性　林业新工科教育产教深度融合，无论是林业产业与林业教育融合，还是林业生产和林业教学融合，农林高校和林产

企业在培养林业新工科人才方面都不是作为单一主体存在，最终都需要政产学研用和其他社会组织在林业新工科教育产教融合过程中构建利益共同体来发挥共同作用，最终实现多赢。政府作为管理层面，主要为林业新工科教育产教融合提供政策引导和资金支持；作为产业载体的林业行业，结合自身的优势协同农林高校制定林业新工科人才培养方案和开展林业新工科教学改革等工作；林业企业作为林业行业的基本构成单元，是林业产业的外在表现形式，以社会和产业需求为导向，协同农林高校培养所需林业新工科人才，在林业新工科教育产教融合过程中既是最重要的主体之一，也是最根本的落脚点；农林院校作为林业新工科教育产教融合的另一主体，在主动对接林业产业方面，根据产业需求调整人才培养方式并进行改革，在促进林业产业发展方面，将研究成果和理论应用于实践从而促进林业产业转型升级和技术革新。

2. 林业新工科教育产教融合实施的跨界性和动态适应 林业新工科教育产教融合是一项牵涉面极广的综合性系统工程。首先，政府和行政主管部门对林业新工科教育产教融合进行政策支持和宏观管理，把握其整体进程和融合方向；其次，农林院校通过深入推进教学模式和教学体系改革，以适应林业新工科教育产教融合多主体共同参与林业新工科教育的新模式；再次，林业产业深度参与，为林业新工科教育产教融合提供实训岗位、场地、管理等多方面不可或缺的支持；最后，各类林产行业组织、科研院所的加入，使林业产业与林业新工科教育的融合达到更高高度。因此，林业新工科教育产教融合既是教育性的林业产业活动，又是产业性的林业教育活动，其"跨界性"特征突出。同时，在不断运动变化的社会大系统中，林业产业的技术、业态和林业教育的知识、方法都在一如既往地变革、更迭。林业产业的结构转型和产业业态的变革，这不但对林业新工科人才培养工作提出新的要求，还决定着林业新工科教育的发展方向；反过来，林业新工科教育的发展也作用于产业发展，影响着林业产业转型升级的进程和效率。因此林业新工科教育产教融合是动态变化的，是由林业产业与林业新工科教育在互相适应、互相调整中实现对立统一的。

3. 林业新工科教育产教融合导向的共赢性与公益性 在林业新工科教育产教融合实施过程中，融合主体的多元性使得各主体间只有协同合作、联合推进才能实现互惠共赢，通过林业产业和林业教育各主体之间的互通资源、互补短板，以共同核心利益最大化的方式实现参与各方诉求，从而达到持续的融合。农林院校自身融入林业产业整体环境中，紧跟林业产业的转型发展和结构调整，创新林业新工科人才培养模式来提高人才培养质量以适应林业产业新业态的需求。同时，林业产业企业通过融入林业教育，可源源不断地从高校获得稳定可靠的技术、智力、文化和人才支持来促进林业产业效率和效益的增长。当然，在协同育人过程中，高等教育事业的公益性决定了林业新工科教育产教融合不能完全以追求经济效益最大化为导向，其出发点应是各方主体承担相应的社会责任。

4. 林业新工科教育产教融合过程的双向性和互动性 林业新工科教育产教深度融合过程中，通过高校和产业共同发力、双向整合，形成"双向互动的和谐统一关系"。农林高校向林业产业企业输送林业新工科人才和产业化科研成果，同时获得相应的市场信息和产业支持，产教双方在双向交互过程中实现资源共享。林产企业通过参与林业新工科教育教学过程，获得农林高校的理论指导、林产技术资源和林业新工科人才，进而对林业产业的发展起到促进作用。与此同时，从林业新工科产教融合的动力机制来看，驱动产教深度融合的动力来自满足"产""教"双方需求的互动。高校中林业新工科人才培养和产业发展所需的技术研发的输入形成了对林业产业发展的驱动，而林业产业为实现转型升级对人才和技术的需求以及对林业教育输出的产业资讯形成了对林业新工科教育的发展驱动，彼此通过以林业新工科人才培养和林业产业技术研发供需为基础的互动实现交融和发展，通过融合实现良性互动。

三、林业新工科教育产教融合的突出问题

1. 政府参与度不足，产教融合推进缓慢 以政府主导为主、市场化办学为辅是当前我国高等教育管理体制的特征，在产教融合推进过程中，政府的职能主要是制定政策、搭建平台和监督管理等。然而，部分主管部门行政职能发挥不充分，主导产教融合的方式方法不完善，对政产企校多方主体合作的育人模式支撑不足。主要表现在：①为推进林业新工科教育产教融合，当前各级政府制定了许多政策和文件，但其内容主要是宏观引导，没有形成可操作的实施细则或具体办法。在实践过程中，相应的配套运行、激励机制并不完善，有些政策内容只能纯粹地作为借鉴，难以实际推动产教融合。②在林业新工科教育产教融合协同育人过程中，企业需要承担更多的风险，而政府用于支持产教融合的财政性经费有限，且政府尚未颁布能够发挥实效的财税政策，没有给予企业在林业新工科教育产教融合过程中的财力激励和资金支持。③当前林业新工科教育产教融合协同育人的实施多数靠高校、行业组织、企业自发自为，如果遇到外在因素的干扰，这种运作机制可能会无法适应，从而容易导致产教融合既无法深入开展又难以持续，甚至引起校企之间的矛盾或纠纷。如果没有校企以外的权威机构介入协调，产教协同育人工作还可能半途而废，而政府当前疏于对产教融合的指导、监督、管理、协调等，无法从宏观上建立起良性的运行机制。

2. 行业企业投入精力不足，林业新工科教育产教融合成效欠佳 国务院办公厅印发的《关于深化产教融合的若干意见》明确指出，产业融入产教融合的主体作用要强化、行业融入产教融合的途径要拓宽、企业参与产教融合的"引企入教"改革要深化。虽然这些办法和措施对引导企业参与产教融合有一定的积极意义，但成效不佳。很多产教融合都停留在校企间因某些关联性需求而进行的短期性合作，企业无意介入协同过程，因此高校难以借助企业的资源通过产教融合来提高人才培养质量。

企业投入产教融合精力不足的原因主要是：①企业作为经济组织，主要追求的是产品盈利，其决策和行为动机主要来源于对经济利益的追求，更为看重林业产教融合所带来的盈利效果。当合作给企业带来的收益没有达到企业的预期时，企业难以将林业高等教育的人才培养纳入自身价值链中来，出于利益考虑不愿意额外支付更多的成本和精力。②企业认为林业新工科人才培养是农林高校的职责，作为企业而言，只是单纯地使用人才，不能充分认识林业新工科教育产教跨界融合、校企协同育人的重要性，把自己仅仅定位在辅助育人这个角色，没有真正承担合作育人的主体责任，仅参与学生在实习阶段的管理，而很少参与其他教学环节。③林业新工科教育产教融合协同育人中企业负担的育人成本过高，协同育人的政策缺乏具体性和明确性，各利益主体间的职责和权利、义务存在模糊性，这些增加了企业的育人风险。同时，学生在企业的实习实践，一方面增加了材料消耗等显性成本，另一反面还会增加管理负荷、影响生产进度等隐性成本，从

而使企业无心主动投入到林业新工科教育产教融合中去，而成了被动的参与者。

3. 高校自主意识不强，林业新工科教育产教融合力度不够　虽然高校对产教融合的认识较以往有所突破，但是整体的参与力度不到位，甚至背离了产教融合的初衷。①目前一些农林高校的林业产教融合出于某些指标需求而推行，离产教真正融合还有一段距离，签订的林业新工科教育产教融合协议也仅停留在形式上而没有实质性意义，甚至导致无法持续发展。②高校的校本位主义使得学校在产教融合问题上仅从自身的角度进行思考，在专业建设、人才培养定位和目标上没有与林业产业相适应，不能很好地为面向的林业产业企业提供技术支撑和人才资源。③在协同育人上简单地认为林业教育产教融合就是顶岗实习，提供实习机会和场所是主要功能，未能对在林业产业实习基地实践的学生进行有效跟踪和指导，因此这种粗放、离散型协同育人模式无法在林业新工科教育产教融合实施中实现产教间有效沟通。④校内"双师型"教师缺乏，传统教师一般以学术型或教学型为主，工程技术应用水平不够；新进青年教师主要来自教学研究型大学，深入企业和社会实践锻炼少，工程实践操作能力不足，与产业企业合作的意识和经验缺乏。

4. 融合生态圈尚未建立，林业新工科教育产教融合前景不明　产教融合生态圈是指由高校的教学系统与产业的生产系统相结合而形成的局部性产教融合生态系统，它是协同育人的核心组成部分，对政产学研用协作起着重要的支持作用。当前，林业新工科教育产教融合被政府、高校和林业产业企业重视，从整体上推进了林业产教合作的进程，但由于政府的参与度不足、行业企业的投入精力不高、高校的主动性不强等问题，急功近利、随意多变等弊端随之出现，导致了林业新工科教育产教融合生态圈的脆弱性。具体而言，主要出现这几个方面：①当前较多的林业新工科教育产教融合层次不高、深度不足，高校的技术优势和智力资源没有充分注入林业企业，林业企业没有全程参与高校人才培养，得天独厚的市场信息优势也无从融入林业新工科人才培养体系中。②产教融合生态圈构建的格局是校企间"你中有我，我中有你"的相互融合发展，但当前校企间价值观难以兼容、利益观无法深度捆绑，这种合作关系大大降低了林业新工科教育产教融合协同育人的效果，使建立林业新工科教育产教融合生态圈的难度大大增加。③高校和行业企业的社会主体属性不同，必然导致两者在价值追求、目标导向和利益诉求等方面耦合性降低，使得林业新工科教育产教融合中有效连接点过少且构建产教融合生态圈困难。其结果是林业新工科教育产教融合协同育人的前景不明。

四、产教融合理念下林业新工科教育多元协同育人模式的构建

产教融合理念下构建林业新工科教育多元协同育人模式，就是要实现林业新工科人才培养供给侧与产业需求侧的协调和平衡，在结构、质量、水平上达到完全契合。

（一）产教融合理念下林业新工科教育多元协同育人模式构建目标

林业新工科教育产教融合的目标是借助政府、林业产业、林业企业和农林高校的合力，实现"专业设置与产业需求对接""课程设置与职业标准对接""教学过程与生产实践对接"三个对接，突破主体间的壁垒，从林业新工科教育人才培养方案、课程体系、师资团队、创新创业、多元协作等方面，构建科学合理的林业新工科课程体系和教学内容，以追求协同体的整体最优化，实现各自的最优发展，从而提升教育质量，培养出符

合林业新经济需求的具有创新精神和实践能力的林业新工科复合型人才。因此，林业新工科教育多元协同人才培养，其关键是产教融合协同，核心是育人。

（二）产教融合理念下林业新工科教育多元协同育人模式构建内容与途径

1. 以林业新工科教育产教融合为抓手，创建全过程"闭环式"校企协同育人模式
全过程"闭环式"校企协同育人是政府、行业企业、高校多方参与培养目标定位、培养标准、培养方案、培养过程实施、培养质量监控等人才培养环节的全过程，通过产教结合、课程实践结合、研究应用结合等途径，实现产教融合多方参与修订林业新工科人才培养方案以满足林业产业新业态的需求；多方共建实践教学环境以创新实践教学方式、多方组建教学团队以优化师资队伍结构、多渠道建设教学资源以优化教学内容、多方制定融合机制以保障协同育人持续发展，提升产教多方在跨界融合方面的求同存异意识和人才培养上的协同育人意识，提升林业新工科人才培养的有效性和目标性，更好地满足林业产业发展的人才需求（图 1）。

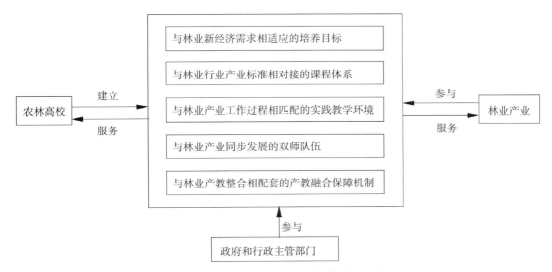

图 1　全过程"闭环式"校企协同培养模式的实现途径

2. 以林业新工科教育产教融合为中心，完善企业参与的校产协同课程体系　课程体系建设既是专业建设的核心，也是人才培养中举足轻重的环节。依据国家关于深化产教融合的意见和精神，应遵循"以本为本"的基本理念，以学科课程知识为基础、以满足职业岗位需求为目的、以应用能力培养为导向整体构建应用型课程体系，否则课程建设的"产教融合"将名不副实。在完善林业新工科教育产教融合机制的过程中，产教双方均要充分发挥各自的作用以重构和优化原有课程体系。从林业新工科教育产教融合的视角出发，林业新工科教育课程体系重构与优化可以从以下两方面入手：一是在院校课程体系建设过程中，坚持以林业产业需求为导向，通过确定核心专业理论知识和技术能力，构建核心能力矩阵，设计课程体系，使学生知识体系和能力结构具有适应性、系统性和灵活性。二是根据高校自身的特点，产教融合林业新工科教育专业核心能力和核心专业理论知识，联合林业产业企业共同研究制订林业新工科人才培养方案，确定专业培养标准和规格，设计课程模块，共同开发课程资源，充分发挥林业企业重要主体作用，促进林业企业需求融入林业新工科人才培养环节，促进人才培养供给侧和产业需求侧结构要素的全方位融合。如在实践教学课程资源设置上，由林业企业根据林业产业链的不同环节开发一系列企业课程群，学生可自主选择在校内或在企业上课，真正落实"注重学理，亲近业界"的理念。通过林业新工科教育产教融合来协同建设课程、合作编著教材、共同培养学生，将产业前沿的技术与方法、企业需求编写成特色教材和创新课程案例嵌入课程教学和人才培养之中。当然，为拓展学生的视野和增强将来的职业适应能力，还可以和企业共同开发基于林业产业发展的其他培训课程，供学生选择（图2）。

图2　共建实践类课程资源

3. 以林业新工科教育产教融合为渠道，拓宽"双师双能型"师资队伍建设　"双师双能型"师资队伍是高校进行产教融合的核心竞争力，教师的专业教学水平和实践能力直接影响林业新工科人才培养的质量。基于林业新工科教育产教融合具有的高等教育和职业教育的双重属性，培育"双师双能型"教师团队必须融入行业、产业、企业、职业和实践等要素，并构建与之相适应的培养和保障机制。但就农林高校师资队伍的现状而言，需要按照林业新工科教育产教融合要求对接林业企业的专家能手，采取"走出去"与"请进来"的双重策略，以"产教师资融合"方式加强师资队伍建设。一方面，在加强校企融合的前提下，直接面向林业企业柔性招引既懂理论知识又懂业务的技术能手和管理专家、有创新实践经验的企业家和企业科研高层次人才组建兼职教师资源库，与校内专职教师共同构建专兼结合的"双师双能型"教师团队以满足学生职业核心能力培养需要，从而使专兼职师资能相互融合、互为补充、形成合力，在校企双导师培育、实践教学技能提升、教育教学改革项目开展等方面提供优质资源和实践基地。另一方面，采用优化"自身"师资结构的方式选派优秀青年教师深入企业进行"双师双能型"培养，真正承担和倾注于技术研发、基于工作过程的课程开发、校企实训教材编写、企业员工的专业知识培训等校企深度合作，在实践中升华理论知识，掌握实践技能，使产教融合协同育人教学导向、内容和方法更贴合产业实际，支撑符合林业产业需求的高技术技能人才培养。

4. 以林业新工科教育产教融合为目标，形成合作共生的运行机制　产教融合理念下林业新工科教育多元合作育人中的共生现象，主要表现为在林业新工科教育产教深度融合的互动过程中实现共存、双赢、和谐发展，形成人才、智力供给与需求的生态链，形成多元主体之间"利益共享、责任共担、过程共管"的合作共生机制。一方面构建产教融合的多方利益共同体，在人才培养、成果转化、科技创新等方面形成共建共管共享的互惠合作机制，保持合作主体间合理的利益分配和平衡关系。另一方面，建立健全"与林业新工科教育教学规律和林业企业生产结合来共同制定教学内容，与岗位典型工作结合指导教学标准，与产业发展趋势结合研究先进技术与管理，与平台研究成果结合动态调整实训实践"四结合原则的融合机制，充分发挥产业行业的积极性。同时，通过校企人员双向交流来强化产教资源互动和内涵对接，完善产教融合互动、评价、长效和保障机制，并以此着力构建相应的林业新工科教育产教融合制度体系，保证林业产业和林业新工科人才培养联动发展。

五、结语

林业新工科教育产教融合的深层次发展，需要调动各参与主体的积极性与主动性，以培养林业新经济条件下的卓越农林人才为目标，完善林业新工科教育产教融合理念下的多元协同育人模式构建内容与运行机制，以适应林业产业新业态需求为导向，在林业新工科教育的人才培养目标和实施路径、教育教学和课程内容等方面深入贯彻产教深度融合、多方协同育人的思想，助推政产学研用结合向更高层次发展，促进卓越林业新工科人才培养，提高林业企业技术水平，加速林业产业转型升级步伐。

"产研教赛"深度融合的农林院校电子信息类人才培养改革与实践

徐爱俊　冯海林　戴丹　吴达胜　方陆明　任俊俊　曾松伟
周素茵　徐达宇

一、探索背景、成果概况和解决问题

（一）探索背景

随着"互联网＋"等重大创新驱动发展战略的实施，以新技术、新业态、新模式为特点的现代农林业蓬勃发展。浙江作为数字经济强省，正在加速从传统农林业向现代农林业转型升级，在"数字农业""智慧农业"到"农业农村大脑"的建设过程中，急需大量信息技术与农林业交叉的复合型人才。农林院校是培养这类人才的主要阵地，探索电子信息类人才培养路径以精准对接现代农林业发展需求是全国高等农林院校直面的重要课题。基于此，项目团队经过10余年的探索与实践，取得了一系列成果。

（二）成果概况

本成果中电子信息类人才是指农林院校普遍开设的以计算机科学与技术专业为主体，涵盖电子信息工程、网络工程（物联网工程）、信息管理与信息系统以及智能科学与技术专业培养的本科人才。自2008年起，项目团队以浙江省新世纪教学改革项目的获批为契机，进行了10余年的探索与实践，经过多轮改革，取得了一系列成果。

1. 形成了特色鲜明的人才培养路径　2008年，项目团队以农林行业需求为导向，确立了"源于产、精于研、寓于教、惠于赛"的人才培养理念，以计算机科学与技术、电子信息工程等专业的学生为培养对象，协同国家、省、市、县等各级农林业主管部门，整合阿里巴巴、甲骨文等龙头企业的优质资源，形成了"产研教赛"深度融合的、可复制的电子信息类人才培养路径（图1）。

2. 打造了一批面向农林业电子信息类人才培养的优质教育教学资源　从学科、专业、科研和实践教学四个维度，建成了11个国家级、省部级等高能级平台，其中计算机科学与技术专业入选国家一流专业建设点并通过国家工程教育专业认证（全国首批）；率先编制了7部具有农林特色的专著型系列教材；创建了农林背景下的特色课程群；建设了多层次多学科的虚拟仿真实验教学平台，支撑浙江农林大学共25个国家级、省级虚拟仿真项目；以农林为背景组建了多个具有丰富实践经验的教学科研团队；成立了校级"科研育人"名师工作室。这些资源为人才培养质量的提升提供了有力支撑。

3. 构建了"产研教赛"四位一体的人才培养保障机制　通过构建需求中心、科研创新平台、教学资源中心、学科竞赛中心四大保障体系，采取"学生选拔-学生培育-项目训练-竞赛实战-导师团-实训基地"系列措施，促进"产研教赛"深度融合，确保人才培养可持续、健康、稳定发展。学生科研成果被经济半小时、人民日报等多家媒体争相报道，相关成果曾 4 次入选全国林业信息化十件大事。

经浙江省高等教育评价研究院组织专家鉴定，该成果内容丰富，学生受益面广，取得了显著的育人成效。专家组认为该成果创新明显，可推广性强，处于国内同类高校领先水平。

图 1　"产研教赛"四位一体人才培养实践过程

（三）解决问题

本成果解决了三个教学问题：

（1）解决了农林院校电子信息类专业缺乏与行业特色相匹配、可复制的人才培养实施路径的问题。

（2）解决了校地企如何协同创建农林特色教学资源以提高应用型人才培养质量的问题。

（3）解决了农林院校电子信息类专业缺乏人才培养保障机制的问题。

二、成果的形成历程

（一）起步阶段（2008—2010 年）

2008 年起，项目团队与临安、龙泉等地的政府部门建立校地合作，启动了"林业信息化"人才定制培养，建立了人才培养方案，实施分方向上课、赴基地实习等混合式教学。同时与地方合作开展学术研究，初步完成了农林信息技术交叉复合人才的培养。

（二）发展阶段（2011—2015 年）

2011 年起，专业、平台和资源建设进一步加强，在 5 个省部级专业建设与教学平台的支持下，从农林院校电子信息类人才培养的宏观和微观多个视角开展研究与实践，与阿里巴巴、甲骨文等多家知名企业建立校企合作，探索农林背景下的创新型人才培养新机制。完成了从农林信息技术复合人才的培养到适应各行业需要的高素质创新人才的培养，最终形成了"产研教赛"深度融合的电子信息类人才培养路径。

（三）实践检验阶段（2016—2020 年）

2016 年起，对人才培养路径进行实践、优化与完善，进一步扩大校地、校企合作范围，充分挖掘农林背景下的科研点位。新增 6 个省级及以上平台和 1 个校级虚拟仿真平台。在省级及以上重要赛事获奖数及获奖层次、学生主持双创项目、学生一作论文及授权专利、升学率及升学层次、就业率及就业薪资和对母校的满意度等方面获得显著提升，"产研教赛"深度融合的电子信息类人才培养路径与方法的实践效果在该阶段得到了充分验证。

三、主要举措和解决问题的方法

（一）顶层设计，多轮改革，完成人才培养路径规划

以 2008 年浙江省新世纪教改项目为契机，持续 10 余年改革，经历三个发展阶段，不断优化人才培养路径，即：根据产业需求凝练问题，通过科学研究解决问题，形成理论和实践研究成果。一是将理论成果融入教学资源中，反哺教学活动；二是将实践成果提炼优化，助推学科竞赛，形成"产研教赛"深度融合、共同发展的人才培养路径（图 2）。

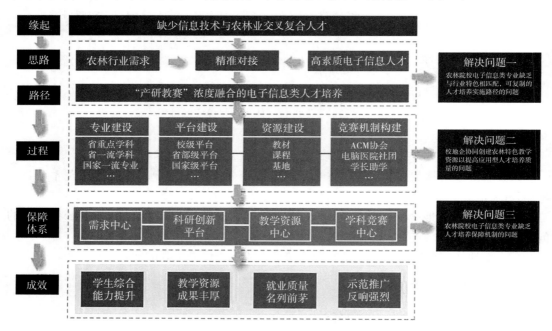

图 2 "产研教赛"深度融合人才培养路径

（二）多方联合，厚积薄发，创建农林特色系列教育教学资源

1. 以产带研，解决科学研究与产业需求脱节的问题

（1）通过科技特派员、百名导师库、"科研育人"名师工作室、挂职锻炼等渠道培养师资，每年选派 100 余人次深入对口单位科研攻关。

（2）凝练特色，构建紧密型研究团队。引导组建农林信息化团队、智能感知技术团队等面向产业需求的教师科研团队。

（3）坚持"以研究锻炼人才，以项目检验人才"的科研育人理念，鼓励学生参与教师科研。

（4）构建"农林需求＋""校级科研训练-省级新苗-国家级双创"的递进式科研训练体系，产出论文、专利等成果。

2. 产研促教，解决教学资源不聚焦的问题

（1）梯次推进，构建多层次人才培养平台。依托丰富的科研成果，从学科、科研、专业和实践教学四个维度搭建支撑人才培养的省部级及以上高层次平台，形成结构合理的支撑平台体系。

（2）实施"互联网＋"教学，建设虚拟仿真实验中心。2008年，团队将几十个林业信息化应用系统经过脱密处理后形成多个教学实验系统；2011年，引入网络教学平台和自主学习平台；2017年，依托学院成立虚拟仿真实验中心，支撑学校虚拟仿真实验教学项目。

（3）科研反哺教学，建设高质量系列专著型教材。经过系统谋划，团队先后组织编写了7部农林信息类专著型教材，分别涵盖农林业电子信息领域的理论、技术、方法、模型、应用等内容。

（4）政产科教融合，构建紧密型实践教学基地群。与浙江省林业局、阿里巴巴等共建15个校外实践实训基地。

3. 以赛突破，解决学生创新实践能力难以持续提升的问题

（1）构建竞赛体系　将学科竞赛与专业、第二课堂相融合，建立多层级、递进式竞赛中心（图3）。

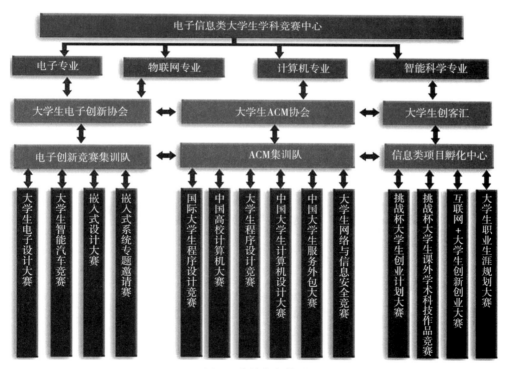

图3　学科竞赛体系

（2）建立选题机制　将产业需求、教学培养、科学研究中出现的技术难题，融入学科竞赛的选题中，建立能准确反映农林特色的学科竞赛题库。

（3）建立选人机制　采用"大一引导、大二试战、大三实战、大四帮扶"的机制，不断选拔优秀的学生进入学生竞赛储备中心，并形成"传帮带"机制，从而使学科竞赛可持续良性发展。

（4）组建学生社团　组建 ACM 协会、大学生电子创新协会、电脑医院等学生社团组织，开展面向低年级全覆盖的"学长助学"活动，不断强化第二课堂的辅助教学作用。

（三）产研教赛，四位一体，解决人才培养保障机制缺乏的问题

1. 建立四大保障中心　以"创新人才培养"为核心，构建需求中心、科研创新平台、教学资源中心、学科竞赛中心四大保障体系，确保人才培养路径可持续、稳定发展。

2. 多措并举培养创新型人才　源于产——从行业中探测前沿需求；精于研——从科研训练中积累经验，打造学术精英；寓于教——从教学中提高专业技能，打造专业精英；惠于赛——依托学科竞赛塑造管理和团队协作能力，培养复合型人才。

3. "产研教赛"深度融合　通过"以产带研"解决科学研究与产业需求脱节的问题，通过"产研促教"解决教学资源不聚焦的问题，通过"以赛突破"解决学生创新实践能力难以持续提升的问题，通过"四位一体"解决人才培养保障机制缺乏的问题。利用四者的内在联动性，发挥行业优势，实现"产研教赛"呈螺旋状深度融合、动态发展（图4）。

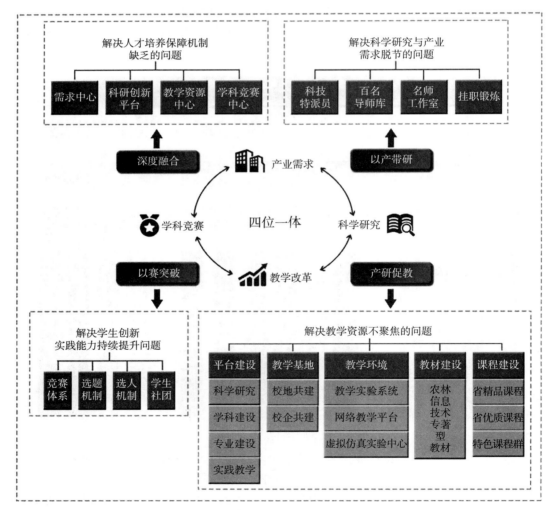

图 4　"产研教赛"深度融合人才培养保障体系结构图

四、创新点

（一）创建了一条与行业特色相匹配的、可复制的人才培养新路径

以立德树人为根本，以强农兴农为己任，形成"源于产、精于研、寓于教、惠于赛"的人才培养理念，采取"以产带研""产研促教""以赛突破""四位一体"等举措，创建了一条"产研教赛"深度融合的人才培养新路径，贯穿大一到大四育人全过程，融入教学、科研和实践全流程。多所高校的实践应用表明，这是一条可复制的人才培养新路径。2016—2020 年，相关专业升学率提升了 201％，双一流或省重点高校录取比例达 96％，毕业生就业薪资和对母校满意度持续位于全校前列，人才培养质量显著提升。

（二）创建了一批提升应用型人才培养质量的教学新资源

以行业需求为导向，深入挖掘有生命力的科研成果，将其融入教学实践环节中，通过编制专著型系列教材、组建农林特色课程群、培养紧密对接行业需求的双师型教学科研团队、服务多层次多学科虚拟仿真实验教学服务平台、建立农林特色教学实践基地等措施，形成一批针对农林院校电子信息类人才培养的教学新资源，全面提升应用型人才培养质量。通过 10 余年建设，率先完成了 7 部具有农林特色的专著型教材，被北京林业大学等国内 9 所高校纳入教学体系；构建了支撑学校 5 个国家级、20 个省级和 19 个校级培育项目的多层次多学科虚拟仿真实验教学服务平台。

（三）创建了一套保障人才培养质量持续提升的新机制

学校、学院出台涵盖"学科竞赛体系-学生选拔-学生培育-项目训练-竞赛实战-导师团队-实训基地"的人才培养相关制度，建立"大一引导、大二试战、大三实战、大四帮扶"的多类型、多角度、多层次学生竞赛池，组建电子信息类专业特色的学生社团组织，采用"学长助学"等形式丰富第二课堂培养环节，实施"百名导师库"工程，组建学科竞赛导师团队等，为人才培养持续提升加上安全锁，确保人才培养可持续、健康、稳定发展。2016—2020 年学生参赛覆盖率达 100％，论文专利成果丰硕，毕业生就业率等稳居学校前列，人才培养质量显著提升。

五、成果推广应用情况

（一）人才培养质量明显提升

2016—2020 年，在挑战杯、"互联网＋"、职规赛、计算机大赛等重要赛事上获省级及以上奖项 532 项、1 263 人次，获奖数全校占比 20％以上。其中在中国高校计算机大赛全国总决赛中再次取得突破，在 308 所参赛高校中排名第 31，全国农林类高校中排名第 11；主持国家、省、校级双创项目的数量同比增长 100％。本科生以第一作者发表的论文中 SCI/EI/核心期刊占比 30％；授权发明专利、软著等 119 项，其中国家发明专利全校占比 86.4％；升学率由 8.97％提升到 27.57％，其中双一流高校或省重点高校录取比例达到 96％；平均就业率 98％，就业薪资连续位居全校第 1，对母校（专业）的总体满意度持续位于全校前列（表 1）。

表 1　本科生培养情况

培养学生人数	平均就业率	双创项目	省级以上学科竞赛获奖数	省级以上获奖人数	论文发表	授权专利
1 225	98%	116	532	1 263	68	119

（二）内涵建设成效显著

1. 平台建设水平不断提升　从学科、专业、科研和实践教学四个维度，建成国家级平台 2 个、省部级平台 8 个、校级虚拟仿真实验教学服务平台 1 个。计算机科学与技术专业入选国家一流专业建设点并通过国家工程教育专业认证（全国首批），电子信息工程专业入选首批浙江省一流本科专业建设点（图 5）。

图 5　平台建设

2. 教学资源建设成果丰硕　在科学出版社等国家级出版机构出版《基于智能手机的立木测量技术与方法》等林业信息化专著型教材 7 部，立项浙江省"十三五"新形态教材 2 部；省级精品课程 2 门，省级一流课程认定 2 门，基于"森林资源信息管理学""计算机在林业中的应用"等课程建立了特色课程群；与企业及农林部门合作共建了 15 个实践实训基地；"无人机倾斜摄影测量"和"智能传感技术应用环境监测"分别被认定为国家级和省级虚拟仿真实验项目。

（三）在浙江省内外产生了积极影响

1. 示范效应深远　在《计算机教育》等期刊发表教改论文 31 篇；自编教材及自建优质课程除本校学生使用外，还被北京林业大学等国内 9 所高校纳入教学体系，同时广泛应用于农林行业信息技术各类培训班，直接受益学生数超过 2 万人。精品课程"森林资源信息管理学"的在线访问量达到了 15.8 万人次。虚拟仿真实验教学服务平台支撑了学校 5 个国家级、20 个省级和 19 个校级培育项目的日常运行，并获得了广泛好评。

2. 媒体宣传报道　2015 年，时任国务院副总理汪洋对电子信息类学生服务农村电商成效给予了高度肯定。"林权 IC 卡""林木无损检测仪""梦程科技——校园智慧云打印""中国临安山核桃指数体系""毒害试剂泄露监测方法"等学生科研成果被央视《经济半小时》《我爱发明》栏目、人民日报等多家媒体报道 50 余次。学生参与研发的 14 个林业信息系统在全国或部分地区得到广泛应用，相关成果 4 次入选全国林业信息化十件大事。

"卓越引领、素养为本"的林业新工科人才培养模式探索与实践

金春德 李光耀 姚立健 张晓春 俞友明 何振波

余肖红 李松 苏小菱 吴水根

教育链、人才链与产业链、创新链的有机衔接，促使林业工程类专业的育才观与林产工业的择才观不断演变，以培养学生学习方法与思维方式为根本目标的理念逐步成为涉林产教双方的共识。因此，立足新时代发展要求，全面革新人才培养模式，是深化产教融合、提升林业新工科人才培养质量、助力林产工业转型升级的必然选择。

一、成果简介

本成果发源于 2010 年教育部第六批高校特色专业建设项目，综合了国家卓越农林人才培养计划、教育部新工科项目、国家一流专业等一批国家级专业建设与教学改革成果。在成果完成单位倡议下，2015 年 5 月召开了由李坚院士和张齐生院士领衔、全国农林院校相关学院院长参加的教育部高校林业工程类专业教指委扩大会议，专门研讨了在林产工业新业态背景下如何破解林业工程类专业面临的新问题。会后成果完成单位对相关行业管理部门和企业进行了密集的调研并与其进行了深入的交流，在此基础上启动新一轮林业工程类专业培养方案的修订工作。在 2017 年修订完成的培养方案中率先融入"智能制造、生物质材料"等新工科元素，得到两位院士及全国同行的高度认同，在新工科专业建设中积极做到先行先试，成功构建了以"卓越引领、素养为本"为育人理念的林业新工科人才培养模式。

所谓"卓越引领"，是指以追求卓越的精神引领林业工程类人才培养模式的全方位改革与创新。"素养为本"是指以培养学生学习方法与思维方式为根本目标。在该理念指引下，以立德树人为根本，确立全新的工程观、育人观和协同观；以"服务林产工业新业态"为起点，优化知识结构，重构交叉融通的课程体系，创设"分层递进""三进三结合"等系列教学方法，形成"工学交替、理实一体"的教学特色；不断集聚产教利益相关方优质育人资源，共建"一体两翼"教育共同体，形成产教双方协同育人、交互赋能的长效机制。最终走出一条满足现代林产工业新业态需要、具有鲜明农林特色的产教融合之路，形成具有辐射推广价值的林业新工科一流人才培养模式。

成果应用成效显著，2017—2020 年浙江农林大学学生获中国"互联网＋"大学生创新创业大赛金奖 1 次，获中国大学生"自强之星"、全国林科十佳毕业生等国家级表彰 9 项。成果中校企协同机制——《木材科学与工程专业"一体两翼"实践基地集群建设》获 2020 年中国高等教育学会"校企合作双百计划"经典案例。成果有力推动了林业工程类专业人才培养模式由学科壁垒向交叉融通转变，由知识传授向素养养成转变，由以教

师为中心向以学生为中心转变，由产教独立运行向协同育人转变。

中国工程院院士李坚评价本成果在理念、方法、路径和效果等方面走在了全国农林高校林业工程教育教学改革前列。经教育部教指委专家组评审，认为本成果对培养高素质林业新工科人才具有很强的示范性和推广价值，已达到国内领先水平。

本成果有效解决了如下教学问题：

（1）破解了原有林业工程类专业因学科壁垒和专业藩篱，导致学生知识结构不合理、能力与素质无法适应林产工业新业态发展需求的难题。

（2）打破了传统专业培养模式囿于知识传授、以教师为中心的局限，注重学生创新思维与能力的培养，提升学生解决复杂工程问题的能力。

（3）解决了产教难以共建共享教育资源、双方无法形成育人合力的难题，形成了产教双方交互赋能、协同育人的共赢局面。

本成果的形成逻辑如图1所示。

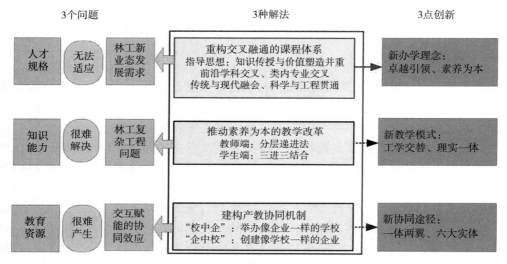

图1　成果形成逻辑

二、成果简介及主要解决的教学问题

本成果中创新的人才培养模式，如图2所示。成果围绕国家重大战略与区域经济发展需求，坚持以立德树人为根本，在新工科、OBE等众多教育理论的影响下，逐步凝练形成"卓越引领、素养为本"的人才培养理念。根据该理念，形成全新的大林业工程观、以学生为中心的育人观和产教融合的协同观，基于这"三观"塑造了人才培养的价值观，即以"服务林产工业新业态"作为人才培养模式创新改革的逻辑起点。课程是一切教学改革的抓手，因此本成果首先重构了具有交叉融通特色的"卓越农林"课程体系，并从教学方法与协同途径两个方向同步进行改革，以保障课程教学的顺利实施。通过课程体系实现学生知识、能力和素养的提升，学校通过内部评价机制来检验学生学习效果是否达到毕业要求，据此优化课程体系与教学方法等，实现教学质量持续改进的内循环。学生毕业后将成为林产工业的建设者与接班人，学校还对毕业5年后的学生职业现状进行调查，观测其是否达到"学术精英、技术骨干、团队领导"等期望的培养目标，从而构建起人才培养质量持续改进的外循环。

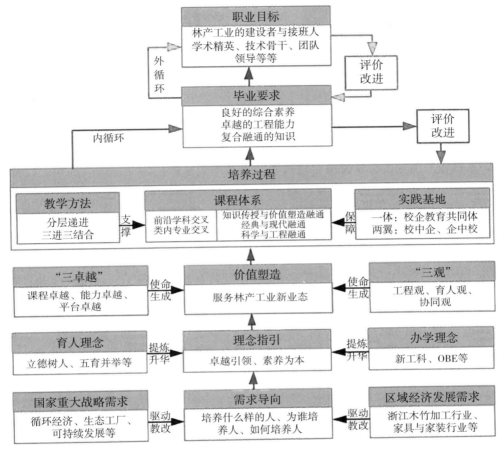

图 2　成果创新的人才培养模式

成果具体内容如下：

1. 重构交叉融通的课程体系，再造新工科特质的知识图谱　根据产业需求优化课程体系，凸显知识传授与价值塑造并重的思想。深挖林业工程领域中绿色材料、生态发展、工匠精神等思政元素，实现课程思政覆盖所有课程、所有知识点，为林产工业培养德智体美劳全面发展的建设者与接班人。

（1）体现前沿学科交叉　从新材料、生物化学、智能制造 3 个方向织密学科交叉网，以稳健的学科生态为林业新工科提供智力支撑。

（2）体现类内专业交叉　设置胶合材料学、林产化工概论、木制品加工等原本属于林业工程类内不同专业的课程成为本类所有专业的必修课，夯实学生服务大林产工业的知识基础。

（3）注重传统与现代融通　如在人造板工艺学等传统课程中，融入木质仿生材料、异质复合材料等内容。增加功能性材料、纳米技术与材料等新型材料课程。

（4）注重科学与工程融通　如在开设木材学等科学性较强的课程同时，加强与之配套的木质工程材料学等应用性课程的设置。

具体如图 3 所示：

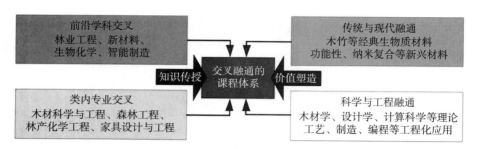

图 3　交叉融通的课程体系

2. 推动素养为本的教学改革，培养学生复杂问题求解能力　以学生为中心，强化学生工程创新思维与终身学习能力等核心素养的培养，具体如图 4 所示。

（1）推进"分层递进"教学法　将工程思维分为 4 层。发现层面向大一，通过新生研讨课、认知实习等启发学生发现身边木竹材应用中存在的问题；在分析层，通过木材学、木材干燥学等课程的教学，引导学生分析问题的产生机理和影响因素；解决层面向高年级学生，训练学生运用专业知识并结合现代工具解决上述问题的能力；在检验层，通过生产实习、毕业论文等检验培养效果，撰写教学反思报告，持续改进教学方法，实现教学质量监控的内循环。

（2）实施"三进三结合"　持续提升学生理论转化为实践的能力，所有学生入学伊始进项目组、工作室、竞赛队，做到"人人进团队、天天有任务"。让学生探索未知与创新项目结合、解题愿望与企业卡脖子难题结合、团队协作与学科竞赛结合，由项目、需求、竞赛三股力量持续助力学生能力提升。

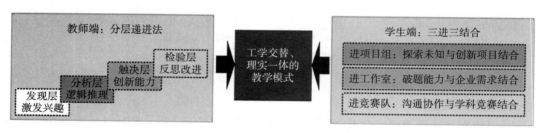

图 4　素养为本的教学模式

3. 整合校企双方的优质资源，建构产教融合的协同机制　以"校中企""企中校"为载体推动协同育人，具体如图 5 所示。

图 5　教育共同体建设方案

（1）"校中企"，是将企业部分功能转移到学校　企业出题出经费，学校出人出场地，共建创新工作室，目前已在校园共建了25个创新工作室；共建中试车间，为学生在校内营造真实的工厂实训环境，使学生不出校门就能受到与工厂一样的实践训练；共建企业校园展厅，展示校企合作成果，同时还可以面向社会开展科普教育，吸引有林产工业志趣的优质生源。

（2）"企中校"，是将学校育人优势共享给企业　共建实践课教研室，涵盖创建实践课、开发顶岗带薪实习科目、实施实践教学、培训双师型师资等功能；共建企业研究院，围绕企业重大技改需求，驻院师生通过项目攻关，提升解决真实工程问题的能力；共建联合党建工作室，使其成为产教协同的战斗堡垒。

三、成果的创新点

（一）提出了"卓越引领、素养为本"的林业新工科人才培养理念

在"卓越引领、素养为本"理念指引下，成果完成单位树立宽厚基础的大林业工程观，构筑具有交叉融通特色的"卓越农林"课程体系；树立以学生为中心的育人观，持续提升学生解决复杂工程问题的能力；树立双育人主体参与的协同观，打造校企共建的卓越实践平台。基于上述"三观""三卓越"，实现了人才培养由"知识为本"向"素养为本"演进，由知识传授为主升华为思维训练和方法创新并重。

（二）创设了"工学交替、理实一体"的林业新工科人才培养模式

在实施"分层递进"过程中，学生分析解决问题的能力逐级提升，教学场所由单一的校内延伸到校内外同步，工程实践与课堂学习交替进行。学生获取知识的同时，同步获得将理论与实践相互转化、相互促进的驾驭能力。安排学生进项目组、进工作室、进竞赛队等第二课堂，学生的学习与项目、需求、竞赛结合，通过实施案例化、项目式手段让工程教育回归培养工程应用能力的本职，学生具备了完成高阶性、创新性、挑战度项目的实践能力。

（三）构建了"一体两翼、六大实体"为载体的产教协同育人平台

"一体"是指校企双方共同打造的"教育共同体"，"两翼"是指"校中企"和"企中校"。相对于传统实践基地，"教育共同体"丰富了实践基地的内涵与功能，由在校外建设实践基地变为校内、校外同步建设，培养学生的同时还培训了具有工程实践指导能力的师资，由单纯服务实践教学拓展为服务产科教三界。"一体两翼"具有鲜明的"三双"特色，即双育人主体（高校、企业）、双实践基地（校园工厂、企业学校）、双指导教师（教师、工程师）。六大实体（创新工作室、中试车间、校园展厅、企业教研室、企业研究院、联合党建工作室）使"工学交替、理实一体"的实施具备实体化平台、常态化活动和规范化管理，开拓了一条产教交互赋能、协同育人的途径。

四、成果的推广应用效果

自2010年以来，成果历经7年建设实施及4年实践检验，得到了推广应用，成效显著。

（一）成果提供了林业新工科创新人才培养的典型模式，产生了很强的辐射效应

成果多次在教育部林业工程类专业教学指导委员会、国际木材科学与技术学会年会、

中国高等教育博览会上做专题发言与成果展示，吸引20余所高校同行前来交流学习，特别是卓越林业新工科人才培养新模式、新工科背景下产教融合教育共同体新机制、培养新途径等成果在浙江农林大学的5个专业以及西北农林科技大学、南京林业大学等7个高校推广，受益学生达10 000人以上。

（二）成果应用大幅提升了学生的创新能力与解决复杂工程问题的能力，人才培养成效显著

学生获中国大学生"互联网＋"创新创业大赛金奖、浙江省"挑战杯"大学生创业计划竞赛一等奖、浙江省工程训练大赛一等奖等国家级和省级学科竞赛奖励200余项。发表论文34篇，其中SCI收录12篇、授权专利221项。获得全国大学生"自强之星"、全国林科十佳毕业生等省部级以上奖励和表彰100人次以上，涌现出沈海颖、宋雅丹、李鑫等大学生典型代表。完成国家大学生创新训练项目和省新苗人才计划项目43项。毕业生就业率保持在98％以上，考研录取率从2017年的11.34％增至2021年的44.18％。

（三）推动了林业工程类专业的建设与改革

木材科学与工程专业于2012年5月被确定为浙江省"十二五"优势专业建设项目，2014年被批准为国家首批拔尖创新型"卓越农林人才教育培养计划"改革试点专业，2018年通过国际木材科学与技术学会（SWST）专业国际认证，2019年被批准为国家一流本科专业建设点。完成教育部新工科项目"基于五位一体林业新工科建设路径研究与探索"1项，获批第二批新工科项目"产教融合背景下林业产业集群与林业新工科专业群协同路径探索与实践"和首批新农科项目"'三全育人'视域下涉林产业与高校产教综合体建设与实践"各1项及各类省部级教改项目10项。2020年《人造板工艺学》获浙江省"互联网＋教学"优秀案例一等奖。2019年《型面与曲面木质零件加工》《定制家具设计与制造》等获批浙江省虚拟仿真实验项目3项。编写省部级规划教材、新形态教材及教学参考书22部，其中科研成果转化为6部教材内容，发表相关教改论文10篇。

（四）成果引起了广泛关注，产生了积极的社会影响

成果得到了众多媒体关注，曾在2020年中国高等教育博览会上路演；在教育部林业工程类教指委年会上作为典型案例交流印发。中国教育报、光明日报、新浪网、搜狐、中国教育新闻网等多家媒体进行了宣传报道。学生连续三年获得全国林科十佳毕业生、全国林科优秀毕业生、中国林学会"梁希优秀学子"，学生典型事迹被教育部简报、浙江新闻等十余家主流媒体报道。

卓越兽医人才培养"五要素·三融合"体系创建与实践

宋厚辉　王晓杜　邵春艳　程昌勇　杨永春　杨杨

管迟瑜　曾欢　姜胜　杨仙玉

动物医学专业是我国农业科学的重要组成部分，其根本任务是培养卓越兽医人才，保障畜牧业可持续发展，维护人和动物健康。为解决专业课程设置中实验和实践课程体系固化、兽医院校资源不足和人才培养模式单一、学生国际化视野和国际交流不足等难题，2010年以来，本成果确定了以培养兽医临床实践创新能力为根本的"同一世界·同一健康"教育理念，构建了以"五要素·三融合"为主要特色的卓越兽医人才培养体系（图1）。五要素，即"课堂-实验室-兽医院-企业-国外名校"五个要素；三融合，即"课内课外、校内校外、国内国外"相融合。该体系以专业知识技能传授和职业伦理教育为基础，以科研训练和临床动物诊疗实践为核心，以综合素质提升和国际化视野拓展为目标，通过构建"五位一体·

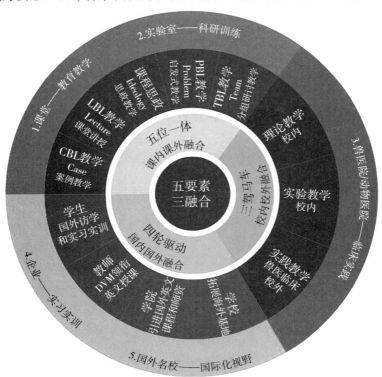

图1　"五要素·三融合"卓越兽医人才培养体系（"五要素"：课堂-实验室-兽医院-企业-国外名校；"三融合"：课内课外、校内校外、国内国外相融合）

CLIPT"课程教学体系，理论、实验和实践教学一体化平台，学校-学院-教师-学生"四轮驱动"国际化办学等实施路径，不断提升教学效果和人才培养质量。

通过 11 年的项目实施和实践检验，建成了我国高校兽医领域第一家通过 CMA 认证的第三方检测实验室等人才培养实践基地，建成了浙江省兽医专业技术人员培训基地，拓展了澳大利亚莫道克大学、加州大学戴维斯分校、普渡大学等一批海外实践教学基地。获得了国家虚拟仿真实验教学项目（全国动物医学类 14 所高校之一）和国家精品在线开放课程（全国农林类 7 所高校之一）。动物医学专业获批国家一流专业建设点；本科毕业生就业率达 100%，升学率由 14.81% 提高到 40.28%，招生一段率（重点线率）由 17.54% 提高到 68.09%（全校涉农专业第一名）；具有海外交流经历本科生比例由 0 提高到 31.4%。学生获 9 项全国大学生竞赛奖，获 27 项国家级大学生创新创业训练计划项目。学生的综合素质和人才培养质量显著提高，得到行业和社会一致好评。

一、成果的主要内容

（一）坚持课程改革，打造"CLIPT·五位一体"课程教学体系，课前课中课后和线上线下全面实施

为解决专业课程设置中实验和实践课程体系固化的难题，本成果构建了以"课堂-实验室-兽医院-企业-国外名校"五个要素为主要特色的多元融合卓越兽医人才培养体系，从教育教学（课堂）、科研训练（实验室）、临床实践（兽医院）、企业实习（企业）和国际化视野提升（国外名校）五个方面提升教师的理论教学、实验教学和实践教学水平。以"五提高"为基础，即：提高考核目标，重构知识体系和多元化评价机制（如学生专业课单科成绩低于 70 分重修，平均分低于 77 分实行降级制度等）；提高专业课实验实践比例和质量（如：修订培养方案，实验和实践教学环节学分占总学分的比例提高到 43.9%）；提高教师实践教学水平（如出台实践教学与社会服务等效评价激励制度等）；提高大学生综合素质（如出台一流本科教育教学行动计划实施方案等）；提高育人质量（如出台"教室·寝室·实验室·办公室"以及"和生万物·创新创业——和·创"文化和课程思政育人实施方案等）。依托教师教学发展中心和课程思政研究中心，成立了基础兽医学、临床兽医学、预防兽医与公共卫生学、兽医流行病学、动物保护与动物福利等 5 个教学团队。专业课全部采用线上线下相结合的方式进行授课，课程思政与理论教学和实践教学同向同行；引入第三方标准化考试评价系统，重构评价机制。打造"五位一体"课内课外相融合的"CLIPT"教学模式，即将 CBL 教学（Case 案例教学）、LBL 教学（Lecture 课堂讲授）、课程思政（Ideology 思政教学）、PBL 教学（Problem 启发式教学）、TBL 教学（Team 分组研讨教学）融为一体，形成全方位育人体系（图2）。

（二）坚持资源整合，创建检测中心和教学动物医院，理论、实验和临床实践教学"三驾马车"协同发力

为解决兽医院校资源不足和人才培养模式单一的难题，本成果建立了面向社会开放的第三方检测实验室、虚拟仿真实验室和教学动物医院，依托本科实验教学中心、省重点实验室和校内实践基地三大教研实践平台群，通过"四提升"和"四强化"，建立科研项目训练和临床动物诊疗实践教学体系。通过提升教学和实践平台建设水平、科研项目训练水平、学生的科研兴趣和研究论文的撰写水平，建立基于科研训练的实践教学体系；通过强化校属教学

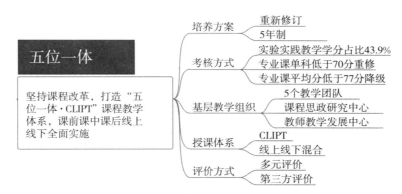

图 2　卓越兽医人才培养"五位一体"课内课外相融合的线上线下课程改革

动物医院实践、科室轮转制度建设规范、专业技能大赛训练和病例报告撰写能力，建立基于临床动物诊疗的实践教学体系。如：建立以《兽医外科手术学》为代表的案例教学（CBL）模式和以《兽医临床实践》为代表的"三位一体"的教学体系。

依托"三驾马车"——理论教学（校内）、实验教学（校内）和临床实践教学（校外）协同发力，提高人才培养质量（图 3）。学生按照官方兽医和执业兽医培养模块，从大二开始分流并开展实习实训（图 4）。

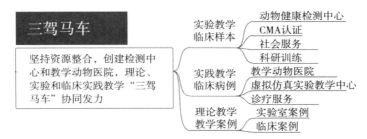

图 3　卓越兽医人才培养理论教学、实验教学和临床实践教学"三驾马车"校内校外相融合的实践教学平台

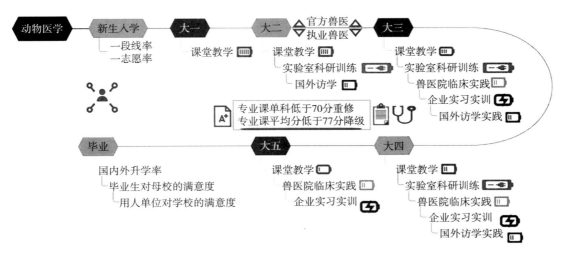

图 4　卓越兽医人才培养各年级学生在"五要素"（课堂-实验室-兽医院-企业-国外）中的参与度

（三）坚持"同一世界·同一健康"理念，开拓海外实践基地，学校-学院-教师-学生"四轮驱动"国际化办学

为解决学生国际化视野和国际交流不足的难题，与澳大利亚莫道克大学合作共建"中澳动物健康大数据分析联合实验室"，与加州大学戴维斯分校、普渡大学、堪萨斯州立大学等国外名校签署合作协议，每年选派 20～30 名本科生赴海外参加实践教学活动；同时接受国外高校学生来我校短期访学。通过学校-学院-教师-学生之间"四轮驱动"，共同打造多方参与的国内国外相融合的协同育人新模式。

引进从美国兽医学院获得兽医学博士（DVM）学位的青年教师并领衔开设全英文课程，提升学生的国际化视野。通过"三系列"，即聘请系列校外导师、拓展系列校外基地、写好系列实习报告，建立基于社会适应能力的教学体系；通过"三个一批"，即建设一批英文课程、合作一批海外名校、引进一批海外 DVM 教师，建立基于国际化视野提升的教学路径，共同打造多方参与的国内国外相融合的协同育人新模式（图 5）。

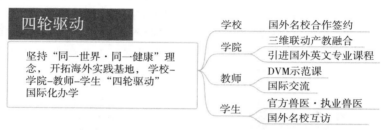

图 5　卓越兽医人才培养"四轮驱动"（学校-学院-教师-学生）多方
参与的国内国外相融合协同育人新模式

二、成果的创新点

（一）理念创新：提出了以"同一世界·同一健康"为办学愿景的卓越兽医人才培养理念

本成果深化实践教学改革，提出了"同一世界·同一健康"的人才培养理念，不仅注重专业技能和职业素养，还注重以学生为中心、以产出为导向的国际化视野训练，更符合学科专业特色、国内国际发展需求和实践育人要求。该理念不仅融入教育教学，还融入学科文化。通过学科专业一体化和院长主管本科教学机制，以学生入学一志愿率和一段线率（入口评价）、学生在校期间综合训练（过程评价）以及毕业后用人单位和学生对学校的满意度（出口评价）作为评估立德树人成效的标准，架构三全育人新格局，为地方兽医本科院校建设国家一流专业和推进兽医教育国际化提供了新思路。

（二）路径创新：创建了基于"五要素·三融合"为主要特色的卓越兽医本科人才培养体系

本成果将"课堂-实验室-兽医院-企业-国外名校"五个要素，通过"课内课外、校内校外、国内国外"三级融合，打造卓越兽医本科人才培养体系。创建了全国高校兽医领域首个通过 CMA 认证的动物健康检测中心，面向社会开展第三方检测服务，由学校提供政策支持和制度保障。通过社会服务反哺教学和科研，不仅解决了样本和病例不足的难题，也解决了学院办学资金短缺的困境。利用现代信息技术改造传统实践教学方法，实验活动采用 LIMS 数字化信息管理系统，教学活动采用线上线下相结合和"CLIPT·五位一体"课内课外融合的教学体系，提高学生的科研创新和实践动手能力。通过检测中心、教学动物医院和实践基地使理论教学、实验教学和实践教学"三驾马车"并驾齐驱，为农业院校通过"学院办大学"建设创业型学院或产教融合学院提供了新样板。

（三）模式创新：建立了以提升学生综合素质水平和国际化视野为目标的人才培养模式

本成果充分发挥学科 100％专任教师为博士，1/3 教师为留学归国人员以及 DVM 教师的国际化优势，共建国际联合实验室，每年选派学生赴澳大利亚和美国访学和游学，开展全方位国际交流，建立官方兽医（聚焦大动物和食品动物）和执业兽医（聚焦小动物和伴侣动物）两个人才培养特色模块，形成了具有国际化特色的学校-学院-教师-学生"四轮驱动"国内国外相融合的协同育人新样板。

三、成果的推广应用效果

（一）人才培养质量稳步提升，学生综合素质显著提高

通过本成果实施，本科生就业率由 95.4％提高到了 100％；毕业生 1 年后追踪就业率达 99.1％，用人单位满意度（97.8％）和毕业生对母校的满意度（93.3％）位居全校第 1 名和浙江省高校同类专业第 1 名。海内外升学率由 14.8％提高到 40.3％，招生一段率（重点线率）由 17.5％提高到 68.1％（位居浙江农林大学涉农专业第 1 名）。学生获省部级以上奖励 30 项，其中获教育部动物医学类专业教学指导委员会主办的第五届全国大学生专业技能大赛特等奖 1 项（全国 11 所高校之一）；获全国大学生竞赛奖 9 项和国家级大学生创新创业训练计划项目 27 项。学生毕业后 1 年内执业兽医资格证考取率超过 40％。2017—2021 年为浙江省定向培养了 143 名官方兽医。

（二）本科专业建设成效显著，成功获批国家级一流专业建设点

通过本成果实施，动物医学专业获批成为国家级一流专业建设点。通过校企合作，建成了瑞鹏、佳雯等产教融合协同育人基地 85 家；建成了具有 CMA 认证的动物健康检测中心等校内实践教学平台，为 2019 年农业农村部唯一授权可以开展非洲猪瘟检测的高校，可对 145 种动物疫病开展第三方检测，服务范围已经覆盖了全国 31 个省份 994 家县级以上城市，每年检测样品 20 余万份，进一步提高了学生实践动手能力，助力 2022 年杭州亚运会无疫区认证。建成了课堂教学的五大"金课"之一：国家虚拟仿真实验教学项目（全国动物医学类 14 所高校之一）和国家级双语教学示范课程（全国农林类 7 所高校之一），为浙江省高校实验室工作先进集体，有效推进了国家一流专业建设点——动物医学专业的建设。

（三）成果推广应用辐射效果明显，被校内外和国内外同行借鉴

本成果采用线上线下相结合的 CLIPT 五位一体教学模式，所有专业课全部上线，课程思政 100％全覆盖。网络课程累计点击量 301 万次，"宠物鉴赏与驯养"等线上课程被全国 16 所高校选用，累计选课 5 000 余人次。通过"临床兽医学教学团队"等 5 个基层教学组织，建成了 53 门标准化课程、27 门实验课程、194 个实验教学项目，累计学时数 70 174学时/学年，面向全校 41 个专业开放。

本成果多次在全国和浙江省教学研讨会上交流。通过社会服务和国际合作，每年培

训基层兽医人员 1 200 余人次，每年接待外国专家和留学生 50 余人次；澳大利亚莫道克大学、乌克兰苏梅大学、南京农业大学等国内外院校的专家和学生对本成果进行了现场体验并予以高度赞赏。中央电视台、《浙江日报》《科技金融时报》、中国教育在线等 10 余家新闻媒体对本成果进行了报道，其中 2019 年 12 月 11 日《浙江日报》刊出的《大学里混日子难了》一文，对本成果中的兽医人才培养打造"金课"和绩点相关做法进行了报道。2020 年 5 月 19 日，中国教育在线对"厚生堂"的"为爱而生·向光而行"的学科专业文化和感恩教育进行了专题采访，详细报道了本团队在文化育人和课程思政方面的成果和事迹。通过国际交流，具有海外交流经历的本科生比例由 0 提高到 31.4％。学校、学院、学生和专业的社会美誉度得到了进一步提高，动物医学专业成为全校唯一的"三高"专业（涉农专业平均录取分数线最高、毕业生对母校的满意度最高、用人单位对学校的满意度最高）。

两链融合、多元发展——地方高校园艺复合应用型人才培养模式的探索与实践

徐凯 朱祝军 臧运祥 王华森 高永彬 祝彪 陈雯
董杜斌 何勇 徐志宏

一、成果的背景和意义

我国是全球最大的园艺生产国，园艺总产值占农业的 58.7%，浙江则达 80.3%。全国园艺产业的特色因地而异，并且新技术、新模式、新业态发展迅猛，浙江园艺"高值化、精品化、生态化、智慧化"和园文旅融合水平领先全国，园艺产业亟需复合应用型新农科人才。全国开设园艺专业的高校达 120 所，其中地方高校占比为 93.3%。

2015 年以来，项目组以 OBE 教育理念为指导，顺应新时代"互联网＋教育"迅猛发展和园艺全产业链融合加快"两个"大势，依托教育部卓越农林人才培养计划（园艺为领衔专业）、国家一流专业建设点、省级优势专业等项目，确立"以学生为中心、对接全产业链、凸显区域特色优势"的改革思路，聚焦产教深度融合机制创新和课堂教学系统提升，着力打造产教融合育人共同体，构建了育人链（师资、课程、实践平台等）与全产业链深度融合的人才培养新模式（图 1）。

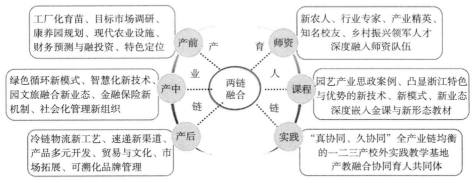

图 1 产业链和育人链"两链融合"

重塑"对话、开放、能力、问号"新课堂，建设了设施园艺学等 8 门省级精品在线开放课程。凸显浙江果树、蔬菜、花卉、茶叶等园艺产业优势特色，建立了"基于智慧园艺的产教融合课程体系"等 5 个省级产教融合育人平台，建设了涵盖一二三产业的实践教学平台，构建"全开放、多元化、云融合"的实践教学体系。成功创建了浙味浙韵浓郁的产教融合协同育人模式，培养了一大批具有"肯干、实干、能干"优良品格，创新精神强、创业意识浓、服务乡村素养高的复合应用型卓越园艺人才。

经过 6 年多的探索与实践，学生获省级以上学科竞赛奖和素质奖 63 项，其中国家级

奖 20 项。教师主持省级以上教改项目 7 项，其中国家级 2 项；主编或副主编国家级教材 1 部、省部级规划教材 3 部；获省级各类教学奖 5 项，其中特等奖 1 项；入选教育部教指委委员 2 人（徐凯、朱祝军），双师型达 41.7%；获校本科优质教学教师特等奖 1 项、一等奖 2 项，教学成果一等奖等其他奖 11 项。与华南农大、丽水学院等 23 所省内外院校深度协同育人，惠及学生 9 500 余人、新农人 1.7 万余名。培养了"中国大学生自强之星"单幼霞、马嘉诚和"浙江省农业创业杰出青年"唐海峰等一批优秀毕业生。

项目主要解决地方高校园艺育人链与产业链人才需求间的 3 个不协调问题：

（1）人才培养同质化与区域园艺产业人才需求的特色化和多元化不协调。

（2）课堂教学体系陈旧与产业发展对人才知识和素质的新需求不协调。

（3）高校实践教学资源不足与新时代产业对人才实践能力的高要求不协调。

二、成果的基本内容

（一）强化顶层设计，创新人才培养模式

浙江是新农科建设"安吉共识"的发布地。密切对接浙江园艺产业"高值化、精品化、生态化、智慧化"及园文旅高度融合对复合应用型新农科人才的需求，适应学生就业日益多元化和定向生培养的要求，政产学研用深度协同制订人才培养方案。坚持立德树人，贯彻"OBE"和"个性化育人"理念，注重学科交叉，增设"产前"和"产后"课程，将园艺康养园规划、园艺企业财务管理、农业技术推广与项目管理等新课程嵌入专业课程群，构建凸显浙江园艺特色和优势的课程体系。

（二）融通课程思政，厚植学生"三农"情怀

园艺产业是展示浙江"两山"理念实践和乡村振兴成果的重要窗口。我校园艺专业是浙江省免学费和基层农技人员定向培养专业，培育"三农"情怀的政策优势明显。通过开展网络直播等招生宣传活动，把"学园艺、爱园艺、服务园艺"的"三农"情怀培养前置，提高学生对学校及专业的认同感。构建课程思政、党建共同体、名师工作室联建联动机制，持续开展师生"三同住"（住乡村、园区、农户），深挖产业蕴含的思政元素，潜移默化地将其中蕴含的生态理念、"三农"情怀、科学精神、创新精神、工匠精神、人文情怀和浙江精神等融入课程，细雨润物地厚植学生的农林情怀、家国情怀和社会担当精神，培养"有志向、愿下去、留得住、能干好"的新园艺人才。如通过温岭西瓜产业案例分析，讲述小西瓜成就大产业，圆了院士育种强农梦、农技人员（"西瓜皇后"）服务支农梦、农民（"全国劳模"）创业致富梦。一堂田间地头的思政课——浙江农林大学"七彩新农人"文化育人体系的探索与实践，获教育部高校思想政治工作精品项目，"园艺专业综合实习"获省级课程思政示范课，同时该课程组也被评为校课程思政基层组织。近年来，园艺专业的生源质量显著提高，用人单位对毕业生满意度达 98.6% 以上。

（三）契合产业需求，重塑课堂教学形态

2016 年，在全国同类院校中率先开展在线开放课程和新形态教材建设，促进新技术、新模式、新业态、新农人与课堂教学"云融合"，实现教学内容更新与产业发展同步（图2）。实现两个中心转变，打造"三大教学范式"，建设"五有"新课堂，重塑"对话、开放、能力、问号"课堂新形态，师生、生生互动频次和质量明显提高，显著提升了教学

质量，获浙江省"互联网＋教学"优秀案例特等奖和一等奖各1项。

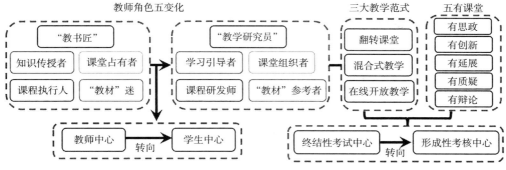

图2　重塑课堂教学新形态

（四）汇聚优质资源，优化实践教学体系

发挥本专业社会服务力强和省级科技特派员多（21名，占52.6％）等优势，按"有长期合作、显特色优势、全产业链均衡"原则，建设26个校外实践教学基地，既满足了育人需要，又成为青年教师成长的平台。

上述校外基地提供了90多名接地气、多元化的实践教师及270多万元的经费支持，其自主建设投入达3.5亿元。有效解决了实践教学中人、财、物的短缺，构建了"全开放、多元化、云融合"的实践教学体系。如浙江虹越花卉、鲜丰水果等企业与浙江农林大学合作培养了一批园艺经贸型人才。

（五）强化理念引领，建立产教融合共同体

以"立己达人，合作共赢"理念构建与区域产业相适应的育人共同体，引入新西兰皇家科学院院士Allan Ross Ferguson教授等国际园艺学家，浙江省蔬菜、果树、花卉产业科技创新团队组长等行业大咖，龙头企业骨干和一批农民大师深度参与课程建设和实践教学，解决了高校育人与社会、产业需求脱节问题，建立完善的专业持续改进长效机制（图3）。

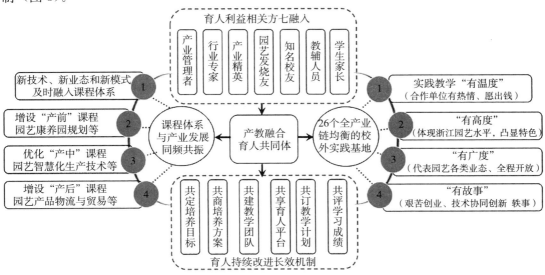

图3　育人链紧密对接产业链的园艺专业产教融合育人共同体

三、创新点

（一）凸显浙味浙韵，创建了复合应用型园艺人才培养模式

契合园艺全产业链融合发展战略，基于行业人才需求的多元化，增设园艺康养园规划、家庭农场经营与管理、园艺智慧化生产技术等新课程，依托全产业链均衡的产教融合协同育人平台，构建了研究型（注重培养创新精神和科研能力等素养）、创业型（培养创业意识、行业视野和创业拓新能力等素养）、工匠型（培养产业情怀、综合实操能力等卓越园艺师潜质）、经贸型（培养商业意识、物流配送、团队管理等高级经理人潜质）和服务基层型（培养饱含"三农"情怀和服务定向乡镇主导产业的综合素质）的人才培养模式，拓展了复合应用型人才的时代内涵。

（二）契合学情变化，创建了园艺专业课堂教学新范式

在线开放课程和新形态教材建设居全国同类高校前列，以"互联网＋教学"促进了教师角色转变，有效解决了教学单一、单向、单声、单调问题，在翻转课堂、混合式教学及在线开放教学等新范式中实现全过程非标准学业评价，促进大学生由"考生"变"学生"。且"互联网＋教学"也便于产业新进展、典型新案例等实时"云融入"课堂，实现了课堂教学和产业需求无缝对接，探索出的改革新路让师生忙起来、互动高效起来、评价全面起来、"教"与"学"难起来。构建了与多样化人才培养相适应的课程体系，为地方高校改革破题。

（三）深耕社会资源，形成了立己达人的产教融合共同体

秉承"立己达人"理念，汇聚"两山"理念转化典型，建成了 26 个"真协同、久协同"和凸显浙江园艺特色和优势的校外实践教学基地，促进师生共成长、思政与劳动教育联动，使实践教学有温度、有高度、有广度和有故事。如徐凯教授在革命老区黄岩平田乡担任省级科技特派员，连续服务当地 10 多年，该乡高山杨梅基地绿色高效生产技术全国领先，使其成为践行"两山"理念的典型，培养了罗幔杨梅种植能手——牟同荣等一批新农人。2015—2020 年，浙江农林大学累计 183 名大学生到该乡开展实习实践活动。

充分发挥课堂教学新范式的开放、包容和融通便捷等优势，深度融通"政产学研用"育人资源，使国际著名园艺学家、省内外行业大咖和农民大师均有效参与协同育人。构建了与国内外产业最新进展、学科前沿，及区域产业优势和特色同频同振的育人共同体，建立了完善的专业持续改进长效机制。

四、推广价值和示范作用

（一）人才培养质量显著提升，学生双创能力明显增强

截至 2020 年，累计培养毕业生 1 700 余人，其中 350 余人考入国内外名校深造。学生创新创业能力显著增强，获国家级创新创业项目 14 项、省级 15 项；获省级以上学科竞赛奖和素质奖励 63 项，其中国家一等奖或金奖 2 项、其它国家级奖 18 项。与 2015 年比，学生年均获省级以上竞赛奖、发表论文和其他荣誉数分别增加 85.6％、653％和 278.3％。涌现出"中国大学生自强之星"单幼霞、马嘉诚及"浙江省农业创业杰出青年"唐海峰等一批优秀毕业生。

（二）专业特色优势日益凸显，课程思政改革成效显著

园艺专业为浙江农林大学首个国家特色专业，先后获批教育部卓越农林人才培养计划改革试点专业（园艺为领衔专业，2015 年）、浙江省优势专业（2016 年），首批国家一流专业建设点（2019 年），专业建设居地方高校领先水平。坚持"三全育人"，建成首批名师工作室（实践育人）1 个、课程思政示范课程 11 门，与安吉余村、余杭大径山乡村国家公园等"两山"理念转化典型建立了协同育人共同体，获浙江省"三育人"先进集体等省部级荣誉 5 项。

近年来，本专业毕业生培养质量稳居浙江省农林类前列：浙江省教育评估院数据表明，2018—2020 年，园艺专业毕业生的平均就业、升学和自主创业率分别为 98.5%、32.8% 和 6.9%，考取公务员、事业编或村官平均比例为 19.7%。上述数据均明显高于本校和全省平均水平。近 3 届本专业毕业生总体满意度、教师教学水平、专业课课堂教学和实践教学的满意度分别比全省平均提高 6.1%、4.9%、4.4% 和 4.8%；对母校推荐度提高 6.7%。

本专业在校生的成长过程评价好：麦可思调查表明，2018 年本专业在校学生的创新能力、职业素养、师生课下交流频率均明显高于本校平均水平，园艺专业 14 级大四学生对教学和签约工作满意度均达 100%。

（三）教育教学改革成效明显，教师教学能力显著提高

1. 教学研究常态化 获各类教学奖 18 项，其中省级特等奖 1 项，一等奖和二等奖各 2 项；校本科优质教学教师奖等特等奖 2 项、一等奖 5 项。主编或副主编国家级规划教材 1 部、省部级教材 3 部；获线上线下混合式一流课程等省级课程 12 门；入选教育部教指委委员 2 名；2017 年学校重奖本科教学以来，获本科优质教学教师特等奖 1 项、一等奖 2 项、二等奖 2 项。

2. 青年教师培养制度化 建立青年教师导师和"四挂职"制（行业协会、管理部门、企业、主产区乡镇挂职半年以上），实现本科教学优良传承。青年教师获省教学竞赛一等奖 1 项，近三届校课堂教学竞赛最高奖 3 项。教师实践教学能力显著提升，双师型教师比例显著提高。

（四）成果推广应用广泛，社会美誉度显著提高

在全国园艺专业卓越人才培养等研讨会作专题报告 9 次，开展混合式教学示范观摩课 16 次，向 83 所省内外高校分享和推广育人成果，得到华中农大程运江教授、华南农大胡桂兵教授等同行普遍赞誉。教育部高校园艺教指委主任委员、国家教学名师申书兴等多位权威专家均认为浙江农林大学园艺复合应用型人才培养模式的探索与实践相关成果达国内领先水平。建立园艺植物栽培学等省级精品在线开放课程共享机制，与河北农大、浙江农民大学等 23 所省内外院校深度协同育人，惠及学生 9 500 余名、新农人 1.7 万余名。

人民网、中国青年报等多家媒体对本专业人才培养的相关成果报道 300 余次，专业社会影响力显著增强。2018—2020 年，在中国校友会网全国园艺本科专业榜单中均为 4 星级。生源质量显著提高，近年来稳居浙江高校农林类专业前列，2018 年，园艺专业第一志愿录取率达 95.6%，比涉农专业平均第一志愿录取率高 41.2%；高考招生改革后，2019 年，全校录取最高分为园艺专业学生，园艺一段录取率达 58.9%，比涉农专业平均一段录取率高 13.9%。近年来，在学校"零门槛"自由转专业的情况下，园艺专业转入学生数远大于转出数，持续保持净增长。

OBE 理念下的农林院校信息化人才
培养模式的实践与研究

童孟军　方陆明　冯海林　王国英　刘丽娟　陈磊　黄萍

一、成果简介及主要解决的教学问题

（一）成果简介

鉴于全球交流合作的不断加强，工程教育认证成为国际通行的工程教育质量保证制度。浙江农林大学借鉴国际工程教育专业认证的先进经验，以产出导向教育（OBE）理念为导向，通过与学校的农林优势学科相结合，明确了专业定位，完善了人才培养目标和毕业要求，建立了产出导向的农林特色教学课程体系，深化了产教融合的师资队伍，建立了闭环的持续改进的质量改进机制。解决了如何利用国际工程教育认证的先进理念，在农林院校培养国际互认的具有农林特色的信息化工程技术人才的问题。在专业建设和育人成效方面，处于国内农林类院校的领先地位。

计算机科学与技术专业是"十三五"省级特色专业，是全国农林类高校第一个通过认证现场考查的计算机专业，得到了专家组的高度肯定。该专业入选了 2019 年首批国家级一流本科专业建设点，是全国农林类高校唯一的既通过了工程教育认证，又是首批国家级一流本科专业建设点的计算机专业。

（二）主要解决的教学问题

如何在农林院校培养国际互认且具有农林特色的信息化工程技术人才，需要解决以下几个问题：

（1）未形成基于产出导向理念且具有农林特色的信息化人才培养方案。

（2）未形成基于产出导向理念且具有农林特色的课程教学结构与体系。

（3）未充分构建符合工程教育认证标准且具有农林特色，还能促进产教融合的师资队伍。

（4）未形成成熟的教学过程质量监控机制和基于评价反馈的质量持续改进机制。

二、成果解决教学问题的方法

成果从 4 个方面着手解决如何在农林院校培养国际互认且具有农林特色的信息化工程技术人才的问题。

（一）明确专业定位、培养目标和毕业要求

根据外部和内部等各方面的需求，定期进行培养目标合理性评价和修订工作（图 1），建立了相应机制，邀请企业和行业专家参与，以学生为中心，确定了公开的、符合学校定位的、适应社会经济发展需要的培养目标，明确公开的毕业要求，明晰人才培养规格。

（二）坚持产出导向，建设农林特色的教学课程体系

依据 OBE 理念，邀请企业和行业专家参与课程体系的设计，按照毕业要求指标点来反向设计农林特色课程体系（图 1），明确课程支撑的毕业要求指标点，课程大纲里的课程目标与毕业要求指标点相挂钩，要以"学生为中心"保证每个学生都有达成课程教学活动的学习目标，培养学生解决复杂工程问题的能力，同时创立农林业信息技术特色课程群。

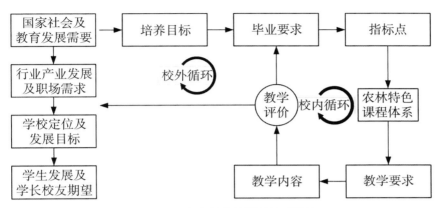

图 1　基于产出导向的课程体系结构

（三）深化产教融合，提升师资队伍水平

建立并完善学科专业管理团队及相应制度，建立责任教授领衔的产出导向课程达成评价机制。建立创新实践课程导师制，鼓励导师指导学生参与科研项目、创新创业计划、学科竞赛等，尤其是参与校企联合攻关课题，提高面向复杂工程实践的科研和教学能力。深化产教融合，聘请具有丰富工程项目实践经验的企业行业专家做兼职教师。

（四）建立持续改进的质量改进机制

构建了学校、学院、专业三级质量保障组织体系（图 2），各主要教学环节均有明确的质量要求，定期评价毕业要求达成情况，定期调整和优化课程体系，定期评价课程质量。

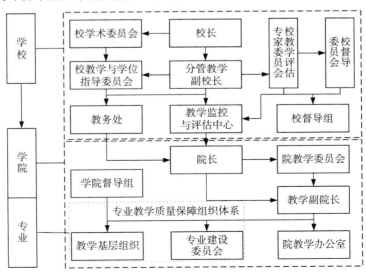

图 2　教学质量监控组织体系

建立毕业生跟踪反馈机制以及有各方参与的社会评价机制。建立了闭环的持续改进的质量改进机制（图3）。

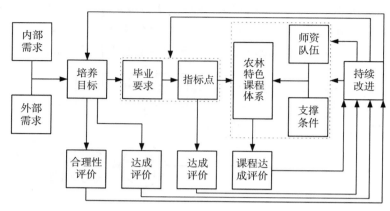

图3　持续改进机制

三、成果的创新点

（一）基于OBE理念的农林特色的信息化人才培养方案

以OBE理念为导向，通过与学校的优势学科相结合，以学生为中心，定位了人才培养目标和毕业要求，培养国际互认的信息技术与农林学相结合的信息化工程特色人才。

（二）农林信息特色的产出导向教育（OBE）的教学课程体系

建立了以学生为主体的产出导向教育的教学课程体系：课程教学关注学生在完成学习过程后能达成的最终学习成果和能力，"以学生为中心"保证每个学生都能达成学习目标。专业邀请了企业和行业专家参与课程体系的设计，依据OBE理念，反向设计课程体系，同时兼顾特色，创立了农林业信息技术特色课程群，有效提高了学生解决复杂工程问题的能力。

（三）建立了闭环的持续改进的质量改进机制

建立了持续改进的质量改进机制，关注学生学习效果，进行形成性评价；贯穿教学全过程、覆盖全部教学环节，评价教学目标达成，建立对改进意见的认真研讨、落实、再检查、再分析的持续改进评价机制，形成了一个闭环系统。

四、成果的推广应用效果

（一）基于OBE理念的专业建设成效突出

计算机科学与技术专业2018年度通过了工程教育认证，是农林类高校第一个通过认证现场考查的计算机专业，是全国农林类高校唯一的既通过了工程教育认证，又同时是首批国家级一流本科专业建设点的计算机专业。

（二）育人成效显著

2017—2020年，共获得省部级以上学科竞赛奖励206项，其中以队伍排名全国第七的优异战绩荣获ICPC程序设计竞赛亚洲区域赛金奖；获全国"挑战杯"竞赛银奖、省特等奖各1项、团体程序设计天梯赛金奖2项。

升学率显著提升，近年有两位学生考上了北京大学的研究生，另有多位学生考上了浙大和南大等名校的研究生，2019年学生升学率超29％，2019届就业率达100％。

专业建立了培养目标达成情况的外部评价机制，调查结果分析表明，本专业毕业要求达成情况良好。据浙江省评估院跟踪调查数据显示，本专业在人才培养质量的重要指标上具有明显优势。考上北京大学的陈明健同学，在读研期间作为核心成员已经获得了多个全球性的大数据竞赛世界冠军；黄磊同学在阿里巴巴实习表现出色，已经拿到了阿里巴巴的录用通知书。

（三）建立并完善了基于 OBE 理念的学科专业管理团队及相应制度

建立了责任教授领衔的产出导向课程达成评价机制，专业定期开展政治学习和基于 OBE 理念的教学沙龙，促进教师理解 OBE 理念，强化产教融合。随着 OBE 理念的深入人心，教学质量显著提高，学院连续四年获得本科教学综合考核全校第一，有10人次获得省校级教学名师等各类荣誉称号，团队教师获省部级教改项目共10项。

（四）基于 OBE 理念的农林特色课程体系和课程建设成效明显

"森林资源信息管理学"获全国生态文明信息化教学成果 C 类奖，"数据库原理与技术"获浙江省高校首批"互联网＋教学"优秀案例二等奖。数据库原理与技术获省级线下、线上线下混合式一流本科课程，数据库原理与技术、电路分析2门课被列为省精品课程建设，森林资源信息管理学等9门课程进入校级精品课程建设。教材建设方面，获国家林业局"十三五"规划教材立项1项、省级建设教材立项1项。获得省级高等教育课堂教学改革项目3项。所有课程已建设网络课程，学生教学满意度高。

（五）对校内外其他专业的推广与引领

在该成果所涉及的主要专业"计算机科学与技术"的引领下，本院的"电子信息工程"专业工程教育专业认证申请已经被受理。专业负责人多次在浙江农林大学和兄弟院校中分享基于 OBE 理念的专业建设经验，帮助大家促进专业内涵建设及教学质量的提升。

近年来，专业相关人员先后到浙江财经大学、浙江城市学院、浙江万里学院做工程教育认证相关的报告讲座，帮助这些兄弟院校按照 OBE 理念进行专业内涵建设及教学质量的提升。浙江科技学院信息工程学院领导班子和专业负责人到学院来考察交流教学竞赛成果。

乡村振兴背景下高等农林院校的经管人才培养[*]

鲁银梭

2017 年 10 月 18 日，党的十九大报告提出实施乡村振兴战略，按照产业兴旺、生态宜居、乡风文明、治理有效、生活富裕的总要求，构建现代农业产业体系、生产体系、经营体系，培育新型农业经营主体，健全农业社会化服务体系，促进农村一二三产业融合发展，支持和鼓励农民就业创业。2018 年中央 1 号文件《中共中央、国务院关于实施乡村振兴战略的意见》提出，走中国特色社会主义乡村振兴道路，让农业成为有奔头的产业，让农民成为有吸引力的职业，让农村成为安居乐业的美丽家园。2018 年 9 月 26 日，中共中央、国务院印发了《乡村振兴战略规划（2018—2022 年）》，提出梯次推进乡村振兴，发挥引领区示范作用，至 2022 年率先基本实现农业农村现代化；聚焦攻坚区精准发力，到 2050 年如期实现农业农村现代化。

乡村振兴战略给农业农村经济发展带来了重大战略机遇，也给高等农林院校提供了广阔的舞台。辽宁省地方高校以建设品牌研究院为契机，集聚资源，引领产业发展，助力乡村振兴。福建农林大学设立乡村振兴班，着力培养具有"三农"情怀、跨学科综合应用和解决实际问题能力的新时代"三农"领军人才。浙江省唯一省属本科农林类高校——浙江农林大学也紧密对接乡村振兴战略部署和经济社会发展需求，为浙江乃至全国深入实施乡村振兴战略、推进农业农村现代化提供有力的人才保障和科技支撑。

乡村振兴需要广泛而多元的人才，经管人才亦不可或缺。乡村振兴背景下，如何结合农林院校的优势与特色，在经管类人才培养上更加与时俱进，为社会培养出更有竞争力的人才，是值得探索的重要课题。

一、乡村振兴战略给高等农林院校带来的机遇

（一）乡村振兴战略有广泛的人才需求

1. 乡村振兴需要多元人才的不断输入　乡村振兴要发展多种形式适度规模经营，培育新型农业经营主体，促进农村一二三产业融合发展，需要"爱农业、懂技术、善经营"的复合型人才，为现代农业提供智力保障。党的十九大报告提出了乡村振兴战略的总要求"产业兴旺、生态宜居、乡风文明、治理有效、生活富裕"，这也对人才提出了多元化的需求。乡村振兴需要专业化的农业人才、高水平的管理人才、懂得农产品市场的农村电商人才、热爱农村的乡村旅游人才以及各类实用技术人才，以构建现代农业产业体系、生产体系、经营体系，支撑现代化农业进程。

2. 农村双创需要创新创业人才的引领　李克强总理在 2017 年《政府工作报告》中指

＊ 本文发表于：高教学刊，2019（18）：5-8。

出，要健全农村双创促进机制，培养更多新型职业农民，支持农民工返乡创业，进一步采取措施鼓励高校毕业生、退役人员、科技人员到农村施展才华。当前，农业农村不断优化的制度环境，逐渐改善的软硬件环境，和充满无限商机的广阔市场，为农村双创注入了"助燃剂"，有助于吸引更多的创新创业人才回到农村，助力乡村振兴。

3. 乡村振兴需要提升农业农村人才素质　广大农民是乡村振兴战略的主要依靠者和受益者，要发挥广大农民在乡村振兴中的主体作用，就需要提升农民素质和精神风貌。乡村振兴还需培养高端农业科技人才和农业生产经营组织的"带头人"，他们是乡村振兴的主力军。通过输入先进的经营管理理念和生产技术，提升他们的素质，更好地发挥引领、示范、带动作用。

（二）乡村振兴战略有先进的技术需求

乡村振兴的根本动力是技术创新。发展现代农业，实现产业兴旺，促进农民增收和农业可持续发展，需要科技支撑；走质量兴农之路，保障粮食安全和重要农产品的有效供给，需要科技支撑；促进乡村绿色发展，加强农村生态环境综合治理，需要科技支撑；实现乡风文明、治理有效、生活富裕，也需要加强科技机制和政策创新支持。实践领域广泛的技术需求也为高等农林院校的基础研究和应用研究提供了重要的源动力。

二、高等农林院校助力乡村振兴的实践探索

乡村振兴战略为高等农林院校提供了广阔舞台，高等农林院校也成为服务乡村振兴的重要载体和有力抓手，在乡村振兴战略中承担着人才培养、科技支撑和智力支持的重要使命。本文以浙江农林大学为例，阐述高等农林院校助力乡村振兴的实践探索。

（一）多措并举，为乡村振兴提供人才保障

人才是乡村振兴战略的关键所在，农林高校是乡村振兴战略重要的人才输出地。浙江农林大学积极探索"三农"人才培养举措，主动契合和支持乡村振兴的人才需求。

1. 开设浙江省"新农人"创新实验班　浙江省"新农人"创新实验班，是拓宽浙江省新型职业农民培育的渠道，也是为浙江实施乡村振兴战略提供强有力人才支撑的举措。"新农人"创新实验班由在校生和从事现代农业创业的青年组成，培养周期为2年，以农村产业发展为立足点，以生产技能水平、经营管理水平和创新创业水平提升为三条主线，围绕基层治理、文化传承、农村创业、美丽乡村四大专题，综合集中培训、实习实践、参观考察、创业孵化四大平台模块进行培育。

2. 成立中国首个大学生村官学院　2014年4月12日，浙江农林大学村官学院成立，依托校内外的教育教学资源和管理资源，为志愿服务农村、扎根基层的学生提供专业化辅导和规范化培训，以提升学生基层服务能力和管理水平。村官学院旨在培养出一批对农民有感情、有一定农村工作知识、初步具有农村工作能力、有意愿为农村基层群众服务的浙江现代农林业未来领导者和基层公共事务管理人才。

3. 培养现代农业经营领军人才　这是由浙江省农业农村厅联合浙江农林大学共同组织实施的一项农业人才培养工作，旨在更好地培养农村现代领军人才，服务现代农业发展。学员主要为浙江各地的农业龙头企业负责人、农民专业合作社骨干和种养大户等。

4. 创建浙江农民培训工作平台　2013年12月17日，浙江农民大学挂牌成立，该平

台以非学历教育为主，主要承担浙江省农村实用人才职业能力和素质培养，为乡村振兴提供智力支持和人才保障。

（二）产研融合，为乡村振兴提供科技引擎

高素质的农科人才和高品质的科研成果是乡村振兴的关键要素。发挥科研成果的优势服务"三农"、助力乡村振兴，是高等农林院校的责任和使命。

1. 校企合作共建示范基地　基于浙江农林大学的科研优势和浙江省区域特色产业（如香榧、茶叶、铁皮石斛、笋竹等），浙江农林大学与企业积极合作共建科技示范基地，打通农业基础研究、技术开发、成果转化与产业化通道，为乡村振兴提供科技支撑。围绕区域特色优势产业不同环节的技术需求，充分整合校内农学、管理学、经济学、社会学等专业的人才、知识、技术、信息等资源，深化校企合作，助推产研融合，助力乡村振兴。

2. 校地合作共建乡村振兴学院　浙江农林大学先后与天台县石梁镇共建乡镇级的乡村振兴学院，与泰顺县人民政府合作共建乡村振兴研究院，与杭州市临安区天目山镇月亮桥村共建乡村振兴"同心"服务基地。通过打造集乡村振兴理论研究、实践探索、人才培养于一体的综合性平台，为山区经济转型升级提供人才支撑和技术支持。

3. 科技特派员助力乡村振兴　2004—2018 年，浙江农林大学累计向 25 个县（区）派驻 500 余人次的省级个人科技特派员、18 个团队科技特派员、1 个法人科技特派员和 18 个市级个人科技特派员，探索形成了个人特派员结对项目、团队特派员服务产业、法人特派员支撑全县的完整的科技特派员体系，为乡村振兴发挥了积极作用。浙江农林大学科研人员，结合各地的生态资源、农林产业优势，扶持发展了园林花卉、水果、畜牧养殖、竹木加工、农家乐等多项绿色产业；建立了一系列研究院和技术转移中心。

（三）智库建设，为乡村振兴提供智力支持

高等农林院校汇聚了校内外相关领域专家和知名学者，有丰富的理论研究能力，成为乡村振兴战略的高端智库，为乡村振兴战略的实施提供智力支持。浙江农林大学通过美丽中国设计研究院、浙江省乡村振兴研究院等载体，整合农林学科、信息技术学科和人文社会科学等学科领域的创新资源，为乡村振兴提供信息服务和决策支撑。

2017 年 12 月，美丽中国设计研究院在浙江农林大学成立，研究院围绕美丽中国生态环境与建设景观研究、美丽中国技术工程与技术路线设计、美丽中国机制体制与政策体系创新等方面开展工作，为乡村振兴发挥"思想库"和"智囊团"的作用。

2018 年 10 月，浙江农林大学成立浙江省乡村振兴研究院，研究院通过乡村振兴学术理论研究、咨政服务、人才培养、经验传播以及机制创新，为国家部委和省委省政府、市县地方党委政府、社会各界和市场主体提供决策咨询服务。

三、乡村振兴战略背景下高等农林院校的经管人才培养

乡村振兴战略是推动农业全面升级、农村全面进步、农民全面发展的顶层设计。乡村振兴战略对人才提出了广泛而多元的需求，农林院校的经管专业应强化复合型人才培养、深化产教融合，结合地方特色和院校特色，培养乡村振兴所需经管人才。

（一）强化复合型人才培养

高等农林院校经管人才培养应与国家的重大战略需求、学校的优势特色相融合，着

力培养具有"三农"情怀、跨学科综合应用和解决实际问题能力的新时代"三农"领军人才。

1. 重视"现代农林业＋管理"的复合型人才培养 为提升毕业生的就业能力，增强行业与岗位的适应性，国内一些本科高校已尝试"管理知识＋行业知识"的复合培养，如杭师大钱江学院的旅游管理（为民航业培养）专业，主要为国航、厦航、南航等大型航空公司培养相关人才；某医药院校培养具备对医药企事业进行分析、策划和管理能力的高级医药管理人才；华北电力大学，突出电力特色，在工商管理专业开设近10门与电力相关的课程，毕业生的去向主要是电力企业。浙江农林大学的经管人才培养亦可结合农林特色，挖掘乡村振兴、现代农林业对管理人才的需求。并据此增加相关课程设计、强化行业实践案例，以实现"现代农林业＋管理"的复合型人才培养。

2. 重视"科技＋商业"的复合型人才培养 当前信息革命已从数字化、网络化进入到以数据深度挖掘与融合应用为特征的智慧化阶段。大数据、物联网等先进技术可应用于农业生产管理、生态环境管理、资源管理、农产品质量安全管理等环节，科技和农业的融合将助推现代农业的精准化和智慧化。《教育信息化十年发展规划（2011—2020年）》也明确提出"重点推进信息技术与高等教育的深度融合，促进教育内容、教学手段和方法现代化"。商业、技术、人文的深度融合对人才培养提出了更新、更高的要求。既懂得技术知识、又了解商业模式，既精通行业趋势、又深谙管理之道的复合型人才将会受到企业的青睐。学科交叉融合是未来专业发展的重要趋势，农林院校经管人才的培养亦须把握趋势，重视复合型人才的培养，推动农业领域的技术革命和产业革命。

（二）优化人才培养方案

基于复合型人才培养的未来目标，未来课程体系可从以下方面予以优化。

1. 跨学院借力开发复合型课程 借助农学院、林生院、茶文化学院的优势与特色，整合开发相关复合型课程。在内容讲授、案例选择上，也应充分体现学科的交叉、管理与科技知识的融合，以培养适应乡村振兴需要的复合型人才。

2. 跨学院整合实践资源 其一，学生的科研创新训练项目、"挑战杯"竞赛、"乡村振兴创意大赛"等各类竞赛，均可考虑交叉选题、跨专业组队、跨专业指导，整合其他学院实习基地和实践资源，探索校内多形式、多渠道的实践平台。其二，开展主题暑期社会实践，经管学院的品牌暑期社会实践活动"走在乡间的小路上"，大大增加了学生对乡村、农业和农民的认知，未来可考虑在经管各专业中进行更广泛的覆盖，结合课程、课题和专业领域设计主题，促进学生多接触体验农村、了解农村。加大农村相关基层岗位的实习实践，促进学生对乡村的认知，提升乡村基层工作的能力。

3. 加强创新创业课程 培养乡村振兴所需的、具有创业意识和创业能力的人才是高等农林院校的重要任务，农林院校经管专业可细化创新创业素质能力要求，开设创新创业课程模块，增加创新创业理论课程和实践课程的设置，着力培养具有乡村振兴战略所需的创业意识与创业素质的人才。

（三）强化师资建设

增加复合型师资的引进，适当引进具有信息技术、农林学科背景的经管专业教师，满足多学科知识交叉和融合的需要，推动复合型人才的培养。

加强双师型教师的培养，一方面，鼓励教师走出去，到"三农"领域参加实际工作、咨询、项目开发或员工培训等，促进教师充分了解地方经济、行业前沿，积累教学所需职业技能、专业技术和实践经验；另一方面，继续引进具有丰富实践经验的企业经营管理者或创业成功人士担任专职或兼职教师，增强师资队伍的力量。

（四）深化产教融合

校地合作、校企合作既是助力地方经济和企业发展的重要举措，亦是提升高校应用型人才培养的重要路径。高校有专业的智库，企业有丰富的实践，双方充分发挥各自优势，积极推进资源、信息的共享与融合，将有助于更好地培养懂理论能实践、知行合一的复合型人才，有助于人才培养与社会需求相匹配。

1. 达成共识　学校是人才培养的主体，希望培养符合社会、企业需要的应用型人才，企业也希望提高品牌认知度，有足够的创新人才为己所用。因此，密切的校企合作，既有助于企业利用高校人才优势，增强企业竞争力，把学生转化为人力资源和潜在的用户；也有助于高校优化人才培养方案，强化实践教学，提高人才培养质量。双方唯有达成共赢的共识，才能实现持续长效的校企合作。

2. 多措并举，实现深度融合　其一，创新创业共生型校企合作，汪占熬（2018）提出创新创业共生型校企合作人才模式，即在合理的政策措施保障下，通过师生共同的创新创业项目，建立具有独立所有权和经营决策权的企业与原有高校开展各类校企合作育人活动的校企合作模式。该模式有助于建立更为紧密的合作关系，促进科研、教学及实践的良性互动，提升学生的实践能力，培养创新创业意识。其二，"大订单式"人才培养，即由针对某一企业的订单式人才培养转变为针对整个行业和整个市场需求的"大订单式"人才培养。该模式立足企业，面向行业，面向未来需求，使人才培养具有更广泛的针对性和普适性。其三，定向培养模式，农林企业或事业单位与高校合作定向培养所需专业人才，实现学校、企事业单位、学生、就业的无缝衔接，提高人才培养的时效性、适用性。这些模式都为深度的校企合作、产教融合提供了有益的借鉴。

四、结语

乡村振兴战略是解决"三农"问题的重要战略设计，高等农林院校是服务乡村振兴的重要载体和有力抓手，在乡村振兴中承担着人才培养、科技支持和智力支撑的重要使命。乡村振兴背景下，高等农林院校强化复合型人才的培养，是顺应时代发展趋势，符合市场需求的必然选择。复合型人才的培养，需要具体的人才培养方案作为载体，需要强大的师资作为后盾，需要完善的课程体系予以支撑，需要深度融合的校企合作予以推动。

拔尖创新人才培养的研究性实验教学改革
——以畜牧微生物学实验教学改革为例[*]

茅慧玲　魏筱诗　崔艳军　孙伟圣　田广燕　王翀

近年来，我国畜牧业呈现快速发展势头，畜牧业生产方式由传统养殖模式向规模化、标准化、产业化发展，迫切需要更多专业技能扎实、综合能力强、具有创新精神的畜牧科技人才。因此，加强高等学校相关专业课程教学，提高人才培养质量至关重要。畜牧微生物学是我国动物科学专业一门重要的专业基础课程，该课程内容丰富，涉及面广。其教学目的是应用微生物学的理论知识，研究畜禽相关的病原微生物、饲料及畜产品加工、检验、贮藏等方面的微生物学问题，具有很强的实践性和应用性。实验教学是该门课程的一部分，通过实践操作可以让学生加深对理论知识的理解和掌握，培养学生的科学思维能力和增强学生的实践操作能力。为了让学生能够适应时代要求，本文就实验教学改革进行了探讨。

一、进行研究性教学的重要性和必要性

畜牧微生物学实验课程以细菌结构形态观察，细菌抹片制备和染色，培养基制备，细菌分离培养移植和观察，饲料和鲜乳微生物学检查为主要内容。其教授的目的在于使学生能够熟练掌握微生物学检验的基本操作技能，增强学生解决实际问题的能力。然而，现有的实验教学内容都为验证性，教师先讲一遍实验的原理、目的和步骤，之后学生再按照教师的讲述将实验流程完成一遍。这种实验课，学生只是机械地、简单地重复课本上的操作，缺乏主观能动性，更谈不上在实践中灵活运用和创造性解决问题，实验教学的成效甚微。因此，改革现有的这种灌输式实验教学迫在眉睫。研究性教学是一种以类似于科学研究的方式组织和引导学生主动获取并运用知识，从而培养学生创新精神、训练批判性思维、提高实践能力的教学方式，具有探究性、自主性、灵活性和开放性等特点。这种教学方式能够更好地培养学生发现问题、思考问题、探究问题、解决问题的能力。由此可见，畜牧微生物学实验课程采用研究性教学具有很强的必要性，是培养具有创新思维和解决实际问题能力的综合性畜牧人才的必然趋势。

二、教学模式多元化

基于讲义的传统教学模式以教师讲授为主，具有很好的条理性和连贯性，但是不利于培养学生思考问题和解决问题的能力，不易激发学生学习的积极性和主动性。部分学生实践能力不强，在实际工作中不会应用。而且传统的实验内容是按照理论教学内容顺

* 本文发表于：饲料博览，2020，(4)：94，96.

序安排的、孤立的验证性实验，部分学生不会去考虑为什么要这么做。而研究性实验教学则可以采用多元化的教学模式，如课前观察认知式教学，课中综合探索翻转式教学，课后互动式教学等。多种教学模式的有机结合，有利于调动学生学习探索的积极性和主动性。

课前，包括教师教学资源准备和学生课前自主学习两个环节。教师制定教学计划，确定教学内容，借助网络教学平台，安排学生根据自己的时间把细菌学检查的基本实验方法弄懂弄通。组建班级微信群，学生随时在群里与老师和同学讨论在自我学习过程中遇到的问题。通过这一学习过程，学生对实验的基本原理和操作方法有了进一步的了解。然后教师将以前孤立的实验归纳整合成三个主要实验内容："水的细菌总数检验""青贮饲料中微生物学检验""肉和肉制品中的大肠菌群数的检验"，并将学生分成三组，每组一个实验内容，由学生查阅文献资料，设计实验方案。所有这些内容在理论教学周内完成。

课中，首先教师讲解实验室的注意事项，然后将教与学的主体进行调换，由每组的组长负责讲解实验的原理、内容以及操作等等。教师是教学活动的宏观指导者，而学生是教学活动的主体。自主的实验设计极大地激发了学生的求知欲，学生由被动学习者转换为主动学习者，教学效果将大大提高。

课后，各小组总结分析，对实验结果出现的疑惑进行交流讨论，再在教师的引导下，使学生自主发现、解决问题，从而培养学生在学习过程中实事求是的科研态度。

三、考核体系的改革

为了全面有效地评价学生的实验能力，需要摈弃之前的实验报告制考核，建立一个从实验设计、操作和报告，学生的思维创新性，讲解的逻辑性，以及师生互动协作等多方面进行评价的考核评价体系。主要考核评价体系如下：考勤（5%）；实验方案设计的合理性和可操作性（20%）；每组讲解时的逻辑性和完整性（20%）；实验操作的规范性，基本实验技能（抹片制备、油镜的使用及清洁、高压锅的使用等）的考核（30%）；实验报告的完整性，包括各个知识点的总结、实验结果的分析等（25%）。

四、结语

畜牧微生物学研究性实验课程的改革不是一蹴而就的，需要结合本学校的本科教学条件，借鉴兄弟院校的教学经验，在改革中不断探索修正。改革和实践的目的是培养学生学习的主动性、实践创新能力以及解决实际问题的能力，最终为我国畜牧业稳定快速发展输送更多专业技能扎实、创新思维和综合能力强的畜牧科技人才。

开设学术英语课程　培养农林拔尖人才

陈声威　吴俊龙

一、开设学术英语系列课程的背景与目的

（一）高校学术英语课程开设的背景

1. 我国大学英语课程设置的要求　教育部制定的《大学英语教学指南》指出，大学英语教学的主要内容可分为通用英语、专门用途英语和跨文化交际三个部分，相应构成三大类课程。通用英语课程，即综合英语，是大学英语课程的基本组成部分，其目的是培养学生英语听、说、读、写、译的语言技能，同时教授英语词汇、语法、篇章及语用等知识，增加学生的社会、文化、科学等基本知识，拓宽国际视野，提升综合文化素养。专门用途英语课程以英语使用领域为指向，以增强学生运用英语进行专业和学术交流、从事工作的能力以及提升学生学术和职业素养为目的，具体包括学术英语（通用学术英语、专门学术英语）和职业英语两大课程群。跨文化交际课程旨在进行跨文化教育，帮助学生了解中外在世界观、价值观、思维方式等方面的差异，培养学生的跨文化意识，提高学生的社会语言能力和跨文化交际能力。

2. 高校一流农林人才培养的需要　近年来，"拔尖创新人才"培养的重要性日渐得到重视。2013 年，教育部、农业部、国家林业局下发《关于实施卓越农林人才教育培养计划的意见》，提出了着力开展国家农林教学与科研人才培养改革试点，培养一批高层次、高水平拔尖创新型人才的目标。2018 年以来，国家提出加快一流大学和一流学科建设；教育部也决定实施"六卓越一拔尖"计划。

浙江农林大学于 2018 年制订并布署实施了《浙江农林大学关于加快一流本科教育，全面提高人才培养能力的行动计划》等方案，明确一流本科教育建设目标。学校明确拔尖创新型、复合交叉型、高级应用型专业分类改革的目标和路径，以求真实验班为改革试点，全面推进新农科、新工科和新文科建设，推进卓越农林、卓越工程师等人才教育培养计划。2018 年，求真实验班正式招生并开始实施教学。2019 年 6 月，学校作为新农科建设安吉研讨会主要承办单位之一，参与发布了"安吉共识"，就此踏上了培养高层次、高水平、国际化的创新型农林人才的征程。

（二）高校学术英语课程开设的目的

外语教学领域对拔尖创新型人才培养的关注常与大学英语教学改革相结合，多位学者提出要从培养目标、教学理念、课程设置、教学内容方法、课程评估和师资建设等方面改革人才培养模式，提高拔尖创新型人才的外语能力（杨光等，2014；刘岩，2015；梁晓波等，2015；刘艳芹等，2016），以实现人才培养目标。其中，拔尖创新人才的学术英语能力、跨文化交际能力和国际视野是外语能力培养的核心素养。在课程设置上，通

识英语加学术英语的课程体系为大多数学校所接受，研究性教学和以内容为依托、基于项目的学习法等也是采用较多的教学方法和策略（尹卓琳等，2020）。

学术英语（English for Academic Purposes，EAP）是帮助学生用英语从事学习和研究的语言教学（Jordan，1997；Flowerdew and Peacock，2001）。国际上通常把学术英语分成通用学术英语（EGAP）和专门学术英语（ESAP）两种（Jordan，1997），前者培养学生跨学科的学术英语技能，如听讲座、记笔记、阅读学术文献等；后者培养特定学科或专业里的学术英语技能，如专业语篇结构和各种语类写法（如实验报告、期刊投稿和会议论文等）（蔡基刚，2018）。

学术英语和普遍意义上的大学英语无论是在教学理念、教学内容和方法上都存在很大不同（蔡基刚，2014）：①学术英语以需求为根本。学术英语的内容是根据大学生要用英语进行专业学习的需求出发，教授的是如何帮助学生听英语讲课和讲座，学会搜索、阅读、归纳和表达信息等。②学术英语以内容为依托。学术英语结合学科知识的教学有助于激发学生学习语言的兴趣和动力（Brinton et al.，1989）。③学术英语以能力为核心，培养学生独立思考的批判性思维能力。④学术英语以学生为中心。学术英语和大学英语的最大不同就是采用基于问题或项目的学习法（PBL），通过项目实施能够有效培养学生自主学习的能力、沟通交际的能力和团队合作的能力（Watson Todd，2003）。⑤学术英语以应用为目的。学术英语教学颠覆了语言处理先于信息理解的学习过程，也就是遵循人们学习语言最自然最有效的方法——在使用中学习。

二、学术英语教学的做法与举措

（一）学术英语课程总体设计

浙江农林大学首次正式开设学术英语课程是在求真实验班开设的通用学术英语课程，至今刚完成一个课程教学周期。当前学校大学外语教学体系正全面改革，学术英语课程正式进入整体设计，根据不同的教学对象，设置不同的课型和课程大纲。

结合地方农林院校的特色和生源特点，按照以分层分类为基础，渐次开设学术英语课程的原则，根据学生英语综合能力（通用英语）的发展阶段，依次进入通用学术英语和专业学术英语的路径。学校选择"通用英语＋学术英语"的总体安排，而在学术英语课程体系中，又以通用学术英语课程模块为主体。

全校每一届本科新生按照入学时参加的外语水平测试的成绩分为卓越、提高、基础三个层次进入英语课程。其中，大约10％的学生修读卓越阶段英语课程、大约70％修读提高阶段课程、大约20％修读基础阶段课程。求真实验班和林学中加合作班默认修读卓越阶段课程。

学校的学术英语选择了一个通用学术英语为主体、专门学术英语为特色发展的教学体系。通用学术英语课程主要在卓越阶段的一年级两个学期，林学中加合作班的一年级两学期，求真实验班的第一、第二、第三学期，以及提高阶段的第四学期开设。专门学术英语主要在卓越阶段的第四学期、求真实验班的第四学期开设。基础阶段的学生英语程度稍低，需要谨慎教授学术英语的知识技能，考虑在第四学期通用英语课程中纳入学术英语的元素（表1）。

表 1 各层次学生开设学术英语课程一览

	基础层次	提高层次	卓越层次
第一学期	通用英语	通用英语	学术英语
第二学期	通用英语	通用英语	学术英语
第三学期	通用英语	拓展选修	学术英语
第四学期	通用英语（复合）	学术英语	学术英语（专门）
第五学期	通用英语	综合运用	学术英语（专门）
学术英语模块比重	10%学时	30%学时	100%学时

注：学术英语模块在基础层次学时中占 10%，在提高层次占 30%，在卓越层次占 100%。

（二）通用学术英语的教学设计

根据通用学术英语课程的教学目标，制定了以下教学内容，依次展开教学活动（表2）。这个方案是依据求真实验班三学期制的通用学术英语课程安排的，卓越班和林学中加合作班的通用学术英语教学计划将以这个方案为基准进行调整（表3）。

表 2 浙江农林大学通用学术英语课程教学目标

教学目标	具体内容
听	掌握各种基本听力技巧，如听前词汇猜测，辨认主要信息，捕捉衔接词等。除此之外：①能听懂语速一般、发音比较标准的短篇学术讲座和专业课程；②能将大意或重点记录下来，并能就此写简短的小结；③能就讲座中没有听清楚的主题和大意进行提问。
说	掌握英语基本会话技能，如能用可理解的英语交流信息与看法。除此之外：①能就专业相关的话题进行较短的、简单的陈述和报告演示（如 10 分钟左右）；②能采用恰当的会话技巧和策略有效参加小组学术讨论。
读	掌握基本阅读技能，如寻读、略读、根据上下文推测意思等。除此之外：①能读懂一般科普人文的学术文章和专业导读性文章（如长度在 2 000 词左右），阅读速度达到每分钟 150 词；②能学会批判性阅读技能，如能区别文章的事实和观点，正确判断信息来源的可靠性和可信性，进行文献的分析、综合和评价；③能掌握各种语篇修辞手段（如定义、分类、比较、对照、因果等）。
写	掌握基本写作技能，如主题句/支撑句、衔接技能和句子变化技巧等。除此之外：①能对段落/文章进行读后摘要写作；②能写具有定义、分类、举例、描写、比较、对照、因果、阐释和评价等功能的段落；③能写较短但必须有其他文献支撑的学术小文章（300 词左右）；④能就专业相关的话题写一篇文献综述报告（500 词以上）；⑤能撰写用于参加学术会议所递交的发言摘要（200 词左右）；⑥能合理引用文献资源（如归纳大意，直接引用，转写语句），掌握避免各种学术剽窃的策略和方法。
词汇	掌握词汇学习的各种策略，包括词根词缀和上下文猜词义技巧等。除此之外：①接受性词汇量达到 6 000 个单词左右；②能在口头及书面表达中使用 BNC 3 000 词族和 570 个学术词族中最常见的词；③能掌握本学科或专业领域里使用频率最高的学术词汇。
学习技能	掌握各种学习策略，包括如何管理学习时间，安排学习计划和检查学习进度。除此之外：①能充分利用学校图书馆和网络期刊库提供的资源进行学习；②能运用文献搜索的技能搜索与专业学习相关的信息；③能分析和综合从各个渠道得到的信息；④能运用小组活动形式进行学习，培养独立自主的学习能力，在合作学习的环境里建立英语学习的自信心。

表3　浙江农林大学求真实验班通用学术英语教学要点

	第一学期	第二学期	第三学期
阅读	理解大意；略读的技巧；读懂注释框；理解文章关键词；预览的技巧；阅读图表信息；提高阅读速度；阅读细节信息。	阅读中进行预判；寻读的技巧；提高阅读速度；理解文中漫画；批判性阅读技巧。	批判性阅读技巧；积极的阅读技巧；提高阅读的速度和准确度；阅读中联想实例；阅读中收集信息。
写作	定义的写作方法；定义的扩展；描写变化趋势；描述不同之处；掌握文章结构；掌握段落结构；描写不同事物的对比；概要写作技巧；被动语态的使用；正确使用代词进行指代；对主要观点进行支撑。	文章观点的连接；篇章提示句；利用图表数据进行写作；时间顺序的信号词；平行结构；模糊修饰语；相似事物的比较。	分词用作主语；利用图表数据进行写作；段落主题和段落大意；同义转述技巧；举例的引导词；概要写作技巧；副词的使用；概括的技巧；过渡语；精悍的句子结构；期刊写作技巧；引述他人话语。
听力	获取事实性信息；听细节信息；听重读词汇；获取特定信息；听懂大意；听懂语调；听懂说话人观点；听力推测技巧；听信号词。	听懂说话人观点；听懂不一致的观点；听懂指路辨别方向；获取特定信息；听懂弦外之音；推测回应信息；记录数字信息；听懂闲谈中like的用法；听懂信息纠正或否定信息的委婉表达。	概括所听信息；听取非言语信号；听懂是非判断；剖析重读音节所指含义；利用重读和音调变化听懂话语篇章；听出说话人的兴趣点；听懂说话人话语离题现象；听后复述技巧。
口语	回答提问；如何置身于话题背景；开展调查；谈论学校的课程介绍；操作课堂实验项目并进行讨论；谈论图表信息；对话题进行批判思考；面谈的技巧；讨论研究调查的发现；开展调查研究并汇报研究发现。	大脑风暴；分享自己的观点；回应是非提问；对话题进行批判思考；谈论图表信息；支撑自己的观点；对话题内容进行预测；对不同来源的信息进行比较；询问他人观点；分享不同的文化视角；回忆已知信息；利用背景信息进行预测；评论预测的信息；概括所听信息。	回应他人的是非陈述；辨别说话人的观点；引出结论话语；分享个人及其文化视角下的思维；考虑相关信息；谈论事实信息以外的信息；使用比较及对比技巧进行讨论；分享文化属性的话语内容；形成概括；面谈技巧；在具体数据中使用常见观点进行讨论。
词汇	社会群体、性别、媒体话题相关词汇；从上下文猜测词义；词簇；词汇的搭配；同义词；利用语法知识猜测词义；描绘人物、行为、性格、情感的词汇；寻找词义的线索；学术英语词汇表（AWL）；复合词语和复合短语；单词的前缀和后缀。	犯罪、健康、话题相关词语；从上下文猜测词义；同义词；词汇的搭配；描述行为掌控的动词；词簇；学术英语词汇表（AWL）；对付生词的策略与方法；科学术语；描述实验结果的词汇；描述变化的词汇。	人生阶段、身体语言、人际关系话题相关词汇；从上下文猜测词义；表示"看"的不同词汇；在具体语境中使用生词；介词的使用；similar和different的不同词形表达。

（三）教学方法

本课程以梯度衔接、合作式、探究式教学方法在低年级开展通用学术英语教学，进入高年级后逐渐过渡到以项目研究为主导的教学方式。

课堂教学注重帮助学生发展合作式深度学习能力。学生课前对相关学术英语内容进行大量阅读，课中教师利用"听-说"结合口头报告、任务型小组讨论、头脑风暴、提供"脚手架"（scaffolding）等方式，帮助学生获得语言训练和合作式深度学习。

以形成性评估促进探究式学习，培养学生自学能力。形成性评估成绩占本课程总成绩60%，内容涵盖听、说、读、写四个方面，以词汇学习、讲座理解和综合性读写任务为主体。

借助网络平台提升动机，引导学生主动进入学术英语的殿堂。借助教材出版机构提供的辅助资源，利用学校的超星尔雅网络课堂平台，自建"通用学术英语一""通用学术英语二"和"通用学术英语三"网络课堂，对应三个学期的教学安排。利用平台开展教学，充分实现课内课外联动，培养学生的自我管理能力。

（四）课程的评价

研究表明高校的学术英语课程评估基本采用形成性评估和终结性评估相结合的形式。课程评价有 60% 来自形成性评估，主要是线上进行的学习任务的考核结果。形成性评估更加注重学生在整个学习过程中的表现，这样可以激励学生认真完成每一个学习任务并反思学习效果，比较适合学术英语课程。

三、成效与成果

学术英语课程尚未完成完整的一个教学周期，而且已开展的课程仅在求真实验班实施，因此，课程的教学大纲和教学模式还未完全成型，尚在探索的初期。尽管如此，教学团队也取得了一些成果。

通用学术英语课程有力地支撑了求真实验班 2018 级的人才培养。截至 2021 年底，该年级三个班 75 名同学通过六级的人数为 45 人，通过率达到 58%，大大超过全校平均水平。除了在英语水平测试上取得的成绩，学术英语课程更实现了课程的初衷，就是通过英语使用情景中的技能训练，帮助学生在专业上更快更好地成长。2020 年 5 月，新农科求真实验班 2018 级本科生蒋欣悦作为第一作者在国际知名期刊《鱼类与贝类免疫学》[《Fish & Shellfish Immunology》，IF=3.21，中科院一区（TOP 期刊）] 在线发表了题为《饲喂羊栖菜粉可提高白斑综合征病毒感染的克氏原螯虾的存活率》[《Dietary Hizikia fusiforme enhance survival of white spot syndrome virus infected crayfish Procambarus clarkii》] 的学术论文。

另外，学术英语课程的实施也带动了教师的成长。目前该课程组有 6 位经验丰富且教学评价优异的老师。这 6 位老师在最近 3 年的教学业绩考核中都获得了 A 级，其中陈旭英老师获得了 2020 年度的学校优质教师一等奖，这是学校外语类教师首次获得该类奖项。团队教师还获得多项教学改革项目，其中省级教改立项 1 项。

学术英语课程在一定程度上已经起到了对全校大学英语课程的引领作用。在教学目标设定、教学内容安排、教学评价方式和教学方法选择上，学术英语越来越起到一种"鲇鱼效应"，推动着其他大学英语课程的改革。

四、特色与亮点

学术英语在教材建设、教学模式和教学方法上都体现出了特色。

首先是教材。通用学术英语课程选用了上海外语教育出版社出版的《大学学术英语》，该教材是引进的剑桥大学出版社的 Academic Encounters，由 Jessica Williams 等人编写，在国际英语教育界颇受好评。为了让学生能够使用引进的原版教材，教学中课程组编写了大量的辅学材料。其一，为每一个课文编制词汇表，提示学习词汇的要点和方法；其二，在网络平台上编写初阶的词汇辨识练习，为学生进行高阶的词汇练习做准备，这个做法符合第二语言学习的最近发展区理论。

其次，课程组为每一个学期的课程教学建设了内容丰富的网络教学平台，除了上线教材内容，还编写了大量的章节配套习题，支持课程的以考促学设计方案，每次上课都要检测前一个学习阶段的学习要点，强调课前、课中、课后三位一体和课堂内外一体的教学原则，迫使学生养成循序渐进的泛在学习模式。

学术英语课程还将建设校本特色的专门用途英语模块，分别建成新农科、新工科、新文科三个专业方向大类的专门学术英语。该设想已经立项成为学校的教学建设任务之一。

五、思考与展望

通用学术英语正式开设才刚刚一年，课程建设还不完善，教学方法还不成熟，甚至有很多问题都还来不及发现。

第一，教学大纲的凝练。学术英语不放弃核心语言技能的培养，它只是一种不同的教学方式，需要进一步考虑语言技能教学与学术技能培养的分配结构，尽量使课程适应学生的需求水平。

第二，教材的本土化。中国学生不能很快适应国外引进教材的内容设计和练习设计，课程组还需要进一步编写教材的辅助学习材料，做到数量充分、难度适当，与教材和学生成为一体。

第三，探索深入融合的线上线下混合式学术英语教学体系。学术英语教学是根据学生专业需求开展的，所涉及的学科知识面广、内容前沿、形式多样，需要着重思考如何在学术英语教学过程中合理分配线上、线下教学的比例和方式。

第四，开展研究调查，建设校本特色的专门学术英语课程。需要与学校的学科专业教师协作，了解新农科、新工科、新文科的学科语类特点和话语范式，编撰既反映学科特色又适应学生水平的专门学术英语教材。

第五，加强大学英语教师的教研和培训。目前团队的教学经验还不充分，还需要更多教师加入，需要建设学术英语教学的文化氛围。

浙江农林大学基于多学科交叉融合的林学专业改革与实践

周国模

习近平总书记给全国涉农高校的书记校长和专家代表的回信中强调，要以强农兴农为己任，拿出更多科技成果培养更多知农爱农新型人才，推进农业农村现代化、推进乡村全面振兴。而现阶段，我国林科人才培养明显滞后于林业发展需求，必须要破除传统学科壁垒，打破原有孤立的学科系统结构，整合相近学科优势，进行多科交叉融合，实现学生跨学科或交叉学科学习，促进传统专业结构的优化，丰富课程和实践资源，培养拔尖创新型林业人才。

一、具体实施措施

（一）课程思政全覆盖，提升"三全育人"成效

坚持立德树人，把思想政治教育、创新创业教育和职业素养教育贯穿人才培养全课程、全过程，以"红绿"主题统领育人工作格局，精心梳理林学专业教育德育元素，与专业知识相融合，全面增强师生服务"三农"和林业现代化建设的责任感和使命感，不断推进全国高校"三全育人"综合改革试点工作。

（二）更新教育新理念，加强教学组织建设

加强基层教学团队和课程组建设力度，基于前期人才培养方案修订工作组建跨学科、国际化特色教学团队，着力打造"互联网＋"教学课程组；施行单周四教育教学大讨论，更新现代教育理念，全面改进教师教学方法，发挥基层教学组织在人才培养中的重要作用。

（三）着力打造新课程，推进五大"金课"建设

大胆改造原有课程体系，注重学科交叉融合，实现线上线下、虚拟现实、课内课外相结合，增加课程的高阶性、创新性和挑战度，打造五大"金课"，力争获得2～3门国家级、省级精品在线开放课程认定，获得国家虚拟仿真实验教学项目2～3项，编写新形态教材5本，80％课程开展混合式教学。

（四）打造国际化平台，提升国际化办学水平

开拓和国外高水平大学合作办学的新模式，吸收借鉴国外先进的办学理念、管理模式和优质教学资源，引进和培养国际一流师资，共建UBC研究院，招收留学生，全面提升学生的国际竞争力，加快推进林学专业认证工作。新增中外合作办学项目1～2项，每

年推荐 20 余名本科生参与国际交流合作项目，招收留学生 20 余名。

（五）深化产教融合度，建立协同育人新机制

充分发挥学科特色优势，促进教育链、人才链与产业链、创新链有机衔接，统筹推进育人要素和创新资源共享、互动，建立农林产教融合示范基地、农科教合作人才培养基地，实现行业优质资源转化为育人资源、行业特色转化为育人特色，培养卓越林业人才。建立产教融合教育基地 2～3 个，力争 1～2 个获得国家级、省级产教融合示范基地认定。

二、改革与实践特色

（一）形成"三新"人才培养模式

遵循现代学科交叉融合的内在规律，将生物技术、信息技术、物联网、机械技术、管理学等多学科知识纳入林学知识体系，形成"新融合"；应对现代林业发展需求，建立宽厚基础差异教育，设置现代林业经营、森林健康管理和自然资源管理三大专业模块课程群进行分类培养，形成"新体系"；立足办学特色优势，充分结合科研实训平台，创新实践能力培养措施，为培养拔尖创新型专业人才和行业未来领导者提供有效支撑，形成"新手段"。

（二）建立"四化"人才培养方式

构建互动式、探究式、案例式、合作式、研究式等多种小班化教学方法联动的全方位培养方式。个性化培养：针对每位学生的特色设计培养方案，构建本硕博连续的培养方式，搭建科研与教学有机结合的体系；国际化培养：开展多层次、多形式的国际合作人才培养，专项资金资助学生出国，引进留学生与中国学生实现班级交融；合作化培养：建立农科教合作与政产学研用合作的协同机制；导师引导化培养：导师直接指导学生，实现优质教学、个性发展。

（三）完善"五创"人才培养机制

创新产学研联用机制、创新课程建设与反馈机制、创新基层教学团队建设、创建国际联合培养常态化、创建林业专业培养新标准。培养有高度社会责任心与团队协作精神、有宽厚的理论基础与系统的专业知识、有大胆的创新精神与实践动手能力、有开阔的国际视野与对外交流能力、有良好的道德修养与生态文明意识的"五有"拔尖创新型林业高级人才。

"三维四提"培养农业资源与环境专业卓越人才的探索与实践

姜培坤 赵科理 梅亚明 徐秋芳 吴家森 冉琰 钱光辉 柳丹 秦华

一、成果简介及主要解决的教学问题

（一）成果简介

农业资源与环境专业（简称农资专业）是研究农业资源（土、水、气、肥）如何科学、合理、高效地解决资源利用不合理带来的农业生态环境问题而设立的专业。目前，国家高度重视农业资源利用和生态环境保护，对培养农资专业人才的创新性提出了新的要求。

同时，教育部实施卓越农林人才教育培养等计划，对提高人才培养质量提出了明确目标和要求。因此，培养符合经济社会发展需求的"农资"人才，不仅是生态文明建设等国家战略需要，也是推进新农科教育，探索面向未来高等农林教育改革和卓越人才培养的重要内容。

成果基于"加强专业教育""优化培养过程""强化学科支撑"三个维度，实现四个提升。一是做精院长第一课、新生研讨课等始业教育，加强课程思政，建立"四平台三目标"课程体系，结合创新项目、学科竞赛等科研训练，提高专业认同度-认知度-热爱度，提升学生学业抱负；二是组建教学科研一体化的课程团队，实施科教融合，以土壤学国家级课程为核心，更新课程内容，优化课程体系，提高课程契合度—创新度—挑战度，提升学生理论基础水平；三是构建全过程递进式实践教学体系，增设创新必修学分，建设省级重点实验教学示范中心、虚拟仿真中心等虚实互补的实践平台，提高实践训练性-关联性-专业性，提升学生综合实践能力；四是实施学科专业一体化建设和"导师-研究生-本科生"联动培养，创设省级专业学科竞赛平台，提高创新活动支持度-组织度-参与度，提升学生创新水平（图1）。

通过3个国家级和8个省级教改项目历时10年的研究应用，专业获批省"十三五"优势专业，成为首批国家级一流本科专业建设点。升学率比2015年增长3倍以上，2020届达74.1%，学生创新活动参与率达到100%。以核心课程土壤学为代表，建成了国家级课程2门，省级课程8门，出版了国家级规划教材《土壤学》。创设了省级一类学科竞赛"浙江省大学生环境生态科技创新大赛"等实践平台。培育了教育部教指委委员、省杰出教师等人才11人次。成果得到了国内高校和社会各界的高度认可，为传统专业改造提供了新模式、新路径和新体系。

（二）主要解决的教学问题

1. 学生专业认知模糊，学术抱负不高 农业资源与环境专业前身为土壤农化专业，是传统的农学类专业。学生专业认同度低，报考意愿不高，选择深造的毕业生不多。

2. 课程教学内容陈旧，科教融合不足 缺少科研成果向教学资源转化的机制，课程内容更新落后于科学研究和社会发展，已不能适应创新人才培养需求。

3. 实践教学环节弱化，实践训练不足 实践教学偏重课程实践，并以验证性或演示性实验为主，学生"专业综合实习"以认知为主，实践训练较少。

4. 专业创新培养离散，创新能力不强 创新活动缺乏有效的运行机制，教师科研项目与学生创新活动结合度不高，学生创新活动参与度低，培养创新能力受到限制（图1）。

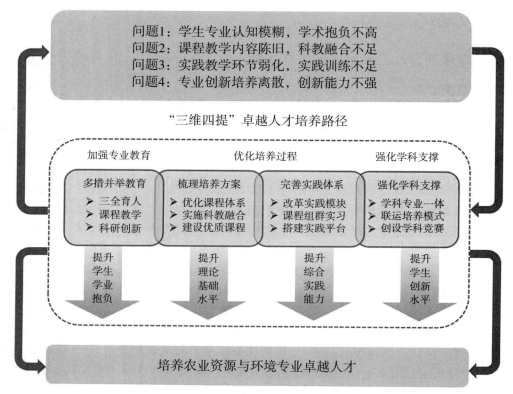

图1 成果简介

二、成果解决教学问题的方法

（一）开展多措并举教育，提升了学生学术抱负

1. 通过三全育人活动，提高了专业认同度 设立了"院长第一课"教学制度，由校长在开学典礼给新生讲授第一课；专业资深教授组建课程组，开设了新生研讨课；不定期邀请本专业领域知名专家开展新生专业教育和学术讲座。同时，开展了课程思政、思政课程和校园文化等活动，以实现深度融合的全方位协同育人。通过三全育人活动，逐步提升了学生对专业的认同度，学生转专业情况由转出向转入扭转。

2. 通过课程教学活动，提高了专业认知度 针对学科行业发展趋势和人才培养需求，完善修订形成了四平台（通识、基础、专业和自主选修平台）、三目标（知识、能力和素质）的课程培养体系。通过理论教学、实践训练和课外活动等多种形式开展课程教学，使学生掌握专业理论知识和实践技能，提高了专业认知度。

3. 通过科研创新活动，提高了专业热爱度　以教师科研项目为主导，以创新项目、学科竞赛和社会实践为途径，开展了第二课堂教育，探索用专业技术解决社会问题的有效路径，培养了学生对专业学习的兴趣，提高了专业热爱度。2017—2020 年，专业学生升学率分别为 20.83％、40.74％、47.06％和 74.1％，2020 届毕业班被称为"学霸班"，受到多家媒体报道。

（二）梳理人才培养方案，提升了理论基础水平

1. 优化课程体系，提高了社会需求契合度　围绕"农业资源和生态环境"发展需求，梳理了课程体系，修订了人才培养方案，以土壤学、植物营养学、土壤农化分析、地质地貌学等核心课程为基础，增设了环境修复原理与技术、地理信息系统、遥感导论、环境管理学、文献检索、科技论文写作等课程 19 门，注重行业发展背景下专业学生基本理论、基本知识和基本技能的培养。

2. 实施科教融合，提高了教学内容创新度　组建了教学科研一体化的课程团队，根据专业课程体系，结合教师研究方向，共组建课程组 29 个，负责课程的教学和改革研究。建立了教研制度，通过 3 个国家级和 8 个省级等教学改革建设项目研究，将科研项目与教学环节有机结合，推动了 15 项省部级科研成果奖转化为教材、实验项目等教学素材，更新教学内容，2016 版课程教学大纲实现全覆盖更新，推进了"互联网＋教学"等新形态教学模式，3 门课程获评省级"互联网＋教学"优秀案例。

3. 建设优质课程，提高了课程教学挑战度　推进课程课堂革命，以土壤学国家级精品课程为核心，实现了其先后向精品资源共享课、在线开放课程转型，推动了专业核心课程建设成为省级以上课程，所有专业课程全面建成了校级标准化课程，形成了国家级-省级-校级优质课程体系，建成了国家级课程 2 门，省级课程 8 门。

（三）完善实践教学体系，提升了综合实践能力

1. 改革实践教学模块，提高了实践创新训练性　培养方案中实践学时比例从 25％提升到 30％，改革实践教学模式，构建了课程实践、课程群实训、专业综合实践以及毕业实习等递进式实践教学体系，增设了 4 个创新必修学分，将创新项目、学科竞赛、社会实践等创新实践训练纳入必修环节，全面提高学生实践能力。近 5 年，专业学生创新活动参与率为 100％。

2. 创建课程群实习，提高了实践内容关联性　根据土壤生态、植物养分管理等不同专业方向，整合设置课程群，改变在原有课程内实习的单一模式，创建课程群实习。建立了地质、土壤学、生态学实习与植物营养与施肥实习等课程群实习。增设了自主设计田间技术实验（第 3～5 学期开设）和专业综合能力集训（第 6 学期开设）专业综合实习课程，实现了递进式全过程专业实习。

3. 搭建实践教学平台，提高了实践平台专业性　依托省一流学科、国家重点实验室、省重点实验室等科研平台，建成了农林环境与资源省级实验教学示范中心；充分利用教师科研基地，开拓了校外实习基地，实现教学科研资源的有机融合。顺应虚拟仿真教学发展趋势，构建了资源环境类虚拟仿真实验教学中心，已建成 33 个虚拟仿真实验教学项目，其中无人机倾斜摄影测量、耕地土壤镉污染钝化修复分别获批国家级虚拟仿真实验教学项目和国家级虚拟仿真实验教学一流课程，4 个项目获批省级虚拟仿真实验教学项目。

（四）强化学科科研支撑，提升了学生创新水平

1. 实行学科专业一体化，提高了创新活动支持度 实行学科专业一体化建设，学科平台和科研基地优质资源全部向本科人才培养开放，用于实践教学和创新活动；学科经费中专设本科人才培养经费，用于专业建设、人才培养和教师教学奖励等，鼓励教师指导学生创新活动，开展教学建设和研究。

2. 实施联动培养模式，提高了创新活动组织度 全面实施本科导师制，实行了"导师-研究生-本科生"联动培养模式。导师、研究生和本科生组成科研创新团队，导师负责对学生全方位指导，研究生协助导师并带领本科生参与教师科研项目，开展创新项目和学科竞赛项目研究。通过联动培养模式实施，提高了学生创新思维和实践能力，近5年立项国家级创新项目9项，发表高水平学术论文19篇。

3. 创设专业学科竞赛，提高了创新活动参与度 对接国家教指委主办的全国大学生环境生态科技创新大赛，专业牵头设立了浙江省大学生环境生态科技创新大赛，2019年被列为省一类学科竞赛，为专业学生人人参赛提供了竞赛平台，提高了学生学科竞赛的参与度。同时，组织学生参与国家级、省级相关学科竞赛，近5年学生获省级以上学科竞赛奖项160人次。

三、成果的创新点

（一）创建了"三维四提"的卓越农林人才培养新模式

通过加强专业教育、优化培养过程、强化学科支撑等改革举措，着力提升学生学业抱负、理论基础、实践能力和创新水平，创建了"三维四提"的卓越农林人才培养新模式。专业学生创新活动参与率达到100%，近5年立项国家级创新项目9项，发表高水平学术论文19篇，获省级以上学科竞赛奖项160人次，学术抱负显著提升，升学率达到74.1%，有效解决了学生学术抱负偏低、理论基础薄弱、实践能力不足和创新能力不强等问题。

（二）探索了学科科研资源有效转化优质教学资源的新路径

基于学科专业一体化建设、教学科研一体化课程团队、师生联动培养模式等路径，用科研平台资源支撑实践教学活动，将科研成果转化为教材、实验项目等教学资源，以科研项目驱动学生创新成果。通过实施科研成果转化教学资源的路径，建成了国家级课程2门，省级课程8门，并出版了国家级规划教材。

（三）构建了全方位、全过程、递进式的实践教学新体系

构建了课程实验、课程群实训、专业综合实践以及毕业实习等全过程、递进式实践教学体系；增设创新必修学分4个，将创新项目、学科竞赛、社会实践等创新训练纳入实践教学体系；依托专业创设了全国首个省级环境生态科技创新大赛平台。该实践教学体系实现了从课内到课外、大一到大四、课程到综合的全方位、全过程、递进式专业实践，有效促进了对学生的专业实践能力和创新能力的培养。

四、成果的推广应用效果

（一）人才培养质量显著提升

学生学术抱负提升显著，近5年升学率从20.83%提升至74.1%（图2），增长2

倍以上，显著高于农业资源与环境国家级一流专业建设点的平均升学率。毕业生的培养质量受到了中国农业大学、美国加州大学等录取院校的一致认可。学生对专业的认可度明显提高，专业学生的毕业率和学位情况一直保持 100%，转专业情况从转出向转入扭转。毕业生在专业领域表现出色，比如，赖春宇同学考取浙江大学研究生，连年获得国家奖学金。

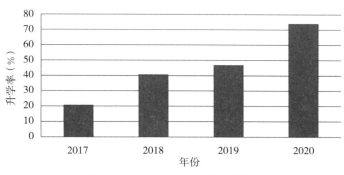

图 2　2017—2020 届毕业生升学率

（二）学生创新活动成效明显

学生创新能力提升显著，育人成效受到了广泛关注。近 5 年，专业学生创新活动参与率为 100%，主持国家级创新训练项目 9 项，发表学术论文 19 篇，获省级以上竞赛奖项 160 人次。比如，2016 级本科生王海波以第一作者的身份在中科院一区 Top 期刊 Science of the Total Environment 上发表科研成果。"校地党群联姻助力环境治理助推乡村振兴"赴乌镇暑期社会实践团获全国基层党建创新案优秀 100 例。

（三）专业建设成果丰硕

2016 年列入浙江省优势专业，2019 年获首批国家级一流专业建设点，是全国获批的 8 个农业资源与环境专业之一；建成了全国优秀教师等引领的省级教学团队，近 5 年培育省级以上人才 11 人次；教师主持"无人机倾斜摄影测量"国家级虚拟仿真实验教学项目、省级教学改革与建设项目 8 项，发表教学研究论文 38 篇，其中《"三维四提"新农科创新型人才培养模式探索》在核心期刊《教育评论》上发表；建立了优质课程体系，建成了土壤学等国家级课程 2 门，省级课程 8 门，校级课程全覆盖，3 门课程分别获得省本科院校"互联网＋教学"优秀案例特等奖、一等奖和二等奖；出版了教材专著 13 部，主编出版了国家级规划教材《土壤学》；建立了农林环境与资源省级重点实验教学示范中心、资源环境类虚拟仿真实验中心等虚实互补的完整实践平台，获批国家级虚拟仿真实验教学项目 2 个，省级项目 4 个。

（四）社会影响不断扩大

专业建设成效倍受媒体关注。《中国教育报》发表了报道："一个新农科专业的凤凰涅槃"。《科技金融时报》发表了报道："一项教学改革，让一个新农科专业凤凰涅槃"。专业教师教书育人，潜心科研，服务社会，多位教师受多家媒体报道。创设的"浙江省大学生环境生态科技创新大赛"，被列为省一类学科竞赛，是全国首个省级环境生态科技创新大赛，已举行 3 届比赛，参与的本科高校有 40 余所，参赛队伍近 1 500 支，在全省已有很大影响力。

教学资源已得到广泛应用。土壤学在国家级平台和省级平台开课，学习人数分别达 3 万和 6 千人；耕地土壤镉污染钝化修复虚拟仿真实验教学一流课程在国家级平台的浏览量近 2 万人次，受到五星好评；使用《土壤学》教材的高校达 20 多所。

成果已在南京农业大学、沈阳农业大学、四川农业大学等农业资源与环境专业应用，取得了一定成效，得到了浙江省高等教育学会教育质量保障与评价分会的鉴定认可。

"四实递阶式"实践教学筑育一流人居环境专业人才

赵宏波　徐丽华　陈楚文　王欣　徐达　陶一舟
申亚梅　尤依妮　黎淑芬　陈钰　齐锋

一、成果简介及主要解决的教学问题

（一）成果简介

大学生学科竞赛是推动教育教学改革、促进实践教学和人才培养模式改革创新的最重要的课外活动，旨在培养大学生的团队合作精神、创新思维和解决实际问题能力，促进相应专业的课程教学改革，推进素质教育，造就知识、能力、素养协调发展并具有创新意识和创新能力的高素质创新应用型人才。学科竞赛是将知识从理论到应用的"催化"过程，是激活学生自主学习的有效手段。成果以我校计算机科学与技术、电子信息工程等专业学生为对象，进行了 10 年的探索与实践，提出了"学科基础类竞赛、专业基础类竞赛、专业类竞赛、综合类竞赛"的"四层次、递进式"的学生学科竞赛结构，理清了各类学科竞赛与学生毕业能力要求之间的关系。通过提升专业核心课程工程巩固了电子信息类专业学生的基础知识，通过推行 PTA 使学生进一步熟悉应用环境，通过竞赛协会提升学生竞赛兴趣，通过集训队提升学生竞赛能力，通过推行校赛保证了学生学科竞赛 100% 参赛面，为学科竞赛广度和深度发展提供了可行的策略和措施。通过学生、教师、激励机制三方面保证学科竞赛的可持续发展。在学生队伍的可持续发展方面，融合了学科竞赛的文化传承、建立具有一定冗余度的竞赛队伍、良好的年级和知识结构等机制，在激励机制方面制定和推行了工作经费补贴、加强奖励、考核与职称推荐政策激励等。学生竞赛参与面、竞赛成绩、就业竞争力显著提高。提出了能有效解决地方行业院校信息类专业学科竞赛可持续发展及能力全面提升的机制及措施。

（二）主要解决的教学问题

（1）各学科竞赛与学生毕业能力之间对应关系不清晰。

（2）参与竞赛的学生总人数偏少，对培养专业人才支撑不够。

（3）竞赛成绩不稳定，年度间差异大。

二、成果解决教学问题的方法

主要从理清各类竞赛与学生毕业能力之间的关系，进一步拓宽学科竞赛参与面、学科竞赛可持续发展机制研究三个方面着手。

（一）理清各类学科竞赛与学生毕业能力的对应关系

经过梳理，本学院 IT 类专业相关的学科竞赛有数学建模竞赛、物理建模竞赛、ACM 系列竞赛、电子设计系列竞赛、服务外包竞赛、电子商务竞赛、网络安全竞赛、"挑战杯"竞赛、"互联网＋"创新创业竞赛等。其可支撑的相关能力包括：

（1）工程知识　能够将数学、自然科学、工程基础和专业知识用于解决复杂工程问题。

（2）问题分析　能够应用数学、自然科学和工程科学的基本原理，识别、表达、并通过文献研究分析复杂工程问题，以获得有效结论。

（3）设计/开发解决方案　能够设计针对复杂工程问题的解决方案，设计满足特定需求的系统、单元（部件）或工艺流程，并能够在设计环节中体现创新意识，考虑社会、健康、安全、法律、文化以及环境等因素。

（4）研究　能够基于科学原理并采用科学方法对复杂工程问题进行研究，包括设计实验、分析与解释数据，并通过信息综合法得到合理有效的结论。

（5）使用现代工具　能够针对复杂工程问题，开发、选择与使用恰当的技术、资源、现代工程工具和信息技术工具，包括对复杂工程问题的预测与模拟，并能够理解其局限性。

（6）工程与社会　能够基于工程相关背景知识进行合理分析，评价专业工程实践和复杂工程问题的解决方案对社会、健康、安全、法律以及文化的影响，并理解应承担的责任。

（7）环境和可持续发展　能够理解和评价针对复杂工程问题的工程实践对环境、社会可持续发展的影响。

（8）职业规范　具有人文社会科学素养、社会责任感，能够在工程实践中理解并遵守工程职业道德和规范，履行应尽责任。

（9）个人和团队　能够在多学科背景下的团队中承担个体、团队成员以及负责人的角色。

（10）沟通　能够就复杂工程问题与业界同行及社会公众进行有效沟通和交流，包括撰写报告、设计文稿、陈述发言、清晰表达并回应指令。并具备一定的国际视野，能够在跨文化背景下进行沟通和交流。

（11）项目管理　理解并掌握工程管理原理与经济决策方法，并能在多学科环境中应用。

（12）终身学习　具有自主学习和终身学习的意识，有不断学习和适应发展的能力。

具体支撑关系如图 1 所示，显然学科竞赛是能够大幅度提升学生解决复杂工程问题的能力。

如图 1 所示，我们将学生主体参与的各类学科竞赛分成"学科基础类竞赛、专业基础类竞赛、专业类竞赛、综合类竞赛"等四个层次的"递进式"结构，下层竞赛对上层竞赛具有支撑作用，不同的学科竞赛重点支撑的毕业能力要求是有区别的，"数学建模竞赛、物理建模竞赛"等学科基础类竞赛重点支撑"工程知识、问题分析"能力；"ACM 基础竞赛"及"专业基础核心课程提升工程"等专业基础类竞赛重点提升"设计/开发解决方案、研究、使用现代工具"等三个方面的能力，同时也能提升"工程知识、问题分

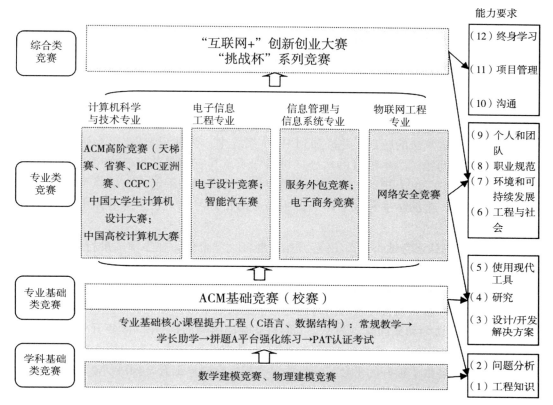

图 1　学科竞赛与毕业要求能力的支撑关系

析"能力；ACM 高阶竞赛、电子设计竞赛等专业类竞赛重点支撑"工程与社会、环境和可持续发展、职业规范、个人与团队"等四个方面的能力，同时也能提升"设计/开发解决方案、研究、使用现代工具"等三个方面的能力；"互联网＋""挑战杯"等综合性学科竞赛重点支撑"沟通、项目管理、终身学习"等三个方面的能力，同时还能提升"工程与社会、环境和可持续发展、职业规范、个人和团队"等四个方面的能力。当然，各种学科竞赛除了重点支撑的能力之外，也或多或少涉及其他方面的能力，因此，若是缺少下一层竞赛的锻炼，通常需要通过其他环节去补充。

该举措解决了长期以来因各类竞赛与毕业能力之间的对应关系不明确的问题，出现由指导老师或前任竞赛队长出面争取大一学生加入队伍的情况，对竞赛与毕业能力对应关系进行分析之后，发现许多竞赛让低年级学生参与是不现实的，各个竞赛应根据自身所处的层次有目的地发展不同年级的学生，这样既不会出现抢生源现象，同时还能更充分地利用有限的竞赛资源（硬件和软件）。

（二）进一步拓宽学科竞赛参与面

1. 专业基础核心课程提升工程　自 2008 年开始实施专业核心课程提升工程，从 2010 年至今，设置学长助学机制，额外增加高级语言程序设计及数据结构两门课程的课外上机辅导课，每门课程每周增加一次，每次时长为 2 个小时，每个教学班由 5～6 名高年级优秀学长进行辅导。经过 10 年的实践，该措施明显提升了学生对基础编程的兴趣及能力，为后期参加各类学科竞赛奠定了坚实的基础。

2. 通过拼题 A 平台（PTA）强化练习 ①自 2015—2016 学年第 1 学期开始，在高级语言程序设计教学过程中，采用 PTA 平台辅助教学，设计结合 PTA 的高级语言程序设计课程教学方案。在课程教学过程中，根据教学进度，在题库中为每个教学知识点筛选适当难度和数量题目，供学生上机课及课下使用。通过大量的练习才使学生们对 C 语言能够做到得心应手的应用。②自 2015—2016 学年第 2 学期开始在数据结构教学过程中采用 PTA 平台辅助教学，设计结合 PTA 的数据结构课程初步教学方案。设计了对应所使用教材的各章关键算法的题目，并添加到 PTA 系统中，弥补了 PTA 平台中基本算法实现类题目不足的问题。③本项目的实施，对教学质量具有明显的提升作用：帮助学生克服了对程序设计的畏惧心理；提高了学生程序设计的实际动手能力；增强了学生对信息类专业课的兴趣；帮助学生养成了课下自主学习的良好习惯；在学生群体中营造了你追我赶的积极氛围。

3. 推行 PAT 认证考试 自 2013 年开始与浙江大学合作，在学院内推行 PAT 认证考试，各学生的考试成绩经组织方及时发送给合作企业，目前 PAT 认证考试已经有 100 余家合作企业，包括著名的 Google、百度等。因其考试内容与 ACM/ICPC 竞赛内容接近，只是难度略低，因而在吸引考生的同时还进一步加强了学生参加竞赛的热情。

4. 成立竞赛协会和集训队 为了扩大学科竞赛的影响面，自 2008 年开始，学院先后成立了：ACM 竞赛协会、大学生电子创新协会、大学生智能电子技术协会等，为各类赛事的宣传及入门提供了很好的平台。学生的参赛积极性明显提升，如 ACM 竞赛协会自成立以来，会员从不到 100 人发展到了现在的 200 余人。自 2008 年开始，学院同时还成立了 ACM 竞赛集训队、电子竞赛集训队等，目的是为这些量大面广的学科竞赛提供一个长期训练和提升的平台，竞赛集训队的成立对于提升竞赛能力起到了非常重要的作用，发展到现在，集训队的规模也有了明显的扩大，如 ACM 集训队从成立最初的 18 人发展到现在的 60 余人。

5. 大力推行各类竞赛的校赛 为了进一步扩大学生参赛面，自 2015 年开始，学校及学院大力推行各类学科竞赛的校赛，尤其是专业基础类学科竞赛，学院要求相关专业学生必须至少参加一次校赛（如 ACM 校赛要求计算机科学与技术专业学生必须参加、电子设计竞赛要求电子信息工程专业学生必须参加）。

6. 通过经费及政策支持，提高指导教师指导学科竞赛的积极性 除了学校相关政策外，学院还提出了支持教师学科竞赛的政策及方案等，各专业在业绩考核办法中都将本专业教师指导学科竞赛、指导竞赛协会等活动作为计算业绩分的重要组成部分；在近年来学校对二类竞赛不下拨工作经费的情况下，学院根据竞赛实际需求，按实际支出实报实销；在学院年底分配方案中，将二类竞赛工作量按一类竞赛工作量的一半发放，既体现了竞赛层次的差异化，同时也能激发教师指导学科竞赛的积极性。

经过上述改革措施的执行，电子信息类学科竞赛成绩进一步提升，竞赛参与面进一步扩大。2011—2019 年，在学生整体规模没有明显增加的情况下，学生获得学科竞赛省级以上奖项数量从 232 项增加到 2 142 项，参与人次数从 878 人次增加到 6 306 人次，学生参与面明显扩大（表1）。

表 1 2011—2019 年电子信息类专业获得省级以上奖项数量及人次数

年度		国赛 一等奖	国赛 二等奖	国赛 三等奖	省赛 一等奖	省赛 二等奖	省赛 三等奖	小计
2019	奖项数	3	8	11	17	38	65	142
	人次数	12	20	43	33	87	111	306
2018	奖项数	2	10	18	8	38	64	140
	人次数	12	24	68	15	78	112	309
2017	奖项数	0	3	14	12	11	28	68
	人次数	0	21	53	21	20	82	197
2016	奖项数	1	5	8	5	21	39	79
	人次数	4	9	16	15	42	82	168
2015	奖项数	1	0	3	7	10	24	45
	人次数	3	0	10	11	24	48	96
2014	奖项数	0	3	2	4	15	29	53
	人次数	0	9	5	9	26	52	101
2013	奖项数	3	9	10	1	11	28	62
	人次数	12	26	30	2	23	67	160
2012	奖项数	1	3	2	1	9	20	36
	人次数	1	9	3	5	20	40	78
2011	奖项数	1	4	13	1	5	8	32
	人次数	1	20	21	3	13	20	78

2011—2019 年学生参与省级以上学科竞赛的总的奖项数及人次数分析表明（图 2），不管是奖项数量还是获奖人次数，均有十分明显的提升。其中 2014 年及 2015 年度数量较 2013 年度有所下降，主要缘于学校学院对于二类竞赛的筛选要求严格及支持力度的下降，2016 年度后学院重新在政策及经费上开始支持量大面广的二类竞赛，从而竞赛面进一步扩大。

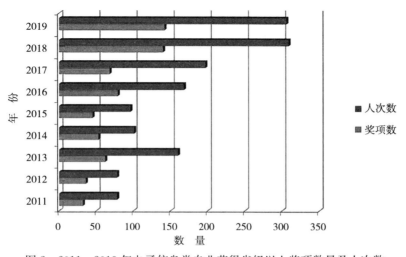

图 2 2011—2019 年电子信息类专业获得省级以上奖项数量及人次数

从 2019 年总的获奖人次数（306 人次）分析，学院共计学生数约 1 000 人，考虑到大四学生普遍不参加竞赛，大一新生参赛获得省奖以上的概率极低等因素，实际获得省级奖项的人次数已超过了可获奖学生数的 60%。自 2015 年学校、学院大力推行各类学科竞赛校赛后，竞赛氛围变得更浓厚，许多学生开始获得校级竞赛奖项（表 2）。2015—2019年，学生参加校赛并获奖的数量逐年增加，从 2015 年的 7 项到 2019 年的 89 项，学生人次数也从 2015 年的 17 人次到 2019 年的 203 人次。到 2019 年，校赛、省赛获奖共计 509人次，而且通过推行校赛，电子信息类学生参赛面已达 100%（图 3）。通过上述举措的实施，解决了参与竞赛的学生总人数偏少，对专业层面培养人才支撑不够的问题。

表 2　2015—2019 年电子信息类专业获得校赛奖项数量及人次数

年度		校赛一等奖	校赛二等奖	校赛三等奖	小计
2019	奖项数	32	57		89
	人次数	82	121		203
2018	奖项数	11	34	12	57
	人次数	40	104	50	194
2017	奖项数	12	34	8	54
	人次数	27	69	8	104
2016	奖项数	8	6	0	24
	人次数	19	11	0	30
2015	奖项数	3	2	2	7
	人次数	9	6	2	17

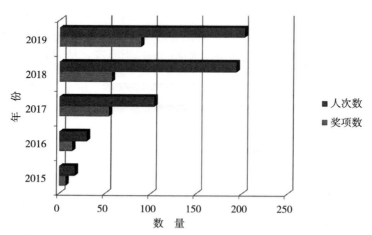

图 3　2015—2019 年电子信息类专业获得校赛奖项数量及人次数

（三）学科竞赛可持续发展机制研究

1. 竞赛的常规化运作机制研究　竞赛的常规化运作机制是能够持续产出好成绩的关键所在，这个机制包括负责人、竞赛团队、实施过程（宣传、基础训练、筛选潜在队员、集训、参赛）、实施时间、实施周期、检查人等（表 3）。

表3 ACM系列竞赛常规化运作机制

负责人	竞赛指导老师	实施内容	实施时间	实施周期	检查人
竞赛总负责人	至少2人	竞赛宣传	每年9—10月	每年	教学副院长
		基础训练	每年10—12月		
		筛选潜在队员	每年1月		
		集训	针对进入集训队的队员进行日常训练		
		参赛	12月，全校新生赛；3月，程序设计天梯赛；4月，省赛选拔赛；4月，省赛；6—9月，全国邀请赛；9—12月，ACM/ICPC亚洲区域赛		

2. 参赛学生队伍的可持续发展机制 参赛学生队伍的规模和质量直接影响到该项比赛的可持续发展，要持续取得好的竞赛成绩必须要有相对稳定的竞赛队伍，包括：学生的数量、结构以及持续滚动的竞赛知识积累与更新。参赛学生队伍的可持续发展机制具体内容如下：

（1）参赛学生队伍负责人 集训队队长担任总负责人，每一个参赛队均有一个队长，集训队长由前任集训队长协同竞赛总负责人共同挑选。各个竞赛要进行经验及文化的传承，每一届集训队队长任期结束时需要提交总结报告，该总结报告是在上一任队长总结报告的基础上进行修改、完善、补充形成的，并经竞赛总负责人联合指导教师经过详细审读后形成总结定稿，再交由新队长保管。新老队长换届需要举行换届仪式，老队长要做总结陈词，新队长在总结基础上提出任期计划。这样经过若干届传承后，竞赛知识逐步系统化，竞赛经验进一步丰富化，为竞赛的可持续发展提供了更好的知识传承机制。

（2）参赛队伍学生数量 赛前1个月，按照省赛及以上赛事实际可参加人数×2的数量确定拟参赛队伍学生数量，若有集训队的学科竞赛，拟参赛队伍学生数量为总的集训队员数。拟参赛队员经过若干次个人赛、组队赛，结合竞赛导师及集训队长意见和建议，于赛前一周（相关赛事要求截止时间前）确定最终参赛人员名单。

（3）参赛学生来源 参数学生由相应的学科竞赛协会推荐产生，若同时有集训队的学科竞赛，则由协会将学生推荐到集训队，集训队的学生作为参赛队员。

（4）参赛队伍的年级结构 为了参赛队伍能够滚动式发展，其年级结构一般采用中间多两头少的正态分布式（即大二、大三学生多，大一、大四学生少），对于综合性的学科竞赛，其年龄结构重心适度往高年级偏移，对于基础性学科竞赛则往低年级偏移。

（5）参赛队伍的知识结构 针对专业类的学科竞赛，要保证队伍总体知识能力尽可能全面覆盖该项学科竞赛所需的知识能力；综合类的学科竞赛，要保证队伍中有组织者、演讲者、做文本演示文稿者、软硬件开发者、市场营销筹划者，而且每一部分人员都要能够实现可持续发展。这一类的竞赛队员采用共享机制，比如"互联网＋"创新创业大赛、"挑战杯"竞赛、服务外包大赛等，上述人员组成一个共享池，每当竞赛来临，从池中抽取各部分人员即可组成一个完整的参赛学生团队。

3. 竞赛指导教师队伍的可持续发展问题　指导教师在竞赛中起到主导作用，工作重点在于：激发学生参赛的积极性，持续跟踪相关竞赛政策、技术要点，制定培训计划，分析竞赛效果并进行持续改进。每一项竞赛要有两名或两名以上的指导教师，这样即使有一个指导教师出现临时突发状况（如出国、脱产学习等），另一个也能马上被激活，从而不会影响到竞赛的可持续开展。

4. 竞赛的激励机制问题　竞赛的激励机制包括：竞赛工作经费的激励机制；指导老师的工作量激励机制及相关优惠政策（如教师业绩考核、职称评聘等）；学生的奖励激励机制及相关学分的认可。竞赛工作经费的激励机制：学院在学校基础上，每年投入约 8 万元用于支持相关的二类竞赛及教学改革。指导老师的工作量激励机制及相关优惠政策：学院在制定教师业绩考核细则时，将指导学科竞赛、指导学生竞赛社团等均明确列入业绩考核计分列表，在职称推荐细则中，针对教授、副教授等均有相关的指导学科竞赛及教改要求。另外学院根据竞赛实际需求，二类竞赛按实际支出实报实销，在学院年底分配方案中，将二类竞赛工作量按一类竞赛工作量的一半发放，既体现了竞赛层次的差异化，同时也能激励教师指导学科竞赛的积极性。

三、成果的创新点

创新点一：提出了"四层次、递进式"的学生学科竞赛结构，理清了各类学科竞赛与学生毕业能力要求之间的关系，进一步加强和巩固了学科竞赛在人才培养中的地位，明确了各年级应该重点发展的学科竞赛。

创新点二：通过提升专业核心课程工程巩固了电子信息类专业学生基础知识，通过推行 PTA 使学生进一步熟悉应用环境。通过竞赛协会提升学生竞赛兴趣，通过集训队提升学生竞赛能力，通过推行校赛保证了学生学科竞赛达到参赛面 100%，为学科竞赛拓展广度和深度发展提供了可行的策略和措施。

创新点三：通过学生、教师、激励机制三方面保证学科竞赛的可持续发展，在学生队伍的可持续发展方面，融合了学科竞赛的文化传承、建立具有一定冗余度的竞赛队伍、良好的年级和知识结构等机制，在激励机制方面制定和推行了工作经费补贴、加强奖励、考核与职称推荐政策激励等。

四、成果的推广应用效果

（一）本校电子信息类专业学生在校期间 100% 参与学科竞赛

2011—2019 年，在整体学生规模没有明显增加的情况下，学生获得学科竞赛省级以上奖项数量从 232 项增加到 2 142 项，参与人数从 878 人次增加到 6 306 人次，学生参与面明显扩大（表 1）。从 2019 年总的获奖人次数（306 人次）分析，学院共计学生数约 1 000人，考虑到大四学生普遍不参加竞赛，大一新生参赛获得省奖项以上的概率极低等因素，实际获得省级奖项的人次数已超过了理论可获奖学生数的 60%。自 2015 年学校、学院大力推行各类学科竞赛校赛后，竞赛氛围变得更浓厚，许多学生开始获得校级竞赛奖项（表 2）。2015—2019 年，学生参加校赛并获奖的数量逐年增加，从 2015 年的 7 项到 2019年的 89 项，学生人次数也从 2015 年的 17 人次到 2019 年的 203 人次。到 2019 年，校赛、省赛获奖共计 509 人次，而且规定每个专业的新生都必须至少参加一项与本专业密切相关的学科竞赛，通过推行校赛，电子信息类学生参赛面已达 100％。

（二）在校内外的推广情况

1. 本学院学科竞赛成为学校学科竞赛的标杆　近 10 年，本学院学科竞赛成绩稳居学校前三，甚至有多年是排名全校第一，以学科竞赛、专业认证等为重要支柱，学院人才培养考核近四年连续位居全校第一。

2. 多次受邀到暨阳学院工程技术系宣讲学科竞赛经验　本学院程序设计竞赛教练吴达胜、电子设计竞赛教练曾松伟多次受邀到暨阳学院工程技术系宣讲学科竞赛经验。

3. 受邀在全国农林院校院长论坛上宣讲学科竞赛经验　2017 年度、2019 年度，本教学成果负责人吴达胜两度受邀在全国农林院校院长论坛上宣讲学科竞赛经验。

基于"一流专业"建设提升人才培养能力[*]

刘庆坡

　　培养什么样的人，是教育的首要问题。习近平总书记2018年在全国教育大会上指出，培养德智体美劳全面发展的社会主义建设者和接班人，加快推进教育现代化、建设教育强国、办好人民满意的教育。其中高等教育是国家发展水平和发展潜力的重要标志，在建设社会主义现代化强国，实现中华民族伟大复兴过程中起着关键性作用。

　　当前，我国高等教育正处于内涵式发展的关键时期，其核心要义是提高人才培养质量。习近平总书记2016年在全国高校思想政治工作会议上指出，办好我国高校，办出世界一流大学，必须牢牢抓住全面提高人才培养能力这个核心点。可见，建设高等教育强国最具标志性的内容就是要培养一流人才，而这需要有一流的本科教育作支撑。一流本科教育要对大学生进行全面教育、个性化教育、发展力教育和创造力教育。打造一流专业是办好一流本科的基础，是一流人才培养的基本单元，只有把专业建扎实，把一流本科办好，培养一流人才的目标才可能实现。

　　一个大学办学水平的高低更大程度上取决于它培养出来的学生质量能否得到社会的认可。基于"一流专业"建设培养出具备一流学习能力和良好学习习惯的一流学生，不仅是大学办学实力、学术能力与社会声誉的重要体现，而且是实现"教育强国"的基础保证。在国家大力开展"双一流"和"双万计划"建设背景下，办好一流专业需要优秀的师资队伍、高质量的本科生源、一流的课程和教学、先进的人才培养理念和培养模式、足量教学经费投入以及稳定的物质资源保障等。

一、一流专业建设的基本内涵及其在人才培养中的重要性

　　专业是人才培养的基本单元，是建设高水平本科教育、培养一流人才的"四梁八柱"。为适应新时代对人才的多样化需求，专业要根据专业定位和学科专业基础，及时调整人才培养方案，构建科学的课程体系，突出优势，培育特色，为国家现代化建设和区域经济社会发展培养具有创新意识和创业能力的一流本科人才。

（一）"德才兼备"的一流师资队伍是"一流专业"建设的重要基础

　　教育部《关于加快建设高水平本科教育全面提高人才培养能力的意见》中指出"要全面加强高校党的建设，毫不动摇地坚持社会主义办学方向""把立德树人的成效作为检验学校一切工作的根本标准""建立教师个人信用记录""全面开展教师教学能力提升培训""深化高校教师考核评价制度改革""完善教授授课制度"等，对全面提高教师教书育人能力做了很好的顶层设计和实施路径，为学校建设一流本科，教师、教学、学生和

　　* 本文发表于：高教学刊，2020（11）：121-124.

教育资源回归教育，以及真正做到"以本为本"指明了方向。

建设一流专业需要有一流的师资队伍。党的十九大提出，"教育强国"，这对教师队伍建设提出了更高的要求。加强教师队伍建设，需要坚持"内培外引"原则。一要继续加强国内外高层次人才引进力度，努力为他们创造良好的教学与科研条件，让他们"宾至如归"，安心育人。二要建立教师尤其是年轻教师培养的长效机制，加大教学激励力度，完善教学工作考核评价，坚持把师德师风作为教师素质评价的第一标准，推动教师不断提升教书育人能力。打造一支"有理想信念、有道德情操、有扎实学识、有仁爱之心"的"四有"好老师队伍，并不断提高教师待遇，引导教师钻研教学、淡泊名利、潜心治学、热心从教。

（二）高质量的本科生源是"一流专业"建设的重要前提

大学的核心职能是培养人才，使学生通过接受高等教育成长、成材。但是，通过一流本科教育和一流专业建设培养出一流人才的重要前提是要有充足的高质量本科生源。这就需要专业选派知名教授、专家深入高中课堂，通过开设高中先修课程、开办讲座等形式，或者邀请优质生源学校选派学生参加专业组织的夏令营或深入教师实验室开展科研体验活动，或者学校组织宣讲团等活动吸引优秀学生报考。另一方面，专业也需要通过"卓越人才计划"或开设创新实验班（新农科实验班）等"优中选优"，培养拔尖人才。可否持续培养出社会和用人单位认可的优秀毕业生，是检验一流专业建设成效的核心标准。

（三）科学的课程体系和一流的教学活动是"一流专业"建设的核心

培养一流专业人才离不开科学合理的课程设置体系和一流的教学活动。课程体系是贯穿大学生四年专业学习的"主轴"，通过系统学习专业基本理论与基本知识以及拓展知识，将学生培养成为"一专多能"的高素质人才。建设一流专业的过程中，要以成果导向教育（OBE）理念为指导，课程体系的设置不仅要符合专业人才培养目标要求，更要与国家战略以及专业服务区域经济社会发展需要相适应，要将专业教育与通识教育、创新创业教育、跨学科教育、跨专业教育相结合，深化跨学科综合课程开发，打破专业壁垒，实现专业的多学科融合育人方针。

一流专业建设要以学生为主体，围绕学生发展这一中心开展教学活动。教师要积极推行小班化教学、混合式教学与翻转课堂等以学生为学习主体的课堂组织模式，不断深化教育教学改革，提高课堂教学质量；要加强学生学习过程管理，完善形成性评价与终结性评价相结合的学生学业考核评价办法；深入推进课程改革，及时将科学研究新进展、实践发展新经验等纳入课程教学，将现代信息技术融入课堂和课程，实现精准教学，充分发挥网络精品在线开放课程和精品视频资源课程等在"网联网＋教学"中的育人作用；加强新形态教材及实践教学等在人才培养中的重要作用。

（四）先进的育人理念和人才培养模式是"一流专业"建设的重要支撑

建设一流专业，培养一流人才，需要有先进理念的引领。在教育教学活动中，要始终坚持立德树人的育人理念、学生为中心的办学理念、全面育人教育理念、交往互动的教学理念以及"以生为本"的评价理念等。要及时更新教育思想观念，以先进的教育观和教育价值观、富有时代内涵的人才观和多样化的质量观、现代的教学观和科学的发展观指导专业的办学，并在办学过程中逐渐凝练专业的教学育人文化，形成专业特色，增强专业师生的自豪感和荣誉感，扩大专业的社会知名度与影响力。

建设一流专业，不能千篇一律，必须要结合实际，形成自己的人才培养特色。教育部发布的"新时代高教 40 条"和浙江省发布的"关于加快建设高水平本科教育的实施意见"均提出，要深化协同育人。专业要积极开展育人模式改革，深化产学研相结合，与科研院所、行业、企业、社会有关部门形成育人合力，将社会优质教育资源转化为教育教学内容。此外，要积极开展科教协同育人工作：一要及时将最新科研成果转化为教育教学内容，二要利用专业、学院和学校的科研平台以及教师承担的科研任务等，让学生早进课题、早进实验室、早进团队，从而以高水平科学研究为高质量本科人才培养提供服务。

（五）足量稳定的教学经费和物质资源投入是"一流专业"建设的重要保障

在全国一流本科教育建设大背景下，高校要持续加大对专业建设和人才培养的教学经费的投入与支持，逐步提高教学支出在总支出中所占比重，并进一步优化教学支出结构，切实保障课程建设、课堂教学、教学研究等方面的运转。另一方面，专业也要打通多种渠道、利用各种资源筹集教学经费，并做到专款专用，使教学经费在人才培养中的效益最大化。此外，加强教学条件建设，包括教学基础设施和实验室建设、仪器设备添置与更新、图书资料购置等。

二、新形势下浙江农林大学农学专业发展的几点思考

（一）学校农学专业建设现状

浙江农林大学农学专业设立于 2008 年，于 2012 年成为第一批浙江省基层事业单位农技人员定点培养专业，2014 年入选教育部卓越农林人才教育培养计划试点改革专业，2017 年入选浙江省"十三五"特色专业，2019 年入选浙江省"一流专业"。农学专业现有中国工程院院士 1 人，浙江省"千人计划"专家和浙江省政府特聘教授 2 人，农业农村部产业体系岗位科学家 1 人，教育部高校教指委委员 1 人，浙江省优秀教师和浙江省"三育人"先进个人各 1 人，校教坛新秀和我心目中的好老师 1 人，教授 6 人，副教授 7 人；拥有浙江省农产品品质改良技术研究重点实验室、山区农业高效绿色生产协同创新中心、浙江省植物生产类实验教学中心、生物种业研究中心和薯类作物研究所等 7 个省级和校级教研平台，建有 14 个校内外实践教学基地。农学专业自设立以来，每年招收 2 个班共 70 名学生；目前已培养八届共 452 名本科毕业生，164 名基层事业单位定向委培生；学生就业率超过 96%，用人单位满意度达到 83%；承担着全省多于 35% 的"定向生"培养任务。

（二）专业发展存在的问题与思考

对标一流专业建设要求，我校农学专业在师资队伍、课程与教材建设、课堂改革、人才培养模式、学生学业考核评价、专业文化建设等方面还存在一定差距。

1. 师资队伍 尽管拥有院士、省"千人计划"专家等，但省部级以上高层次人才仍然短缺；教师队伍规模相对较小；虽然拥有省优秀教师和省"三育人"先进个人，但双师型教师数较少。因此，本专业迫切需要加大对省部级或者国家级高层次领军人才以及优秀博士和博士后的引进力度，增加教师数量，优化师资结构；建立青年教师教学培训进修的长效机制，建设优质教学教师、教坛新秀、教学名师后备师资库，提高教师质量；一方面积极引进具有企业工作背景的教师，另一方面选派一部分教师到企业、公司挂职

或顶岗实践，提高双师型教师比例。

2. 课程与教材建设 目前专业拥有省级精品在线开放课程1门，校级通识教育核心课程1门，混合式教学示范课程1门，标准化课程6门，主编教材2部，参编教材4部。教育部和浙江省教育厅文件中均提到，要将现代信息技术融入教学，大力发展"互联网＋教学"，实现精准教学。对标一流专业建设要求，本专业迫切需要整合教师与教学资源，新增省级精品在线开放课程和精品视频公开课等优质课程，增强共享教学育人能力。主动组织专业和外专业教师，编写具有专业特色和体现专业科研水平以及具有多学科交叉特点的新形态教材，为一流人才培养提供支撑。

3. 课堂改革 本专业教师积极开展本科教育教学改革，现承担省级教育教学改革项目1项，校级教学团队项目2个，校级教改项目30余项，主要围绕课堂教学内容、教学体系、教学方法、考核评价及实践教学等方面进行改革，取得了一定成效。但是，"以学生为主体、以教师为主导"的混合式教学、翻转课堂等多样化的课堂组织模式还有待进一步强化，案例式、研讨式、合作式等教学法的应用还有提升空间。

4. 人才培养模式 本专业的人才培养目标是为浙江省发展现代农业培养具有生态文明意识，具有较强实践动手能力、创新意识和创业能力的复合型、应用型农业科技人才。围绕"厚基础、宽口径、创新型、创业型"教学目标，在"大农业"教育理念指导下，本专业分别于2012年、2016年和2019年对专业人才培养方案进行了3次修订（调整），建立了"四位一体"培养模式，设置了"知识-能力-素质"一体化和"产前-产中-产后"全过程的课程体系，强化对学生的素质、能力教育与个性化培养，同时强化了校地、校企合作办学，从而使课堂教学与生产实践和产业需求有效对接，进一步彰显专业的人才培养特色，服务社会需求能力进一步提升。

党的十九大报告中提出大力发展乡村振兴战略。在习近平新时代中国特色社会主义思想和全国教育大会讲话精神指导下，本专业借鉴国内外一流高校涉农专业的人才培养理念、培养模式和培养方法，结合专业实际，以"重视人文、夯实基础、拓宽口径、突出交叉、强化实践"为教学目标，优化课程体系，强化"课程教学-课外实践-创新创业训练"的有机结合和匹配互动，进一步夯实通识教育、基础教育、专业教育和创新创业教育"四位一体"培养模式。另外，不断优化"课堂教学、生产实践、科学研究与产业链引导"于一体的校地、校企合作式人才教育与培养体系，通过采用双导师制、现代学徒制，进一步强化"走出去"和"请进来"培养模式，建立并逐步落实专业学生"3＋1"、学校和用人单位联合培养等。

5. 学生学业考核评价 专业的课程考核方面仍然存在"重终结性评价，轻过程性评价"的问题，考核多以考试为主，而且期末考试成绩在课程总成绩中的比重较大（60％～70％）。毕业论文选题、研究内容和论文形成等方面有提升空间。针对此类问题，在教育部和省教育厅文件精神指导下，本专业将严格管理教学的过程，加大过程（形成性）考核在课程总成绩中的比重；继续加强对毕业论文选题、开题和答辩等环节的检查力度，抽取部分学生在学院层面答辩，同时抽取20％左右的毕业论文送给校外专家盲评等，保证毕业论文质量；加大口试、非标准答案考试等考查比例，激励学生主动学习、刻苦学习。

6. 专业文化建设 专业文化是一个专业在长期发展过程中形成的历史积淀、价值理念、人文品格和学术品位，是建设一流专业的内在支撑。本专业刚建立 11 年，属于比较"年轻"的专业。但是，我们已经形成"薯类文化节""粮食丰收节""浙农林大附小特色校园"等专业文化品牌。今后我们将继续高度重视专业文化建设，努力营造重视教学的育人氛围，为本科人才培养和专业的可持续发展营造优良的文化环境。

人才培养是高等教育的"本"，本科教育是高等教育的"根"。国家已经吹响"推进教育现代化，建设教育强国"的冲锋号，我们必须全面落实立德树人的根本任务，以"四个回归"为基本遵循，努力提高人才培养能力，为实现中华民族伟大复兴的中国梦培养一批又一批优秀本科人才。

地方高校本科专业结构调整探索与实践
——以浙江农林大学为例[*]

代向阳　罗士美　黄陈跃

我国高校专业设置管理经历了高度集中阶段、权力逐步下放阶段和市场介入阶段，目前高校专业设置自主管理权越来越大。从国家、地方政府和高校自身要求与发展来看，国家要求高校专业建设从规模扩张转变到内涵发展上，要求高校建立专业结构动态调整机制；地方政府要求高校专业建设有效对接地方经济社会发展转型需求，地方政府将专业设置权逐渐下放给高校；高校质量内涵与战略发展对专业结构与布局的优化提出了内在要求。在专业建设越来越强调质量内涵的形势下，地方高校如何形成专业结构动态调整机制，如何提高专业建设与社会需求的契合度成为亟待解决的问题。为此，本文通过分析国内外专业结构调整的研究与案例，以浙江农林大学为例，探索以上问题的解决办法，并形成指导地方高校专业结构动态调整的经验，构建特色鲜明的专业结构，提升专业建设水平。

一、国外专业结构调整

（一）美国

美国专业结构演变：第一，专业越分越细，数目增长迅速。第二，传统学科专业的优化调整。在 20 世纪 80 年代以后，美国专业数目呈现快速增长趋势，专业划分越来越精细，专业规模快速扩张必然导致专业结构自我优化，包括对专业进行删减、新增、合并重组等，这也是学科专业适应经济社会发展的一个调整需求。如法律学科群的不断细分、农学与生物学科群的整合就是很好的例证，传统老旧学科专业的转型升级与改造在这一时期是最明显的变化。第三，大量应用学科与交叉学科的出现。美国的专业结构与经济社会发展逐渐结合，越来越强调专业的应用性与学科交叉，交叉学科数量增长迅速且发展较快。第四，新兴学科迅猛发展。20 世纪末特别是进入 21 世纪，包括计算机、信息通讯和生命科学等为核心的高新技术学科飞速发展。

美国高校具有专业设置自主权，可以根据自身的发展需要自主设置专业，但美国高校的专业调整主要依赖社会经济发展的需求、科学技术的发展等，行政力量不直接干预学科专业结构调整。具体的专业调整主要由高等学校和专业鉴定机构负责，他们会吸纳教育界、行业产业的代表共同参与决策，因此社会与行业产业的需求可以较为直接地反映到专业鉴定标准中。为保障专业办学质量，美国大力发展各种专业认证和鉴定制度，专门认证机构负责开展专业评估与认证，保证专业培养质量能达到最低标准，使得在没有教育主管部门直接干预的情况下保证培养质量。政府负责引导专业的发展方向，尤其

＊　本文发表于：河北农业大学学报（农林教育版），2016，18（2）：6-10.

是国家重点需要的学科领域与战略新兴产业，国家会重点支持这类专业发展，并利用市场机制和产业发展来实现有效调控。

（二）英国

英国专业结构演变：第一，专业结构方面，文理工比例成为20世纪70年代以前调整的重点，理工科发展不足是长期存在的问题；第二，拓宽专业教育面的口径，专业教育存在着口径过窄的问题。高校按学科群为学生提供学位课程，拓展学生的专业教育面；同时注重文理科相互融合，加强跨学科沟通，避免文理割裂的问题；第三，积极改造传统学科，主要通过学科交叉和综合改造传统学科来提高专业的应用性；第四，英国重文轻理的历史传统使自然科学的基础研究面临困难。

由于历史传统，英国的高校拥有比较大的办学自主权，高校可获得充分的自我发展空间，这同时导致了英国高校专业结构中文理工失衡的局面。政府通过全国性的质量保障和评估中介机构，间接地影响和调控高校专业结构。最突出的评估机构是高等教育质量保障委员会（The Quality Assurance Agency for Higher Education，简称QAA），它负责全国高校的专业评估，评估的结果和国家的财政资助等紧密相连，可以充分地体现国家政策和导向，同时保证专业建设质量。

（三）日本

日本专业结构演变：跟美国和英国相比，日本高等学校在专业设置方面的自主权小得多，他们只能在政府规定的专业范围内进行选择，这一点与我国非常相似。日本高校专业结构的调整是政府、高校、专业评估机构共同作用的结果，它们之间相互制约、相互影响，保证高校专业结构调整的顺利进行。

政府从宏观上调整高校的专业结构，并发挥主导作用。第一，发布政府命令，强行调整文、理科学生的招生数量。第二，突出政策导向，主要表现在对专业结构中文理工比例的调整。第三，负责保证学科专业达到最低的质量标准。

（四）国外高校专业结构调整案例

1. 专业认证或考核不合格，退出或撤并　1992年，美国哥伦比亚大学图书馆学学院因其学院内专业在学校的专业评估中被评为不合格，导致该学院被并入纽约城市大学；2005年6月，美国康普顿学院的某主要专业未通过专业认证而被强行关闭。

2. 招生率低的专业，停招或改造　2011年，美国田纳西州立大学取消物理专业，改造为物理-数学混合学位；2013年8月，加拿大阿尔伯塔大学取消了20个人文类专业。

3. 毕业率低、教学效果差的专业，停招或改造　2013年，美国加州州立大学取消物理、哲学等毕业率极低的专业在春季的招生；美国德克萨斯农工大学社会学等人文学科招生率、就业率较低，实施专业改革方案后，成效显著。

4. 办学资金短缺，减招或停招部分招生率低的专业　2010年，美国纽约州立大学暂停外文系5个人文专业招生；2012年4月，美国佛罗里达大学取消计算机和信息科学与工程系；2013年4月，加拿大卡普兰诺大学室内艺术等专业停招；2013年英国伦敦都会大学历史等专业减招或停招。

二、国内专业结构调整

从我国专业结构调整的发展沿革看，大致经历了3个阶段。1961年，《教育部直属高等学校暂行工作条例（草案）》首次提出高校专业退出机制；1999 年，教育部首次出台退出标准《高等学校本科专业设置规定》，对办学条件达不到专业设置标准、教学质量差、毕业生长期供过于求的，要限期整顿、调整，情节严重的可撤销该专业；2012 年，教育部印发了《普通高等学校本科专业设置管理规定》，提出既要落实和扩大高校办学自主权，保证高校能够依据管理规定自主设置和调整专业，主动适应经济社会发展需要，要建立对办学条件严重不足、教学质量低下、就业率过低专业的退出机制，形成专业动态调整，确保专业建设质量。

地方政府发布专业结构调整政策：2012 年 1 月 31 日，上海发布《关于 2012 年度对部分本科专业实施预警的意见》。预警条件：连续 3 年以上签约率低且布点较多，连续多年招生第一志愿率低且就业率低。预警举措：计划招生人数将比上一年度减少 10％；对专业办学条件严重不足、教学质量低下的专业采取严格控制计划，甚至暂停招生。

2012 年 6 月 19 日，贵州发布《省教育厅关于实施普通高校本科专业预警及退出机制的意见》。预警条件：社会认同度不高，社会需求量明显下降，高校毕业生就业率较低（就业率排名倒数前十名）且布点较多的专业。预警举措：调减预警专业的招生计划。退出条件：除个别特殊专业外，连续 3 次列入预警名单的专业，将实行退出机制，停止招生。

2013 年 1 月 21 日，江苏发布《关于全面提高高等学校人才培养质量的意见》。预警条件：对连续两年初次就业率低于 60％的专业。预警举措：调减招生计划直至一段时间停招。

2013 年 5 月 29 日，湖北发布《关于加快建立普通高等学校学科专业动态调整机制的指导意见》。预警条件：除基础学科外，上年第一志愿报考率低于 10％的专业。预警举措：初次就业率低于 70％，减少招生数量；初次就业率低于 60％，实行隔年招生；初次就业率低于 50％，停止招生。退出条件：连续 3 年列入预警名单的，撤销该专业。

三、浙江农林大学专业结构调整的探索与实践

（一）制定专业评估标准

制定专业评估的原则：与经济社会发展相适应原则、全面与重点相结合原则、科学性与合理性相结合原则、指导性和可操作性相结合原则、适应性原则、学生主体原则。按照以上原则，2012 年浙江农林大学制定专业评估标准，包括专业定位与特色、师资队伍、教学条件与利用、教学建设与改革、人才培养质量和社会评价等 6 个一级指标、33 项观测点，专业评估的重点在于评估专业培养结果及社会评价（表 1）。

表 1　浙江农林大学专业评估指标体系

一级指标	二级指标	
	内容	观测点
1. 专业定位与特色	1.1 定位与规划	定位与规划
	1.2 人才培养方案	方案设计
	1.3 专业培养特色	人才培养优势与特色

（续）

一级指标	二级指标	
	内容	观测点
2. 师资队伍	2.1 师资数量与结构	师生比
		师资结构
	2.2 师资培养	教师教学培训
		师资建设水平
	2.3 优质教师上课	专业优质教师上课比例
	2.4 教师教学效果	学生评价教师
3. 教学条件与利用	3.1 实验室、实践教学基地状况	专业教学实验室建设
		专业实践教学基地建设
	3.2 实验实习开出率	实验实习开出率
4. 教学建设与改革	4.1 专业	专业建设
	4.2 课程	课程建设
	4.3 教材	教材建设
	4.4 教学改革	教学改革项目
	4.5 教学成果	教学成果奖
5. 人才培养过程质量	5.1 基本理论与基本技能	外语等级考试通过率
	5.2 毕业设计（论文）	毕业设计（论文）质量
	5.3 学生国际、国内交流	在校外国留学生和学生出国交流、学生省外交流
	5.4 学生学习效果	学生不及格学分超过20学分人数比例
	5.5 学生发表论文	学生发表论文
	5.6 学生授权专利	学生获授权专利数
	5.7 学生创新创业项目	科研助手、创新创业训练项目结题
	5.8 学生学科竞赛	学生学科竞赛获奖
6. 社会评价	6.1 高考一志愿率	高考首轮专业平均一志愿率
	6.2 报到率	新生报到率
	6.3 就业率	毕业生就业率
	6.4 就业质量	研究生、出国留学、自主创业等高质量就业
	6.5 专业就业对口率	就业岗位与专业对口率
	6.6 就业现状满意度	毕业生就业现状满意度
	6.7 毕业生推荐母校	各专业毕业生对母校推荐度
	6.8 毕业生满意度	各专业毕业生对学校满意度

（二）开展专业评估

按照专业评估标准，2013年浙江农林大学对所有专业开展专业评估，通过专业评估分析专业建设与结构布局存在的问题，为专业结构调整提供客观依据。最终专业评估结果与专业建设水平现状、麦可思（MyCOS）毕业生调查结果较为一致，印证了专业评估标准的科学性与合理性。

（三）探索专业结构调整办法

以定期专业评估结果为依据，结合办学条件、招生就业等最低评价标准，2014年，浙江农林大学制定《浙江农林大学本科专业建设与管理办法》，专业结构调整作为重要的一个章节凸显在管理办法中，主要包括以下方面。

1. 制订了新设置本科专业的基本条件　强调新设置本科专业应主动对接区域重点发展领域和社会发展需求，重点增设区域产业转型升级急需的紧缺专业、战略性新兴产业相关专业。

2. 学校制订专业评估标准，逐步建立并完善专业评估机制　专业评估标准是专业建设和整改的导向性目标，专业评估逐步以校内自评为主转向自评与校外专家进校评估相结合，并加大社会评估结果在专业评估中的应用比例，促使专业建设更加重视需求导向。

3. 设置激励机制　通过专业评估，对确实适应经济和社会发展需要、办学效益好、培养质量高的专业，在招生、办学条件等方面予以优先支持，并予以激励。

4. 专业预警评估　专业评估结果有以下任一情况的专业，列入当年度预警专业名单：专业评估结果全校排名后5位；专业师资数量（不含共享）低于5人；专业报考第一志愿率低于10%；就业率低于60%。

5. 专业预警举措　受预警专业应分析人才培养存在的关键问题，评估现有人才培养的各个环节，尽快做好专业诊断和社会调研，在预警通知发出一个月内向学校报告整改措施。第一次受预警的专业，翌年将减少其招生计划人数或隔年招生。

6. 专业退出条件　无学科依托的专业；不符合学校战略规划的专业；连续两次列入预警名单的专业，由学校组织专业教学指导委员会进校对这些专业进行合格评估，不合格的直接予以退出停招。

7. 完善专业认证　各专业应按照国家专业认证标准，积极改革人才培养方案，设置完善的实践教学体系，建立完备的教学过程质量监控体系以及毕业生跟踪反馈体系，主动参加专业认证。

（四）实施专业结构调整

专业结构调整以浙江农林大学"十二五"本科教育发展规划为依据，结合专业评估结果，按照《浙江农林大学本科专业建设与管理办法》中关于专业结构调整的要求，提出该校本科专业结构调整方案。目前浙江农林大学本科专业数（含方向）为65个，经过2014年、2015年两次专业结构调整，将本科招生专业数稳定在55个左右，两年共计调整交通运输、种子科学与工程、生物科学、环境科学、摄影、农业机械化及其自动化等10个专业，调整的专业直接退出或合并入其他专业，并停止或暂停招生。

通过"校地协同"开办社会急需的新专业。为了解决浙江省粮油储藏与检测人才供需不足的问题，引导和调动行业、企业以及社会力量对参与专业建设和人才培养的积极性。浙江农林大学与浙江省粮食局合作开办食品科学与工程（粮油储检）专业，并于2015年招收本科生70人，学生毕业后定向就业，实行招生与浙江省粮食系统公开招聘工作人员（企业编制）并轨进行。这是继2012年该校与浙江省农业厅等四部门联合培养定向基层农技人员（7个农科类专业）之后，又一深化校地协同育人的新举措，也是专业建设与育人模式的新突破，这种协同育人模式得到了地方政府、企业和考生的广泛认可，招收到了高质量生源。

连续两年专业结构调整后，浙江农林大学依据专业的学科基础与服务领域，按照"生态性创业型大学"战略目标，围绕"立足'三农'、聚焦农林、彰显生态"特色，以市场需求为导向，贴合浙江重点产业发展，有效对接一二三产业，构建了服务全产业链的专业结构体系。各专业需按照学校既定的"三维一体"专业建设理念，确立自身发展的学科定位、需求定位及类型定位，科学选择与之相匹配的人才培养方式。按照专业改革的三条路径（专业综合改革、专业认证、应用型专业改革），积极探索校校、校企、校地、校所以及国际合作的协同育人新机制，不断创新专业人才培养模式与机制。

（五）专业结构调整成效

优化专业结构后，浙江农林大学 2014 年、2015 年招生质量与就业质量均提升显著，其中 2015 年文理科二批最低录取排名分别提升了 2 位和 7 位，毕业生就业率排名与考研率分别提升了 14 位和 9.6%。从浙江省评估院毕业生调查数据看，浙江农林大学专业就业相关度保持稳步上升势头，近 3 年累计提升了 12%，建筑学、风景园林分别达到 89.6%、88%。从麦可思的调查数据看，校友推荐度和校友满意度均高出全国非"211"本科高校 10%，分别达到了 76% 和 98%。以上数据均充分说明调整后的专业结构更加得到社会、政府与评估机构的广泛认可。

四、地方高校专业结构调整建议

通过对浙江农林大学专业结构调整的探索与实践，提出以下可供推广借鉴的专业结构调整建议：一是高校要建立专业自评机制，明确差距、制定规划、落实举措，重点保障薄弱办学环节（人才培养），使专业办学实现均衡发展；二是以提高培养质量、突出办学特色、关注办学效益、增强社会适应性为原则，主动调整优化专业结构，建立与行业产业发展相适应的专业结构体系；三是要建立专业预警退出机制，敢于向老旧专业、办学水平低、社会不认可的专业"动真格"，及时对专业进行整合、重组乃至停止招生，构建专业培养质量与招生数量联动调整机制；四是优化专业人才培养方案，提升人才培养服务与社会需求的契合度；五是加强与社会评估机构的合作，定期开展专业评估，建立专业建设与结构调整有机结合的长效机制，实现专业建设水平持续提升。

产业、高校、专业——农林院校竹木特色工业设计专业建设与探索[*]

陈国东　潘荣　陈思宇　刘青春　王军　傅桂涛

高等教育已从精英小众化教育进入大众化教育时代，学生对高等教育的需求与选择越来越多，高等教育的资源配置方式日益多元化，社会对人才素质的要求越来越高，使得高等教育身处日益加剧的竞争中。对于区域性、行业性高校的本科专业而言，只有找准定位、实行差异化发展、打造特色化专业，才能有竞争优势。发展工业设计在改革开放之初被提出，经过多年的孕育和演进后，从 2006 年起连续 3 次被写入国民经济和社会发展规划纲要。"十三五"期间，在国务院发布的《中国制造 2025》中，工业设计被认为是驱动创新发展的重要方法和力量。工业设计如要在国民经济生活中大有作为，离不开对专业人才的培养。我国工业设计专业教育在经历了萌芽期、雏形期、成型期、定型期和强化期后，已进入转型期，各高校都在积极思考本校工业设计专业的发展路径。浙江农林大学工业设计专业成立于 1999 年，于 2000 年开始招生，每年招收两个班，是校重点建设专业。自专业设置以来，一直跟随与模仿国内部分优势高校的办学模式，但由于经常更改效仿的目标，结果设置了很多不同方向的课程。虽形成了广而全的教学体系，却也暴露了重点不突出、特点不明显的缺点，没有形成有机整体。与优势高校相比，综合实力不足，无法展开差异化竞争。

"十二五"期间，浙江农林大学工程学院以"控数量、调结构、强特色、提水平"作为本科专业改革发展的方向，开始反思专业办学思路，进行多方调研与论证，深入挖掘专业的特色内涵，在培养方案、课程体系、教学模式等方面进行了积极的探索，专业的特色建设工作取得了初步成效。

一、明确专业定位与发展方向

"十二五"伊始，专业团队就联系省内外高校如浙江大学、江南大学、南京林业大学、广州美术学院等进行考察学习，学习其他高校专业建设的优秀经验，交流工业设计专业的建设与发展方向。通过考察和调研发现，大部分学校都依托优势技术、行业趋势、区域资源等发展工业设计专业特色。如浙江大学工业设计专业依托计算机学院的科研与技术优势，重视工业设计和信息技术的融合；温州大学工业设计专业依托当地的皮革皮鞋产业，将鞋靴设计作为重点特色方向；而与浙江农林大学同类型的南京林业大学偏重家具设计与工程方向；中南林业大学在家具产品系统设计上更具特点，这与他们本身在家具行业的学科优势有关。

＊ 本文发表于:竹子学报，2019，38（1）：79-83.

基于对外走访和调研资料的整理分析，学院总结出特色化发展是大趋势，提出了"对接产业、准确定位、厚实基础、强化特色"的专业建设理念。在基本理念定下来后，前后举行了3次专业发展研讨会，邀请了中国美术学院、江南大学、国家林业和草原局竹子研究开发中心、美国密西西比州立大学的专家学者为专业的特色发展诊断把脉。在综合考察学校特点和区域产业情况之后，基于与其他高校进行差异化竞争的目标，明确了专业的定位：以掌握工业设计理论、知识、技能为基础，依托学校建设的林业工程、林学、设计学等学科的高水平平台，立足浙江竹木产业，辐射长三角地区，为区域产业输送具有鲜明特色的创新型、应用型竹木产品设计、策划、管理与研究的人才，体现农林高校办学特色，在竹木产品创新设计人才培养和科学研究方面形成显著优势。

以竹木作为专业特色方向主要有2个原因：①我校为浙江省唯一一所农林高校，拥有国家木质资源综合利用工程技术研究中心、浙江省竹资源与高效利用"2011"协同创新中心等多个省级以上产学研平台，在竹木材料的研发、测试、加工、产业化等方面拥有雄厚的技术优势，为本专业的特色化发展提供了材料方面的前沿技术保障，这为专业对接区域经济、深入产业提供了现实条件。②强重比大、质量轻、可持续利用的竹木材料是经济建设中的重要原材料，而浙江省竹木行业的生产与制造水平一直处于国内领先地位，拥有数千家相关企业，形成了江山木门，云和木质玩具，安吉、奉化、龙泉和庆元竹制品，杭州、宁波橱柜，义乌小商品等一批竹木产业集群，对竹木产品研发、设计、制造、销售、策划等相关人才的需求非常大，为专业的竹木产品设计、科学研究、人才培养、社会服务等特色化发展提供外部产业保障。

二、面向特色发展的工业设计建设探索实践

明确专业定位与发展方向后，学院以浙江省竹木产品产业转型升级及其相关产业发展的需求为导向，尝试将专业人才培养、科学研究与企业的产品设计研发、生产制造及市场推广有机结合。将产业对人才的知识水平、创新能力、专业素质的要求及时反馈到教学过程中，同时将企业生产的情况、科学研究和新产品新技术开发的新成果充实到教学过程中，实现教学任务的合理安排。自2013年起，学院围绕特色建设展开了持续探索，包括课程教学体系、实践平台、教学资源和师资团队等方面，努力打造以竹木产业为导向的工业设计专业特色（图1）。

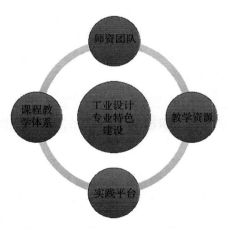

图1 工业设计竹木专业建设探索

（一）优化人才培养方案，构建特色课程体系

课程体系建设是专业建设的载体，直接关系到培养方向和学生专业素质的形成，为达到专业特色培养的知识、能力、素质结构的目标与要求，学院修改优化了课程培养体系，去掉了一些不适宜的课程，增加了一些新课程，特别是特色方向的课程。构建了厚专业能力、强特色方向课程体系（图2）。

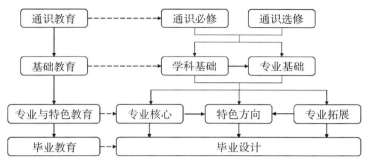

图 2　课程体系

　　课程体系包括通识必修、通识选修、学科基础、专业基础、专业核心、特色方向、专业拓展、毕业设计等模块。通识必修课程为学校规定需要学习的课程，如思想道德修养与法律基础、大学英语；通识选修课是学生可在任意学期在公选平台上自主选修的课程，主要用于拓展学生其他学科的知识。学科基础课注重培养学生的审美与鉴赏能力，设置了设计素描、设计构成、摄影基础、设计色彩等课程，为保证学生专业学习的连续性和课程与专业方向的一致性，大部分课程都为本专业教师授课。专业基础课注重学生的史学理论与设计表现基础，安排了工业设计史、设计表达、设计图学、工业设计工程基础、造型设计基础等课程。基础课程中的部分课题融入竹木类产品相关的训练。专业核心必修课是基础课程的进一步拓展与高阶运用，重点培养学生从设计原点到设计完成的全过程能力，注重综合设计能力的形成，设置了产品设计系列、模型制作系列、计算机辅助设计系列等课程，全面锻炼学生设计、策划、调研、创新、表达、协作等方面的能力与素养。上述系列课程的顺利开设为特色方向课程打下了坚实的基础。特色方向课是专业特色培养方向的集中呈现，设置了玩具设计、竹产品专题设计、木制品专题设计等课程，不断增强学生对主流竹木产品材料、结构、工艺的认知与创新能力，凸显特色办学宗旨。在当今社会，只是将产品设计出来显然是不够的，还要懂得推广传播产品，因此，在专业拓展课程中围绕如何包装产品和优化产品视觉信息设置了产品包装设计和 VI 设计，以及产品网络推广设计等。自 2016 年，开始毕业设计主题也都是围绕竹木专业，每个老师带的毕业生中都要有一定比例的学生围绕竹木特色展开毕业设计。如 2018 届毕业设计及展览主题是"融·和"，鼓励设计中以竹、木、藤、秸秆等生物质材料运用为主，可以从商业、用户、科技等角度展开思考，也可以从材料、工艺、结构、形态、色彩、功能、技术等要素进行整合，也可以从人与环境、人与空间、物与行为、空间与行为的关系展开思考，以缔造人、物、空间等之间的和谐关系，促进自然、文化、社会等之间的和谐发展。课程体系建设是特色化办学的基础，经过多年来的不断优化调试，专业的课程链逐步清晰，特色化办学得到逐渐强化。

　　（二）进一步提升办学环境，打造竹木特色实践平台体系

　　遵循校内与校外、课堂与平台相结合的原则，以省级和国家级研究平台为技术支持和资源整合渠道，对实践教学进行总体设计与组织管理，大力提升办学环境，探索建设符合特色发展需要的实践教学平台体系（图 3）。

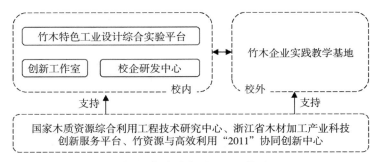

图 3　实践平台"2011"体系

实验室建设方面，除了加强人机工程、计算机辅助设计等 5 个基础实验室建设，还进一步加大实验室投入力度，购置了整套德国费斯托木工设备，筹建了集专业实验教学、作品展示、材料认知于一体的竹木特色工业设计综合实验平台。充分发挥实验室服务效能，强化专业竹木教学实验特色，完善从设计作品到开发产品的实践教学模式。

引进竹木企业在校内共建圣奥产品研发中心、欧派门业研发中心等校企研发中心，学生可参与企业的设计项目，在教师和企业工程师的指导下直接跟进从项目发布到产品投产推向市场的全过程。设立了竹木与家居生活、竹木与办公学习、竹木与文创娱乐 3 个创新工作室，参与学科竞赛、创新创业和教师科研项目。每个研发中心和创新工作室各有侧重，鼓励学生依据个人兴趣申请加入相应的专业平台，使学生能够在教师指导下，将课内学习与课外兴趣结合，理论与实践结合，学习与研究和学科竞赛结合，更加生动活泼地发展实践创新能力。校企研发中心和创新工作室的有序运作为专业特色化发展起到了明显的推动作用，近年来学生已为企业成功开发了数十项产品，为相关企业创造了非常可观的经济和社会效益，学生获省级以上设计竞赛奖项上百项，参与创新训练项目 30 余项，其中省级以上 10 项，专利授权 100 多项。

此外，专业还紧密联系区域产业，加强与企业、地方政府的校地合作，在千年舟集团、宁波士林工艺品有限公司、浙江永裕竹业股份有限公司等企业建立了教学实践基地。根据课程教学要求，每年都会带学生去相关企业参观与学习，让学生了解企业的材料运用情况和工艺流程，由企业一线技术人员为学生提供指导，将企业生产的具体情况、科学研究和新产品新技术开发的新成果充实到教学过程中，实现课程教学的时效性和实用性，以产业促进专业教学，较好地支撑本专业应用型人才的培养。

（三）建设特色明显的师资队伍

为促进特色专业建设，高度重视对现有专任教师的专业教学、科学研究与实践能力的培养，推进"双师型"教师培养（图 4）。建立教师下基层制度，实行有计划地安排教师到省内对口竹木企业进行实践和技能训练，了解最新的技术信息，做到理论与实践、教学与生产相结合，不断积累实践经验，提高中青年教师的设计实践能力。选派青年教师到知名设计院校访学和进修学习，提升教师的业务能力和教学研究能力，全面提高教师队伍的整体素质，以保证专业建设的可持续发展，近年共有 13 人次参与培训学习。在纵向研究上支持教师将竹木材与相关设计理论、方法交叉结合，推进学术研究深度发展。横向课题方面积极围绕竹木特色，组建教师团队，主动出击，与竹木类企业展开多方位合作，为企业提供产品策划、研发与设计服务，提升设计实践水平，迄今为止已为多家竹木类企业提供服务。

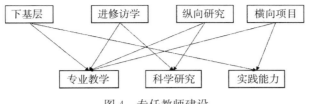

图 4 专任教师建设

同时聘请与本专业相关的工作经验丰富的竹木企业工程师、技术骨干为校外实践导师，与专任教师合作参与部分课程教学，学生熟悉本专业相关的行业发展趋势，提高学生理论联系实践和解决问题的能力，提高本专业与行业、企业的契合度，确保课程教学效果。

（四）多方位整合构建课外竹木学习资源

课外竹木学习资源是指本专业整合的校内外与竹木材设计相关的展示素材，学生在课堂外可以自行学习，以更好地营造专业特色学习氛围。以直接购买、深入企业和项目合作等多种方式，通过实物模型、图片拍摄、视频录制、文字记录等形式收集整理竹木设计素材，初步形成了课外竹木学习资源体系，主要包括在线课程、材料认知室、特色教材、校外平台（图5）。

在校教务处的支持下，围绕专业发展在学校的"课程中心平台"建设了10门在线课程，计划接下来将专业课程全部建成在线课程，以便学生能够随时获取自己所需的课程资料。在竹木特色工业设

图 5 课外竹木学习资源体系

计综合实验平台中除了购置德国费斯托专业木工设备外，还以4个橱窗的方式建立了竹木材料的认知室，橱窗中展示了设计中常见的竹木材料和常规的结构形式，学生在设计过程中需要了解相关内容可以直接前往查看。橱窗设置在走廊中，学生无论上课还是下课，经过走廊时都会看到认知室，在潜移默化中提升了学生对专业特色发展的认同感。同时，专业教师也应及时总结教学经验，整理教学资料，根据专业特点和课程教学目的编写教材。专业与中国建筑工业出版社合作，在今年下半年陆续出版《专题设计——竹产品的认知与创意》《产品形态设计》等7本教材。教材强调实践性、操作性和易读性，每本教材的整体布局都为3部分。第1部分：课程导论，包含课程的基本概念以及发展沿革；第2部分：设计课题与实践，以设计课题为引导，将设计原理和学生的设计思维在课程教学上进行融合，是教材的最核心部分；第3部分：课程资源导航，为课题设计提供延展性的阅读指引，拓宽设计视野。此外，整合校外资源，使之成为专业特色学习资源的一部分，搭建学生的外部学习渠道，如竹木企业的展厅、设在浙江永裕竹业股份有限公司的"竹生态博物馆""安吉国际竹艺商贸城"等。

三、结语

当前，我国正大力发展工业设计，各级政府出台了众多支持工业设计的政策，国内

需要大批工业设计人才，这对各高校的工业设计教育是机遇也是压力。对于地方高校而言形成自身的办学特色，进行错位竞争，是实现专业可持续发展的有效途径。

浙江农林大学工业设计专业以学校优势和区域产业特点为导向，充分论证，凝练特色，经过几年的实践，在课程建设、实践平台、师资队伍和课外学习资源等方面逐步凸显办学特色，成效显著。我校竹木特色工业设计专业的建设，是高校工业设计专业发展方向的有益拓展，是同类专业差异化办学的重要参考，是为浙江省竹木产业发展提供专业人才的有力保障。

新农科建设背景下林学专业实践教学体系构建与实践[*]

伊力塔　豪树奇　王正加

习近平总书记给全国涉农高校书记校长和专家代表的回信，为新农科建设指明了发展方向。新农科建设从"安吉共识""北大仓行动"，再到"北京指南"，实现了"试验田"走向"大田耕作"，奏响了强有力的"三部曲"。在生态文明建设和乡村振兴战略大背景下，作为新农科的重要组成部分的林学学科也迈入了黄金发展的新时代。而现阶段，林科人才培养明显滞后于林业发展需求，系统改造提升传统林学专业，特别是探索相应的实践教学体系已然成为高等农林教育改革的新使命。

一、存在的主要问题

传统农林教育以培养符合行业、产业部门需求的农林高级专门人才为目标。围绕产业和科学对农业生产的细分进行专业设置，从而导致农林学科被划分过细、专业口径相对狭窄，造成了知识的"阻隔"。学生的知识体系相对单一，缺少较全面的知识结构，培养出的人才适应性有所不足，缺乏发现问题、解决问题的能力，缺乏后续发展动力。这与目前社会需求难以对应，和生产方式脱节，出现农林高校对行业的引领作用逐渐弱化的现象。因此，必须要破除传统学科壁垒，打破原有孤立的学科系统结构，整合相近学科优势，进行多学科交叉融合，实现学生跨学科或交叉学科学习，促进传统专业结构的优化，丰富实践教学资源，培养拔尖创新型人才，进一步适应经济社会发展需要。

二、建设的主要思路

（一）构建新型人才培养模式

根据林业发展需求，以国土绿化美化、森林（湿地）生态系统保护修复、野生动植物保护、自然保护地体系建设、绿色富民产业发展等提升林业现代化建设水平为目标提供人才支撑，建设现代林业经营、森林健康管理、自然资源管理等专业模块，形成从林学大类培养进行宽厚基础教育到专业模块实施差异教育再到适应供给侧改革需求的人才培养模式（图1）。

---

* 本文发表于：高等农业教育，2021，326（2）：99-102.

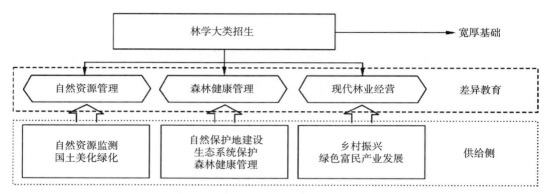

图 1　宽厚基础-差异教育培养模式

（二）建立学科交叉课程体系

从新时代经济社会发展需求出发，进一步改造传统林学专业人才培养课程体系，融合生物技术、信息技术、物联网、机械技术、管理学等多学科知识，扩宽专业知识背景，更新课堂教学内容和知识体系，建设新型模块课程群。

（三）着力创新实践教学体系

完善的实践教学体系是保证林学专业人才培养成效的重要保障。在构建全新人才培养模式和课程体系的前提下，充分发挥林学学科特色优势。促进教育链、人才链与产业链、创新链有机衔接，统筹推进育人要素和创新资源共享、互动，建立农林产教融合示范基地、农科教合作人才培养基地，实现行业优质资源转化为育人资源、行业特色转化为育人特色，培养卓越林业人才（图 2）。

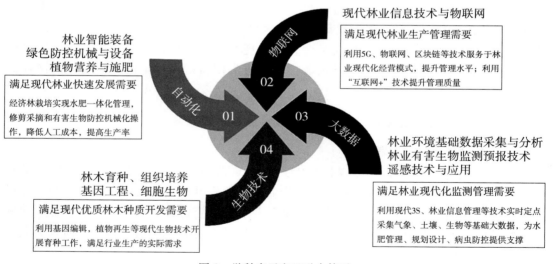

图 2　学科多元交叉融合体系

浙江农林大学构建了面向新农科的实践教学体系。打造贯穿人才培养全过程，将实践教学从巩固课堂知识的层面拓展成以"强化基础能力-优化专业核心能力-实化拓展能力"为核心，实践基地、实践平台建设为依托，形成了课上课下产教融合、课内课外虚实结合、线上线下混合互动的集成创新教学模式。

三、体系的构建途径

通过多年的教育实践，主要针对如下问题提出改革方案：第一，传统实践教学仅作用于巩固理论知识，补充课堂教学，教学定位不高，未能贯穿人才培养全过程。第二，实践教学资源分散，未形成有机整体，教学与科研相对脱节，人才培养个性化发展、同质化严重，未能达到全方位培养人才的需求。第三，实践教学方法过于传统，课内课外、线上线下、虚实结合等形式的教学建设力度不足。第四，实践教学与产教融合的育人功能发挥不足，合作教育的协调性、整体性、持续性不够。

（一）依据学科实践教学特色规律，构建多层次集成教学模式

针对实践教学地位不足，学生个性化发展不强，人才培养同质化等问题，将教学基地和科研平台多元资源进行合理整合，结合课上课下、课内课外、线上线下混合式的教学方法构建了集成创新型实践教学体系。贯穿学生能力培养全过程，解决了实践教学仅作为巩固课堂知识的辅助教学的定位问题。

（二）加强实践基地和平台建设，满足精准定制的个性化需求

以天目山国家级校外实践教育基地、潘母岗校外实践基地为核心，校园、植物园"两园合一"为辅助，建设标本馆、翠竹园、果木园、百草园等校内实践基地，充分体现了特色，校内、校外互补，各基地类型全覆盖。解决了教学空间分散，教学内容碎片化、时效性缺乏等问题。以优秀的教学平台（林学类国家级实验教学示范中心）、科研平台（国家重点实验室，国家重点联合工程实验室）建设为重点，充分整合资源，以解决生产实践问题、科学问题为导向，将科技成果转化为实践教学内容，形成有效的"科研反哺实践"教学模式。牵头组建天目山实践教育基地联盟，打造高校实践教学资源平台，实现优质野外实践教学资源共享，已成为全国40多所高校野外实习实训场所。参照"大数据思维"和"用户体验"原理，形成定制教学方案，根据个性特色人才培养的方针，完成"菜单式"实践项目梳理，旨在让学生按照需求实现个性化学习。

（三）贯穿农林生物特色要求，构建多维度实践教学

教学方法途径构建了课上课下、课内课外、线上线下立体式"全景"教学模式。通过产教融合完成课上课下互动，利用数字信息、虚拟仿真技术手段形成虚实结合，构建线上线下混合教学课程群。实现了实践教学的多种形式，不仅指导学生完成实践能力培养，还将学生的课堂学习和日常生活联系到了一起，完成学生自我导向的隐形教学。

四、教学特色成效与建设思考

本实践教学模式已成为浙江省重点建设高校优势特色学科的重要平台。在此创新模式引领带动下，成果主要完成人获各类国家、省级奖10余项，主持一批国家重大、重点、面上和省重点等项目，促进了学科前沿研究和实践教学的结合。2013年天目山成为国家级大学生校外实践教育基地，2015年林学类国家级实验教学示范中心成功获批，2016年第四轮学科评估中林学学科名列全国第四（B＋），2019年林学专业成为国家一流专业建设点。指导学生完成各类专题训练计划200余项，发表科研论文150余篇，获得各类奖项100余项。

为深入学习贯彻习近平新时代中国特色社会主义思想，全面贯彻落实全国教育大会精神，按照《加快推进教育现代化实施方案（2018—2022年）》要求，全面实施"六卓越一拔尖"计划2.0，打造"质量中国"一流实践基地品牌已成为打赢全面振兴本科教育攻坚战的重要路径，浙江农林大学根据学科特色优势制定如下措施：

（一）依托优秀平台，设立卓越项目，强化学生科研训练

发挥学科特色优势，依托并开放国家级、省级等实验与科研平台，建立卓越涉林科研实验基地，为学生搭建"三层次"实践训练平台。实验示范中心负责基本技能训练；创新实验室负责专业创新实践锻炼；国家级、省级实验室与中心为学生提供参与教师科研项目的平台。设立卓越涉林创新科研训练项目，投入专项基金，聘请卓越导师对项目进行指导，鼓励学生参与科研训练，提高科技素质和科研能力。

（二）重视强强联盟，建立交流合作、创新协同育人模式

由浙江农林大学牵头成立"天目山大学生野外实践教育基地联盟"，致力于推进大学生实践教育计划的有序实施，打造多课程综合、多学科融合、多专业应用的实践课程群。实现集教学实习、创新教育、社会实践、毕业（生产）实习、科学研究等功能于一体的共建体系。引导联盟成员将互联网、大数据、虚拟仿真和人工智能等国家扶植的新技术与大学生野外实践相结合，推动联盟成员加强专业实验室、虚拟仿真实验室、创客空间、创新俱乐部和实训中心等实践教学平台的建设工作。具体建设目标：第一，建成一个功能齐全、管理规范，集教学实习、创新教育、社会实践、毕业（生产）实习、就业培训、科学研究等功能于一体的农科教合作人才培养基地，年目标接纳学生数量超过5 000人次，做到辐射性强、受益面广。第二，构建一种多课程综合、多学科融合、多专业应用、多学校共享的产学研协同创新立体型实践教育模式，实现学生知识结构的融会贯通，实践技能的综合运用。第三，建立一套在校外实践教育中关于学生管理、安全保障等方面科学规范的规章制度，形成可持续发展的管理模式和运行机制，保证校外实践教育基地长期高效稳定运行。第四，培养一支专兼结合、结构合理的双师型指导教师队伍，由浙江农林大学教师与天目山管理局专业技术人员和管理人员共同组成指导教师队伍。第五，培养一批符合现代农林业和生物产业发展需要，知识、能力、素质协调发展，具有良好生态文明意识、创新精神和创业能力的高素质人才。

综上所述，中国特色社会主义进入新时代，中国生态文明建设迈入新时代，美丽中国是新时代林业的宏伟蓝图，林业是建设美丽中国的主要支柱，林业发展也迈入了黄金发展的新时代。新时代带来新机遇，赋予了高等林业教育新使命。因此，强化卓越理念，深化"三农"情怀，构建"拔尖创新型"涉林人才培养创新模式，全面提升本科教育教学质量，打造以学生成长和发展为中心的一流本科实践教育基地，促进学生德智体美劳全面发展，培养具有生态文明和可持续发展理念的人才，才能够满足新农科人才实践能力培养要求。

"本硕博"联动培养下风景园林专业实践平台构建
——以浙江农林大学为例[*]

郑钢　赵宏波　申亚梅　吴晓华　徐丽华　刘志高　顾翠花

随着《国家中长期科学和技术发展规划纲要（2006—2020 年）》和《国家中长期教育改革和发展规划纲要（2010—2020 年）》的相继颁布，"本硕博"人才培养模式成为高校改革的重要研究对象。所谓"本硕博"贯通式创新人才培养模式作为新时期教育的产物，主要是指以培养高素质专门人才和拔尖创新人才为目标，培养过程贯通本科、硕士、博士 3 个阶段，培养目的是使优质的教育资源得到整合，人才培养体系得到进一步优化，最终探索出能有效衔接本科教育和研究生教育的一体化培养模式。

风景园林专业是一个综合性强的专业，涉及规划、设计、植物、工程、建筑、环境、生态、文化艺术、史论、地理学、社会学等多学科，是实践与理论并重的专业。其人才培养特色在于为社会输送更多的实践型人才，该专业以美学、生态学以及设计学等为理论体系，致力于改善人居环境，提升人们的生活品质。基于"本硕博"培养要求，构建满足风景园林专业实践型人才、研究型人才以及综合型人才培养要求的实践平台显得尤为重要。

当前，全国与风景园林专业相关的院所有 180 多个，然而拥有"本硕博"培养条件的院所较少。浙江农林大学在 2018 年获得风景园林专业博士招生资格，人才培养等方面面临变革，然而目前并未发现可参考的本硕博培养体系。因此，本研究将基于本科、硕士、博士人才培养的相关内容，对"本硕博"联动培养模式中的风景园林专业实践平台体系进行目标定位，明确建设内容与措施，以期建成特色鲜明、成效显著，并符合服务国家新型城镇化和生态文明建设需求的实践平台。

一、"本硕博"联动培养下风景园林专业实践平台构建的目标

风景园林专业人才培养类型一般分为 3 类：理论型、实践型、理论＋实践的综合型。在本科、硕士以及博士这 3 个阶段中，本科阶段要以基础知识教育和基本技能培养为基调，培养学生专业思维能力与解决风景园林专业实践中出现的基本问题的能力，实践平台需要符合本科专业相关课程的实践培养目标；硕博阶段的实践平台建设，基于本科实践平台，要搭建硕博人才培养类型多样化、研究成果实践化、实践成果理论化的目标平台。最终形成"博士指导硕士、硕士指导本科生"互动学习模式（图 1）。围绕浙江农林大学风景园林专业硕博培养方向——风景园林植物景观及其评价、风景园林历史与理论、风景园林规划设计，结合浙江农林大学地域特色，以期构建能解决"风景园林建设过程

* 本文发表于：现代园艺，2021，44（9）：164-165.

中生态环境改善的技术问题""风景园林历史研究方法与现代风景园林建设实践相结合问题"和"城乡风景园林建设实际问题"的实践平台。

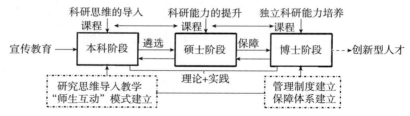

图1　浙江农林大学风景园林专业本硕博联动人才培养

二、"本硕博"联动培养下风景园林专业实践平台构建的原则

（一）以人居环境与区域特色为基础

风景园林专业要解决人居环境问题，需从不同层次培养实践技能、理论研究俱强的综合型人才。浙江农林大学地处杭州，具有得天独厚的地理区位条件。浙江农林大学风景园林专业依托西湖风景名胜区、天目山国家级教学实习基地以及具有植物园特色的校园环境，因此应该重点突出江南区域人居环境特点与文化特征，逐步开发区域景观资源、宋元明清文化、植物资源等教学实践研究基地。

（二）以"本硕博"人才培养类型为导向

本硕博人才培养要从风景园林专业知识普及层面到加强理论、实践研究以及深入理论研究层面，要求实践基地重点关注基本技能掌握、理论与实践研究。对于浙江农林大学风景园林专业的实践平台建设，必须基于人才培养梯度与不同阶段的目标，构建培养特殊型人才的研究平台。

三、"本硕博"联动培养下风景园林专业实践平台构建内容

（一）本科阶段的实践平台构建

第1阶段，学生从本科开始，需要掌握基础美术课程中对风景的认识和设计美学的基本知识，通常要求学生大量练习并进行现场写生。浙江农林大学借助地域优势，以浙江农林大学校园、杭州西湖风景区、天目山景区以及周边黄山歙县等地区，完成美术基础的实践课堂，为风景园林专业的学习打下基础。

第2阶段，从基础科学的角度出发，掌握对景观材料的识别与应用能力，掌握观赏植物学、形态学、生态学、美学及其应用特征，需要对自然野生植物、栽培植物等进行识别与研究。浙江农林大学风景园林专业应立足于校园，初步完成800～1 000种树木、花卉以及草坪植物的识别任务，同时与杭州植物园、西湖风景区花卉苗木企业、相关花卉市场合作建立长期本科实践基地，增加本科阶段对观赏植物基本知识的掌握程度。

第3阶段，该阶段的学习目的是将科学的、艺术的、生态的设计理念应用于实践，也就是风景园林专业为社会服务的初始阶段，需要学生充分地理解场所概念、空间概念以及功能作用，通过规划设计手段，实现风景园林专业知识的原始积累，涉及课程为规划设计、园林植物栽培管理，通过全面的课程实习，将课堂知识与实践进行对比、总结。该阶段是本科生对风景园林专业技能掌握和对专业知识认识的提高阶段。因此，浙江农

林大学风景园林专业在西湖风景区和杭州周边相关公园、广场、居住区以及上海、江苏等城市园林绿地进行调查、实测及分析，从理论层面分析现今风景园林相关案例特点。同时结合相关任课教师的实践项目，选择有意向的同学参与，尤其对后期有攻读硕士以及博士意向的同学，可加强其科研思维训练，鼓励其发现现有案例存在的问题，并提出相关解决措施。如果情况允许，可建设专门的实践场所，让学生从概念设计到施工，完成整个作业过程，以增加学生的实践能力。

第4阶段，风景园林专业大四阶段，教学内容为所有知识的综合运用，也是学生明确毕业后的目标去向的阶段。此阶段是对前期学习知识的综合应用，也是完成毕业论文（设计）的时期。浙江农林大学风景园林专业的实践平台可分为三大类型：企业实习平台、理论研究所需实践的平台以及理论与实践并重的平台。这三大平台一般是基于本科生未来去向所建立的预演平台。学生可结合毕业设计（论文）选择相关平台，切实地将所学知识与实践相结合。

（二）硕博阶段实践平台构建

浙江农林大学的硕士点建设工作已有 12 年，并于 2018 年成功成为博士学位授权单位。人才培养建设，立足浙江，面向全国，以城乡人居环境建设为核心，聚焦风景园林 3个主要研究方向，依托园林绿化和花卉苗木产业强省、世界文化遗产杭州西湖、浙江美丽乡村等资源与地缘优势，在植物景观规划设计、风景园林植物景观评价、江南传统园林研究、美丽乡村建设、乡村振兴等领域具有特色和优势。

本硕博联动人才培养，必须基于本科教学平台，增加专类的硕博阶段实践平台，以满足硕士、博士再深造阶段学习要求。浙江农林大学风景园林专业拥有良好的本科实践基础，在构建硕博阶段的实践平台时，应根据专业人才培养目标、教师科研内容，设立符合理论型、实践型以及理论实践综合型人才培养的相关实验室。例如，园林植物与观赏园艺方向，需要构建分子实验室、生理实验室、电镜室、组培室等专类实验室，同时还需要构建室外苗圃、苗木繁殖与栽培基地等，这些基地可选择企业以及相关林场等合作，以满足植物机理与新优观赏植物适应推广方面的研究，适当时可与相关高校建立合作关系，共享相关实验平台，以弥补自身实验的不足。园林规划设计方向，需要构建绘图室、模型室以及室外基地，以满足设计研究的需要；对于大尺度户外景观空间研究，还需要借助具有不同功能的空间，这些实践基地的设立相对比较灵活，根据给定的研究课题，可适当与国外相关机构建立长期的理论研究合作实践平台。史论方向，需要长期与研究区域点、研究所以及相关部门建立合作关系，重点依托杭州园文局等部门获得南宋、江南园林相关资料，以满足硕士、博士对江南园林、南宋古园林的可持续研究工作。

四、结语

总之，风景园林专业培养的是能改善人居环境、提升乡村景观的专业技术人才，该专业是典型的实践性与理论性相结合的专业。实践平台的建设占据着重要地位。基于本硕博联动人才培养的需求，必须重视本科教学实践平台的普及化，加强硕博人才培养实践平台的专业化、单元化，适当依托校外科研机构，建立相关合作研究平台，以实现本硕博联动人才培养和风景园林专业人才的多元化。

乡村振兴背景下农林经济管理专业实践教学改革与创新[*]

罗士美　　余康

作为全国唯一的省部共建乡村振兴示范省，浙江提出全面实施乡村振兴战略，推动城乡融合发展、乡村特色发展、现代农业高质量发展，高水平推进农业农村现代化，确保乡村振兴走在全国前列。乡村要振兴，人才是瓶颈。而人才的关键在培养，培养的重任在高校。浙江农林大学身为一所以农林、生物、环境学科为特色的省属重点建设高校，在涉农人才培养方面具有师资、学科专业和教学资源等优势，对支撑浙江乡村人才振兴负有责任和义务。当前，浙江乡村人才整体呈现数量不足、素质不高、年龄偏大的状况，而高校培养的涉农人才又面临下不去、干不好、留不住的问题，两者冲突明显又同时并存。究其原因，一是人们受乡村条件差、经济收入低、职业不体面等根深蒂固的传统观念影响；二是学生缺乏对农业的深刻认同感、对农村的强烈归属感和对农民的自然亲近感；三是高校涉农人才培养与乡村振兴人才需求不匹配。鉴于此，作为传统涉农专业，农林经济管理该如何改革、创新实践教学这个核心育人环节，成为化解乡村人才振兴困境和高校涉农人才培养困局的关键议题。

一、乡村振兴战略实施给高校涉农人才培养带来的新变化

（一）涉农人才要求更加明确

习近平总书记在十九大报告中明确指出，实施乡村振兴战略，必须培养造就一支懂农业、爱农村、爱农民的"三农"工作队伍。因此，新时代涉农人才必须具备"一懂两爱"基本素质。何谓"一懂两爱"人才？身上要有"才学"，只有具备扎实的农业知识和过硬的专业本领，了解农业生产特点、产业情况、经营现状、方针政策，以及农业科技发展动态和趋势，懂农业方能让农业成为有发展前途的产业。心里要有"根基"，只有具有强烈的责任感、使命感和家国情怀，对农村充满情感和希望，有长期扎根农村、甘于清贫、乐于奉献的坚定信念，有立志投身乡村振兴、打赢脱贫攻坚、带领广大农村实现全面小康的远大理想，爱农村方能让农村成为有希望的家园。胸中要有"格局"，只有拥有博大的胸襟和宽阔的眼界，把农民当亲人，时刻想着农民，真心造福农民，一切为了农民，将为农民谋福祉视为实现中华民族伟大复兴、促进人类命运共同体发展不可或缺的部分，爱农民方能让农民成为有吸引力的职业。而高校的立校之本在于"立德树人"，核心是要为新时代中国特色社会主义培养有德行、有才学、有根基、有格局的"四有"建设者和接班人。做人要有"德行"，人无德不立，国无德

* 本文发表于：河北农业大学学报（社会科学版），2021，23（1）：116-122.

不兴。可见，"一懂两爱"与"立德树人"本质内涵是统一的。"一懂两爱"不仅清晰诠释了新时代涉农人才的根本要求，而且为高校涉农人才培养以及"立德树人"落实指明了方向。

（二）协同育人机制亟待深化

乡村振兴旨在补齐我国社会发展不平衡、不充分的短板，以实现产业兴旺、生态宜居、乡风文明、治理有效、生活富裕，让广大农民群众有获得感、幸福感和安全感，生活更加充实、更有保障、更可持续。从振兴主题来看，乡村振兴追求全面振兴，包含乡村产业振兴、人才振兴、文化振兴、生态振兴和组织振兴；从振兴路径来看，乡村振兴推行融合发展，致力于实现城乡融合、产村人融合、农村一二三产业融合、农村生产生活生态文化融合，以及自治法治德治相结合；从振兴方式来看，乡村振兴突出理念创新，以高效、生态、高质为导向，推行质量兴农、绿色兴农、科技兴农、品牌兴农，实现农业发展绿色化、优质化、特色化和品牌化。可见，乡村振兴涵盖乡村政治、经济、文化、社会和生态文明等诸多领域，离不开政府、地方、产业、科研机构、院校、农户等众多主体参与和支持，需要大量知识复合、能力创新、素质全面的"一懂两爱"新农人提供支撑。而要培养这类人才，高校现行的人才培养机制显然还难以达成。因此，高校亟待进一步深化多方协同育人机制，与政府、产业、科研机构、用人单位等建立紧密的合作关系，拓展多元协同育人项目，健全多边协作机制，构筑"政产学研用"协同育人共同体。唯有如此，高校培养的涉农人才才能契合乡村振兴发展的需求。

（三）实践教学改革创新刻不容缓

人才是提升乡村振兴内生能力的基础。乡村振兴不仅需要从事乡村事务管理、农业科技推广并具有"一懂两爱"基本素养的致富带头人，而且还需要投身"三农"理论研究和技术创新且具有复合能力与创新素质的创业领路人。致富带头人唯有长期扎根农村，才会对农村有归属感；唯有俯身贴近农民，才会对农民有亲近感；唯有全心投身农业，才会对农业有认同感。只有有了对农村的归属感、对农民的亲近感、对农业的认同感，致富带头人"一懂两爱"的根基才会更牢固，为乡村谋振兴、为农民谋福祉的信念才会更坚定。创业领路人唯有做到理论联系实际，将学习、研究与"三农"实际问题有机联系起来，强化跨学科领域的科学研究、技术创新与能力提升，真正让学习、研究成果服务乡村振兴，乡村的生产、生活、生态、文化才能协同发展，乡村各项事业发展的总体效应才会整体提升，农业农村现代化的发展目标才可实现。可见，无论是致富带头人"一懂两爱"基本素养的养成，还是创业领路人复合知识、创新能力与全面素质的获得，均离不开广泛而深入地参与"三农"实践工作。而高校涉农人才培养最薄弱的环节在实践，最突出的短板是实践体系的不完善，最明显的问题是实践教学的不深入，这严重制约了"三农"的实践教学开展。因此，实践教学改革、创新亟待进行。

二、农林经济管理专业实践教学改革与创新

为应对乡村振兴战略实施给高校涉农人才培养带来的新挑战，农林经济管理专业牢牢抓住实践教学这个人才培养的核心环节和薄弱短板，以面向学生未来发展和服务区域

乡村振兴为导向，确立人才培养目标，并以此为依据重构实践教学体系，深化实践育人改革。

（一）创新实践教学体系

1. 厘析实践教学目标，构建"三位一体"实践能力体系　实践能力是人才培养不可或缺的内容。鉴于当前高校培养的涉农人才缺乏对农村的深入了解，对农民的切身理解，以及对"三农"实际问题和乡村未来发展的清晰认识，农林经济管理专业以"培养具有'一懂两爱'素质、复合应用能力和创新发展潜力的高素质专门人才"为依据，严格遵照下得去基层、干得好工作、守得住初心的新时代"三农"人才基本要求，秉持学校一贯重视培养学生肯干、实干、能干的"三干"品质的办学传统，构建面向基层基本素质、面向乡村综合能力、面向未来发展潜力的"三位一体"实践能力体系（图1）。该体系遵循基于学习产出（Outcomes-based Education，以下简称为"OBE"）教育理念和马斯洛需求层次理论构建，与欧美 21 世纪人才核心素养和中国学生发展核心素养相适应，自下而上由低阶向高阶进行能力重构，整体形成相互支撑、互为促进、有效衔接的有机体。具体来看，体系的底层是对农林经济管理人才的基本素质要求，包含身心健康、品行端正、交际娴熟，熟谙农业农村工作基本现状与规律，有长期扎根农村并立志改变农村的责任感和使命感，有一心造福农民和帮扶农民的主人翁意识；中间层是农林经济管理人才的专业能力，诸如社会经济调查、企业经营管理、技术经济分析和经济核算等专业基本技能，从事山区经济建设与发展、乡村综合改革与治理、现代农林业公共政策等专业领域能力，以及分析解决农林经济管理实际问题的学科交叉能力和专业复合能力；顶层是农林经济管理人才的发展潜力，具有求真敬业、坚韧不拔、不断超越的精神品质，自主学习和自我革新的思想意识，以及开阔的国际视野、创新思维与创业能力。

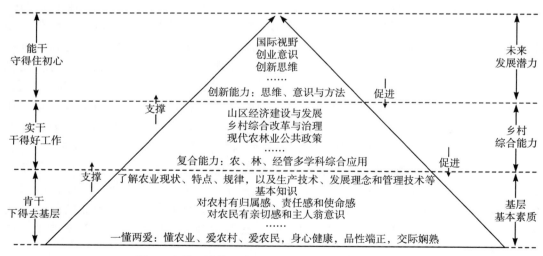

图 1　农林经济管理专业"三位一体"实践能力体系

2. 优化实践教学内容，构建"三层次、四维度"实践课程体系　实践课程是培养实践能力的载体。农林经济管理专业遵循"OBE"教育理念和布鲁姆教学目标层级理论，以"三位一体"实践能力体系为依据，依据实践能力进阶程度，由低到高将实践课程设计为基础实践、专业实践、综合实践三个层次；按照实践能力规格"粒度"，由粗到细将实践课程解构成平台、模块、内容、活动四个维度；并由此形成层级分明、衔接有序、结构完善的"三层次、四维度"实践课程体系（图2）。整体来看，该体系自左向右是实践课程层次，自上而下是实践课程维度。

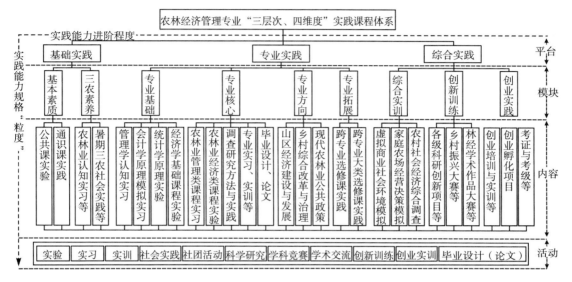

图 2　农林经济管理专业"三层次、四维度"实践课程体系

基础实践平台下设基本素质和"三农"素养两个课程模块，重点支撑"一懂两爱"等基本素质的达成，含公共课实验、通识课实践、农林业认知实习、暑期社会实践等；专业实践平台下设专业基础、专业核心、专业方向、专业拓展四个课程模块，主要支撑专业基本能力、专业领域能力、学科交叉能力、专业复合能力等的达成，含管理学、会计学、经济学、统计学等基础课实践，农林业管理类、农林业经济类、农林业调查类、专业实习实训类、毕业设计（论文）等核心课实践，山区经济建设与发展、乡村综合改革与治理、现代农林业公共政策等方向课实践，以及跨专业选修、跨专业大类选修等拓展课实践；综合实践平台下设综合实训、创新训练、创业实践三个课程模块，主要支撑自主学习、创新思维、创业意识、国际视野等能力的达成，含虚拟商业社会环境模拟实训、种植业家庭农场经营决策虚拟仿真实验、农村社会经济调查综合实习，科研创新训练项目、学科竞赛、学术作品大赛，以及考级、考证、创业培训和项目孵化等。

3. 改善实践教学条件，构建"一体多翼"实践平台体系　实践平台是实践课程教学实施的基本条件。为促进一二三四课堂有效衔接，构筑政产学研用协同育人生态，农林经济管理专业以"三层次、四维度"实践课程体系为依据，充分依靠政府、产业、科研机构、用人单位等各方力量，发挥各方优势，整合院内与院外、校内与校外、境内与境外等多方面教学资源，以农林经管省级重点建设本科实验教学示范中心为"主体"，实验平台、实训平台、实习基地、创新平台和创业平台为"多翼"，建立健全的"一体多翼"实践平台体系（图3）。

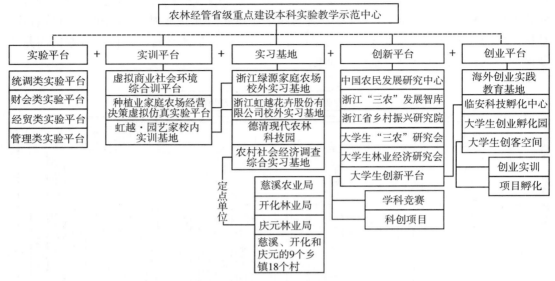

图 3 农林经济管理专业"一体多翼"实践平台体系

该体系为农林经济管理专业实践教学提供全面支撑，具体涵盖了统计调查（SPSS、SAS、Excel），财务会计（用友、金蝶、福思特、网中网），经贸金融（EViews、世格、同花顺）和管理决策（新道、贝腾）等基础能力实验平台；面向现代商业社会环境的真实情景模拟，面向新兴经营主体家庭农场的经营决策虚拟仿真，面向高端林木花卉经营的高级经理人实训等综合能力实训平台；合作单位有浙江虹越花卉股份有限公司、浙江绿源家庭农场、德清现代农林科技园和慈溪市农业局等 20 余家，支撑专业认知实习、生产实习和毕业综合实习等校外实习基地；乡村振兴创意大赛、林业学术作品大赛、统计调查方案大赛等学科竞赛项目，大学生科技创新计划、新苗人才培养计划等科研创新项目，以及中国农民发展研究中心、浙江"三农"发展智库、浙江省乡村振兴研究院、大学生"三农"研究会和大学生林业经济研究会等科研创新平台；创业平台有海外创业实践教育基地、临安科技孵化中心、大学生创业孵化园和大学生创客空间等。

（二）深化实践育人改革

1. 以"立德树人"为导向，探索"一懂两爱"人才培养新路径　育人为本，德育为先。"一懂两爱"不仅是新时代"三农"人才培养的基本要求，更是涉农高校落实"立德树人"根本任务的内在要求。培养"一懂两爱"新农人，不仅需要立足于课堂，更应该扎根于乡村。为此，农林经济管理专业以"走在乡间的小路上"为主线，将思政主题教育实践、寒暑期社会实践、创新创业教育实践、专业生产实习实践有机地串联起来，形成一条"走村探户阅三农""师生农户紧相连"的"一懂两爱"新农人培养新路径。在内容设计上，该做法秉持在主题教育实践中坚定学生理想信念，在社会实践中强化学生使命担当，在劳动实践中磨炼学生意志品质，在创新创业实践中增长学生知识才干，突出以"一懂两爱"为核心，以理想信念、"浙林"精神、"三干"品质、生态文明和创新创业等为支撑，融通思政课、基础课、专业课、实践课的教学目标，促成思政课程、课程思政、实践育人的有机统一。

在实施方式上，该做法对传统思政课教学进行重构，以实践为核心翻转理论教学，以面向农业、深入农村、贴近农民的方式组织实践教学，做到理论教学实践化，实践教学乡村化，坚定学生投身"三农"的理想信念；将美丽乡村、乡村振兴及精准扶贫等国家战略，与社会实践主题关联起来，让学生走出校园，迈向社会，融入乡村，给老百姓带去科技服务与政策帮扶，强化学生助力"三农"的使命担当；将绿地养护、田野调研、乡村调查、生产实践和顶岗实习统筹起来，带领学生走向田间地头，走近乡亲大众，磨炼学生不怕脏、不怕苦、不怕累的意志品质；将科研创新项目、创业孵化项目、新苗人才计划、农村经济调查，与乡村振兴大赛、统计调查大赛、林业学术作品大赛等结合起来，促进理论实践相联系，提升学生实践应用和创新创业能力。

2. 以合作育人为抓手，完善"四协同、五共建"育人新机制 培养"一懂两爱"新农人，需要发挥政府政策的引导作用，以国家战略和行业需求为导向，挖掘整合并再造政府、企业、高校、科研院所和用户等优势，实现教育与科技、经济和社会的深度融合，充分释放"政产学研用"协同效应。近年来，农林经济管理专业注重人才培养机制创新，逐步建立完善政学协同、产学协同、研学协同、用学协同的机制，以及实践师资共建、实践基地共建、实践计划共建、实践课程共建、实践教学共建的"四协同、五共建"育人新机制。一是加强政学协同，健全学校、政府、地方三方联动机制。为服务区域乡村振兴，对应地方农技人才短缺和招人、留人困难等问题，浙江省农业农村厅、浙江省人力资源和社会保障厅、浙江省教育厅联合出台政策，推行基层农技人才定向培养计划，促进地方与学校需求对接、培养互动；推动专业、定向单位互签实践基地和科技帮扶协议，双方人员互聘实践导师和科技特派员，共同制定实践教学计划，共同承担学生实践指导工作。二是加强产学协同，健全学校、企业双方互动机制。为服务企业转型升级发展需要，培养复合型经营管理人才，与浙江虹越花卉股份有限公司签订战略合作协议，联合实施高级经理人培养项目。企业出资 200 万共建校内大学生实训基地，每年为学生设立 3 万元奖学金；共同制定实践教学计划，设置 3 学分课内实验课程、4 学分校内基地实训和 4 学分校外企业实习；提供学生企业门店经营、电商平台运作、产品营销策划、市场专题调研、企业顶岗实习等实践，并由企业高管担任学生实习实训指导。三是加强研学协同，健全教学、科研双向融合机制。为服务学生未来职业发展需要，提升学生创新创业能力，依托中国农民发展研究中心、浙江省乡村振兴研究院、浙江省"三农"发展智库的平台优势，以教师为纽带，将最新科研成果融入教学，将创新创业教育引入科研，带领学生早进课题、早进团队、早进平台，让学生在科研训练中提升创新能力，在团队协作中培养创业精神。四是加强用学协同，健全学习、应用有效衔接机制。为服务乡村经济社会发展需要，提升学生应用实践能力，将学科竞赛、创新计划和创业项目，与乡村、企业、农户等经营发展问题联系起来，通过学生深入调研的结果为相关方决策提供支撑，进而有效促进理论与实践相联系、学习与应用相结合。

3. 以技术融合为手段，创新"互联网＋实践"教学新模式 面对交叉复合的学科、复杂多变的社会和个性多样的学生，农林经济管理专业传统实践教学模式已无法满足现实需要，亟需依靠信息技术深度融合，构建"互联网＋实践"教学新模式，引领实践育人方式变革。一是加强线上线下混合式"金课"建设，创设网上自学、课堂导学、实地研学的实验新模式。以管理学实验、统计学实验、会计学实验、经济学实验等基础课程实验为抓手，以实验项目为单元组织教学内容，按照案例情景设计制作精品在线开放实验微课程。学生线上了解实验内容、目标与要求，自主完成实验知识学习；教师课堂讲解实验重点、难点，引导学生自主实验，启发学生分析实验、归纳结论、总结规律；学生深入案例企业，带着问题与思考，实地展开研究学习。二是加强虚拟仿真"金课"建设，创设虚实结合、全景体验、沉浸学习的实习新模式。以农林业经济学、农林业政策学、农林产品营销学和农林企业管理等课程为支撑，以浙江绿源家庭农场为原型，自主设计开发种植业家庭农场经营决策虚拟仿真实验。依托农林经管省级重点建设本科实验教学示范中心，开展全景式虚拟仿真实习，让学生在全方位、全过程、沉浸式的实习体验中，掌握家庭农场经营决策基本原理和理论，学会求解最优化模型，计算最优投入和产出，能独立填写财务报表和撰写分析报告。三是加强跨专业综合实训平台建设，创设集情景式、体验式、团队式于一体的实训新模式。着眼于强化学生团队协作、复合应用和创新创业能力培养，依托虚拟商业社会环境模拟平台，构建集"市场环境、商务环境、政务环境、公共服务环境"于一体的综合实训空间，配备小组圆弧形桌椅、互动智慧大屏、双屏显示器及云终端桌面等设施；面向全院学生配套开设2个学分跨专业综合实训课程，实行专业混合交叉组班实训，让学生在角色扮演中体验岗位要求，在协同配合中感悟团队精神，在经营管理中领会创新智慧。

三、结语

经过4年的改革实践，农林经济管理专业"三维一体"实践能力体系、"三层次、四维度"实践课程体系和"一体多翼"实践平台体系愈加完善，"一懂两爱"新农人培养路径愈加清晰，"四协同、五共建"实践育人机制愈加健全，"互联网＋实践"教学新模式愈加丰富，实践教学特色不断彰显。获批浙江省"十三五"优势专业、一流本科专业建设"双万计划"和重点建设本科实验教学示范中心，浙江省线上线下混合式实验"金课"8门，浙江省虚拟仿真实验"金课"1门，全国高等学校农业经济管理类本科教学改革优秀成果奖一等奖2项等，实践教学成果不断涌现。3人荣获全国林科十佳和全国林科优秀毕业生，46人考入"985""211"高校研究生或出国深造，85人考取公务员、选调生、"村官"和事业单位等，实践育人成效不断显现。

基于新型农科人才培养的多学科交融、多模态联动的大学化学教学改革与实践

郭明　郭建忠　吴荣晖　冯炎龙　李莎　曹华茹　李兵
杨胜祥　白丽群　张丽君

随着科学技术的发展，社会对于创新性人才的需求与日俱增，单一学科人才培养模式无法应对日渐复杂的专业问题，多学科交融是创新性人才培养的大势所趋。大学化学（课程群）对提升农科专业人才质量有基础性作用，其与本科专业交融对新型农科人才培养十分必要。从课程生态学角度，促进人才培养体系中的课程之间交融，形成相互作用的网格、平行发生或呈级联因果的生态化教学体系，是新农科人才培养的迫切需求。各课程在教学体系中各有生态位，做到生态位的有机衔接才能生成和谐的生态化教学体系，发挥课程教学体系的整体功能，提高教学效果，提升人才培养质量。大学化学作为农科专业核心竞争力的基础课程，建立多学科交融、多模态联动教学体系十分有意义。

围绕"解决融合、加强衔接、重视个性、完善机制"的思路，学科交融的多模态与大学化学教学体系联动，实施于农林专业人才的培养（图1）。

（1）基于学科交叉理论和教育生态学理论，化学与专业课交融，形成学科交融、多模态联动的大学化学教学指导理论。

（2）构建以"三层四模"为核心的"平台＋模块"课程结构，形成大学化学与多学科专业交融的教学体系架构，提升化学学习的组织化程度。

（3）通过个性化教学衔接不同专业课程，建立大学化学"五位一体"的多模态教学模式，实现化学与专业课教学内容的有机结合，高效支撑人才培养。

（4）建立大学化学课程和教学质量评价的双线闭环式联动监控机制，利用目标管理和过程管理相互渗透对教学质量进行有效监控。教改十载，得到师、生、行政管理、教学督导和第三方评估机构（五层次的评价体系）"取得显性教学效果，具有鲜明特征性"的评价。获批省级重点实验室1个，省级精品课程、省一流课程2门，省部级及以上教改项目10项，厅局级教改项目10余项，发表教改论文10余篇（核心期刊8篇），主编教材8本，浙江省高校优秀教材1本。组建教学团队4个，建成实验教学示范中心1个、校外实践基地和学生创新创业基地4个。学生获省级奖10余项、发表与大学化学有关论文10余篇（本校本科生首篇ESI高被引论文，SCI论文9篇）、授权专利10项。教学改革进入实践阶段，受益学生15 000余名。教育部教指委等评审认为：成果在培养农林类专业人

才实践和创新能力方面发挥了重要的支撑作用，对国内同类院校具有重要的示范作用和借鉴意义。

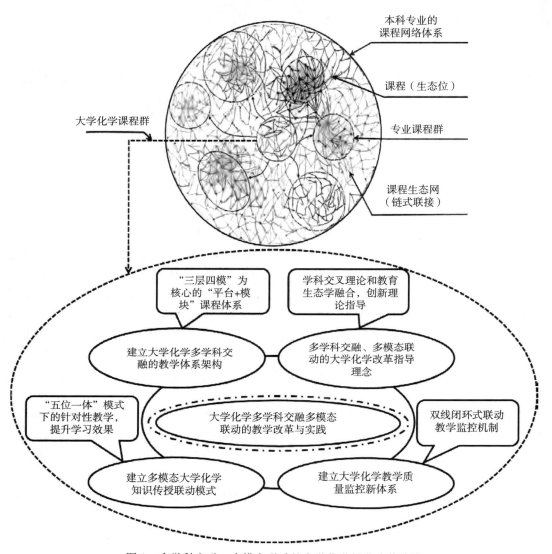

图1 多学科交融、多模态联动的大学化学教学改革路线

主要解决的教学问题：

一是怎样建构大学化学与专业课程有效交融的理论指导？

二是怎样建立和实现大学化学与专业课程的学科交融途径？

三是如何保障大学化学教学新体系的教学质量和提高育人效果？

一、成果的主要内容

通过理论指导实践、理论与实践相结合的方法，加强大学化学与专业课程的衔接，明确交融路径并建立结构性体系，突出大学化学在专业人才培养中的针对性、适应性和应用性。

（一）大学化学改革的指导理论

学科交叉理论是多门学科基于内在逻辑关系进行相互渗透融合，高效利用多学科办学优势和特色资源，从专业培养目标、课程体系、教学内容等方面进行人才培养模式的系统改革和实践，可促进人才培养质量提升。教育生态学理论是借鉴生态学的概念和范式建构人才培养和教育教学体系，充分重视人才培养各要素和教育教学各课程之间存在的相互依存、相互制约的因素，以及各因素之间良性互动生成和谐的生态化体系，推动人才培养质量提升、教育教学效果提高。运用学科交叉理论的交叉机制理论、交叉方法论、交叉组织形态理论与教育生态学的生态位原理、生态平衡规律、相互适应性规律耦合推演，建构了多学科交融、多模态联动培养本科专业人才的大学化学教学的指导理念（图2）。

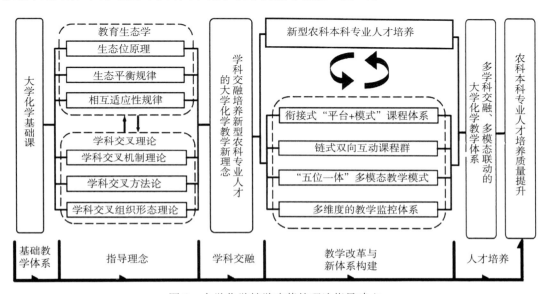

图 2 大学化学教学改革的理论指导建立

（二）多学科交融的大学化学教学体系建构

理清大学化学课程与本科专业课程交融的层次关系，构建以"三层四模"为核心的"平台＋模块"课程结构体系（图3）。

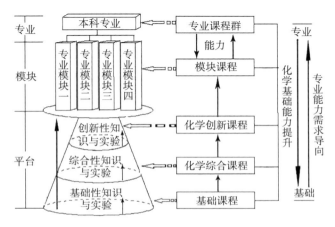

图 3 学科交融的"三层四模"教学体系

三层平台：①基础性知识与实验平台；②综合性知识与实验平台；③创新性知识与实验平台。构建原则遵循学生化学知识从低到高的认知规律。

四类模块：①生物质功能材料利用、创新、开发能力；②生物质高效催化转化与高效利用能力；③植物活性成分提取分离和开发利用与物质提取能力；④产品检测分析与质量安全模块与分析测试能力。契合不同本科专业特色方向对化学知识技能的需求。

（三）本科专业的个性化需求衔接于大学化学多模态教学实践

针对不同本科专业对化学知识技能需求的差异性，通过个性化衔接促进人才专业性发展。开展"五位一体"的多模态教学模式，满足不同专业课程个性化特点，提升教学质量（表1）。

表1 "五位一体"多模态教学模式衔接本科专业需求分布

"五位一体"教学模式	交融条件	适用专业
"线上＋线下"	入学化学成绩（学考/选考）、基础化学水平	涉及大学化学的本科专业（线上/线下比例不同）
"虚实结合"	学生素质、专业教学目标需求	新农科求真实验班、食品科学与工程等
"项目翻转"	较高层次的化学课程、良好的前期化学基础	农业资源与环境、食品质量与安全等
"OBE导向特定需求"	专业特定目标、双语教学	林学国际合作项目班等
"产学研用结合"	专业特定要求、资源条件	木材科学与工程、植物保护等

依据大学化学教学新体系，建构了基础化学与本科专业课程双向联动的链式化学课程群（图4）。

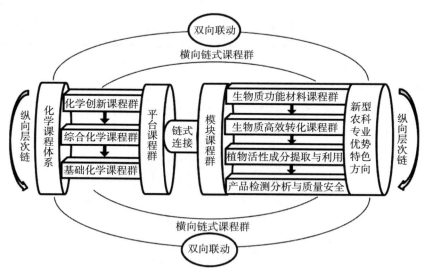

图4 双向联动的链式化学课程群实施路线

依据图4的双向联动链式化学课程群的衔接性需求分析，基于"PPT＋板书"的基础模式，建立可实践的多模态教学模式。分别开展"项目翻转式教学"、"产学研用结合式教学""混合式教学"（线上线下课堂相结合）"虚实交替教学"（虚拟仿真与实验操作相结合）"OBE导向特定需求"的多模态教学。通过形成适合不同专业特征的多模态教学模式，提升教学效果。

（四）学科交融的大学化学多模态联动教学质量的监控与评价

构建"教学态度、教学内容、教学过程、教学方法与手段、教学管理、教学效果"一级指标，建立适应多学科交融的大学化学多模态教学体系的多维度课程评价模式，强调教学的全面考评。采用线上线下融合的形成性考核评价模式，促进学生自主性学习和过程性学习，通过双线闭环联动，促进学生知识、能力、创新素质的协调培养和持续提升。构建"五层次"评价体系，保障双线闭环式联动机制的有效实施（图5）。

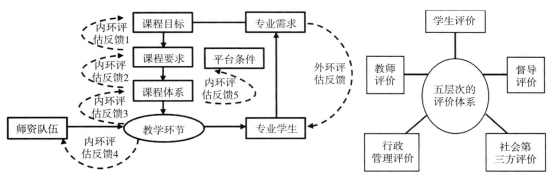

图 5 双线闭环式联动机制监控体系

二、成果的创新点

（一）大学化学教学理念的创新

在促进本科专业人才培养质量提高方面已有一定的理论发展。聚焦新型农科人才培养发展形势和需求，基于学科交融理论和教育生态学理论提出大学化学与本科专业交融的教学新理念，学科专业交融完全契合本科专业对教学改革的迫切需求。

（二）大学化学教学体系构建方法的创新

遵循学生从基础教育到专业学习的认知规律，通过"基础课程与专业课程群"的"三层四模"生态链式衔接，学科交融创建特色鲜明的大学化学教学体系，强调对"基本化学知识、实践动手技能和专业科学素质"三位一体的递升性创新能力的同步培养，实现了公共基础学习到专业学习的有机衔接，内容螺旋式上升，化学教育与农科专业育人有机融合，形成了协同共育专业人才的教育模式，也促进了大学化学教学效果显著提高。

（三）大学化学教学实施路径的创新

五位一体多模态教学应用于新型农科人才培养的教学体系，解决了大学化学基础课量大面广，导致对学生个性指导较少、同质化教学明显的难题。通过多模态教学的特征性和信息化，促成学生自主发现式学习和个性化学习素养的养成，适应教育教学新形态的发展，实现了知识学习过程化向培养能力的转变和知识能力内化为素质的递升。"知识-能力-素质"递升的路径有创新点，极大提高了人才培养质量。

三、成果的效果与推广应用

（一）大学化学改革受益面广

本成果以学生知识学习到能力素质养成的转变为目标，对大学化学课程进行一系列改革，研究内容多，实践面广，涵盖全校 23 个本科专业，每年有 50 多个行政班学生受益，为提升人才培养质量奠定了扎实基础。

（二）教学改革成果明显

本成果获得省部级以上教改立项 10 项，并获得中央财政支持地方高校发展项目 150 万元资助（2017）；获批的浙江省林业生物质化学利用重点实验室获得 190 万元资助（2013）；大学化学实验室获得浙江省财政厅基础实验室建设项目 100 万元资助（2012）。本成果发表教改论文 10 余篇，其中英文期刊 2 篇，中文核心 8 篇。主编教材 8 本，《实用仪器分析教程》被评选为浙江省"十二五"优秀教材，为 10 余所高校采用。主编教材印刷量共计 5 万册左右。学生座谈会和问卷调查表明，多数学生认为这些教材框架结构合理，内容与专业课程衔接恰当，其广度、难度、深度与学生认知水平相当，教学效果良好。

（三）教学水平明显提高

教学评估中心组织基础课程评教结果显示：①800 位在校生对化学理论教学评价 90 分以上占 93%、化学实验教学评价 90 分以上占 100%。②100 位专业教师对化学教学的评教结果显示，88% 的教师认为本教改工作对培养农科专业人才支撑作用明显。教育教学督导组对近三年大学化学改革实施效果综合评价：课程教学总体优良率提升至 98%。

（四）人才质量持续提升

大学化学教改成果在提升人才培养质量方面起重要支撑作用。通过协同共育专业人才的模式，实现对学生知识学习到能力培养的转变，拓展了学生的创新思维。化学学科（理化本科实验教学示范中心）协助本科专业设立国家级大学生创新创业训练计划项目、省大学生新苗计划项目等各类学生科技立项项目。获浙江省大学生环境生态科技创新大赛一等奖、全国大学生生命科学创新创业大赛一等奖等十余项，该 10 余项突破性奖项离不开化学知识技能的辅助支持。学生发表论文十余篇（本科生首篇 ESI 高被引论文为化学类论文），授权专利 10 项。农林专业本科生主要的考研课程之一为化学，近五年升学率大幅上升一定程度上得益于化学成绩的突破，化学助力考研率最高提升至 20.86%，平均提高 10.05%，侧面佐证本教改的成功。

（五）获得同行和社会的认同并推行

本教改成果作为"十四五"人才培养方案中化学类课程的参考，要求分层分类实施化学教学衔接，提升知识的融合性和人才培养质量。在学科交融体系理念指导下，多维度课程评估指标取得的实践结果为学校课堂质量评估提供了参考。

第三方机构"麦可思数据有限公司"对学生毕业后五年内的发展情况进行跟踪，87% 的毕业生对我校的化学课程满意度高（全国的平均满意度 78%）。

本成果得到了主流媒体的关注。《浙江教育报》报道了题为"按专业'量体裁衣'，学了就能用上在浙农林大基础课也能变出不同'教法'"的新闻，介绍本次教学改革理清了课程与农林类学科专业课程交融的层次关系，构建三大平台和四大模块为核心的课程结构体系；探索了"产学研用结合式教学"模式，提升学生解决现实问题的能力；逐步推广线上融合线下的"混合式教学"模式，在提升学习效率的同时拓宽学生的未来发展道路；引入虚拟仿真与实验操作教学结合的"虚实交替教学"模式，让学生在电脑上进行复杂实验的虚拟仿真；在教学过程中，大学化学课程还实行"基于 OBE 的双语教学"模式,致力于提升学生的学术水平;采用项目翻转式课堂教学,促进理论和实践结合,培养学生自主学习能力和创新能力。

《科技金融时报》采访了经历过该教学改革的不同专业教师和在校生,并报道了题为"浙农林大化学课程生态化改革:不仅打基础更要管发展"的新闻,总结了经过十年教学改革所取得的教学效果:教学内容的改良,提升了教学的有效性,学生的培养质量稳步提升;探索采用双语教学,实验报告采用英文撰写,提升了学生的综合素养;拓宽了林学专业学生的就业前景,考研学生的化学课程成绩不断提升,捷报频传。

自 2015 年以来,我校与丽水学院、衢州学院、台州学院、宁波大学和浙江海洋大学 5 所高校交流研讨了本教改成果的经验。在浙江省高校第 31~33 次化学化工院系负责人联席会议、中国化学会第一届农业化学学术研讨会等研讨会上,我校化学学科与各单位进行交流,使得我校大学化学教学改革的理念和经验被越来越多的高校认同。

本教改成果关于多模态联动教学内容的论文"混合式教学在'仪器分析'课堂教学中的应用探讨"获得"2021 年化学教育研究知新奖—优秀论文奖",实践成果广被引用,在业界产生了广泛影响。本教改项目的理论成果下载和引用次数均名列相关领域的前茅。

基于科研融教的土壤学课程提质升级
的探索与实践

徐秋芳　　梅亚明　　吴家森　　秦华　　陈方

一、成果背景

土壤学是农业资源与环境专业的核心课程，也是农学、林学、园艺等农林生产类专业的专业基础课。我校土壤学开设于 1958 年，目前覆盖 10 个专业，平均每年开课 496 学时。在长期推进课程建设过程中，课程团队发现存在以下三方面的问题：

（一）教学与科研"两张皮"现象比较严重

由于存在重科研轻教学的政策导向，以及缺少教学和科研的等效评价机制，导致从事教学与科研工作的两支队伍相分离，或者部分老师出现"偏科"现象，从事科研工作的教师经常疏远、无暇顾及教学工作。

（二）教学内容比较陈旧，解决不了现实社会需求

随着社会和科学技术迅猛发展，土壤学与其他学科的深度交叉融合，产生了大量的新案例、新理论、新技术和新方法，对土壤学提出了更多更高的要求，但课程内容更新的速度落后于科学研究的发展，一定程度上滞后于土壤学科的前沿领域，已不能适应社会的需求。

（三）科研成果难以转化为教学资源

虽然科技不断进步、学科不断发展，但是由于缺少将科研成果向教学资源转化的机制和模式：如科研成果转化为教学资源执行难度较大，科研成果转化为教学资源所产生的直接经济收益远远低于其他的收益，导致教学与科研不能有机结合，难以通过科学研究来提高教学质量、激发学生的创新思维。

针对以上问题，本成果以精品课程、教学团队、国家虚拟仿真项目等 10 项国家、省级项目（表 1）为依托，对教学科研团队的一体化建设、土壤学课程的推陈致新、科研成果转化为教学资源的机制等方面进行了 12 年的研究与实践，极大促进了土壤学课程的建设与发展。土壤学课程发展历程如图 1。

表 1　土壤学课程建设项目

序号	项目名称	类型	负责人	立项年份
1	土壤学	国家级精品资源共享课程	徐秋芳	2014 年
2	土壤学	省级精品在线开放课程	徐秋芳	2019 年
3	土壤学教学团队	浙江省教学团队	徐秋芳	2008 年
4	土壤学重点学科	浙江省重点学科	徐秋芳	2009 年
5	农业资源与环境学科	浙江省重点学科	徐秋芳	2015 年

（续）

序号	项目名称	类型	负责人	立项年份
6	农业资源与环境学科	国家林业局重点学科	徐秋芳	2015 年
7	农业资源与环境学科	浙江省一流学科（B类）	徐秋芳	2018 年
8	农业资源与环境实验教学示范中心	浙江省实验教学示范中心（重点）	姜培坤	2015 年
9	土壤污染生物修复重点实验室	浙江省重点实验室	柳丹	2015 年
10	耕地土壤镉污染钝化修复	国家虚拟仿真实验教学项目	赵科理	2020 年

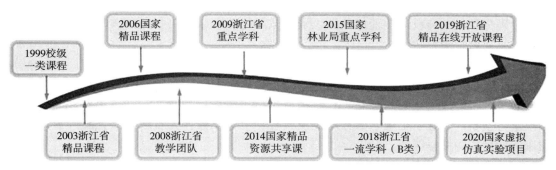

图 1　土壤学课程发展历程

二、成果主要内容

（一）建立教学科研一体化的课程团队

为有效促进教学与科研融合，全新组建了土壤学教学、科研一体化团队，结合课程教学与科学研究的关联性，以教学科研为主题，以教学实践为基础，以科研成果为指导，推进教学、科研一体化团队的有序运行，促进了团队建设的良性循环发展（图2），成功实现了组织一体化、目标一体化、考核一体化的建设目标，取得了优异的教学业绩与科研成果。土壤学团队荣获省级教学团队和省级重点学科（一流学科），团队成员获全国优秀教师、浙江省杰出教师、浙江省教学名师等省级以上荣誉 5 人次。

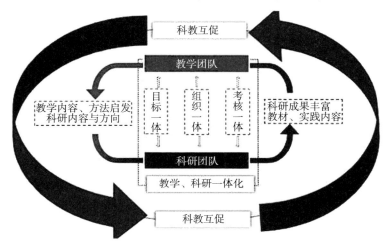

图 2　教学、科研一体化建设逻辑关系

组织一体化：教学团队与科研团队在组织上的一体化建设主要体现在师资的一体化。在学科进行统筹的基础上，土壤学打通教学与科研的组织界限，根据教师个人能力和岗位合理分工，把教学研究纳入科研范畴，把科研成果和创新精神融入教学过程。

目标一体化：无论教学还是科研，两者的目标具有内在统一性。土壤学教学团队和科研团队围绕目标一体化建设，以教学内容和方法启发科研内容与方向，同时，以科研成果丰富教材和实践内容。

考核一体化：围绕人才培养的根本任务和目标，土壤学通过考核一体化强化科教互促，针对科研型、教学型、社会服务型师资，在教学、科研上设置不同的考核标准，同时，合理分配教学与科研的业绩奖励，引导教师协调好教学与科研的关系，激励教师将科研成果向教学资源转化。

（二）科研项目与成果转化为课程教学资源

通过教学、科研一体化团队的运行，将科研项目与教学环节有机结合，推动科研成果进教材、科研成果进实践项目、科研项目支持本科生创新等，带动了土壤学课程的全面改革与创新，实现了土壤学课程的提质升级，土壤学被评为省级精品在线开放课程和国家级精品资源共享课程。

1. 及时更新课程教学内容 随着地球环境的变化和科学技术发展，课程团队积极将相应的科研项目、成果与课程教学紧密结合，实现了对教学内容的更新升级。

（1）土壤碳汇与气候变化应对研究小组将"竹林生态系统碳汇监测与增汇减排关键技术及应用"等5个国家、省部级科技进步奖及"生物质炭输入对毛竹林土壤有机碳组分与 CO_2 通量的影响及其机理"等15项国家基金的研究成果融入土壤学的教学内容中，体现在土壤有机质和土壤的形成发育过程2章中。

（2）土壤修复与农产品安全利用研究小组将"毛竹笋用林土壤重金属形态转化特征及其影响机制""电子垃圾拆解地区重金属污染的时间、空间和食物链传递三维尺度效应"等5项国家基金及20余项省（地方）项目科研成果转化为土壤污染与防治、土壤质量与退化和土壤资源类型3章的教学内容。

（3）土壤生物与生态功能调控研究小组将"毛竹林生态系统碳-氮耦合循环过程的土壤微生物调控机制"等10项国家自然科学基金的科研成果转化为土壤生物、土壤有机质和土壤养分3章的教学内容。共推动108个知识点的更新与提升。

2. 丰富课程实践教学体系 将省科研平台"浙江省土壤污染生物修复重点实验室"作为土壤学实践教学的基地；将土壤污染修复与治理中的成果转化为"耕地土壤镉污染钝化修复"实验，获批国家虚拟仿真实验教学项目；将12个国家、省重大研发项目建立的示范基地（如农业面源污染治理综合技术示范点、农田生态沟渠示范点、耕地地力监测点等）转化为土壤学课程的实践教学基地，显著提升了学生动手能力的培养水平。

3. 提升学生科研创新能力 在科研项目研究过程中，充分吸纳学生参与研究活动。参与形式多种多样，如项目调研、资料收集、实验过程、文稿撰写、论著整理等；参与程度有深有浅，学生的创新能力都得到不同程度的发展和提高，学生毕业论文均与科研项目相关；将相关科研内容转化为学生的学科竞赛项目，近5年，土壤学团队指导学生开展创新项目45个，其中国家级项目10个；获省级以上竞赛项目奖项22项，其中省级一

等奖 3 项；发表学术论文 17 篇，其中 SCI 论文 5 篇（图 3）。

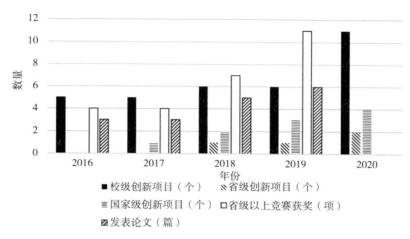

图 3　近 5 年学生科研创新情况

（三）出台科研融教的推进政策

出台并实施相关管理办法与措施，促使教师将科研成果转化为教学资源由自发行为转变为自觉行为。学院、学科先后出台了《关于科研促进教学的暂行办法》《科研成果转化教学资源管理办法》等 6 项政策、措施，积极引导教师提高科研成果——课程教学的转化效率，实现了科研成果全方位转化为教学资源，确保转化的可持续性，促进了科研—教学团队的发展。近 5 年来，课程团队人员净增加 10 人，每年均有 1 人评上教授职称；2020 年，有 4 名教师入选首批"浙江省高校领军人才培养计划"，占全校名额的 1/6。

三、创新点

（一）形成了"科研融教促发展"的新机制

构建了"组织、目标、考核一体化"的土壤学教学、科研团队，在教学与科研全过程中，团队成员以教学内容、方法启发科研内容与方向，将科研成果转化到教材、实验项目等教学活动，达到科学研究与教学活动相辅相成、互相促进的效果，实现了教学与科研一体化的良性循环机制，土壤学一体化团队和土壤学分别获省级教学团队和省级重点学科。

（二）构建了课程内容推陈致新的新路径

土壤学团队将科研项目与教学环节有机结合，在成果转化内容、转化形式等方面形成了立体多维路径，实现了土壤学课程的推陈致新，出版了国家新形态教材《土壤学》，"耕地土壤镉污染钝化修复"获批国家虚拟仿真实验教学项目。

（三）探索出传统课程提质升级的新模式

在课程建设过程中，土壤学团队在科研成果转化为教学资源的团队建设、科研项目带动土壤学课程创新、科研成果转化为教学资源的机制等方面进行探索与实践，实现了土壤学课程的提质升级，土壤学被评为省级精品在线开放课程和国家级精品资源共享课程。

四、成果推广

（一）校内推广情况

土壤学课程教学和实验平台的建成为我校相关专业提供了优质的教学资源、共享平台和实践教学基地，校内每年有 120 名农业资源与环境专业学生和 1 000 余名林学、农学等 10 个相关专业的学生从中受益，学生的创新能力得到了明显提升。同时随着教学科研一体团队的建设，教师的教学、科研业务水平显著提高。近 5 年课程团队获批 27 个国家基金项目，获国家科技进步二等奖 1 项，省部级科技进步二、三等奖 6 项。

（二）校外推广情况

2012 年，由课程团队参编的《土壤学》教材正式出版，至今已在北京林业大学、东北林业大学、安徽农业大学等农林类高校广泛使用，获得师生一致肯定，教材已印刷 3 次，印数超 10 000 本。2020 年，课程团队成员作为副主编，重新对教材进行编撰升级，以"十四五"规划教材的形式出版。北京林业大学孙向阳教授评价教材内容"反映了土壤学最新研究成果，具有土壤学所有知识面的广度，又具有土壤学研究热点的深度，符合不同学校、不同类型学生的需求"。2014 年，课程团队完成并上线了土壤学国家精品资源共享课建设和省级精品在线开放课程，分别有 17 044 人和 847 人参加学习，主体学习者遍及南京农业大学、南京林业大学、福建农林大学、北京林业大学、丽水学院、嘉兴学院等 10 余所农林高校及地方院校。南京农业大学潘根兴教授评价土壤学在线课程"有动画，有很多图片实例，有教案文档，老师视频做得很棒，结构也很清晰，每小节的标题都很吸引人"。南京林业大学张金池教授认为在线课程"配色简单、舒适，学习起来让人感觉很放松；内容条理清晰，学习起来一点就通，知识点多但不会让人觉得杂乱，有逻辑可循"。

2019 年，完成并在线开设了"耕地土壤镉污染钝化修复"国家级虚拟仿真实验教学项目，在实验空间-国家虚拟仿真实验教学项目共享服务平台开放，实验浏览量近 2 万人次，实验实操人数为 5 113 人，实验受到五星好评。南京林业大学俞元春教授认为该虚拟仿真项目"不仅具有虚拟仿真实验的所有优点，而且融合了环境修复原理与技术、土壤学和土壤、植物与环境分析等多门专业课程知识，实现理论知识间的串联以及理论与实践的双向互动，增强了实验教学的系统性，全面培养学生的实践能力和创新思维"。

"中国竹文化"在线精品课程教学实践探索

桂仁意　任敬军　伊力塔

一、背景与目的

开展一流本科教育、一流人才培养工作已成为高等学校的根本任务，在新形势下对课程建设提出了更高的要求。各高校也将课程改革的新思路、新方法不断应用于本科课程教学当中，注重高阶性和创新性。例如，虚拟仿真实验教学模式、模块化翻转课堂、OBE 教学模式等都在教学中取得了良好的育人效果。浙江农林大学的"中国竹文化"课程作为大学生文化素质教育课程，联合 10 所高校和科研院所的 31 位国内知名竹子自然科学和人文科学学者共同打造，积极开展对课程改革的探索与实践，开展"线上线下"混合式教学探索，努力建设适应新时代要求的精品在线课程。

本课程以竹概况、竹资源、竹汉字、竹诗画、竹典俗、竹饮食、竹器用、竹产业等为主题，以古代到当代、精神到物质、国内研发到世界传播等为线索，全方位呈现中国竹文化源远流长、博大精深的特点。以"竹"为媒介，将中国古代文明、优秀传统文化等思想教育元素有机融入教学过程，提升学习者的文化自信，激发学习者的爱国情怀。

二、做法与举措

（一）组建专业化团队

课程由浙江农林大学联合国际竹藤中心、中国林科院、浙江大学等 10 所高校和科研院所的 31 位国内知名竹子自然科学和人文科学学者共同打造，其中包含茅盾文学奖、国家科技进步奖等奖项获得者。讲授内容既是各领域历史和现状的呈现，也是主讲专家自己研究成果的展现。

（二）学科融合前沿化

在坚持竹子的物质财富和精神内涵、科技和文化、形态和意境相结合的基础上，实现文理交融、古今贯通、中外兼容，体现科技、文化、艺术等学科的深度融合。并通过网络直播，进行全国视频公开直播课，介绍竹文化的研究与产业进展，确保学生能及时了解竹文化的最新发展动态。

（三）课程设计多元化

在每个视频单元设计 1 个弹题，每章安排主观讨论题和客观测试题，激发学生积极思考的能力。充分利用现代信息技术，实现在线答疑，提高互动性。课程成绩包括平时成绩、章测成绩、面授课成绩、期末成绩等，体现多样化的考核方式，特别注重过程性考核和形成性评价，以全面客观地评价学生的学习情况。

（四）课程运营智能化

通过网络课程平台为在线课程教学活动提供智能化管理，学生可随时查看各部分成绩记录和班级排名；助教和运营团队可实时查看各年级、各学校学生学习进度和测试情况；对于学习滞后的同学，设置短信提醒功能，督促学生按时学习，以提高学习效果。

三、成效与成果

自 2018 年秋冬季开课以来，课程面向全国各类学校以及社会公众免费开放，并有幸被选入"学习强国"平台。选修学校共计 64 所，涵盖 12 个省市，包括本科院校、高职高专、中等技校等各级各类学校，涉及农林、医学、音乐、艺术、师范、工商、信息、电子、财经等学科专业。截至 2020 年 8 月，累计选课人数达 2 万人次，累计互动超 5.4 万人次。

课程通过跨校直播互动大课堂，采用混合式教学模式，以平台为阵地开设共享课程和课堂，更好地服务于学生课堂学习和教师教学范式转变，获得社会的广泛关注和好评。中国教育在线（2018-11-05）、浙江在线（2018-11-06）、中国林业新闻网（2019-03-22）、中国绿色时报（2019-03-22）等平台均做了相关报道；《浙江教育报》（2019-07-29）以"以竹为'媒'，讲述中华文化好故事"为题对本课程做了专访。

除此之外，选课群体反馈口碑较好。学生评价说，认识、了解中国的竹文化，让我了解到了很多很专业的知识……这个课至少能从竹子方面教我点东西，感觉还不错。后面有关竹子乐器那一段，老师演奏得也很吸引人……这个课程也介绍了竹子的经济价值……如何让竹子为其相关企业、人员赚更多的钱，这是我现在感兴趣的，这门课讲得很好。学习这个课程，给我最大的感触就是，中国的竹文化是多么的丰富，有很多的竹文化等着我们去探索与发现，这是一门有趣的课程。我觉得这个课程让我了解了竹子的历史，之前从来没有想过竹子能有那么广泛的文化，这让我受益匪浅。让我对竹文化有了更深的了解，考虑往这个方向发展。

四、特色与亮点

（一）课程背景顺应时代

中国被誉为"竹子王国"。在中华文明五千年历史中，竹子为人们提供了极为丰富的物质财富和精神财富。作为文化发展的载体，竹简的历史近两千年，作为主要书写材料的历史约八百年，为中华文明的传承立下了汗马功劳。现在，"世界竹子看中国"已经成为业内共识，中国已被全球公认是世界竹文化传播中心和全球竹产业研发中心。

（二）课程内容紧扣特色

浙江农林大学以竹子及其文化研究为主方向，是全国唯一的"竹资源与高效利用"国家特殊需求博士人才培养项目单位，拥有一支从事科学研究和文化创新的高水平师资队伍，三次获得竹子研究国家科技成果二等奖，学校"省部共建亚热带森林培育国家重点实验室""国家木质资源综合利用工程技术研究中心""亚热带森林资源培育与高效利用学科创新国家引智基地""国家林业和草原局竹林碳汇工程技术研究中心"皆以竹子研究为主要方向，并建有"竹文化馆"和"翠竹园"，大力传承与弘扬中国竹文化。

五、思考与展望

本课程的一贯原则是坚持竹子的物质财富和精神内涵、科技和文化、形态和意境相结合，坚持文理交融、古今贯通、中外兼容，在宏观梳理中国竹文化历史的基础上，系统呈现当代中国竹文化的现状与成就，充分展示五千年中国竹文化的博大精深。

接下来，本课程将采用共建共享共用的方式，不断完善课程内容和考核方式，继续向全国各大高校和社会开放。

扩大开放共享：①继续向全国各类学校免费开放，每年开设春夏和秋冬2个学期。力争5年内再增加50所高校院所、中职院校等参与应用，学习人数突破4万人；②继续向社会免费开放，利用智慧树网、"学习强国"等平台扩大社会影响力，引导更多的人参与学习。

拓展校内应用：对本校选修《中国竹文化》在线课的学生，采取线上与线下混合式教学模式；每学期计划开设2～3个大班（120人）的线上自学与线下翻转相结合的教学改革实验班，进一步探索教学方法的改革，改善学习效果。同时，进一步推广应用至硕士生、国际生教学中。

强化直播互动：①每学期进行4次全国视频公开课，与网上视频课形成优势互补。适时更新直播互动课的教学内容，展现竹子自然科学和人文社会科学的最新研究进展，强化时效性；②注重师生互动，调动学生的学习积极性，现场回答学生问题，解决重点和难点问题，强化互动性；③现场教学与在线课形成优势互补，现场挥毫写字、作画；④展示本校竹文化博物馆的珍藏品；⑤讲解竹产业与一二三产业融合发展的典型案例等，与线上内容形成互补。

微生物类课程一体化拓展资源构建与应用[*]

虞方伯　张天荣

21世纪国与国之间的竞争角逐主要围绕高新知识创新展开，我国还不是高等教育强国，教育质量同发达国家相比还存在差距，新时期教育建设任重而道远。党的十九大报告在"优先发展教育事业、建设教育强国"主题中，点明要"实现高等教育内涵式发展"。这一要求是面向所有高校提出的，旨在全面提高以人才培养质量为核心的高等教育质量。"互联网＋"时代的到来，以及智能通信终端和应用程序的不断推陈出新，在改变知识和信息获取、传播方式的同时，在教学理念、模式和方法等方面深刻影响和变革着高等教育，促成了新形态教学的快速发展。新形态教学定义为"新兴技术、理念、形式等与传统教学融合而成的新型人才培养活动"，核心要素为以生为本、内涵建设、人文关怀及素质能力养成。随着越来越多的高校践行优质课程资源共享和开放式教育理念，微课、虚拟仿真、慕课、小规模限制性在线课程（small private online course，SPOC）、翻转课堂和混合式教学等多种教学资源和教学模式得以频繁应用，教学质量不断提升，在突破传统教育观念束缚的同时，切实促进了教育公平。资源是宝贵的，优质教学资源是稀缺的，在新兴信息技术与高等教育改革不断积极融合的今天，内涵式发展对教学资源的设计、开发和应用提出了新的要求。其中，拓展资源作为各类课程建设项目不可或缺的组成部分，在教学时空拓展、学习内容丰富、形式创新和个性化元素融入等方面发挥着极其重要的作用。围绕教学拓展资源展开研究，并将其建设提升至战略高度十分必要。

微生物类课程是高等院校生物、医学、环境、食品等大类专业必开的支柱性基础课程，在专业课程体系中极其重要。本文在剖析高校微生物类课程建设现状与存在问题的同时，对近年来我们在相关拓展资源建设与应用方面所做的一些工作进行梳理和总结，希望能够抛砖引玉。

一、高校微生物类课程建设现存问题

微生物类课程分支多，应用性强，内容相对抽象，不易获得形象感知。虽然各个高校相继开发建设了不少基于网络平台的数字化课程资源，但受方法、形式、对象素养和经费等所限，总体而言仍难摆脱静态教材传授为主、偏理论灌输、学习兴趣激发与能力素质提升有限、师生主动性和创造性难以发挥、人才培养质量亟待提升等问题困扰。

（一）新形态优质教学资源匮乏，开放度低

教育部2003年发布《教育部关于启动高等学校教学质量与教学改革工程精品课程建

---

* 本文发表于：微生物学通报，2020，47（4）：1254-1262.

设工作的通知》(教高〔2003〕1号),宣告新形态教学建设进程大幕正式开启,现代信息技术应用与优质资源共享被提升到了战略要求层面。随着经费投入的逐年累加,以及各级、各类课程的相继建成,确实涌现出了若干"精品"教学案例,但就整体而言课堂面授静态教材所占权重仍居高不下,甚至就是教学的全部,致使部分学生对教材"视而不见",学期末书本依旧如新。部分在线开放课程虽然动静结合相得益彰,但由于认证关节未打通、趣味性不足以及难于有效监管等缘故,致使学生求知欲望淡薄、兴趣索然,"填鸭式"被动学习难以免除。部分课程开放度低、公众获取困难,即便是省部级及以上课程,也有若干仅供建设单位使用的情况存在。

(二) 受益面窄,拓展资源有限

微生物学相关课程分支较多,如普通微生物学、环境微生物学、食品微生物学、土壤微生物学和医学微生物学等,教学内容存在一定重复,而专业的细分势必导致受益面狭窄、辐射力度有限。要想在夯实专业基础的同时拓展微生物学知识架构,就需要有高质量的拓展资源进行有力支撑。然而这样的资源稀缺且多数不成系统。究其原因,投入有限是一方面,而更为主要的则是教师对现代教育技术及其衍生工具的掌握运用能力和开发建设意愿不足。

(三) 更新迟滞,师生互动有限

教学资源建设在教育活动中处于战略高点,而真正优质的课程与资源必须做到在内容和形式上与时俱进。然而,若干课程仅仅是在评建初期将原课程内容进行数字化处理,立项后便少有更新,工作重心和精力投入都在于"评"而非"建",这实际上也是同建设初衷和教育精神相背离的。路秋丽等的研究显示,先前即便是国家精品课程也仅有不到2%的教师把资源制作放在首位,73%的教师将整体规划和教学内容设计列作投入精力和时间最多的环节,能实现主动更新的教师比例不足五成。另外,当前微生物类课程教学平台交互性有限,时效性不足,教师、师生和学生间交流互动亟待加强,如何实现建设与交流的动态化和常态化值得深入思考。

(四) 角度单一,"用户思维"缺失

对于教学而言,"用户"便是学生。课程建设与学生思维方式、体验偏好和学习习惯等的契合度在很大程度上会左右教学效果。例如:在主流媒体多以"图说"形式进行内容表述的今天,若能将某一知识点教学进行相应调适,收效必定较常规照本宣科要好。然而,不少课程在开发制作过程中很少顾及"用户"感受,生硬对照"规定动作"要求(视频时长、教学材料种类、在线测试题量等)逐项完成。学校和教师的心血之作,在学生看来却是千篇一律、乏善可陈,甚至于不少课程每逢检查、验收之际,需要突击动员方能确保使用率达标。

二、"教辅书籍、网、端"一体化拓展资源构建

我们通过近7年的不懈努力,初步建成了"教辅书籍、网、端"一体化的微生物类课程拓展资源体系。其中,"教辅书籍"是指《"微"故事——微生物的前世今生》;"网"指胖魔王的微生物阵地网站(http://nldmt.hzccx.com);"端"是指由微信公众号(nldxlijwswx)、微信小程序和喜马拉雅有声专辑(https://www.ximalaya.com/toutiao/20366357)共同构成的移动端。

（一）普适性教辅书籍编著

微生物类课程受属性特点、学科专业要求、学习对象素养及知识架构等影响，想要建设具备普适性、宽口径的优质教辅书籍不易，需要同时满足多项要求：①切实发挥辅助作用；②兼顾不同学科专业，传统经典与当代进展相融合；③有情有景、生动有趣、通俗易懂；④提高科学素质的同时，兼顾培养爱国情操、教育思想道德和树立理想抱负。

我们组织二十余位具有不同学科和职业背景的师生、科研人员及企业人士，耗时 3 年编著《"微"故事——微生物的前世今生》一书。全书共分 7 篇（吾名微生物、微生物学大咖、饮食中的门道、可怖的微生物、微生物与农业、微生物与环境、脑洞大开），包含 67 个故事，寓教于乐、情景结合，颇具可读性；既有"列文虎克的显微镜"这样的经典知识点，又有"紫色细菌，第一个被发现的外星生物？"类似的前瞻性科研进展，以及与"微生物社交法则——群体感应"相似的秘闻披露；在感慨"制曲酿酒"中先人智慧之余，不忘"汤飞凡与沙眼衣原体"中汤先生事迹之荣光等。目前，从浙江农林大学和浙江工商大学使用该书的情况来看获评良好，直接受益者累计 726 人次。另外，该书经电子化和有声化处理后已上传至后文所述"网"和"端"，初具规模。

（二）"胖魔王的微生物阵地"网站建设

网站平台的构建是必需且重要的，这是因为：①互联网已融入日常生活，成为了教学领域不可或缺的重要工具。截至 2018 年 12 月，中国网民已近 8.3 亿，互联网普及率达 59.6%，最频繁的使用群体为学生，教学活动对网络倚重度越来越高。②随着主流操作系统和浏览器逐渐将 HTML5 作为默认支持选项，微信平台视频播放和动画演示力有不逮等情况时有发生，无论是从习惯性、体验度还是从教学资源归集整理角度来看，都需要网站的存在。

鉴于此，我们对"环境微生物学（网络版）"课件进行改造，明确其拓展辅助属性，并最终建成"胖魔王的微生物阵地"网站（http://nldmt.hzccx.com）。网站采用大量来自国内外教材、网站和光盘的优质素材，各类图片近 400 幅、视频 20 余段、仿真动画 100 多个，并将书本知识化静为动，化抽象为形象。与此同时，注重时效性，及时将最新微生物学科研动态、新闻轶事及影讯、书讯等传递给受众。目前，该网站访问人次已超 120 万。

（三）复合式移动端口搭接

网络普及和移动技术的快速发展使得移动终端成为了新型学习工具，便携与可进行碎片化学习是其突出特质。其中，最具代表性的当数微信公众平台，相关微生物类教学应用实践也已见若干报道。我们于 2013 年底开通微信公众号，并将其融于微生物日常教学之中。目前，该公众号能实现"胖魔王的微生物阵地"网站绝大多数学习功能，推送功能更是彰显便捷，关注人员 2 650 人，遍布我国第一级行政区划省市和自治区，在法国、美国和加拿大等国也有分布。从五年多的应用情况来看，该平台起到了良好的教辅作用，并因其具备扩散性还可当作科普利器，每年仅推送部分阅读量就超 4 万次，已具备一定辐射力度。

鉴于微信小程序相比公众号具有：①入口浅、加载快；②可与微信聊天窗口实时切换；③离线仍可上报实时数据，即时掌握运营状态；④微信对其开放接口越来越宽，功能愈发强大等优势。小程序功能上线不久我们便开发了"胖魔王的微生物阵地"小程序。而"关联"功能的出现，使得二者相辅相成，在照顾不同使用偏好的同时，能够最大程度提升体验度。为了进一步拓宽受益面、丰富学习体验，我们还将《"微"故事——微生物的前世今生》制成有声读物，并以专辑的形式在喜马拉雅平台进行播讲。截至投稿时，该专辑内含节目 243 集，累计点播 1.52 万次，收听群体稳固。

三、资源应用分析

（一）教学实践

一体化拓展资源体系建立后，我们在个性选修课环境健康学中进行了教学实践。2018—2019 学年（两个学期）该课程每周 1 次课（2 学时），选修人数共计 182 人。每学期均按照专业、生源地和性别平均分配为两个教学班（分别为 88 和 94 人），两班基础课程成绩无显著差异，任课教师为同一人。在学生不知情的前提下进行对比教学，A 班（对照班）采用"多媒体课件＋板书"传统堂授教学模式，B 班（实验班）采用基于一体化拓展资源的新形态教学模式。B 班按照"一课一故事"或"一事一课"的原则，将课程主要知识点以相关主题图文故事或新闻时事形式通过微信平台在课前（或课后）进行推送并提醒学生阅读。如在讲授"绪论"时，推送"中国健康大数据出来了，自己细细看"，使学生在了解健康大数据之余，清楚认知学习本课程的重要性，激发其主观能动性（截至投稿时，该篇阅读量已超 11 万次）；在讲授"微生物与免疫"章节之前，推送"为什么大城市的姑娘容易皮肤差"一文，不仅让学生明确微生物种群对皮肤的重要性，还使其联系生活实际，调动相关经验，化抽象为具体；在讲授"微生物疾病的流行性"时，指引学生阅读"SARS 留给我们的不仅是痛"，既让学生对相关病毒特性、分类依据、致病性和传播途径等有所了解，又培养其对我国科研、医护人员的崇敬之情，树立理想抱负。此外，如前所述，我们还不时将相关影讯、书评、科研动态以及动画、视频和有声节目等通过一体化拓展资源体系呈现、传播给学生，激发、维持其学习兴趣的同时，为其自主学习提供便利和优质的资源支持。

经统计分析，两学期对比结果基本一致。B 班有超过 95％的学生经常性通过移动端进行学习和阅读，每期分享转发次数大于 23 次（课程结束后仍保有分享行为），图文内容与质量是首要影响因子。学期末，以课程论文形式进行考核，考评教师为同一人。结果显示，5 个分数区间中有 4 个存在显著差异（$P < 0.05$），A 班平均成绩为 81.4 分，B 班平均成绩为 89.1 分。整体而言 B 班学生在论文撰写内容质量，特别是联系生活实际和新闻、研究热点以及思维发散性方面要明显优于 A 班，而这同平时教学过程中所展现出的精神面貌、学习意愿以及分析应答能力是一致的。

（二）学生评价

通过问卷对不同班级学生进行调查，结果如表 1 所示：B 班绝大多数学生对新教学模式持认可态度。相较于对照班，实验班学生认为该模式对其完成作业、提高兴趣与学习意愿有帮助，并能在分析和解决问题能力、论证与创新能力以及信息获取与利用能力提高培养方面发挥积极作用。

表 1　教学效果的学生评价

调查项目	很好		较好		不好	
	A 班	B 班	A 班	B 班	A 班	B 班
知识点掌握度	69.21	83.88	21.92	13.69	8.87	2.43

（续）

调查项目	很好		较好		不好	
	A班	B班	A班	B班	A班	B班
作业完成情况	36.54	77.31	31.39	11.32	32.07	11.37
分析和解决问题能力培养	48.79	71.99	39.96	20.67	11.25	7.34
论证与创新能力培养	37.54	79.32	36.21	15.97	26.25	4.71
信息获取与利用能力培养	49.83	72.73	30.89	22.73	19.28	4.54
兴趣与学习意愿	44.75	69.91	28.36	25.87	26.89	4.22

随后，进一步对实验班学生进行满意度调查，结果如表2所示：除"会将资源转发或推荐给别人"和"愿意通过平台参与互动交流"两项外，大多数学生对所调查项目表示非常赞同或赞同，而合计仅有28.31%的学生有意愿将资源转发或推荐他人，原因可能是其他学生共享意识缺乏和不愿侵扰他人等。

表2 学生满意度调查结果

调查项目	非常赞同（%）	赞同（%）	不确定（%）	不赞同（%）	非常不赞同（%）
更喜欢这种教学模式	47.94	26.70	15.80	4.94	4.62
拓展资源增加了课程学习的趣味性	48.89	22.86	19.59	4.72	3.94
拓展资源有助于课程知识点学习	35.31	32.24	18.65	8.30	5.50
拓展资源访问便利，体验度好	45.30	23.25	14.38	6.25	10.82
内容丰富，前瞻性强	34.70	30.50	11.60	18.40	4.80
会将资源转发或推荐给别人	17.11	11.20	26.43	3.86	41.40
知识面得以拓宽	38.20	23.91	17.30	11.75	8.84
愿意通过平台参与互动交流	7.93	21.85	51.76	12.34	6.12
对学习过程整体满意	38.77	27.92	26.85	5.02	1.44

我们深知系统研究的必要性与重要性，接下来除了继续对比研究拓展资源在非专业基础课程中的应用效果外，还将着手评价其在微生物类专业课程中的作用，优化完善研究方法与评价体系。唯有通过系统研究拓展资源对人才培养的作用效果，方能作出全面中肯的评判。

（三）建设与应用成效

一体化拓展资源建设以来，浙江工商大学、浙江大学、中国药科大学、浙江海洋大学和海南热带海洋学院等高校相关课程均在不同程度使用上述资源，肯定之余对后续工作提出了许多宝贵意见与建议。2014年，我们的网站平台参加"第十四届全国多媒体课件大赛"，获高教理科组一等奖。2019年，《"微"故事——微生物的前世今生》入选教育部2019年全国中小学图书馆（室）拟推荐书目。在激发学生学习热情和提升教学效果的同时，我们注重对其科研素养和创新能力的引导与培养。先后指导本科生发表科研论文10余篇（学生第一作者），其中 Biotreatment of *o*-nitrobenzal dehyde manufacturing wastewater and changes in activated sludge flocs in a sequencing batch reactor 发表于 SCI一区 Top 刊物 "*Bioresource Technology*" 上；省级优秀毕业论文3篇，校级优秀毕业论文 8 篇。在国家级、省级各类大学生科技竞赛中获奖近 20 项，其中"农药减排·微生物降解技术大有可为"和"农残减控卓见成效，农药生产喜中隐忧"分获第七届和第十二届全国大学生节能减排社会实践与科技竞赛二等奖和三等奖，"微生物降解技术攻克浙茶农残问题""以 CNKI 平台为支撑的六地农残相关问题调查与政策分析"及"跨度 5 年的中国粮食贸易逆差成因十省市十五地调研"先后获得"共享杯"大学生科技资源共享服务创新大赛优秀奖，"邻硝基苯甲醛合成废水生物处理及 SBR 反应器中活性污泥相的变化情况研究"和"杭州褐本环境工程有限公司土壤修复创业计划"获得浙江省"挑战杯"大学生竞赛三等奖，"微生物的那些事儿"获得浙江省大学生多媒体竞赛三等奖。相信随着建设的不断深入，拓展资源体系将日臻完善并惠及更多学生和民众。

四、小结

自 2003 年教育部启动高等学校教学质量与教学改革工程精品课程建设工作以来，我国课程建设已历经精品课程建设、精品开放课程建设与应用以及在线开放课程全面建设应用与管理三个阶段，在教育教学改革推动、人才培养质量提高和优质课程资源建设等方面实现了长足进步。建设工作在为教学活动带来新活力和丰富优质资源的同时，切实推进了教育公平，降低了教学成本，并为践行终身学习提供了现实基础和可靠保障。随着 2018 年"新时代全国高等学校本科教育工作会"上提出"金课"概念，第十一届"中国大学教学论坛"上给出"两性一度"标准，以及教育部在 2019 年教育信息化和网络安全工作要点中明确"要扩大高校优质教育资源覆盖面，积极服务学习型社会建设"，课程建设工作已步入新阶段。

国内尚在深度数字"软化"之际，有些国家的领跑者们却已由"互联网＋"时代悄然进入"新硬件"时代，可穿戴设备、智能机器人和 3D 打印技术等在教育领域逐渐崭露头角。可以预见，"新硬件"技术必将在新一轮课程建设中有所作为，在彰显时代特质、丰富教学手段、带来全新体验的同时，更好地适应和满足学习者的差异化需求。与此同时，拓展资源的自主创建与应用水平，服务能力与辐射力度也会提升至新的高度。"新硬件"时代的来临，宣告新时期微生物类课程资源建设与应用正式开启。

生物农药与生物防治学线上线下混合式
教学模式的探索[*]

周湘　张心齐　郭恺　王义平

一、引言

"山水林田湖草"生命共同体理念已深入人心，涉农行业发展也迈入新时代。为建设美丽乡村，推动农林行业振兴，新农科建设已是新时代农林院校高等教育的头等大事。这个"新"体现在多个方面，其中如何融合现代科学技术改造传统课堂就是一个重要命题。改造可以从两方面入手：①运用新科技在课程内容上进行翻新，实现知识点的升级；②运用现代课堂教学技术在课程形式上进行改革，如利用线上资源来扩展知识面。无论如何转变，提升课程含金量的初衷是不变的，这就需要涉农专业课程不断探索符合课程自身特点和教学规律的革新方式，来达到培养满足新时代需要的农林卓越人才的目标。

生物农药与生物防治学是一门涉农专业课程，在植物保护和森林保护专业中往往是专业核心课程。该课程以微生物学、昆虫学、生态学、制药学、病理学等多门专业课为基础，涵盖了针对危害农林草业的植物病害、昆虫、寄生植物和杂草、鼠兔等有害生物和外来入侵生物的生物防治手段和药剂应用。该门课程具有知识点庞杂、基础研究与应用研究内容并举、新成果和新概念层出不穷等特征。上好这门课，就要平衡好基础和前沿知识点，把握好学生的理解和接受程度，使其既要熟练掌握核心理论知识，又要对前沿领域有所了解。在全面打造高校金课和新农科共识提出的大背景下，灵活应用各种现代教学工具，提升课程含金量已是当务之急。应用线上公共教学平台资源和开展线上线下混合式教学模式对于提升教学质量是一个很好的途径。现介绍该门课程教学实践过程中对于学生自主学习和成效综合评价方面的教学经验。

二、组建教学课程小组

由于该门课程内容信息多源，涉及多门基础课，为了保障专业性，组成课程小组进行授课，一般由病理学、微生物学、昆虫学授课教师组成。教学小组成员按大纲要求，合理分工，相互借鉴经验。根据授课内容可分为昆虫病原体、天敌生物和植物病害生物防治。每个成员确定各章节核心和拓展知识点，进行备课，在过程中保持交流沟通，使各部分内容形成一个整体，而不是割裂的单元。例如，通过比较不同生物防治天敌和病原之间的异同，及在应用过程中存在的优劣使前后章节内容相互呼应。同时，加入必要

＊ 本文发表于：教育现代化，2020，7（7）：126-127，149.

的思政内容，使课程不光只是知识点的传授，也是进行"三全育人"的重要场合。

三、上传课程资料

准备好完整的教学资料，并在实际教学过程中不断完善相关内容。在正式开课前，将相关的课程教案、课程大纲、试题库、平时作业练习题、拓展中外文文献等资料逐一上传开课网站（imooc.zafu.edu.cn），导入相关资料信息。上传过程中要注意文档资料分门别类，按不同文件包整理放置，便于搜索查找。试题库和练习题要设置好每个线上试题的难易度、赋分、章节出处、参考答案等，以便于学生自查自学。开课后，随着课程的进行，根据学生的掌握情况不断更新相关内容，如提供最新的参考文献、新闻报道、线上共享资源链接等，便于学生课后自主学习。

四、开展课中线上教学活动

通过线上讨论、章节作业和随堂测验来掌握学生的学习情况。课后可以设计一些开放式的讨论题，通过线上讨论来帮助学生加固知识点和促进其自主查找资料，如第一章介绍完生物农药的概念，可以让学生在线上讨论日常生活中所接触到的带有农药的名词。学生根据自身经历和阅读信息来源不同，给出的答案五花八门，甚至里面还掺杂着错误信息。这恰好是提升学习质量的重要途径，一方面通过学生间的交流来拓展彼此的知识面，另一方面可以及时纠正错误认知，去伪存真，加固课程知识点。同时，布置章节作业来进一步夯实学生对课程核心知识点的掌握。布置线上作业应主客观题并举（客观题包括选择、判断系统可自动判分）。针对线上作业的完成情况，及时在线下课堂中针对共性问题进行答疑。这部分也可以通过要求学生上传随堂笔记来替代，来考察学生的学习进度。教学过程中，若干章节讲授结束后可安排随堂测验。国外大学很重视过程考察，往往要进行数次随堂小测验，来保障教学质量。得益于现在教学软件的深度开发，可利用与课程网站关联的手机App（超星学习通），在课堂10分钟的时间快速考察前面学习的章节掌握情况（限时完成，逾期不给分，可避免作弊）。可以利用重考平时作业中的客观题的方式，检验平时学习的成效，也有助于分析平时的线上作业是否为本人自主完成。

五、开展课中线下教学活动

除了线上考察外，线下考勤、课堂提问和课外阅读汇报也是考察学生的学习情况的重要方式。平时成绩的组成不能完全依赖线上操作，课堂上的交流和考察所占的比重也不能忽视，甚至需要加重。如翻转式课堂，很多知识点在线上进行学习，线下更多的是课程框架解读和答疑解惑，从而提升学生的自主学习能力。在线课程的设置，不应作为忽略课堂教学的借口，理应调整线下授课形式，更积极地提高教学质量。课外阅读汇报不局限于做PPT展示，可以更灵活。如在本课程中要求学生做一张宣传海报，收集生物农药与生物防治概念相关的信息，从一个具体的实例来宣讲课程的核心理念，以大众为假定宣讲对象，来推广生物防治概念。后续可将学生所做的具代表性的海报收藏，用作之后学生的参考资料。

六、评定期末成绩

综合考察平时成绩，科学判定学生的学习情况。通过线上线下多角度评价学生的学习成效，加强过程考察，避免学生考前突击过关等问题。课程总成绩中，期末考试成绩占 30%。平时成绩（占总成绩的 70%）分为线上和线下成绩，前者占到总成绩的 50%，后者为 20%。线上成绩又进一步细分为四大块：课程网站访问次数占线上成绩的 20%、讨论占 20%、作业占 30%、随堂测验占 30%。讨论部分又细分为发帖数、点赞、助教给分等环节。线上成绩再根据系统给出的五个等级：A、B、C、D、E，分别赋分为 100、90、80、70、60 分，折算（×0.5）后计入总成绩，可根据实际情况调整分差设定。线下由考勤、提问和海报汇报成绩组成（表 1）。根据多层次、多样式的考核科目多角度地衡量学生的学习情况，有利于科学地掌握授课质量。

表 1　课程成绩综合评价表

课程成绩占比	线上线下占比	评价指标	备注
平时成绩 70%	线上成绩 50%	网站访问 50%×0.2	
		讨论 50%×0.2	发帖数、助教给分
		作业 50%×0.3	可用随堂笔记替代
		测验 50%×0.3	随堂小测验
	线下成绩 50%	考勤 20%×0.2	
		提问 20%×0.3	
		汇报 20%×0.5	
期末考试成绩 30%		卷面评分 30%	

综上所述，通过提供丰富的线上资源帮助学生进行课后的自主学习，以及对知识点掌握情况的自我评价。同时，利用线上线下多方面地综合评价学习成效，便于课前、课中和课后的准备，提高《生物农药与生物防治学》的授课质量。这些工作虽然某种程度上加重了教师课前准备和课后评估的任务，但提升教学质量，挤压水课是每个高校教师应尽的职责。时代不断在进步，"象牙塔"内的教学实践也应与时俱进，甚至要先行一步，以达到培养满足国家需要的高素质精英人才的目标。

农业气象学教学改革的探索与实践[*]

范渭亮

　　农业气象学是农林类大专院校最为重要的专业基础课程之一，其目的是从农、林业生产的实际出发，围绕农业现代化以及加强农业基础建设，实现农林牧渔全面发展和科学种养等需要，不断认识和解决农业生产中出现的气象问题，使农业生产能够充分而合理地利用气候资源，战胜不利的气象因素，逐步提出促进农业"高产、优质、高效"和可持续发展的气象条件和气象措施。农业气象学是农学、林学、种子科学与工程、植物保护、园艺、中药学、设施农业科学与工程、草业科学等专业的基础课。农林类高校开设该课程的目标是使学生通过对农业气象学课程的学习，系统地掌握各种基本气象要素及其时空变化规律和天气学、气候学、农业小气候等方面的基础理论知识，熟悉与生物环境密切相关的气象条件的形成、演变规律和中国的主要天气、气候状况，并能够将所学知识与生产和生活实际相结合，综合分析，灵活应用。另一方面，在我国当前大力提倡"绿水青山就是金山银山"，把环境保护放在社会发展重要位置的背景下，农业气象学对于大专院校学生环保意识的加强和对人类生存环境现状的认识也提供了丰富的理论知识支持。

一、当前教学过程中存在的问题

（一）师资配置不均衡

　　农业气象学开课学院和教师在农林院校中往往集中在某一个或两个学院里，任课教师的数量和知识背景难以同时满足对该课程有需求的学院的具体教学要求，同时，由于学院间课程设置过程中沟通不足，极易导致对该课程有需求的学院对该课程的重视程度和内容安排不足。以笔者所在的浙江农林大学为例，开设此门课程的两位教师所在学院为环境与资源学院，全校开设该课程的单位包括农学院的农学专业、林学院的植物保护专业、茶文化学院的茶学专业、环境与资源学院的农业资源与环境专业、园林学院的园艺专业和人文地理与城乡规划专业。可想而知，如此稀缺的师资力量要准备大量不同专业课程，难以兼顾不同专业对农业气象学课程的实际需求。然而，如果在对有需求的不同专业内均设置农业气象学的专任教师，又会导致这类教师工作量不饱和的问题。因此，如何在师资配置方面进行权衡，需要上升到整个学校教务系统统筹安排的层次。在对农业气象学课程具体内容的安排上，缺乏课程任课教师与学生所在具体专业之间的沟通与协调，不同课程之间衔接不够紧密，从而导致出现部分教学内容与专业课内容重复或遗漏的现象，也严重影响了该课程的教学效果。

---

　　* 本文发表于：教育现代化，2019，6（87）：81-82.

（二）教学内容与高考改革不匹配

农业气象学是地球科学的一部分，是一门需要数学、物理、自然地理和生物等知识为背景的科学。然而，目前我国部分省市开始进行高考改革试点，如上海市和浙江省的理科高考，除语文、数学和英语三门必修课程外，考试科目在六门固定科目中选考三门，可选科目分别是政治、历史、地理、物理、化学和生物。由于这些高考科目难度的差异，更多的学生倾向于选择政治、历史和生物，而放弃地理、物理和化学这类对数学知识背景有一定要求的科目，因此在高中阶段放松了对这些难度较大科目的学习，并进一步造成了学生在大学入学后难以将自己以往的知识背景与大学课程的基础要求进行对接，同时，由于选考科目差别导致了同一大学专业学生之间有巨大的知识体系差异。例如农业气象学实验中讲解水银气压计原理时，需要学生具备托里拆利原理的基本知识。然而，在高考选考中未选择物理和化学作为考试科目的学生在高中学习过程中往往忽略非高考科目的学习，因而对托里拆利原理完全没有了解。因此，在大学教学过程中往往只能临时增加学生不熟悉或从未接触过的知识点。更加严重的是，如果学生在课堂教学中并未提出不具备该知识点背景知识的问题，授课教师往往会忽略对该知识点的内容进行补充，从而大大增加了学生对该知识点学习的难度。

（三）教材内容更新速度慢

目前大专院校农业气象学授课使用的教材和教学大纲大多需要长期的编制和出版过程，随着新理论和新技术的快速涌现，学校会对教材和大纲内容进行更新，然而，这种更新速度和深度难以与目前快速发展的科学研究进展相匹配。因此，学生会经常在新闻媒体或社交媒体上了解到更新的农业气象学研究进展，从而认为课堂上教师讲授的专业知识不够新颖，不够有趣，不够贴近现实，导致对教学内容的学习兴趣下降，影响了学生的学习积极性和学习效果。农业气象学的任课教师在考虑给学生提供更加丰富且有吸引力的教学内容时，往往也面临着知识更新的挑战，教师在工作过程中如何不断学习，如何不断提高自身的科学素养和专业知识，并提供更加良好的教学资源，是教学内容更新的重要基础。

（四）教学方式存在不足

农业气象学作为地球科学的一部分，具有研究对象相对直观的特点，如风、云、闪电和降水等自然现象。然而，在目前的教学过程中教师仍然主要采用语言描述或 PPT 讲解等方式向学生展示教学内容。这种常见的教学方法未将生活中和农业生产过程中的自然现象与授课过程结合，容易造成学生对所讲授内容形成机械记忆，而不利于对所学知识积极地消化吸收。另一方面，虽然在农业气象学的教学过程中开设了实验课，但实验课时数、实验仪器数量和质量仍然是目前影响该课程教学效果很大的因素之一。因此，如何提高实验教学的效果是摆在每一位任课教师面前的问题。

二、解决方案

（一）有专业针对性的师资配置

针对农业气象学课程师资在不同学院间分布不均匀的问题，一种可行的方案是对该课程有需求的学院在高校教务部门协调下协同引进师资。首先，学校教务管理部门在学院间协调对农业气象学专业教师的背景需求，如林学院和植保学院在开设该课程时，需要该课程授课教师具备植物生理学背景，然后在有共同或相近农业气象学人才引进需求的学院间进行协商，最终有专业针对性地引进可以同时服务于大于或等于两个专业领域的农业气象专业背景师资。

（二）合理设置农业气象学的先导课程

针对当前的高考改革趋势，高校应首先对学习该课程的学生进行背景知识的分类，并根据这种分类开设农业气象学课程，而不是按照学生入学时形成的自然班进行授课。这样做的好处在于授课教师在课程准备的过程中对学生的知识背景可以做到心中有数，在授课的过程中也不会浪费部分具备良好背景知识的同学的课上时间。同时，这样做的好处是在完成该课程的学习后，理论上所有的学生都可以达到农业气象学的学习要求。

（三）教材创新与教师再培养

针对目前农业气象学传统纸质教材更新速度慢的问题，建议该课程的任课教师在已有教材的基础上补充最新研究进展的文献材料，同时也可以采用调整已有教材的章节、在教学过程中使用自编教材和对多种教材进行综合利用的形式进行授课。但无论哪一种形式，都需要以提高任课教师的自身学术水平为前提。因此，该课程任课教师的知识更新速度就显得十分重要。所有高校教师都应亲身踏足科研一线，结合自己的科研经历和经验进行授课。然而事实并非如此，尤其是近年来由于历史原因，造成部分高校教师已经脱离科研一线多年，这就更加需要对这一部分教师的科研水平和业务能力进行提升。对于农业气象学任课教师来说，实现这种提升的方式主要包括加强自身的科学研究、积极申报国家、省市以及高校级别资助的国内外访学并积极与国内外同行进行学术交流等。

（四）提升教学方式多样性

针对农业气象学课程教学方式方法单一、实验课内容和设施条件相对不足的情况，建议在传统课堂教学的基础上进行教学方法的改进，例如播放与课程内容相关的纪录片，增强学生对所学内容的现实感；教师积极申报省级和国家级的三维虚拟仿真项目，进一步加强学生对课程内容的直观印象；通过网络课堂和手机 App 软件安排课下的作业和练习，也可以通过这样的方式对学生进行教学成果测试，锻炼学生在遇到问题时随时查阅资料并解决问题的能力。

三、结语

农业气象学课程教学改革是一项系统工程，其涉及教学内容、师资配置、教材结构、实践环节和教学模式等多方面的革新。基于农业气象学课程的特点，进行有专业针对性的师资配置、合理设置农业气象学的先导课程、进行教材创新、教师再培养和提升教学方式多样性，要求教师要不断提升自身业务水平，学生要紧密配合授课方式和内容。同时，引导学生运用所学知识解决实际问题，激发学生的学习兴趣和创新思维，注重实践能力培养。

"森林经理学"课程产教学联动实践教学模式的探讨
——以浙江农林大学为例[*]

汤孟平

森林经理学是研究如何实现森林可持续经营的理论和技术的一门综合性学科，是我国农林院校林学专业的主干专业课程之一，其特点是知识面广、综合性和实践性强。因此，森林经理学课程的教学质量直接影响到林学专业人才培养的质量。长期以来，在"理论教学为主，实践教学为辅"传统教学观念影响下，森林经理学课程实践教学被认为是理论课教学的补充。为改变这种状况，各高校开展了森林经理学课程教学改革，包括加强该课程的设计、增加综合实习时间和内容、组织学生参与社会生产实践等。这些改革措施对提升森林经理学课程实践教学效果具有积极的作用。

森林经理学课程设计是该课程的组成部分；森林经理学课程综合实习涉及森林经理学、测树学、遥感、地理信息系统等其他课程和教师；而学生参与社会实践是指学生利用暑假，参加森林资源一、二类调查或科研项目，并不属于任何一门课程。所以只有森林经理学课程设计属于森林经理学课程的实践教学内容。一般，森林经理学课程设计是由教师提供数据资料，学生对数据资料进行统计分析，撰写森林经理学课程设计报告。这些工作由学生在教室或实验室完成，缺少林业生产实践的体验和训练，难以加深学生对森林经理学知识的理解和提高学生的动手能力。因此，笔者认为针对森林经理学课程教学的改革应聚焦于如何提升该课程的实践教学效果上。为此，笔者提出一种产教学联动的实践教学模式。多年的教学实践证明，森林经理学课程产教学联动实践教学模式取得了较好的教学效果。

一、森林经理学课程产教学联动实践教学模式的界定

在森林经理学课程产教学联动教学模式中，"产"是指林业生产实际，"教"是指教师的课程教学，"学"是指学生的课程学习。森林经理学课程产教学联动实践教学模式就是让教师根据教学目标、内容，通过与林业管理部门、林业生产单位建立联系，利用课外时间，让学生走出教室，开展产教学三方联动的实践教学活动，并做到理论与实际紧密结合、教学与生产无缝对接，达到提高学生学习积极性和实践能力的目的。

二、森林经理学课程产教学联动实践教学模式的联动机制

森林经理学课程产教学联动实践教学模式的关键是产教学三方联动。通常情况下，林业生产不会与教师的教学活动直接产生联系，也不会与学生的学习活动有联系。因此，

---

* 本文发表于：中国林业教育，2019，37（2）：39-42.

要实现产教学联动，应具备两个条件：一是教师有教学任务；二是教师有提高实践教学效果的愿望。在实现产教学联动过程中，教师要动起来，发挥主导作用，积极主动与林业管理部门、林业生产单位等建立联系，并向他们阐明产教学联动的重要意义，争取得到相关部门的大力支持与配合。在此过程中，教师可为林业生产实践提供理论与技术指导，并收集教学素材以及发现新的科研问题。而学生则通过参加实践活动了解林业生产实际情况，并且能学到知识，提升专业技能。

三、森林经理学课程产教学联动实践教学模式的特点

森林经理学产教学联动实践教学模式改变了传统的实践教学模式，该模式是从林业生产实际中寻找实践内容。其组织形式是以学生为中心，以教师为主导，以林业部门管理者、林业生产单位经营者和林农为协助，将教学与林业生产实际紧密结合，让学生、教师、林业部门管理者、林业生产单位经营者和林农共同获益。在产教学联动教学模式中，学生不仅了解、参与了生产实际，而且还发现了生产中的实际问题，激发了学生学习的兴趣，提高了学生的实践动手能力。该模式具有以下 5 个显著特点。

（一）联动性

联动性是指参与实践教学的学生、教师、林业管理者、林业生产单位经营者和林农联合行动，各参与方缺一不可。由于产教学联动实践教学是利用课外时间进行的，应当以不影响正常工作和学习为原则，需要协调学生、教师、林业管理者、林业生产单位经营者和林农的时间安排，找到一个可开展实践教学活动的重叠时间，在各方的共同参与下，达成产教学联动的教学目标。

（二）实时性

实时性是指实践活动主题紧密结合当前的林业生产实际，从实际中了解哪些森林经理学理论被应用于林业生产实践，以及新技术、新方法和新工具的应用情况，并提出改进意见和建议。同时，也可以了解国家最新的林业方针、政策的贯彻落实情况。

（三）综合性

综合性是指每一个实践主题都涉及多门学科。例如，森林采伐方式调研涉及森林培育学、森林经理学、测树学、树木学和森林采运等；林权制度改革调研涉及林业政策法规、林业经济学、森林培育学、森林经理学等；毛竹生长过程调研涉及竹林培育、测树学、森林经理学、数理统计、高等数学、计算机应用等。

（四）灵活性

灵活性是指产教学联动实践教学是利用学生的课外时间进行的，不受常规教学计划和林业生产活动的限制，可以自主安排实践活动的地点和时间，以配合林业部门管理者、林业生产单位经营者和林农的工作安排。产教学联动实践教学活动一般在野外进行，有些活动持续的时间较长（如毛竹竹笋生长观测），受天气影响较大，因此不宜纳入常规教学计划，应根据具体情况灵活安排和调整实践教学活动的时间与地点。

（五）共享性

共享性是指产教学联动实践教学可以分组活动、共享成果。产教学联动实践教学的主题多、内容丰富、信息量大。各小组在完成实践教学活动后，以 PPT 答辩形式进行汇报，全体学生可以分享各小组的实践成果，达到互相学习、共同进步、增加收获的目的。

四、森林经理学课程产教学联动实践教学模式的实施

森林经理学产教学联动实践教学模式的实施是一项系统工程，需要进行周密地计划。总体上可按实施方案、实施过程和考核评价三个步骤开展。

（一）实施方案

实施方案是对产教学联动实践教学的主题、内容、时间、地点和考核方式等作出全面的安排，主要包括下面三个方面。

1. 确定实践教学主题 根据常规教学任务安排、教学目标、教学内容，同时考虑林业生产季节性特点，确定实践教学主题。以浙江农林大学的具体情况，森林经理学课程的教学任务通常安排在上半年。为此，结合上半年林业生产实践，如毛竹林春笋、杨梅等作物均在上半年收获，部分森林采伐活动也在上半年开展，笔者由此确定了森林经理学课程的实践教学主题。

2. 安排实践教学活动的时间和地点 通过与林业管理部门、林业生产单位和林农协商、沟通，确定实践教学活动的具体时间、地点。笔者根据班级学生总人数对学生进行分组，不同小组确定不同的实践主题和内容，并根据距离远近选择合适的交通工具。

3. 确定实践教学考核方式 实践活动结束后，每小组抽一位学生和教师共同组成答辩评委组，对各小组的 PPT 答辩汇报情况进行考核。答辩评委组成员根据实践主题的难度、工作量和 PPT 答辩汇报的效果等进行评分，取平均分作为该实践活动的考核成绩。

（二）实施步骤

森林经理学课程产教学联动实践教学模式实施过程可分为两个部分进行。

1. 分组 以班级为单位，每个班可划分成 3 个小组，每小组确定 1 位组长负责组内成员的任务分工和时间进度安排。

2. 以小组为单位开展产教学联动实践 教师根据教学目标、内容、重点，结合林业生产实际，确定实践教学主题。各小组长采用抽签形式，随机选取实践教学主题。实践教学地点由教师与林业管理部门、林业生产单位和林农协商确定。各小组针对实践教学主题、目标和内容开展调研活动。

第一组：森林采伐方式调研。学生在学习森林资源调查、森林收获知识的基础上，通过与林业管理部门和林业生产单位协商，开展森林采伐方式的调研，其内容包括采伐地点、采伐方式、采伐木年龄、采伐工具、打枝工具、集材方式、归楞和运输方式等。2014 年，调研地点选在临安市太湖源镇南庄村；2015 年，调研地点选在临安市青山湖街道泉口村。通过对采伐现场的调研，学生加深了对小班、作业调查、主伐方式等概念的理解；通过查数伐桩年轮，学生了解了主伐年龄。另外，有的学生还亲自动手伐倒一株树木，并进行打枝和集材处理操作。

第二组：林权制度改革调研。实际上，提高集体林经营水平的首要问题是明确权属，不同权属的林地、林木经营目的不同，应采取不同的经营措施。临安是浙江省林权制度改革的示范区，集体林权制度改革走在全国前列。2014 年、2015 年，通过与临安林业管理部门协商，选择临安三口镇葱坑村杨梅承包经营大户黄文荣为调研对象开展了林权制度改革调研。调研内容包括林地权属、林权证、承包期、面积、林种、经

营目的、经营措施、投入产出等，重点调查林权制度改革后的森林多种经营与效益，使学生通过调研了解集体林权制度改革现状与成效，把理论知识与实际情况相结合，深刻理解我国实行集体林权制度改革的重大意义，同时体会集体林森林经营方案编制的复杂性。

第三组：毛竹生长过程调研。在学习了森林成熟与经营周期的基础上，让学生选择集体林区的毛竹林进行单木生长过程调查，并学习如何确定数量成熟龄。选择毛竹林作为调查对象是因为毛竹生长速度远快于乔木，毛竹在40～50天左右就可完成展叶和高生长，这是在短时间内了解单木生长过程的理想对象。选择有代表性的毛竹林地段进行调查，调查之前需要与林农协商，得到许可之后方可开始调查。如2014年，选择临安市锦城镇东湖村的毛竹林；2015年选择临安市锦城镇平山村的毛竹林。在调查过程中，学生对每一个被调查的毛竹竹笋进行编号，插上标签，调查内容包括地径、胸径、竹高、生长期、生长状态等。从新竹出笋开始，每间隔1～2天进行连续定期观测，由于间隔1～2天的连续定期观测次数较多，持续时间较长，小组成员可进行分工合作，每次安排2～3人进行轮流观测。通过间隔1～2天的连续定期观测，直至竹子停止生长，由此可以掌握竹笋生长动态。同时，学生可利用观测数据，应用SPSS统计软件，建立生长模型（竹子高生长模型），并用求极值的方法，确定数量成熟龄。

（三）实践教学的考核

为改变传统实践教学走马观花、流于形式、不重视考核的问题，森林经理学课程产教学联动实践教学采用全过程跟踪考核方式。具体做法如下：首先，要求每位学生全程参与实践过程，小组成员互相配合，共同完成实践内容；其次，小组成员共同准备PPT答辩汇报材料，并选出一名学生进行10分钟答辩汇报；最后，答辩组评委（由每小组推荐1人和教师组成）根据实践活动的难度、工作量、学生答辩的质量、学生的语言表达、仪容仪表、互动性等进行评分，给出学生实践成绩。该环节作为平时成绩的组成部分，在总成绩中占一定比例。每位学生在该环节的最终成绩＝（小组答辩得分/100）×（小组组长评分/100）×10。其中，小组答辩得分按百分制评分，去掉最高分和最低分后的平均分为小组答辩得分；小组组长评分由小组长根据学生调研工作贡献和表现情况，按百分制进行评分。

五、森林经理学课程产教学联动实践教学模式的实施效果

森林经理学课程产教学联动实践教学模式可以达到多方协同互动、共同受益的目的，但学生是主要受益者。学生通过参加森林经理学课程课外产教学联动实践教学活动，把课堂上学到的理论知识与生产实际紧密结合，不仅增强了实践动手能力，而且还取得了在知识、技能和团队合作等多方面的收获，提高了学习积极性。

实践表明，产教学联动实践教学模式获得了学生的好评。朱健（林学112班）认为，"虽然学校有相应的实习课程，但是与真刀实战的产教学联动实践相比，我觉得这才是真正的实践"；邵赛芬（林学112班）认为，"通过这次实习，我对森林采伐方式、采伐过程、森林经营周期有了深刻的认识和理解"；陆王通（林学112班）认为，"理论加实践，让我的动手能力提高很多"；周雪燕（林学112班）认为，"我深深地感受到了林权制度改革的成效，农民获得了极大的好处"；胡玥（森保121班）认为，"这次实习很开心，看到

了在学校课堂里面看不到的东西"；卢威陶（梁希林学121班）认为，"在本次调查过程中，我切身感受到了毛竹快速生长的过程"；陈佳妮（梁希林学121班）认为，"伐树环节让我印象深刻，虽然我是女生，但我还是主动要求上前，争取到了宝贵的机会"；冯雨星（梁希林学121班）认为，"大学以来经历过很多的实习，这次实习让我印象最为深刻，不仅有学到知识的成就感，还有用自己的力量砍倒一棵树之后的收获感"；赵佳斌（林学121班）认为，"此次调查前后历时42天，考验的是我们团队的合作能力"。

家畜环境卫生学课程的教学创新[*]

杨彩梅　　王永侠　　茅慧玲　　许英蕾

目前，中国高等教育正处于发展和变革的新时期，教育部对本科教育的重视程度日益加强，进行教学模式创新是发挥高等教育培养高素质人才功能的重要措施。家畜环境卫生学是动物科学和动物医学专业的一门必修课，主要教学内容为家畜环境生理、家畜环境控制与改善、家畜对环境的影响、家畜养殖废弃物的处理、家畜环境检测技术与环境质量评价等内容。优良的品种、合理的营养、完善的兽医防疫体系及适宜的环境是现代化畜牧业的四大技术支柱。近年来，品种、营养和防疫都受到充分重视，但家畜的养殖环境却没有受到足够的重视，严重制约着畜牧业的高效发展。因此家畜环境卫生学课程的学习对于培养高素质的动物科学人才具有重要意义。

一、家畜环境卫生学课程的重要性

近年来，畜禽养殖业带来的环境污染问题和畜产品安全问题日益严重，但随着健康养殖、以畜为本和动物福利观念的普及，通过改善养殖环境如温度、湿度和控制有害气体等来保证畜禽的健康状况和保障食品安全已经成为共识。随着国家对环境保护的日益重视，合理地利用和处理畜禽养殖废弃物也成为畜牧业的研究重点和热点。家畜环境卫生学的主要任务是研究自然的和人为的环境因素及其变化对家畜健康和生产性能的影响及其变化规律，并依据这些规律制定出合理利用、控制、保护和改善环境卫生的措施，以达到促进家畜健康养殖、预防疾病、减少养殖废弃物对环境的影响和提高生产力及经济效益的目的。通过家畜环境卫生学课程的学习，能合理利用环境与动物的互作关系，提高畜禽的生产性能，减少畜禽养殖业对环境的污染，对培养动物科学专业的复合型人才具有重要意义。

二、家畜环境卫生学教学中存在的问题

家畜环境卫生学是一门应用性很强，而且涉及多学科交叉的学科，目前家畜环境卫生学的教学过程中主要存在以下几方面的问题。

（一）教材内容落后

由于动物科学技术发展突飞猛进，包括动物饲养管理、疫病防治、营养和遗传育种等都发生了极大的变化，但目前大多数的家畜环境卫生学教材编撰于 2004 年之前，内容相对比较陈旧，与新形势下畜牧生产实际存在较大的差别。

（二）课程涉及的知识点纷繁复杂

课程涉及物理、化学、生理营养和兽医等多个学科，个别章节学科跨度很大。如环

＊　本文发表于：饲料博览，2019，（3）：95-96.

境因素中涉及很多物理概念，畜牧场规划设计中涉及较多的建筑学理论，这些内容对于动物科学专业学生比较难理解。

（三）课程的实践性特别强

家畜环境卫生学课程是应用性课程，如果没有长期的实践经验，很难进行综合性和系统性的讲解，而且由于学科交叉多，导致教学内容松散和枯燥，如果教学过程中没有采用有效的教学手段，容易使学生抓不住重点，从而影响教学效果。

三、家畜环境卫生学教学的创新

针对家畜环境卫生学课程教学过程存在的一系列问题，教学方法的创新势在必行。浙江农林大学通过多年的教学实践，发现从以下几个方面进行创新教学，有助于培养学生的学习兴趣和提高教学效果。

（一）创新教学内容，增加新知识

近年来，随着畜牧业集约化和规模化程度的不断提高，新的饲养方式、养殖设施、环境检测设施和污染处理设施不断在实践中应用，所以教学过程中不能只依赖于教材，要及时添加新理论、新知识和新方法，使教学内容具有先进性。比如关于畜牧场有毒有害气体处理方面，教材中讲述的新方法较少，而目前关于畜牧场有毒有害气体的处理方法有了很多的新技术，比如通过安装氨气自动报警装置，定时进行通风及利用微生物和植物提取物进行处理等。因此通过在讲授过程中添加新的教学内容，使学生了解现代化畜牧场环境控制方法，有利于将来在畜牧养殖过程中能拥有新的解决问题的思路。

（二）利用影像资料，增强学生的感性认识

家畜环境卫生学课程的实践性很强，涉及养猪学、养禽学、养牛学以及养羊学等课程的知识以及大量的生产实践知识。而大三的学生在专业实践知识方面还很薄弱，造成学生在学习方面存在一定的困难，因而在课程设计上要结合教学内容，精心设计和组织一些动眼、动脑和动口相结合的感性教学实践活动，教学内容上采用大量实际生产中的图片资料，讲解生产一线的实际案例，增强学生对教学内容的感性认识。比如课程中有关于养殖设备方面的内容，教材中的内容以文字表述为主，图片很少，为使学生了解畜牧场养殖设备和布局，通过PPT进行课程讲解时主要以图片为主，穿插录像，能使学生产生身临其境的感觉，从而对畜牧场的养殖设备、喂料设备、通风设备、除臭设备和环境处理设备等都有充分的了解。通过图像刺激的方式提高学生的注意力，能增加信息的获取量，必要时回放画面随机提问，可以潜移默化地将知识传授给学生，激发学生的学习兴趣。

（三）利用启发式教学，提高学生解决问题的能力

家畜环境卫生学是一个理论与应用相结合的课程，启发式和互动式教学有助于学生更好地掌握所学的知识。比如课程中讲到不同的养殖模式时，针对"发酵床养猪模式的应用"这个专题，可以让学生先了解发酵床养猪的特点，然后让学生从猪的行为特性、养殖过程中温度控制和有毒有害气体控制、发酵床垫料处理等方面谈谈发酵床养猪模式的优缺点，然后引导学生思考如何改进发酵床养殖的弊端，充分发挥学生的想象力，让学生大胆提出自己的想法。最后向学生展示同位发酵床和异位发酵床等发酵床养殖模式的实例并进行分析，使学生深入了解发酵床养殖模式的应用情况，培养学生的思考和创新能力。

（四）采用应用性教学，使学生将知识融会贯通

家畜环境卫生学课程涉及的知识点纷繁复杂，内容比较多，要使学生真正地掌握所学内容，必须通过应用式和实践式教学，使学生能综合应用所学知识。畜牧场设计是家畜环境卫生学中一个具有综合性的内容，需要将畜牧场生产工艺、畜舍布局、畜舍外部设计、畜舍内部设计、兽医防疫和环境污染控制等各方面的知识融会贯通，才能进行合理的畜牧场设计。在家畜环境卫生学课程中，让学生自己查阅资料，运用所学知识进行畜牧场设计，然后通过 PPT 进行展示和讲解，教师引导全体学生进行讨论，指出每种设计方案的优缺点，并提出修改建议，学生再进行改进和完善。通过这种应用性教学方式，可以使学生通过知识的具体运用知道自己的不足之处，进行有针对性的学习。同时通过鼓励学生上台演讲，大胆表达自己观点，既锻炼了学生的表达能力，又锻炼了学生思考能力和知识的综合运用能力。

四、结语

通过教学内容和教学方法的创新和改革，学生对家畜环境卫生学的学习兴趣增强；通过启发式和应用性教学，培养学生主动思考的能力，提高学生对知识的综合运用能力，该创新和改革对于创新型应用型人才的培养起到重要的作用。

基于大学生创新创业能力培养的植物学教学改革和探索[*]

胡君艳　胡渊渊　宋丽丽

植物学是林学、生物科学、生物技术、园艺、中药学、植物保护等农林专业的重要基础课。植物学建立的历史比较悠久，有着相对固定的教学模式及配套的教学内容。然而，随着知识爆炸式时代的到来，各种新兴学科、边缘学科和交叉学科层出不穷，学科间的界限也变得越来越模糊，因此植物学教学改革的步伐也亟待加速。因此，加强和扩展植物学基础知识，培养和发展学生创新思维和创造能力，提高学生的创新创业能力，对培养高水平应用型人才极为重要。

一、植物学的现状分析

生物学被誉为 21 世纪的科学，植物学作为生物学的重要分支学科，是生物学的基础学科和入门学科，学好植物学是深入学习生物学所必需的。植物学课程有相对较为成熟的内容体系、教学教材和约定俗成的教学方式，但是随着生命科学的飞速发展，不仅植物学新的研究成果不断涌现，各相关专业课的内容和深度也在发生改变，出现了许多教材上没有的新知识。传统的教学存在以下几个问题：①课堂教学多为照本宣科，教学内容更新力度不够，课堂教学和教材内容无法跟上现代生物科学技术发展的步伐，难以培养学生发现问题、分析问题、解决问题的能力。②我校植物学教师多为从事植物资源的基础理论、应用技术等方面的科研工作，拥有较强的科研优势，但目前仍然缺乏科研成果向教学的转化，不利于培养学生的创新意识和实践能力。③考核方式单一。为了应付考试，许多学生通过死记硬背来达到考核合格的目的，违背了素质教育和创新型人才培养的要求。

二、植物学的改革

1. 更新教学内容　植物学教材提供给教师一套系统的教学内容，这大大便利了教师的教授和学生的学习，但是随着科学技术的迅猛发展，一些最新的或最热门的研究需要进一步验证才能加入教材。如果只讲授课本知识，学生无法了解本门学科的世界前沿知识和研究进展，因此要求教师不断跟进最新的研究前沿和报道，时刻更新自己的知识体系，在教学中加入新的知识点，如新近发生的科学大事件、新出现的研究方法等，拓宽学生的眼界，激发其发散思维，以便更好地培养学生的创新能力。

2. 开展信息化教学，采用多种教学方式来提高教学效果　对于课程中一些技术性强

---

* 本文发表于：教育教学论坛，2018，（35）：119-120。

且语言表达、课堂讲解难以达到教学效果的内容，我们借助多媒体技术制作一些图片和视频，以此来激发学生的学习兴趣，加深感性认识，让学生在有限的学时内掌握更多的知识和操作技术，从而提高教学效果，进而提高学生的综合素质。如在绪论部分，应用多媒体课件介绍我国及世界杰出植物学家的感人事迹，从而启发学生，这对于学生学好植物学大有可为。另外，在教学过程中，教师可以从相关网站上下载与本课有关的图片、动画及小电影等，如讲授"细胞减数分裂"这节内容时，可以播放相关的视频，使学生对染色体形态和变化有非常直观的观察；讲授营养器官的变态、开花、传粉、种子传播等内容时，引入小电影，如猪笼草的食虫过程、花的开放过程、蜂鸟的传粉过程及蒲公英种子的传播过程等，还可以播放一些教学电影，如 BBC 英语原声配音的《The private life of plant》等，不但使学生对学习内容的理解上了一个层次，而且还练习了英语听力。

创新人才的基本特征是具有创新性思维能力，而教学方式、学习方式和实践方式对学生创新思维的培养起着十分重要的作用，因此，新世纪的教师要运用多样化的教学手段，不仅要注重培养学生积极主动的学习态度，还要从根本上增强教学的质量和效率。如教授植物学中复杂、抽象的概念内容时，可以通过比较教学法强化学生的记忆能力，通过总结不同事物之间的相同与不同之处，进而促进学生动脑思考的能力，对其所学知识进行科学、系统的掌握。思维导图是表达系统思维的有效工具，是一种将放射性思维具体化的方法。教师在教学过程中要求学生在每章内容学习结束后，根据对课堂知识的理解主线，将本章节知识制成思维导图。由于每位学生对知识理解方式的差异，使得不同的学生对同一内容构建出的思维导图不同，让学生以小组形式在课堂上交流讨论，进一步促进同学间思维方式和知识体系的交流与共享。植物学作为农林专业的基础学科，它的知识内容与我们的日常生活有着密切的联系。因此，在知识讲述的过程中，教师可以采用情景教学法把植物学知识与实际生活、生产活动进行联系，将学生感兴趣的内容、生活现象或最新的研究成果引入课堂教学，创建相应的情景模式，提高学生的观察能力，增强其发现问题的能力。

3. 实践教学的改革 植物学是一门实践性非常强的学科，如何创新性地进行实践教学，有效激发学生的学习积极性，培养学生的创新能力和动手能力，将所学到的植物学知识真正应用于生产和生活实践中，是我们一直努力探索的方向。传统的实验教学以验证性实验为主，不能真正体现提高学生学习兴趣、获取知识、启迪思想、求实创新的功能。因此，在植物学实践教学过程中，在安排必要的验证性实验的基础上增加设计性、综合性实验。验证性实验可以帮助学生更深刻地领会和掌握课堂所学的知识，而设计性实验则可培养学生独立分析问题、解决问题的能力。此外，教师可以利用省部、校级各个部门组织的各类竞赛，发挥自身的科研优势，组织学生组成创新团队，指导学生查阅文献，帮助学生寻找项目，实现科研向教学的转化，提高学生的动手能力及解决和分析问题的能力，从而推进拔尖创新人才的培养进程。

4. 多元考核方式 传统的植物学考评是由平时成绩（占 30%）与期末考试成绩（占 70%）组成。期末考试试卷题型以识记和理解类题型为主体。平时成绩是教师根据学生的平时表现及实验作业综合给出，这个成绩能帮助那些卷面成绩在及格边缘的学生的总成绩提高到 60 分以上，这种只重视结果不重视过程的考核方式使一些不注重平时学习的学生只要在考前拼命复习也能通过考试。因此，为了改变这种现状，我们在改革教学方法的同时，增加平时考核的比重，将考核目标体现在知识、方法、能力培养等多个方面，包括平时作业（20％）、课堂表现（20％）、课堂讨论（20％）、期末考核（40％）四个方面。平时作业结合所学知识点布置拓展作业，课堂表现以课堂中参与讨论及回答问题的情况为主要打分依据，课堂讨论是对每章节的思维导图进行小组讨论，考试内容是在考核基础知识的基础上增加融入与现实生活应用相关的思考。

竹产品感性设计互动教学实践[*]

陈国东　　陈思宇　　王军　　傅桂涛　　潘荣

竹材是非常重要的生态、产业和文化资源，在我国，竹产业被视为现代林业的四大朝阳产业之一。我国是竹资源第一大国，在竹种类、竹林面积、竹材蓄积量、产量和出口额均居世界首位，素有"竹子王国"之誉。然而我国竹产业发展非常不协调，产业链短，基本上以一产为主，二产不发达，三产发展较为落后，产业发展驱动力弱，同其他产业相比，竹产业整体发展水平不高。

虽然目前基于竹材已经开发出了上千种产品，涉及竹地板、竹纤维制品、竹工艺品、竹家具、竹生活用品、竹炭等，几乎应用到生活中的各个方面。然而，目前的竹产业产品档次低，同质化严重；初级产品多，精加工产品少；综合利用率低，局限于竹材的初级利用，附加值高的产品较少。竹产品研发水平相对低下，对市场信息反应缓慢，生产开发停留在原始的手工艺阶段。有学者通过调研浙江的市场和厂家发现大多数商铺里销售的竹产品还是几十年前的面貌，种类非常单一，多以竹编和竹雕为主，设计方面以再现的传统文化元素设计为主，现代创新设计比较少，只有部分设计师与设计团体在探索竹产品设计。所以应该注重竹材在现代生活中的创新设计，通过设计提高竹产品的内涵与层次，满足现代人对竹产品多样化的需求。竹产品结构单一，同质化严重，附加值不高的一个重要原因就是该方向的创新设计人才缺乏，因此将竹产品设计纳入到设计教学中，培养竹产业设计相关人才具有重要的意义。近年我们将竹产品的设计课题引入到工业设计教学中，初步探索竹材产品的设计教学方法和人才培养。

谈到竹，很容易让人联想到原竹坚毅、挺拔、清高等感性意象，殊不知正是这种固定刻板的认知在一定程度上局限了竹材在生活中的推广。现在的竹基材，除了有传统认知中的原竹外，还有刨切薄竹，竹集成材，重竹，竹展平板及各种编法的竹编等，通过创新设计可表达出丰富的"感情"。竹产品感性设计是指在产品设计时，设计者研究探求目标消费者的感性需求，以单一竹材、多种竹材融合，或者竹材与其他材料复合，如陶瓷、塑料、金属、皮革等，以想象和联想为主要思维方式展开设计，通过对点、线、面、体、色彩，质感，机理等方面的推敲优化，设计出符合目标感性需求的产品，表达出独特的造型、特征、形式与情感。从而打破传统竹材的给人的单一感觉，使得竹产品也可以体现时尚、科技、趣味、可爱等多样化的特征，贴合现代人们的生活方式。本文将感性设计思想导入到竹产品设计教学中，学生从实地调查了解竹产品感性需求，通过感性认知实验选出同感性需求匹配度高的产品，探讨与设计符合感性需求概念的竹产品方案。在这个新的学习方法下加深了学生对竹产品的感性多样化需求的设计认识，学生参与性

＊ 本文发表于：竹子学报，2017，36（1）：68-73.

强，课堂上的互动较好，有助于提高对竹产品设计学习的积极性。笔者在前期教学实验的基础上，将整个教学过程分为竹产品选题、竹产品感性概念产生、竹产品感性概念互动外显、竹产品设计实践等 4 个阶段。

一、竹产品选题阶段

要求：调查分析生活中的竹制产品或者可融入竹材的产品的使用情况。

阶段成果：明确课题所要设计的竹产品选题。

在选题之初，先由教师讲解竹基材的类型、加工工艺特点以及这些基材目前都应用在一些什么产品上，让学生对竹制品有个初步的了解。接下来让学生以 5、6 个人为单位自由组建团队，一个 30 人的教学班一般能分为 6 组，分组完成后向大家阐述该阶段的任务。接下来，各小组在校内，学校附近的商店、卖场、居民楼、小区等地方进行实地调查，调查方法主要是通过观察、访谈去记录这些场所中人们使用的产品类型及如何使用产品，这样做的好处是学生能真实感受要设计的产品，而不是在课堂里凭主观任意想象，天马行空般地想象一些不切实际的产品课题。在调查完成后，大家回到课堂，由各小组内部讨论小组调查所得现有的竹制产品类别（比如竹砧板、竹晾衣架等），也要对那些调查来的非竹材产品进行分析，探讨出认为可以融入竹材的产品（比如笔记本电脑壳的局部可由竹材来设计），并且在调查的基础上分析这些产品在功能、人群、环境、使用等方面有什么特点。

然后各小组选择 2、3 类产品及相应的用户人群同老师讨论，老师依据具体情况帮助学生最终选择一种现有的竹制品，或者经讨论可融入竹材的产品及相应用户人群作为设计课题。一组学生在附近小区调查时，观察到很多人家的入户处有竹制的、木质的或金属的衣帽架，架子上会挂帽子、外套、包等常用的物品。该组同学调查时发现用户在佩戴衣帽架上的物品前，会先坐在凳子或地上换好鞋，经过内部研讨后认为将衣帽架和凳子结合设计既是一个非常实用的产品，又是非常有趣的一个产品，并且可用竹材来进行新产品设计，因此在与老师讨论过后就选择该产品作为本次的设计课题，设定目标用户就是这些小区里的住户。

二、竹产品感性概念产生阶段

要求：通过口语分析实地调查目标用户对竹产品的感性需求。

阶段成果：解析出用户的竹产品感性需求。

在我们的教学实践中，这一阶段让学生采用口语分析的方式从目标群体中获取感性概念。口语分析也称"有声思维"，通过分析产品使用者的口语报告获取目标群体对产品的认知信息，在进行口语分析调查时，要求引导产品使用者尽可能多地说出对产品的想法并记录下来，比如有用户对竹椅的看法："这个竹椅太粗糙了，我希望能够做得更精致些"，再比如有用户对桌面办公用品的想法："如果这些物品用竹子来设计，我感觉会有文化味道些"。首先，教师在课堂上采用情景模拟的方式结合以往案例向学生讲解与演示口语分析的操作流程和方法，接下来各组学生根据前期选定的竹产品设定本组口语分析的提问形式、成员分工情况等具体方案。就调查的人数而言，课时量不允许调查得太多，调查的数量太少，则代表性不够，为符合教学情况的特点，在这一阶段要求每组学生口语分析的调研对象人数在 10 人左右，每次为 30～40min。然后各小组就依据选定的竹产品与目标用户再次赴实地具体调研，调查完毕后各小组集中到课堂上，对口语分析的调查内容进行分析和总结，找出用户对竹产品的感性需求，提炼造型概念。如以高校教师的加湿器产品为对象的小组就在学校里调查教师对加湿器产品的感性认知与需求，该小组通过对 9 位调查对象的口语分析结果进行整理和分析，他们认为加入竹材后对加湿器的感性描述用到最多的有清新、科技感等感性概念关键形容词。再如另外一组以茶馆的灯具为课题对象的小组，通过调查临安一个茶馆的老板、顾客等人，发现他们对茶馆的灯具提到最多的有自然、原生态、质朴等感性概念词，并且谈到灯具设计除了竹材还可以搭配其他材料。各小组得到的感性概念词即为目标消费者的感性需求，可选择其中的一个或多个感性词作为感性需求概念展开后续的竹产品设计实践。

三、竹产品感性概念互动外显阶段

要求：各小组课前收集大量产品图片（尽量有竹材元素），课中研讨筛选符合感性概念的产品。

阶段成果：制作竹产品感性概念匹配图。

首先，课前让每组学生从网络、杂志、报纸、产品宣传册等不同媒体上收集各类产品的图片，要求搜集到的产品尽量应用了竹材元素，图片清晰，背景尽量简单，图片中产品的展示角度能准确反映产品造型，纸质形式的图片全部扫描，制成电子稿图片。收集的产品类型不限，可以是电子数码设备、国内外家具、家居装饰产品、交通产品、儿童用品、办公用品等，产品图片收集的过程同时也是学生对一些产品的一次感知过程，每组收集 100 张产品的图片作为感性概念外显的初期样本。

其次，让每个小组将收集的图片相互共享，6 组共有 600 张，相当于每组都收集到了600 张产品图片。组与组之间互不影响，小组成员内部相互讨论，依次决定每张产品图片是否符合竹产品感性概念产生阶段选定的感性概念，如果大部分组员认为该产品图片符合，就将该图保留，如果意见差异较大，则认为产品图片不能清晰传递对应的感性概念，将产品图片剔除。这一过程在课堂中完成，每组至少要带一台笔记本电脑或者大尺寸的平板电脑，这样电子稿的图片才能得到清晰地展示，研讨形式以小组内部自主讨论为主，教师引导为辅。完成后将筛选出来的图片放到 A3 大小平面版式上，并彩打出来。例如，前期确定以学校老师的加湿器为竹产品设计课题的小组，获取的概念需求词汇为"清新、科技"。以茶馆的灯具作为竹产品设计课题的小组通过口语调查确定的感性概念为"原生态"。

这一阶段的互动讨论使每组同学对产品的感性认知有了更多的体验，也将抽象的感性概念显性化、图示化。获得的产品图片有着相类似的设计特征，为每组成员下一步的竹产品设计实践提供了设计素材，有助于激发学生的竹产品设计灵感。

四、竹产品感性设计实践阶段

要求：通过手绘、互动研讨、电脑软件表达等逐步推进优化竹产品方案。

阶段成果：用电子三维效果表达符合感性概念的竹产品设计方案。

首先，团队中每位学生以上阶段筛选出来的图版为竹产品方案的灵感激发原点，参考学习这些图片中的线、面、过渡关系、纹理、色彩等方面造型元素的运用，进行发散性设计。在学生提出设计方案的同时，鼓励用思维导图的形式，从竹、目标产品、感性概念等三个维度展开创意联想，记录设计思考过程。如此学生以网状方式系统思考与表达竹产品感性概念方案，而不会碎片化地思考。另外学生将对造型方案的思考与表达都以思维图解的方式呈现，有助于向其他成员及老师表达自己的思考过程，更方便产品方案互动研讨。

其次，前期组内每个成员会产生数个初步竹产品设计手绘方案，经过组内探讨为每位成员筛选出大家认为比较匹配感性概念的方案，然后要求每位学生将各自的优选方案再次细化，并设定好方案尺寸比例，以便下一步三维建模。在小组讨论过程中各组的学生是主体，老师的主要工作是在适当的时候参与同学们的研讨，最大程度激发大家的课堂活力和设计潜能。

接下来，纸面方案细化确认后，方案的三维建模和效果图渲染任务由学生在课外时间完成。课堂内主要由教师与学生讨论三维模型方案的精确程度，以及深入探讨从纸面效果转到三维立体形式的产品效果，最后每位同学完成自己的竹产品设计方案。大家认为衣帽架小组成员设计的作品中比较匹配感性概念的方案（衣帽架小组中调查后确定的感性概念为"温馨"），该产品主体全部由竹集成材构成，上部可用来挂衣服，下部可当做换鞋凳，同时下部的内部装有黄色暖光的灯源，总体上给人比较温馨的感受。"清竹"加湿器方案，是大家认为比较匹配前面确定的"清新、科技"概念的一个作品，"清竹"将竹材融入到加湿器的设计中，气从竹孔中逸散出来，同时合理的色彩搭配与形态处理将传统的竹材与现代的加湿器融合在一起，不仅带给人清新的感觉，且更有现代科技感。

五、结语

本文通过竹产品感性设计的教学实践，将课堂教学与实践教学结合。学生通过具体竹产品选题，挖掘提取目标的感性概念需求，运用小组研讨分析适合感性概念的产品形态类型，然后依次以造型创意为原点从目标感性需求、竹材和目标产品三个维度展开概念发散，通过设计实践来深入地体验面向感性的竹产品设计过程，有助于提高学生对竹产品设计的认知和竹产品设计能力，也有助于创造良好的教学氛围。

以"红藏行"推进新时代思政理论课教学改革与实践

雷家军 高君 颜晓红 程珂 丁峰 张金凤 刘妙桃
官瑜 王敏 张小芳

一、成果简介和解决的主要问题

如何将理论教学和实践教学结合起来并推动价值观念的升华,如何将教学、教研和科研结合起来并实现教学能力的提高,如何将立德树人与铸魂育人结合起来并促进精神信仰的确立,是思想政治理论课面临的根本问题,也是这一成果的要解决的核心问题,是我们为解决这一问题所探索出的有效方式和实现途径。这一成果是马克思主义学院在2000年和2011年学校教学成果一等奖的基础上,深化教学改革与建设的"第三期"。成果以"红藏行"贯穿"五进四联三结合"总体建设的始终,以"红藏室"作为实现理论教学和实践教学结合、第一课堂和第二课堂结合、精神价值和信仰信念升华的场所,同时以习近平总书记在2019年3月18日召开的学校思想政治理论课教师座谈会上的讲话作为建设落地培训及两个名师工作室的有力支撑。

这一成果解决的主要教学问题:

(1)思政课教师水平提升和认识转变问题,即通过培训提升教师以习近平新时代中国特色社会主义思想为指导铸魂育人的能力。

(2)思政理论课程学术理论根基和创新问题,即通过"红藏行"引导教师从教学中获得研究的问题和研究的动力,同时又从研究中获得教学的材料和思路。

(3)思想政治理论课实践教学途径和方法问题,即借助"红藏行"丰富实践教学的方法,使学生感受到实践教学的实际成效。

(4)思想政治理论课的价值和文化引领问题,即通过参观"红藏室"及现场教学,实现"红藏"和"红魂"的统一,达成教师和学生的共识,形成确立共产主义必胜信念的历史依据和现实环境。

二、解决教学问题的方法

以"红魂"引领"五进"方向,解决课堂教学质量问题。一是经典原著进课堂,通过马克思主义经典著作学习,奠定"红魂"的理论根基。二是实践成果进课堂,通过历史文物文献的展示,形成"红魂"的现实条件。三是专家学者进课堂,通过专家学者们的学术引领，充实"红魂"的学术内涵。四是专题讲座进课堂，通过"专题群"的讲授，产生"红魂"的理论体系。五是浙江精神（经验）进课堂，通过对浙江区域历史经验的学习，丰富"红魂"的地方特色。

以"红藏"构建"四联"纽带，解决课堂内外难以相互贯通的问题。一是讲课联系实际，即积极了解学生思想变化的实际，并在"红藏室"中得到见证。二是科研联系教学，即鼓励教师关注和展开红色历史文化研究，让学术成果最大限度反映到教学中去。三是教师联系社团，即推动教师与学生社团的联系，共同开展"红藏"建设，为社团活动提供理论支撑。四是思想联系前沿，即编写《教学参考资料》，让"红藏"转换为师生的认知和思想。

以"红藏行"促进"三结合"，解决实践教学途径单一的问题。一是结合校史和家乡文化，在教学实践中将学校发展史和人才成长史及家乡发展史结合起来，培育学生红色情感。二是结合红色和革命文化，在理论教学中突出红色文化和革命文化的内涵，在实践教学中设计组织红色文化调研路线和调研专题。三是结合传统和家庭文化。积极开展传统文化和家庭文化的教学与研究，将研究成果融入教学实践，使红色文化有确切根基。

三、成果的主要创新点

一是形成"红藏行"和"三农情"相结合。经过"红藏"之"行"，积淀出"红藏"之"物"，凝聚成"红藏"之"魂"。革命传统教育是大学生思想政治教育的重要内涵，农村是中国红色文化资源的富藏地，展示、挖掘、搜集、整理红色历史文物资料，熟悉、理解、撰写红色文物感想，是我们展现"三农"情怀的有效途径。

二是整体改革和重点推进相结合。形成以"红藏行"促进"五进四联三结合"的完整教学思路，又以部分课程及其内容为重心，进行探索和实践，力争获得切实可靠的思想材料和教学效果，再根据需要，将教改的成效推广开来。每一位教师都不是旁观者，都要在教学改革中提供思想、理论、经验和材料。

三是形成教师能力和教改实践相结合。我们的教学改革就是要通过将"3·18"重要讲话精神进行落地培训等方式，让全体中青年教师深入学习习近平新时代中国特色社会主义思想，尤其是关于高校思想政治理论教育的系列论述，并将其贯彻到教学改革中，落实到课堂教学中。

四、成果的推广应用效果

我们的教学改革和运行模式，经过十年尤其是近几年的探索和实践，已经取得了较好的成效。

一是"红藏室"建设初步完成并开始使用。多年来教师收集整理了许多红色历史文献和文物，编写了多类红色学习研究材料，分散地用于教学过程中，现在我们已建成集参观、展示、收藏和研讨于一体的"红藏室"，"红藏行"则是一个集中的空间和场所，更易于发挥教学的功能和作用。"红藏行"的调研访谈活动，受到学生们的充分认可，教育意义显著。

二是课程教学质量和育人效果明显。学生对教学改革的认可度明显提高，在学评教中纲要课的评价位居前列，概论等课学生评价大幅提高。在宫瑜老师指导下，2017级法学生的"大学生讲思政公开课"微视频，荣获 2017 年全国高校大学生讲思政课公开课展示活动优胜奖。更多的学生提高了对思想政治理论课的学习兴趣，校内其他专业报考我院马克思主义理论研究生的学生数有所上升。

三是教师授课水平和能力显著提高。教师们秉持政治强、情怀深、思维新、视野广、自律严、人格正的要求，积极参与教学改革，开展教学研究，取得了好成绩。雷家军老师荣获全国优秀教师和全国优秀高校思想政治理论课教师荣誉称号；宫瑜老师荣获 2017 年浙江农林大学第九届"我心目中的好老师"称号，并获得浙江省高校青年教师教学比赛特等奖，实现了我校在这类教学竞赛中的历史性突破；王雪莉老师荣获浙江省教学技能比赛一等奖和长三角教学技术比赛三等奖，其他老师也在各项教学技能竞赛中获得各类各级奖项。

四是整体教学改革思路措施反响良好。在两次浙江省思想政治理论课教学督查中，我们的教学改革成果都被视为"亮点"。雷家军老师完成了《高校马克思主义中国化教育基本问题研究》（上下册）等成果。高君老师、颜晓红老师、洪千里老师、程珂老师带领学生挖掘浙江地方历史文化资源，编写出版了《千村故事精选》《临安抗战史略》等。我院教师带领学生完成临安抗美援朝老战士访谈等多项访谈任务。师生的红色文化意识和"三农"情怀显著增强。

五是"3·18"讲话对落地培训确有成效。雷家军教授参加了习近平总书记主持的学校思想政治理论课教师座谈会，在学校和学院的支持下开办了"3·18"讲话落地培训班。第一期 6 名成员，1 人获得首届全国高校思想政治理论课教学展示活动二等奖，有 2 人进入省青年教师教学竞赛决赛，均获二等奖，1 人获得第五届全省高校微型党课大赛二等奖。第二期培训也即将结束，又有 9 名成员参加。两期培训有 4 名兄弟院校马克思主义学院教师参加，省教育厅和省委宣传部有关负责人也给予了充分肯定。培训班的成员教学方向性、规范性、思想性有了切实提高。

乡村振兴视域下课程思政的多元实践体系探索
——以浙江高校为例[*]

徐达　陈蓉蓉

　　党的十九届四中全会从新时代党和国家事业全局出发，把坚持马克思主义在意识形态领域指导地位作为一项根本制度明确提出和全面部署，这是中国特色社会主义制度在意识形态和文化领域的具体体现。始终坚持马克思主义是巩固高校意识形态阵地的首要任务与稳定基石，但高校思政教育作为马克思主义传播与继承的有效载体，还面临着诸多问题与挑战，如当前思政教育存在刻板化、教条化、务虚化、边缘化的问题。比如，如何将马克思主义更好地与中国实际结合以解决高校思政教育的现实问题，如何使马克思主义在新时代焕发更加强大与持久的生命力，如何讲好中国故事，让高校大学生更好地接受并理解马克思主义中国化的最新理论成果。课程思政的提出与运用，显然是解决以上问题的"良方"之一。所谓课程思政指以构建全员、全程、全课程育人格局的形式使各类课程与思想政治理论课同向同行，形成协同效应，把立德树人作为教育的根本任务的一种综合教育理念。如何将课程思政真正融入专业教育与课程中，如何将课程思政通过合适的平台与载体发挥出其"春风化雨""润物无声"的作用，仍然是当前思政教育工作者研究的重点方向与课题。

　　习近平同志在十九大报告中提出了实施乡村振兴战略，并把它作为贯彻新发展理念，建设我国现代化经济体系的重要内容。乡村发展不仅是中国社会治理亟需面对解决的一个问题，更是带动国家整体变革发展的一个新的突破口与增长极，符合当下中国发展的现实需要。为此，国家正在大力推进与实施乡村振兴发展战略，中央出台了《中共中央、国务院关于实施乡村振兴战略的意见》，下发了《乡村振兴战略规划（2018—2022年）》。2020年是"两山"理念提出15周年，作为"两山"理念发源地的浙江已率先进入城乡融合发展阶段，美丽乡村建设领跑全国，"千村示范万村整治"工程荣获联合国"地球卫士奖"，为全球生态文明建设贡献了中国方案。这些荣誉与成绩的获得离不开浙江高校青年在服务乡村振兴方面发挥的积极作用。迈入新时代，浙江高校正积极探索课程思政背景下思想政治教育与服务乡村振兴战略的结合点，即在课程思政维度下如何通过精准帮扶、校地合作、科技支农、社会实践等方式，培养更多"一懂两爱"的乡村振兴服务高层次人才，探索总结创新服务模式，持续助力浙江继续争当新时代乡村振兴的排头兵。

一、新时代思想政治教育方法与模式转变的紧迫性与突破口

　　习近平总书记指出，做好高校思想政治工作，要因事而化、因时而进、因势而新。

---

* 本文发表于：高等农业教育，2021（1）：105-110.

围绕新时代思政教育改革与创新，国内诸多高校对大学生教育进行了形式多样的样态升级和手段创新。一方面，要看到一些围绕"翻转课堂""智慧课堂"的互动式、启发式教学方法取得的良好成效，思政教育与人工智能、大数据、移动互联平台的结合日趋紧密，各类社会实践在参与人数、服务的深度与广度逐年提升；另一方面，也存在"乱花渐欲迷人眼"的噱头和教学方法，一时间熙熙攘攘、热热闹闹，也许使学生有瞬间的愉悦和短暂的兴奋，却没有能留下深刻的学习体验和教育成效。学习体验的深刻，只有内容上固本守正，方法上张弛有度，选材上贴合实际，形式上因地制宜，用"深刻"的思想政治理论回答"深刻"的现实命题，才能引人入胜、沁人心脾、动人心弦、发人深省。当前，在第一课堂与二、三课堂之间仍存在着一个天然壁垒，第一课堂往往更注重思想政治理论知识的传授，二、三课堂主要通过志愿服务、主题教育等活动搭建实践载体，往往缺少马克思主义理论作为支撑。

要实现"三课堂联动"，思政教育载体、平台和方式方法的选择至关重要，乡村振兴这个平台为高校青年施展才华提供了广阔舞台与空间。在五四运动100周年之际，习近平总书记对青年提出了更高的期望与要求，他指出青年要心系国家，自觉投身于国家的发展与建设中去。当前乡村振兴是国家的重点发展战略与方向，习近平总书记给全国涉农高校书记校长和专家代表的回信中指出，要以立德树人为根本，以强农兴农为己任。地方高校要为乡村振兴提供人才支撑，就必须打造一支"懂农业，爱农村，爱农民"的新时代农村人才体系，这是人才培养体系的顶层设计与核心理念。

二、新时代思想政治教育与乡村振兴战略融合创新的现实意义与价值

当前，高校思政课教学是思想政治工作的主渠道和主阵地，直接关系到培养什么样的人、为谁培养人的关键性问题。在传统的思政课教学模式下，思政课吸引力低，大学生获得感差，教学实效性不强，高校思想政治理论课的作用并未能得到全面实现。习近平总书记指出要高度关注高校思政课的变革与创新。将乡村振兴战略思想融入新时代思政教育，是当下推动思政课变革与创新的一次有益尝试，是对马克思主义思想的继承与发展。在国家大力提倡乡村振兴的背景下，进行创新思政教育理念的探讨，无论对高校"一懂两爱"乡村振兴人才培养体系还是对思政教育模式的发展提升都具有重要意义。

《高等学校课程思政建设指导纲要》中指出，不仅要深化研究不同专业的思想价值和精神内涵，还要结合实践课程，将"读万卷书"与"行万里路"结合起来，扎根中国大地，在实践中增长才干。课程思政维度下通过乡村振兴服务实践来创新思政教育模式，可以在实践上更加准确和科学地把握乡村振兴战略给高校思政教育带来的机会。把第一课堂与实践结合，二、三课堂与马克思主义理论结合，加强思想政治教育"三课堂联动"，创新思想政治教育模式；重视第二课堂、第三课堂思政育人功能的发挥，将有效弥补第一课堂教育的不足，实现思想政治教育的"供给侧"改革；强化乡村实践对高校思政教育的促进作用，实现二者的良性互动，在二者联动模式下共同培育更多知农爱农新型高层次人才。

三、课程思政维度下"一懂两爱"的乡村振兴创新人才培养体系分析

全面振兴人才是推动乡村发展的关键，习近平总书记在给全国涉农高校的书记校长

和专家代表的回信中指出，中国现代化离不开农业农村现代化，农业农村现代化关键在科技、在人才。《中华人民共和国乡村振兴促进法（草案）》中对乡村产业发展、文化传承、生态保护、组织建设等都提出了新的要求，同时提出要加大农村专业培养力度，鼓励高等院校、职业学校毕业生到农村就业创业，搭建服务平台，鼓励城市人才向乡村流动。浙江高校在"一懂两爱"的乡村振兴创新人才培养体系构建方面，逐步形成了自己的培养方案与模式，梳理形成了各自的特色与品牌（图1）。

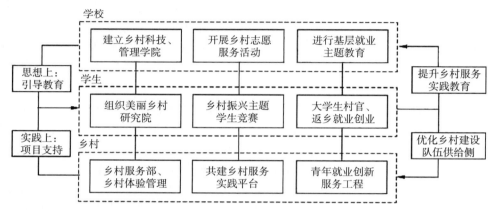

图1　课程思政维度下浙江高校"一懂两爱"的乡村振兴创新人才培养体系分析

（一）做好高校自主人才培养模式，构建"村官学院"等创新组织平台

党的十八大提出将立德树人作为教育的根本任务，培养德智体美劳全面发展的社会主义建设者和接班人，为高校人才培养指明了方向。浙江的乡村要振兴与发展，人才是关键，在构建适应浙江乡村振兴与转型升级发展所需要的人才上，浙江高校一直在探索结合学科的优势特色、服务地方的经验、政府的需求导向，通过人才培养组织与创新平台积极提升人才的培养质量与水平。如我国首个大学生村官学院——浙江农林大学村官学院，学院成立于2014年，依托校内外优质的教育教学资源和管理资源，为志愿服务农村、扎根基层的高校青年提供专业化辅导和规范化培训，以提升高校青年基层服务能力和管理水平为目的。村官学院的所有学员，都是在原有的专业教育基础上、学有余力的前提下自愿报名参加，他们利用周末等空余时间进行学习和实践。所有学员累积完成22个规定学分并考核合格，可获得村官学院的结业证书。在规定学分中，综合应用模块的2个学分需要学员深入农村开展驻村实习，考核合格后获得相应学分，经认定后可与学校思政学分进行互认。

（二）做强新乡村振兴主题大赛模式，深入解决乡村振兴的需求与痛点

要深入了解乡村振兴发展需求和痛点，就必须深入乡村、了解乡村，要更加注重结合专业的社会实践服务，充分利用校地合作平台、校外实训基地、科技特派员服务区域，通过举办各类乡村振兴主题设计竞赛，让高校青年带着课题与任务主动深入乡村进行专题调研与实训实践，解决乡村振兴的现实问题与需求，真正把服务乡村落到实处。如由浙江省教育厅、省农业农村厅等共同主办的浙江省大学生乡村振兴创意大赛，大赛以解决乡村振兴中的现实问题为导向，采用"乡村出题＋高校答卷＋成果落地"的竞赛模式，通过"政校企村"四位一体合力推进，在全国首创了高校服务乡村振兴的"浙江模式"。

大赛为高校知识青年搭建平台，引导广大青年学子柔性回流乡村、服务乡村。大赛选题分招标村赛道和自选村赛道两大类，参赛作品分为乡村产业创意、乡村规划创意、乡村公益创意三大类，第二届大赛共吸引招标乡镇 21 个，覆盖浙江全省 11 个地级市，来自浙江省 70 余所高校的 1 203 支队伍参加了本次大赛，总计参赛人次超万人。

（三）做优教学与实践相结合模式，引导高校青年把论文写在大地上

浙江高校围绕乡村振兴改革升级的要求，结合民宿经营模式创新、生态农居建设规划、农村文化景观提升等问题，以乡村振兴现实需求为导向，加强人居环境类相关学科、经营管理类相关学科、文化创意类相关学科的"交叉协同"和"优化重组"；结合现代农业生产经营体系、农村人居生活文化等，以市场需求为导向，改变过去传统的单一学科设置，优化创新学科专业设置，实现教学与实践相衔接，做到学以致用，并且注重大学生创新性与创业能力的培养，让学生能在实践中发现问题、分析问题、解决问题。让服务更加精准，作用更加显著。如中国美术学院师生十余年来持续助力浙江乡村振兴，助力仙居县东横街村打造文化礼堂、"三棵树"等一批村内公共空间；建设浙江文化礼堂，吸引一批对设计有特长、对乡村有情感的学生深入农村调研，将文化活动与日常生产生活有机结合融入设计，使文化礼堂的形式与内容符合农村、农民的实际生活。通过开发民俗文化，使文化礼堂在深入民心的同时发展推动了乡村振兴。

除此之外，浙江高校青年利用自身科学、人才、信息等资源优势，充分挖掘和创新农村传统文化，推进农村创意产业和传统产业的融合，加强对农村职业经理人、经纪人、乡村工匠、文化能人、非遗传承人等农村实用性人才的支持。

四、乡村振兴视域下高校课程思政的生动实践与育人品牌构建

习近平总书记在学校思想政治理论课教师座谈会中指出，要坚持理论性和实践性相统一，用科学理论培养人，重视思政课的实践性，把思政小课堂同社会大课堂结合起来，教育引导学生立鸿鹄志，做奋斗者。马克思认为，要想造就全面发展的人，唯一的方法就是将生产劳动与智育结合起来。思想政治教育的改革也应如此，充分重视与实践的结合。当前，浙江省高校在服务乡村振兴与思政教育工作创新深度融合方面，都围绕自身发展定位及学科专业优势，通过"高校、学生、乡村"三位一体融合联动的模式，形成了突显特色、组织创新、服务精准的课程思政创新活动与案例。

具体来说，在对接服务乡村振兴战略方面，浙江高校依托学科和人才优势，主动谋划、强化服务、积极总结，形成了一大批与乡村振兴产业相关的优势学科、优势平台和优势人才，提炼形成了服务乡村振兴的一大批特色品牌。从习近平总书记的要求出发，将创新思想政治教育模式作为研究重点，在"一懂两爱"乡村振兴人才培养方法、模式与体系，特别是在乡村振兴与思想政治教育的深度融合方面形成了"有风景的思政课""把论文写在大地上"等为主题的诸多课程思政育人品牌，具有一定的借鉴与示范意义。

（一）把思政课堂搬到"农村大地"，立足乡村，全力打造"有风景的思政课"

从 2019 年 3 月开始，"学习强国"浙江学习平台推出了"有风景的思政课"系列报道，聚焦浙江省各地一批别开生面的思政课及思政课教师。到 7 月初，钱江晚报、浙江 24 小时客户端已推出 39 篇专题报道，26 条视频报道上了"学习强国"总平台首页推荐，总阅读量几千万，引起社会强烈关注。在结合乡村振兴的大背景下，将原本以理论教学

为主的第一课堂引入农村大地，使专业课"走出"高校，使课堂走向农村与田间地头，专业课的内容更加多元，更"接地气"，讲授的教师不仅仅只是思政课教师，也可以是学科专业教师、导师甚至可以是乡村振兴战线的农村干部、村民、规划师和社会公益人士。

教师带领学生们深入了解乡村振兴发展需求和痛点，注重专业的实践性教学，充分利用校地合作平台、实践基地，突出学生实践动手能力训练，也可以在讲授专业知识的同时融入对乡村振兴现状与未来的思考，使思想政治教育的内容与形式更加"鲜活化""生动化"和"立体化"，实现思政课程向课程思政的转变，探索形成了"课堂转换＋多元融合"的创新教学教育模式与体系。让更多高校青年带着课题与任务主动深入乡村进行专题调研与实习实训实践，以乡村振兴为背景，参与各类服务实践与振兴乡村活动。

当前，"有风景的思政课"已经在浙江省各个高校兴起，且形式多样，内容丰富。如浙江师范大学地理环境学院的青年师生从南湖和学校出发，重走习近平总书记在浙江磐安乌石村、安吉余村、淳安下姜村等10个乡村留下的足迹，亲身体验习近平生态文明思想、乡村振兴战略在浙江的萌发与实践；浙江工商大学杭州商学院的师生团队，在乡村进行生存挑战，为当地经营农产品；杭州电子科技大学的"乡村振兴青年团"赴德清为当地小学生开发劳动教育课程。

（二）让思想政治教育沾点"泥土"，更"接地气"，践行"把论文写在大地上"

深刻理解习近平总书记的"三农"情怀，着力培养"一懂两爱"的"三农"工作服务者，引导大学生在乡村调研或乡村振兴服务的过程中增才干、长本领、懂情怀，做一个真正有情怀、有温度的"三农"工作服务者。通过自发参与、校地合作、校院组织的实践模式，构建乡村与高校之间的桥梁，实现乡镇与人才的有效对接。

高校思想政治教育不再只是知识传授的传统模式，在乡村振兴背景下的高校青年思想政治教育，应把爱国主义教育、国情教育、"三农"教育和"知农爱农典型"的先进榜样教育有机结合，让高校青年带着使命、带着理想、带着知识、带着问题深入农村，向基层农民讨"真经"、通过乡村实践获"真知"。如2019年7月，来自中国美院、浙江农林大学、宁波大学等国内6所高校的30支艺术设计团队入驻宁波市宁海县乡村，在学科专业教师、党支部书记、辅导员的带领下参与"艺术振兴乡村"服务活动，挖掘乡村历史人文底蕴，探寻乡村美的核心元素，并和农户们一起规划、一起设计、一起施工，通过开展校地协同融合设计，顺利地完成了宁海各乡镇的华丽蜕变。多所高校师生的共同协作，打造了"艺术振兴乡村"等思政教育与乡村振兴战略创新融合的生动案例。通过实践学生们沉浸在乡村挥洒自己汗水的时光，回报感让学生更有兴致投入乡村建设，在实践中提升其专业素养，在思想上提升对乡村的认知度。

2019年11月，浙江省委书记车俊在省高校党委书记座谈会上专门听取了大学生服务团师生代表"把论文写在大地上——一堂有风景的思政课"的专题汇报，充分肯定了高校青年的这种服务乡村振兴服务模式，认为这是对习近平总书记给全国涉农高校书记校长和专家代表的回信的最好回应。从深层次来讲"把论文写在大地上"等"课程思政"育人活动品牌，使得论文报告可印证、设计建造可落地、科技农产可实操，将成果切实地实施在大地上，把乡村实践升级成为大学生们愿意参加、想去参加、值得参加的实践理论双管齐下的新式载体。

五、乡村振兴视域下高校课程思政的多元实践体系与模式探研

通过对"有风景的思政课""把论文写在大地上"等育人活动品牌的分析与总结，浙江高校逐步探索形成了"三元一体"服务乡村振兴的"浙江经验"与"浙江模式"（图2）。"三元一体"模式的"三元"指的是实践合作模式单元、思想引导模式单元、乡村改造模式单元，分别从合作对象、引导方式、改造手段三个方面出发，形成创新服务模式与体系（图3）。"三元一体"模式希望以"村""校""生"为主体在课程思政的维度下通过新型思政课、实地调研等方法对大学生进行思想上的引导，进而培养学生用空间设计、村民思想引领、外界影响力等方式服务乡村振兴。

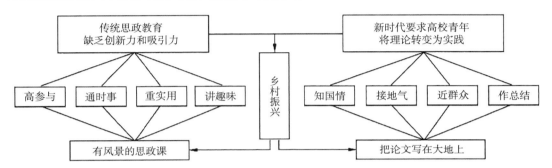

图2　"有风景的思政课""把论文写在大地上"等课程思政育人活动品牌分析

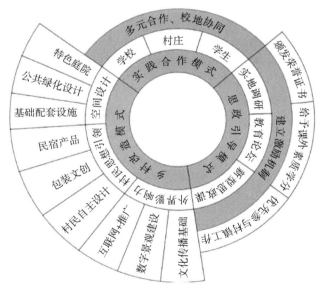

图3　基于"课程思政"的浙江高校服务乡村振兴"三元一体"实践体系与模式分析

（一）推动思想转变，创新思政教育引导模式

缺乏专业性人才对乡村产业、环境等相关内容进行规划管理是制约乡村发展的重大问题之一。新时代更需高校学生投身于乡村的建设，如何转变学生的职业观念，提升学生的思想内涵，是亟待解决的问题。首先，高校需通过课程思政将思政教育融入专业教育之中，潜移默化引导学生树立正确的人生观、价值观、职业观。同时通过实地调研、

教育论坛、新型思政课堂等形式做好宣传引导工作，加强学生对乡村的认知，增强师生服务乡村振兴的使命感，从而使学生了解乡村、热爱乡村、融入乡村，培养学生的"三农"情怀，培育具备"一懂两爱"素养的人才，使更多拥有专业知识的学生服务于乡村，助力乡村振兴。其次，高校或者学院应建立成熟的激励机制，鼓励大学生积极参与乡村建设活动，并给有所成就的学生颁发荣誉证书或给予课外素质学分的奖励，加强大学生参与乡村振兴的主动性。激励引导大学生参与到乡村建设是保证乡村发展有充足后备人才的重要举措，高校思政教育是基础，转变职业偏见是关键。

（二）多元合作、校地协同的实践合作模式

学生参与乡村振兴缺少实践经验，根本原因是缺少实践的平台。在高校组织的社会实践中，多数是带队教师沟通联系、大学生自主对接村庄的形式，但这种方式往往存在着不持久、不高效、不集中等问题。社会实践时长往往是一周至一个月，高校师生获得感不强；以教师和大学生的自我安排为主，不能快速了解村庄痛点；自由化程度过高而导致方向多变，让大学生的精力无法完全集中。多元合作、校地协同的实践合作模式，构建"村镇—学校（党委）—学生"的三角关系，村镇以自己的未来景观规划、产业结构、发展愿景，向学校提出需求，校方制定相应的人才培养方案和选拔标准，使有能力的大学生返乡建设。活动前进行充分沟通和资源共享，快速获取村庄信息和规划意向；行动中由学校党委领导、组织、安排，实现目标的一致性；大学生持续性参与此村庄的建设，做到建设成为乡村改造的主力军，而将村民变为改变家乡风貌的"领头羊"。引导村民进行民俗产品加工、进行废物利用改造、包装文创产品等方式达到授人以渔的目的，从而提升村庄品位，激发村民主体意识，推动农村深层次的改革。在提高外界影响力方面，乡村的建设可与"互联网＋"相结合，从实体建设向数字建设迈进，推广传统村落形象。通过在互联网上进行民俗产品售卖，推广民宿以及乡村传统活动，通过将村庄打造成艺术写生、取景、摄影基地等方式，不仅可以发展乡村旅游，增加村民经济收入来源，还可以达到向外界传播传统文化知识的目的。

六、结语

综上所述，培养一批有能力、有担当、有志愿的高校青年服务乡村，既要按照学生心理需求改革高校的思想政治教育，又要增加实践活动锻炼大学生的综合素质。基于课程思政的"三元一体"实践体系与模式，通过科学的总结形成了完整的人才培养模式链，在具体的乡村改造项目中培养大学生独立思考的能力，使其成为设计思维的主体，培养出真正能够服务乡村振兴的人才。乡村建设正由高速增长转向高质量发展阶段，乡村振兴工作任重道远，乡村的发展依赖乡村工作者和高校师生的不断努力，也需要一代又一代的乡村建设者持续地探索和实践。

"思政引领、育人压舱、学术扬帆"大学物理课程思政的探索与实践

王悦悦　周国泉　倪涌舟　戴朝卿　徐一清　洪昀　汪小刚

一、成果简介及主要解决的教学问题

通过教学目标内嵌"思政元素"、教学内容彰显"思政功能"、教学模式融入"思政教育"、实验教学实践"思政教育"四维度进行教学改革。依托"一个基地、两大平台、三类课堂",打造了以"思政引领,育人压舱,学术扬帆"为特色的"思政味"大学物理精品课程。双导师型教师队伍以"四大着力点"巧妙渗透思政教育,教学思政科研全方位育人,实现了"知识传授、能力培养、价值塑造"三位一体的育人目标。项目组成员获批全国和省级党建工作样板支部、思政教改项目23项、发表教改论文14篇,出版含思政内容的教材3本,"思政味"大学物理课堂被《浙江日报》《浙江教育报》等多个媒体报道,教师个人获得"浙江省优秀教师"、校"育人奖"先进个人称号。思政引领下的"科研雏鹰计划"收获成果,指导学生获得创新项目9项、大学物理创新竞赛获奖23项、理论竞赛800多项、发表SCI论文20多篇、软件著作权43项。成为思政试点学院的一个重要分支,相关经验有效推广到数理化其他学科。

主要解决的教学问题:

(1)思政教育和专业教育相互分离,思政教育和专业教育向来各自为纲、独立开课,育人目标难达成。物理课思政教育的缺乏造成大学物理教学重知识能力,轻育人培养的现象。因此,不利于达成育人目标。

(2)思政教育的融入度不足,教学内容更新慢,大学物理教材沿用多年前的传统教学内容、过分强调经典物理知识,很多具有思政功能和育人效果的新物理知识没有加入教材中,导致教学内容没有与时俱进。

(3)缺乏思政融合教育的切入点,学生科学创新精神在传授物理知识时缺乏科学系统的思政教育切入点,虽然有思政教育之心却缺乏思政融合之力。缺少创新的思政融合方法,科学家的科学精神无法深入人心、得到有效传承,导致学生分析解决问题的能力得不到锻炼、创新意识和能力欠缺。

二、成果解决教学问题的方法

(一)教学目标内嵌"思政元素",打造"思政味大物理"特色能力培养体系

三大目标科学融合,内嵌思政元素灵魂指引。将知识目标、能力目标和育人目标有机融合,课程改革中从顶层目标设计开始便融入思政元素,在知识与理论的教学设计中适度、合理地挖掘"思政元素",在传授知识的教学过程中,合理内嵌思政元

素，指引整个教学过程，把知识传授、能力培养和价值塑造映射到教学目标的每个环节。

打造三类课堂交互融合、能力培养螺旋式上升的"思政味大物理"特色能力培养体系，推动"思政课程"向"课程思政"的立体化育人转型。

（二）教学内容彰显"思政功能"，强化课程思政的价值塑造功能

运用思政理论教育的学科思维对教学内容进行整合加工，在内容与知识的重组优化过程中逐步彰显"思政功能"。

紧扣"育人和知识传授并重"的思想，优先增加普适性、趣味性、民族性和科学性的思政内容，以多样化的教学方式为手段，以古代科学史料和当代前沿科技发展所含的物理知识为载体，引领学生对科学理念开展深层次、全方位的学习。

培养学生的辩证唯物主义思想，增强学生的民族自信心和历史使命感，激发爱国主义和科学精神，为实现中国梦而奋斗。

（三）教学模式融入"思政教育"，构建线上线下混合式教学模式

借助大学物理网络课程平台和信息化手段加强师生互动，形成融入思政教育的多元化、交互化、信息化的线上线下思政味混合式教学模式。

把思政教育全时空贯穿教学全过程，形成"课前自主学—课上主动想—课后合作练"的"学思做一体化"教学模式。完成混合教学模式下的课前思政意识传递，课堂思政元素融入，课后思政精神内化三个教学环节。

（四）实验教学实践"思政教育"，培养科学精神和学以致用的能力

强化实验过程的监督和检查，培养严谨的治学态度；体会"实验是检验规律的标准"，深化辩证唯物主义认识；鼓励创新精神，培养学以致用的能力；加强团队协作，培养大局意识和团队精神。

（五）打造"双导师型"教师队伍，教学思政科研全方位育人

打造"双导师型"教师队伍，提升教师思政意识、专业能力和育德能力；教学、思政、科研相互促进，做到全方位育人，实现思政融入教学，思政引领科研，教学向科研拓展、教学与科研衔接的目标。

三、成果的创新点

（一）思政教育和专业教育有机结合，创新"多元协同"人才培养新机制

教学目标中渗透"思政元素"、教学内容中彰显"思政功能"、教学方式中融入"思政教育"，教学评价中完善"思政教育"。

思政教育引领大学物理课程建设方向，建立理论实验两大网课平台，采取互动式、探究式和案例式的教学方法和线上线下混合式教学模式进行讲授，全时空融入思政元素，深化物理教学的意义、提高思政教育的影响力。

课堂教学、实验教学、基地实训、创新实践相结合实现"学思做一体化"，理论、科研、思政多元协同，培养"爱国、求真、勤学、修德、明辨、笃行"的六有大学生。

（二）以四大着力点挖掘思政功能，实现知识传授和立德树人的双赢局面

以辩证唯物主义哲学观为着力点，发展学生辩证思维能力；以社会主义核心价值观为着力点，提升学生思想道德素质与爱国情怀；以科学素养为着力点，培养学生科学态度和科学精神；以科技创新成果为着力点，激发学生创新意识与创新精神。

（三）"思政引领，育人压舱，学术扬帆"，收获全方位育人成果

1. 思政引领 打造思想觉悟高、科研实力强、教学能力突出的"双导师型"教师队伍。学科支部共建"科研雏鹰计划"党建品牌，"思政引领"大学物理建设方向。

2. 育人压舱 借助"两大平台"（多重交互网络学习平台＋课外多层次学习平台）使学生对知识融会贯通并做到学以致用。借助理论实验集成、交叉交互、资源共享的一个大学生物理科技创新创业基地和"三类课堂"对学生分层进行知识延拓、科学探究和创新能力提升训练。加深对科学的热爱，思政教育巧渗透，实现潜移默化育人，是建设"思政味、学习型、创新化"大学物理课程的压舱石。

3. 学术扬帆 以教带研，以研促教，教师带领学生从事科研活动，融入前沿科学内容，激发学生科研兴趣，使学生的课业学习和创新能力双提升，使教师的教学水平和育德能力双提升，从而实现育人目标，为国家输送人才奠定基础。收获"实践创新能力突出、教学科研成果丰硕、三观端正志存高远"的全方位育人成果。

四、成果的推广应用效果

经过多年实践，目前建成了一门以"思政引领，育人压舱，学术扬帆"为特色、兼具人文关怀和民族精神的"思政味"大学物理精品课程，推广应用效果良好。

1. 思政引领显成效 凭借着思政育人的特色被评为第二批国家样板党支部和新时代全省高校党建样板党支部，很好地引领了大学物理课程思政改革。"思政味"大学物理课堂深受学生喜爱，储修祥老师被评为"浙江省优秀教师"，倪涌舟教师被评为校"育人奖"先进个人荣誉称号。

2. 思政内容巧渗透 本成果解决了思政教育和专业教育相互分离、教学内容更新慢的教学问题，将思政内容巧妙编写进教材，王悦悦、汪小刚、戴朝卿等出版了《大学基础物理学》《大学基础物理学学习指导》和《大学物理实验教程——公共基础平台与模块化实验》等改革教材，已被列为浙江省普通高校"十三五"新形态教材，累计印刷2万多册，深受师生好评。

3. 课程思政促改革 项目组成员开展了23项思政相关的课程改革，将思政改革的思想理念进行传承，将思政教学的模式内容进行创新，将思政教育通过实验改革付诸实践。

4. 课程思政获推广 多篇课程思政相关的教改论文获得期刊编辑肯定，获得发表。使得建设成果在较好的平台进行了展示、呈现和交流。"思政味"大学物理课堂被《浙江日报》《浙江教育报》等多个媒体报道。

5. 课程思政受益广 建立了网络教学平台资源开发的创新性实验项目。课程思政实践面积广，受益面为上大学物理及实验课程的全体学生，涵盖全校五大类每年40多个行政班、累计8万人，为学校培养创新创业型人才提供了保障。

6. 育人成果喜丰收 通过课程思政教学改革，学生思想得到提升，吴俊涵等同学获得浙江省普通高等学校优秀毕业生、"优秀志愿者"、优秀班干部、2018年"优秀团干部"等荣誉称号。学生各项能力显著提升，获得全国及省大学生创新创业计划项目9项，在省

"挑战杯"大学生课外学术科技作品竞赛中获得一等奖和三等奖各 1 项、省大学生物理科技创新大赛中共获一、二、三等奖 23 项。省大学生物理科技创新竞赛（理论）获一、二、三等奖 800 多项。指导学生以第一作者发表论文 20 篇（SCI 收录 17 篇，EI 收录 2 篇），软件著作权 40 余项。

大学物理课程思政的课堂实践探索[*]

倪涌舟　郭中富

习近平总书记在 2016 年全国高校思想政治工作会议强调，要用好课堂教学这个主渠道，思想政治理论课要坚持在改进中加强，提升思想政治教育亲和力和针对性，满足学生成长发展需求和期待，其他各门课都要守好一段渠、种好责任田，使各类课程与思想政治理论课同向同行，形成协同效应。对非思政类课程的课堂思政教学提出了要求。大学物理课程作为理工科类学生必修的基础课程，授课面广，思想教育的典型事例多，是开展课程思政的很好途径。我们在大学物理的教学中，通过唯物主义辩证分析，结合中国古代的物理学成就以及对中华人民共和国成立后中国物理学的成果和物理学家的介绍，设计教学过程，对学生进行唯物主义、爱国主义教育，激发学生的民族自信心和自豪感，提升学生的学习科学、投身科学研究的信心。

一、大学物理课程思政的切入点

将思想政治教育贯穿在大学物理课程教学中，是达成大学物理教学育人目标的重要方式。但是大学物理课程毕竟不是专门的思政课程，大学物理教学有自身的教学内容和任务需要完成，因此生搬硬套的将思想政治教育放在大学物理的教学中肯定是不行的，找到合适的切入点尤为关键。

（1）物理学具有悠久的历史，漫长的发展历程使得物理学集聚了大量优秀的科学研究素材，对学生的科学素养、科研精神、探索科学的信心培养具有天然的优势。

（2）物理学是一门讲究唯物主义的科学，在物理学的研究中，有大量的马克思主义唯物辩证法的运用，在物理学的教学中结合唯物辩证法的讲解，对培养学生的唯物主义思想很有好处。

（3）中国古代在物理学上有辉煌的成就，《考工记》《墨经》《水经注》《淮南子》等中国古代著作记录了丰富的物理学知识，造纸、活字印刷、火药、指南针、地动仪、浑天仪等都是中国古人对物理学的具体应用，在大学物理教学的相关知识点中穿插这些历史成就的介绍，一方面可以提升学生的学习动力，另一方面可以体现中国古代先贤的智慧，增强学生的民族自信心和自豪感。

（4）中华人民共和国成立后，一批中国物理学家牺牲个人利益投身祖国的科研事业，在"两弹一星"等领域取得了重要成就。改革开放四十余年，中国在基础建设、设备制造、载人航天、月球探测等涉及物理学的发展方向上成绩显著。在物理课程相关知识点讲解时，介绍这些成就，可以激发学生的爱国精神，培养学生为中国崛起努力学习的热情。

---

* 本文发表于：教育教学论坛，2020（16）：51-52.

二、大学物理课程思政的思政映射与融入点

根据分析大学物理课程思政的切入点，可以看出大学物理课程思政主要集中在培养科学精神、唯物辩证法思想教育、培养民族自信心和自豪感、爱国主义教育等方面。我们经过对大学物理教学的长期实践，在分析大量物理学发展资料的基础上，梳理了一套大学物理课程思政教学的思政映射与融入点方案，对大学物理课程思政教学进行规范（表1）。

表 1　大学物理课程思政映射与融入点方案

思政映射	融入点
科学精神培养	力学：伽利略为科学被软禁的经历
	电磁学：法拉第立志科学研究的经历
唯物辩证法思想教育	力学：矛盾论与力学建模思想分析
	力学：运动论与参照系建立思想分析
	热学：矛盾论与理想气体建模思想分析
	热学：量变和质变的关系分析气体温度是大量分析的集体行为
民族自信心和自豪感的激发	绪论：《墨经》《考工记》等记载的中国古代物理学成就
	力学：杆秤与中国古代力矩思想
	电磁场：中国古代指南针技术发展历程
	光学：《墨经》的光学八条
爱国主义教育	力学：钱学森毅然回国，报效祖国的事迹
	力学：动量与中国火箭技术发展
	光学：光伏与中国光伏产业发展
	相对论：中国两弹发展历程
	相对论："两弹一星"功勋郭永怀事迹
	量子力学：中国量子通讯发展情况

三、大学物理课程思政的教学设计——以动量守恒、反冲教学为例

大学物理课程思政很重要，但是大学物理教学毕竟不是完全的思政教学，如何在物理知识、能力的培养过程中融入思政教育，既让学生在物理教学的课堂中学习到物理知识，又让学生潜移默化地接受思想教育，既达到思想教育的目的，又让学生不反感精神洗礼，一个好教学方法和教学设计就显得格外重要。我们在大学物理教学中设计了情景设定、问题导入、课堂讨论、课外研讨等环节，运用视频、网络等多媒体手段，将思政教育融入大学物理教学，取得了一定的成效。

下面将以动量守恒、反冲教学为例，具体分析课程思政的融入方法。

（一）课程引入

问题导入：平时玩的鞭炮的飞天原理？

教学目的：通过分析鞭炮的飞天原理，讲解中国古代火药的发明与运用，吸引学生

并激发兴趣，同时融入民族自信心和自豪感的激励教育。

（二）课程讲解

动量守恒：公式。

条件：合外力为零或外力远小于内力。

反冲：以火箭为例，地面为参照系，构建抛射后火箭速度增量计算公式。

教学目的：分析火箭飞行速度的变化，引入中国火箭的发展历史讨论。

（三）课堂讨论（思政融入）

网络查找：钱学森事迹。

情景设定1：钱学森不回国行不行？

情景设定2：钱学森不回国，中国的导弹事业会不会发展？

问题引导：个人命运如何与国家发展相融合？

视频教学1：电影《钱学森》中钱学森回国前后的情节，钱学森主持"东风2型"导弹研制情节。

教学目的：通过分析钱学森回国主持中国导弹研制的经历，融入科学报国、爱国主义教育。

视频教学2："神舟五号"飞船发射情节。

教学目的：通过分析中国长征系列火箭的发展历程，激发学生民族自信心和自豪感。

（四）课外研讨

小组讨论：载人登月的过程设计。

教学目的：将已经学习的知识贯通运用，融入科学研究的严谨性教育。

四、结语

习近平总书记在2018年全国教育大会上指出，培养什么人，是教育的首要问题。物理学历史悠久，物理学家群星璀璨，为"培养什么人"提供了大量的思政教育素材。将思政元素融入大学物理教学，激励学生学习物理，立志树德，是每个物理教育工作者应该长期坚持的工作。

农林高校工科专业课程思政教学体系构建与实践[*]

姚立健　金春德　彭何欢　龚芸　徐丽君　吕艳

2016 年 12 月，习近平总书记在全国高校思想政治工作会议上强调，要坚持把立德树人作为中心环节，把思想政治工作贯穿教育教学全过程。这为我国高校思政教育指明了新方向。2020 年 5 月，教育部印发《高等学校课程思政建设指导纲要》，提出全面推进课程思政建设是落实立德树人根本任务的战略举措，是全面提高人才培养质量的重要任务。明确课程思政建设目标要求和内容重点，以及结合专业特点分类推进课程思政建设的重要思想，为今后全面推进课程思政工作提供了纲领性的指导文件。各高校在党的教育方针指引下，不断深挖课程思政的内涵、充分发挥课程思政的作用，取得许多育人成效。但是从目前课程思政教学实践来看，尚存一些不足。

组织层面：高校德育和智育的实施主体相对割裂、各自为政，暂未形成中央要求的专业课教师与思政课教师协同育人机制，未真正形成同向同行的合力。

认识层面：许多教师对专业课的认识还停留在"工具性"层面，并未认识到挖掘专业课程的思政元素在激发学生学习兴趣、提升人才培养质量中的积极价值，也没有深刻认识到专业教师教书与育人相结合的德育责任。

能力层面：专业教师在德育方面有明显"短板"，专业课教师既缺少系统、规范的思政教学培训，又缺乏现成可循的示范案例，在实现教书和育人有机统一方面缺乏经验与思路。

基于上文分析，高校思政教育与专业教学各行其是的现象尚未根本改变，课程思政教学仍然处于孤立空泛、流于形式的困境，缺少必要的实证研究，尤其缺少以专业为单位进行课程思政建设的探索。因此，清醒认识课程思政的必要性和紧迫性，因地制宜地开展适合校情院情的课程思政建设，具有重要的理论与实际意义。本文以浙江农林大学机械设计制造及其自动化专业（以下简称"机械专业"）为例，介绍该专业自 2017 年以来在"改进思想政治工作、强化各类课程导向"方面的尝试，探索知识传授与价值引领并举的育人策略，为农林院校工科专业课程思政建设提供思路与借鉴。

一、农林高校工科专业课程思政建设的重要性

农林高校是国家高等教育的重要组成部分，肩负立德树人、强农兴农的伟大使命，在推动农业农村现代化的进程中，亟需大批立志从事"三农"事业、服务乡村振兴的师生投身其中。农林高校的社会使命和办学特色，决定了其课程思政建设具有极其重要的

---

* 本文发表于：高等农业教育，2021（3）：100-105.

意义。

（一）有助于提升报效大国"三农"的自豪感

农林高校承载传播国家"三农"政策、营造知农爱农氛围的初心和使命。开展工科专业课程思政建设，在知识讲授的同时弘扬中华悠久的农耕文化，让学生了解东方文明古国的魅力和对世界农业生产发展的巨大贡献，惊叹于祖先善于制用农业生产工具的聪明才智、勤于改造利用自然的坚韧精神，见证家乡在党的惠民政策引领下逐步走向美丽富强的过程，从而提升学生报效大国"三农"事业的自豪感。

（二）有利于增强服务乡村振兴的责任心

农林高校的人才队伍和办学条件，使其具备科技兴农的天然优势。通过课程思政，学生能进一步领悟"农业的根本出路在于机械化"著名论断的深刻含义，理解先进机械装备在推动农业现代化进程中所起的重要作用，还能让学生清醒认识到我国农业机械领域里的科技短板，从而激发起不辱使命、勇担乡村振兴使命的责任心。教师在对学生进行价值引导、情感传递和道德示范过程中，也能重新认识学科交叉、工农结合对农业生产的积极意义，从而找准课程思政教学的发力点，坚定为国家"三农"事业树人育人的决心。

（三）有益于养成践行"两山"理念的自觉性

农林高校在规划学科专业布局与专业设置时，便将生态文明的价值导向植入各课程的教学目标当中。在专业课程思政教学中，学生能学深悟透"绿水青山就是金山银山"理念的内涵。引导学生正确处理好人与自然的关系，形成敬畏自然、尊重自然、顺应自然、保护自然的生态意识，认清以节能、降耗、减污为目标的绿色生产将是工农业发展的必然趋势，在生产实践中主动关注环境保护、循环低碳、社会和谐等可持续发展问题，从而自觉养成绿色生产、健康生态的生态文明建设理念。

二、农林高校工科课程思政体系构建

根据 OBE 理念来构建农林高校的课程思政体系。首先根据国家战略、社会需求、学校定位与办学特色来确定总体育人目标，再将育人目标逐层细化到每门专业课程的思政元素当中，并明确课程思政的实施主体和教学方法，最后提出课程思政的评价与考核方法。

（一）总体育人目标

我国高等教育发展方向要同我国发展的现实目标和未来方向紧密联系在一起，要为人民服务、为中国共产党治国理政服务、为巩固和发展中国特色社会主义制度服务、为改革开放和社会主义现代化建设服务。因此，从宏观来看，我国高校中所有专业的育人目标都是为社会主义事业培养合格的建设者和接班人。2019 年，习近平总书记在给全国涉农高校的书记校长和专家代表的回信中希望涉农高校继续以立德树人为根本，以强农兴农为己任，拿出更多科技成果，培养更多知农爱农新型人才。这进一步明确了扎根中国大地的农林高校应主要面向"三农"培养德才兼备、全面发展的"时代新人"。具体到机械专业，则要根据社会发展和地方经济建设需要，围绕装备制造尤其是现代农林装备制造产业培养德智体美劳全面发展的复合应用型人才。

（二）课程思政体系建构逻辑

课程思政体系遵循由粗到细、由浅入深的建构逻辑，即构建育人维度，然后挖掘思政元素，最后提炼思政案例逐层细化。

1. 构建育人维度 根据教育部本科人才培养质量国家标准，本专业应培养具有一定文化素养和良好的社会责任感的、德智体美全面发展的高素质人才。因此，构建家国情怀、人文素养、专业志趣和爱岗敬业4个边界明晰、互不重叠的育人维度。育人维度本质上是指对本专业德育指标的一级分解。

2. 挖掘思政元素 对每个育人维度进一步分解细化，就会挖掘出多个思政元素。在提炼思政元素时，要敢于直面学生的思想问题，保证各元素的亲和力和针对性。例如中华文明、传统美德、伟人思想、大国"三农"等思政元素都是家国情怀维度的有机组成部分，健康人格、审美情趣、高尚品德等思政元素则构成了人文素养维度。针对每个育人维度，均需提炼该维度下内源性思政元素并落实到其主要支撑课程（表1）。

表1 "机械专业"育人维度、思政元素及其支撑课程

育人维度	思政元素	支撑课程
家国情怀	中华文明、传统美德、伟人思想、大国"三农"、全球视野	第一课堂：思政类课程、涉农类课程、前沿类课程 第二课堂：学术报告会
人文素养	健康人格、审美情趣、高尚品德、沟通交流、社会责任	第一课堂：人文类课程、设计类课程 第二课堂：党课团课、社团活动、班会
专业志趣	远大抱负、科学精神、自然哲学、工程伦理、制造强国	第一课堂：原理类课程、制造类课程、测控类课程 第二课堂：入学教育、创新创业项目
爱岗敬业	团队协作、工匠精神、职业规范、敬畏规则、工程管理	第一课堂：实践类课程，各类课程设计 第二课堂：学科竞赛

3. 提炼思政案例 思政教学案例来源于专业课程，是思政元素的进一步细化，是落实课程思政建设的重要抓手。提炼思政案例需遵循新颖、精致、契合和清晰四个原则。新颖的思政案例容易唤起学生的好奇心，博得学生的真心喜爱，反之则会引起学生的厌倦抵触，无法起到春风化雨的效果；精致是指思政案例一定要小巧精练，满足辅助知识传授的需要，不能喧宾夺主；选取的案例还要与教学内容无缝契合，做到自然流畅、润物无声，不能生搬硬套、东施效颦，这是课程思政设计的关键和核心；清晰有两层含义，一是各思政案例均易于师生理解和效法的价值范式，二是各案例错落有致、相互支撑，共同构成本专业的课程思政图谱。

家国情怀维度：农林高校的机械专业学生要把个人命运与国家"三农"事业、乡村振兴等紧紧结合在一起。例如，在农业机械学课程教学中，可以讲解中国古代在农业机械方面的发明，激发学生对祖国优秀传统文化的热爱，并引用伟人们对农业机械事业的关怀，坚定学生服务"三农"的决心；在"拖拉机汽车学"课程教学中，植入新中国拖拉机发展史，唤起学生大国"三农"的情怀；还可以鼓励学生多参加国内外学术报告，以拓宽他们的全球视野。

人文素养维度：人文素养是指人应具备的生活态度、心理素质、道德品质和文化气质，是理工科学生多元多样化发展中较为薄弱的环节。除了学校开设的人文类课程外，专业中许多设计类课程也能很好地提升学生的人文素养，例如在机械工程制图课程教学中植入美学元素，在传播专业知识的同时，能培养学生的审美情趣；在机械设计、模具

设计课程中，可以讲解工程设计与安全风险的关系，引申到机械工程师的社会责任；利用好党课团课、班会活动等第二课堂，对于塑造学生的人文素养也大有裨益。

专业志趣维度：学生对从事某专业的志向和兴趣称为专业志趣，是该专业蓬勃生机的源泉。原理类课程是学生入校后最早接触到的专业课程，此时正是"三观"成熟发展的关键期，也是培养学生专业志趣的最佳时机。在机械原理、微机原理课程教学中通过对机械机构、微机结构等工作机理的讲解，可以激发学生对原始创新的热情；在数控技术课程中，要告诉学生数控机床是装备制造的"工作母机"，其技术水平代表一个国家的制造能力；机械制造基础、制造业信息化课程教学能让学生感受到国家不断壮大的智能制造能力，从而树立制造强国的远大抱负；材料力学和机械精度设计与检测基础课程教学则向学生展示严谨求实的科学精神；控制工程基础中含有大量的自然哲学元素，如稳定、校正、最优等概念，合理引申有助于学生对深奥理论的理解；"毕业设计（论文）"可以引导学生以科学的态度去追求真理，还能培养学生质疑权威的勇气；创新创业项目是培养学生创新精神的很好抓手。

爱岗敬业维度：实践类课程是通过实验、实习和实训和课程设计来检验理论知识，并加以应用的课程组合。"工程训练"可以很好地培养学生精益求精、执着专注的工匠精神；"生产实习"和"毕业实习"可以让学生在工业现场感受到职业规范、遵纪守法的重要性；各类课程设计可以重点培养学生求真务实的探索精神；组队参加学科竞赛能让学生学会团队协作和提升工程管理的能力。

（三）全员协同育人

专业负责人代表专业召集专任教师、班主任、辅导员、企业工程师、思政教师五方人员，组建以立德树人为共同信仰的育人共同体，形成专业内外联动、校内校外协同的全员育人局面。

专业负责人负责本专业课程思政的顶层设计，构建本专业育人维度并落实到具体的支撑课程，建好基层课程思政教学组织，处理好课程与课程之间的思政衔接，杜绝一般的思政元素、思政案例在不同课程中重复出现，以防引起学生的审美疲劳。专任教师是课程思政的第一责任人，负责本门课程中思政元素的挖掘、提炼和教学实施。班主任是一个班级课程思政学习的管理者，也是本班学生思想品德的教育者。辅导员本身就肩负学生思政教育的职责，因此，可以从较为专业的视角检查评估课程思政的实施效果，并将效果反馈给专业负责人。在专业负责人的组织下，独立于本专业师资以外的专职思政课教师，一方面协助专业教师挖掘专业课中的显性和隐性思政元素，另一方面可对课程思政教学进行指导，达到构成以"思政课程"为轴心，以"课程思政"为补充的高校思想政治教育课程体系。企业工程师是校外实践课程的指导教师，是学生工匠精神、职业规范养成的重要责任方。

育人共同体以导学团队为载体开展协同育人活动。协同育人活动是专业所在学院贯彻全国思政工作会议精神，落实立德树人根本任务的具体举措，也是充分利用校内外各类育人资源开展全方位育人的有益尝试。

（四）课堂教学方法

基于机械专业课程特点探索一种"三引教法"，即引经据典法、引理类比法和引申归谬法3种课程思政教学方法（表2）。

表 2　教学方法及其适用的思政元素

教学方法	所侧重的适用的思政元素
引经据典法	中华文明、传统美德、伟人思想、高尚品德、审美情趣、全球视野、大国"三农"
引理类比法	科学精神、自然哲学、工程伦理、社会责任、工程管理、工匠精神、制造强国
引申归谬法	健康人格、沟通交流、远大抱负、团队协作、职业规范、敬畏规则

引经据典法：引用中华经典名著、伟人重要论断、科学家故事、历史典故等作为素材来开展课程思政教学，通过广博的引证材料获取学生的价值认同。这是专业教师最容易想到、也最习惯采用的一种方法。

引理类比法：通过学生身边浅显易懂的案例或道理来类比专业课中晦涩难懂的原理，有助于学生对深奥知识的理解，同时也能让师生认识到社会科学与自然科学的本质统一。这种方法需要专业教师对所授课程有非常深刻的理解与认识。

引申归谬法：此法常用于实践类课程，教师通过一个错误的示范进行引申，让学生讨论由此带来的不良影响和社会危害，从而形成遵规守矩、沟通协作的良好习惯。合理使用这种教法，容易让学生产生深刻的印象。

这里要说明的是，笔者提出的思政元素与其对应的教学方法划分是相对的，并不是一成不变的。为达到更好的育人目标，有些思政元素可以同时运用数种教学方法，有些教学方法也适用于多个思政元素。

（五）考核与评价

德育需要入脑更要入心，依靠试卷这种单一量化考核的方式无法全面、精准评价教与学的效果。工科专业探索了一种多元考核评价方法：在理论课教学中，通过让学生撰写一篇简短思想汇报，来考查学生的思想动态。这种人文性的汇报内容要与思政元素一致，评分方式要明确细致地体现在教学大纲中，以防学生随便跑题、教师随意打分。在实践类课程大纲中，规定思政学习效果要体现在实习报告和分组答辩中，并赋予明确的分值占比。各育人责任主体要在课程结束后进行教学反思，将课程思政的达成情况和改进举措写进课程总结报告，形成持续改进的闭环（图 1）。通过优化教学业绩考评制度、细化德育成果划分原则等诸多内驱机制，提高专业课教师参与课程思政建设的积极性和荣誉感。

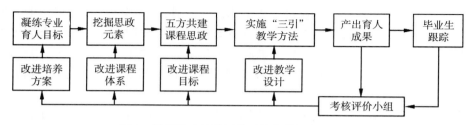

图 1　课程思政教学评价反馈与持续改进机制

三、课程思政建设成效

课程思政建设成效评估就是根据高等教育评估的一般原则和方法，结合本专业课程思政的具体教学目标，对其育人成效进行定量与定性相结合的教育评估。专业组建教学口、学工口骨干教师为主的成效评估小组，在遵循全覆盖、可衡量的原则下，选取学生入党考公、考研升学、就业对口率和转专业率四个指标，来长期跟踪评价学生能否将家国情怀、人文素养、专业志趣和爱岗敬业四个维度的思政教育内化于心、外化于行。跟踪评价每年进行一次。

（一）入党与考公

统计每年机械专业学生党支部党员数和考取国家及地方公务员的人数，可以用来评价当今大学生对中国共产党为什么"能"、马克思主义为什么"行"、中国特色社会主义为什么"好"等认知程度，从而获得高尚品德和社会责任等思政元素的建设成效。近三年来，专业党支部党员数增加 27%，越来越多的学生正自觉践行为共产主义事业奋斗终生的崇高理想。受专业性质的限制，考取公务员的绝对数虽然不多，但稳中有升，说明课程思政在培养为人民服务的社会责任方面已经起到很好的熏陶效果。

（二）考研深造

读研深造可以拓宽学生的国际视野，塑造学生学术报国、追求真理与严谨求真的科学精神。反映当今大学生为实现中华民族伟大复兴中国梦不懈奋斗的决心和信心。这也是大学生思想政治素养提高的重要体现。近三年来报考数和录取数逐年增加，尤其是考取"双一流"高校的人数增加 50%。学生考研深造的热情不断上涨固然与全国整体形势有关，但同时也能客观反映出本专业学生的学术抱负、科研精神在不断提升。

（三）就业对口率

就业对口率可以用来评价毕业生对本专业的忠诚度和适应性，检验毕业生能否适应本行业经济发展需要、能否为本行业做出积极有益的贡献。专业就业对口率越高，学生的专业志趣也相应越深。本专业的就业对口率稳定在 80%～85%，略高于本省专业的平均水平，说明学生对机械行业一贯具有较高的忠诚度和适应性。随着社会不断发展，新型职业不断涌现，学生在实现自身价值过程中也会呈现多元化取向，这将为今后继续保持和提高就业对口率提出新的挑战。

（四）转专业

随着社会的快速发展，一些金融类、管理类专业越来越受到学生和家长的青睐，相反，涉农类、工科类受到严重挑战。统计机械专业转专业情况，能反应出学生对机械领域的专业志趣以及对农林高校开设工科专业的信心。尽管机械专业的转入数呈逐年上升趋势，但转出数更有扩大苗头，转专业的形势依然不容乐观。许多教师将此现象归于学生和家长急功近利的职业观，却很少反思专业建设自身存在的问题。笔者认为，一方面要正视农林高校中部分工科专业学生净流出率居高不下的客观事实、理解家长对农林高校培养工科人才所持的怀疑态度；另一方面更应该以课程思政建设为抓手，明确强农兴农的育人目标、集聚知农爱农、并立志服务"三农"的生源为培育对象，警惕"去农化"的错误办学思路，勇敢逆行，主动发挥农林元素的特色优势，才能从根本扭转转专业形势中存在的问题。

四、结语

近年来，中央不断加大决策部署力度，整体推进高校课程思政建设，因此如何用好课堂主渠道、构筑育人大格局，必将成为一段时期内高校课程思政的研究热点。本文从扎根于农林高校的工科专业所独有的特征出发，分析加强思政建设的重要性。在专业总体育人目标的框架下，围绕思政元素、育人主体、教学方法和考核评价 4 个要素，系统介绍了机械专业在课程思政体系构建方面的探索与实践，并从入党考公、考研深造、就业对口率和转专业四个视角评价课程思政的建设成效。

在后续教育改革中，还可加强以下三方面研究：一是加强与思政课程教师的协同问题研究，以切实做到同向同行；二是需加强课程思政在全过程、全方位育人方面的研究，真正构建起"三全育人"的格局；三是要研讨进一步提升工科师资师德师风和思政教育水平的方法。

风景园林专业课程思政教学探索与实践*

应君 张晓静 张一奇

习近平总书记在全国高校思想政治工作会议上明确指出，要用好课堂教学这个主渠道，使各类专业课程与思想政治理论课同向同行，形成协同效应。在这一背景下，发展课程思政既满足了专业课程改革的要求，也有效提高了高校思政教育的实效性。然而目前，高校课程思政目标有待明确，系统性、深入性有待增强。课程思政教育的核心就是立德树人，即在知识传授过程中培养学生的理性与德行，这就要求将思政工作全面渗透到日常课程教学中，不断改革创新教学手段、内容以及具体实施路径，进而打开高校思政教育新格局，提高大学生的德育修养，进一步提高教学质量。

一、风景园林专业课程开展课程思政的必要性

风景园林学是一门以广泛的自然科学和人文艺术为基础的应用型学科，其核心是探索、协调人与自然之间的关系。它的价值与作用不仅体现为为人们创造舒适优美、生态平衡的生活环境；也体现为为城市、乡村塑造富有社会创造活力、文化艺术魅力以及经济发展潜力的空间；更体现为促进社会平等，淡化人们之间因职业分工、教育程度、财富、社会地位、户籍等因素而产生的差异。因此，园林设计相关的教学过程中不仅要注重学生专业知识与技能的提升，更要注重学生价值观与使命感的培养，引导学生树立正确的人生观和价值观，以建设小康社会、发展中华文化和塑造国土景观为己任。

目前阶段，高校思政教育和专业教育仍存在"断层"现象，思政课程教学与专业课程教学相对分离，风景园林专业课程也是如此，专业课程教学更重视知识与技术的掌握和运用，追求"精于工"，却时常忽视"匠于心、品于行"。而关于课程思政的认识也往往存在以下3方面误区：课程思政是思政课程的简单同义转化；课程思政是思政元素机械地嵌入各门课程中；课程思政弱化了各门课程知识传授和能力培养。面临当前课程思政的困境，专业课教师务必要以坚定的政治立场承担起育人使命，以多维的课程设计彰显价值属性，以深刻的思想体悟培育时代新人。只有确保将思想政治教育融入专业课程教学之中，使思想政治理论课和专业课程的课程思政同向发力，才能够实现立德树人、润物无声的目标，培养出德、智、体、美全面发展，政治信念坚定，专业基础扎实，知识面宽广，专业素质完备，实践能力突出，能够胜任城市建设、园林建设各环节的应用型人才。

* 本文发表于：现代园艺，2020，43（23）：189-191.

二、风景园林专业课程开展课程思政的教学内容选择

课程思政中"德育"为目标之首，其重点内容是倡导并践行社会主义核心价值观。为了进一步开展课程思政，风景园林专业基础课程教学设计中应深入挖掘可进行思政教育的切入点。一方面，整理蕴含在专业知识中且具有明显价值倾向、家国情怀的"显性"思政元素；另一方面，在已有思政元素的基础上进一步拓展、开发"隐性"思政元素，做好思政教育预案，确保课堂上有的放矢。对于风景园林专业课程开展课程思政的教学内容，选择以下3个方向为例展开叙述。

（一）结合园林发展历史开展课程思政

学科的发展源于国家和社会的发展，风景园林学科在社会历史变迁中不断发展与前进。因此，社会发展过程中的意识形态与风景园林发展的动态过程的结合点，即可形成课程思政的切入点，最具代表性的教学内容当属园林史，其中最经典的无疑是《中国古典园林史》与《西方园林史》。

传统园林所存留下来的作品或记载有着深厚的文化底蕴，具备了为当时社会所认可的形象和含义。学习园林史，应该透过历史上纷杂的园林作品、潮流的表象去探究背后的政治、经济、文化发展史，这不仅能够有效探寻园林设计语言，更能引发深刻的思政思考。中国古典园林史课程思政的具体内容以以下3点为例：一是天人合一的自然观。在造园初始阶段，人类崇拜自然、顺应自然，"本于自然、高于自然""因地制宜、因时制宜"的造园手法体现了天人合一思想，更包含了情感上与自然亲近、道德上与自然契合、与时偕行、与四时合序的人生哲理。二是寄情山水的隐逸文化。在造园转折阶段，战争不断，社会动乱，一些达官贵人、文人墨客掀起了寄情山水、归隐田园的热潮，佛学中的虚无、道家思想中的清静无为成为这一时期隐逸文化的主要内容。三是诗情画意的闲情逸致。结束了连绵战火，社会趋向安定并迅速发展，园林的建设也趋向成熟与稳定，此时人们对形式与内容有了更高追求，将诗歌、绘画艺术有机融入园林设计中。可见文化内涵造就了园林艺术的意境之美，景观要素皆为文化载体，突显了具备良好文化素养的重要性。而通过西方园林史课程则可学习西方园林中的科学思维和理性美学，以"和而不同"的视角看待中西传统园林发展各阶段的设计思想。"以古为镜，可以知兴替"，将园林史专业课程与思政内容融合，一方面可以增强学生的专业知识，有助于学生在历史长河中找准现代园林发展的坐标和方向；另一方面有利于学生提高自身的道德修养，培养学生养成在社会背景下思考问题的学习习惯。

（二）结合专业发展要求开展课程思政

读史使人明智，知史可以明今，学习历史不只为了缅怀过去，弘扬以往的辉煌业绩，更要着眼于揭示事物发展规律而烛照未来。风景园林学以古典造园为主、风景造园为辅，通过科学革命的方式建立起新的学科范式，以国家建设要求为风向标，因此探讨园林发展历史的过程也是进行思政学习的过程。从传统造园到现代风景园林学，其发展趋势大致表现为3点：就服务对象而言，从为少数人服务拓展到为人类及其赖以生存的生态系统服务；就价值观而言，从相对单一的游憩审美价值取向拓展为具有综合性的生态和文化价值取向；就实践尺度而言，从较为局限的中微观尺度拓展为大至全球小至庭院的全方位尺度。这3个方向与国家发展所强调的生态文明、精神文明和物质文明密切相关。

例如景观生态学这门课程，可以以生态文明为切入点进行思政融合。风景园林与生态文明有着不言而喻的密切联系，风景园林是生态文明建设的重要内容。一方面，风景园林本身就是具有生命的绿色基础设施，是构成生态文明的空间载体和实体要素；另一方面，风景园林在各个尺度上提供宜居、宜游的环境条件以及社会活动空间，以此保障人类的生产和生活，促进社会的和谐可持续发展。

再如，当前，城市园林绿化水平被列为评价城市物质文明和精神文明水平的重要指标，各类绿地（居住区绿地、公共绿地、生产绿地、防护绿地和风景林地等）已成为城市规划建设中必不可少的组成部分。园林规划设计与园林树木学、花卉学以及植物造景等系列课程结合，可以以物质文明和精神文明为切入点进行思政融合。园林规划设计这门课程主要讲授如何在一定的自然、人文、经济、工程技术和艺术规律指导之下，充分运用地貌、植物、硬质材料、建筑等园林组成要素，因地制宜地规划和设计各类园林绿地。其中的重要内容就是以人为本的设计理念。从生理角度而言，包括园林功能、空间尺度、材料使用的人性化；从心理角度而言，包括造型、色彩的人性化，更要注重文化元素在景观中的体现，景观设计需要保留传统的地域文化，提取地域文化的经典元素，再现历史文化并将地域文化和现代设计相融合。学习与思考各地文化，有利于学生提高自身文化素养，厚植爱国主义情怀。此外植物是风景园林设计的主体要素，合理的植物配置能够有效美化环境、改善生态，在生态文明建设中具有重要意义。园林花木自古以来被作为情感载体，承载着艺术情感，如出淤泥而不染的莲花，被喻为幽隐居士的兰花。除此之外，植物造景还追求集嗅觉、视觉、听觉为一体的全方位意境效果，如雨打芭蕉的绝美意境，这对于精神文明建设大有裨益。

（三）结合工程技术应用开展课程思政

园林工程课程主要研究园林建设的工程技术，其中心内容是在充分发挥园林的生态、社会和经济功能的前提下，处理园林中工程设施与景观效果之间的矛盾。园林工程一旦建成，就将对设计区域的生态平衡、美好生活家园构建长期发挥重要作用。这门课程可以以工匠精神和创新精神为契合点开展课程思政。

在概念设计阶段，工匠精神体现为"匠心"；而深入到景观细节，则体现为"匠工""匠智"。"匠工"精神指设计者在整个景观设计过程中始终保持细致、严谨的态度，对项目反复进行实地考察，亲身感受当地的人文氛围和周边环境，将本土文化渗入到细节之中；"匠智"则是指设计者要保持推陈出新和追求突破的创新精神。所谓"良匠良才淬良品"，技术和材料创新是景观设计的重要推动力量，设计师不但需要具备推陈出新的能力，还要注重可持续发展，关注新材料、新技术的应用情况，这就要求设计师具备"开拓创新"的进取精神。例如，塑料盲沟克服了传统盲沟的缺陷，集水性和排水性优良，开孔率高，能够适应地形变化且易于施工；彩钢亭相较于以往的钢筋混凝土而言具有造型美观、成本低、结实耐用、重量轻等特点。园林工程中的新工艺是指在传统工艺的基础上，不断研发推广新技术，也体现了"创新"的重要性。除了材料和工艺的创新，还有材料选取理念的与时俱进，例如节能理念，园林工程设计不能追求一时的效果，更需要考虑设计的长远发展，在有可能的情况下考虑太阳能、水资源循环利用等应用方法。当今社会，人们的功能需求和审美需求都在不断提高，工匠精神和创新思维的融合应用将是景观设计人性化过程中的基础环节。

三、风景园林专业课程开展课程思政的实施路径

课程思政的要点在于根据专业课程教育要求，有机融入社会主义核心价值观、中国优秀传统文化教育，特别是习近平新时代中国特色社会主义思想教育的内容。这不仅是思政内容的渗透学习过程，更是培养学生自主进行思政思考的学习过程。因此，探索确立集"价值塑造、知识传授、能力培养"于一体的教学模式意义重大，其中"价值塑造"是基础。

（一）价值塑造

这是课程思政的启蒙阶段，重点内容是提升学生的责任感与使命感，引导学生树立正确的价值观，以信念和情怀支撑知识的学习，为学生成长成才打下扎实的基础，同时也为学生自主学习习惯养成做好铺垫。这一阶段的实施以教师的引导性授课与学生延伸思考、学习、讨论为主。教师作为"引路人"，为学生搜集时代背景下风景园林发展的论坛素材、科研论文等资料，让学生通过学习和思维发散，思考风景园林设计所承担的使命，增强自己作为景观设计师的社会责任感，并进行交流讨论，以此开阔学生的视野，鼓励学生突破"小我"的桎梏，树立"大我"的信念，弘扬爱国主义为核心的民族精神，立志为建设美丽中国乃至美丽世界而努力。

（二）知识传授

这是专业与思政教育的理论融合阶段，重点是在专业理论的授课过程中融入思政教育元素，将科学精神渗透到专业知识的教学过程中，一方面引导学生树立正确的价值观和世界观；另一方面使其掌握本专业的基础理论知识，实现知识传授与价值观引导的有机统一。这个阶段以教师授课为主，学生学习汇报为辅，并充分贯彻参与式教学思维，以提高学生的参与度。理论知识的讲解需尽可能与实际案例相结合，并在此过程中弘扬中华民族优秀的人文精神，渗透与时俱进的科学精神。当今社会发展迅速，园林行业的技术、理念发展可谓日新月异，在学习经典教材的同时，教师需要引导学生关注行业发展动态，教导学生时刻不忘以改革创新为核心的时代精神，不断攀登知识高峰。

（三）能力培养

这是课程思政理论与实践的结合升华阶段。所谓"纸上得来终觉浅，绝知此事要躬行"，专业知识与思政理论需要在具体方案设计过程中落地，实现理论与实践的结合。这个阶段以理论知识为基础，教师选取有代表性的设计作品带学生进行实地调研，在调研过程中达到温故而知新的效果，让学生对所学知识有更深刻的理解和感悟，并整理成调研报告进行汇报讨论。实地调研之后，学生根据知识与经验积累独立完成方案设计，方案设计过程中教师需要增强与学生的沟通交流，包括设计主题、基本思路、方案草图以及方案深化等方面，在交流过程中培养学生的表达能力，同时达到查漏补缺的效果，增强学生的基本功。最后必不可少的是方案的点评与总结环节，这个环节鼓励同学们集思广益，在评价与交流中产生思维的碰撞，为之后的学习提供新思路，同时强调"知行合一"的实践精神，在实践中超越自我。

四、结语

理工科的思政教育长期存在着孤岛困境，究其原因是专业知识教学和思政教育的分

离。风景园林学横跨工、农、理、文、管理学，融合科学和艺术、逻辑思维和形象思维，更考验学生的主观能动性，这也使其具有独特的课程思政优势。将专业知识与思政教育相融合，能够使学生在专业课程的学习中将思政内容内化于心、外化于行、实化于做，继而帮助学生树立积极向上的设计理念，明确标准规范的表达方式，进一步培养他们艰苦奋斗的职业素养；思想上引导学生树立社会主义核心价值观、科学的世界观，培养学生的责任感与使命感，实现专业知识的内化和道德情操的升华。

农林高校茶学专业公共化学课程思政实践探索[*]

洪昀

在互联网技术高度发展的当下，高校学生接受的信息庞杂，思政教育的重要性不言自明，而艰巨性也前所未有。因此，高校以思政课程为核心，打造课程思政的思政教育体系，将思政教育渗透进学生日常学习生活之中，是当下思政教育发展的必然趋势。这对于高校落实立德树人的育人目标、增强高校师生的凝聚力、提高学生的综合素养具有深远的意义。

作为农林高校茶学专业的重要基础课程，公共化学具有较强的专业引导性和实践性。在公共化学课程中落实课程思政的理念，不但可以增加学生的专业知识，积累、提高学生的实践技能，还可以增强学生的思想道德修养，促进学生的全面发展。

一、农林高校茶学专业公共化学课程的思政教育功能

为了有效发挥公共化学对于学生提升专业素养和道德修养的教育价值，先要充分挖掘和了解该课程教学内容中所蕴含的思政教育功能。

（一）物质文明教育功能

有效而科学的化学方法是促进物质资源高效利用、合理创新的重要手段，是推动物质文明进步和发展的重要力量。因此，公共化学不仅向学生传授枯燥的公式和实验方法，更引导学生了解化学与社会发展、物质文明进步的重要联系。

（二）精神文明教育功能

精神文明是人类的精神文化结晶，是数千年人类社会发展的精神成果。公共化学课程讲究务实求真，以实验检验理论，是对唯物主义中实事求是、实践是检验真理的唯一标准等理念的充分体现，是引导学生树立正确价值观的优秀课程。

（三）社会文明教育功能

社会文明是社会平稳和谐发展的产物，化学领域的研究不但推进社会文明的进步，更是社会平稳和谐发展的重要体现。公共化学教学既引导学生求真务实、科学理性，又教育学生"文明难得，和谐无价"。

（四）生态文明教育功能

生态文明的核心在于人与自然的和谐共生，人类的美好生活乃至国家的发展都离不开生态文明建设。化学领域的重要研究使命之一在于合理开发、高效利用、节能减排、污染防治，这是对生态能源的节约和生态环境的保护，对于学生培养节约、环保等优秀品质具有重要的作用。

---

* 本文发表于：福建茶叶，2021，43（3）：126-127.

二、农林高校茶学专业公共化学课程教学中实施课程思政的必要性

（一）高等教育人才培养目标的需要

作为向社会培养和输出人才的重要阵地，高校始终秉持以学生为中心、立德树人的核心理念，积极履行人才培养的时代使命。这要求高校不但要坚持各专业学科自主发展、百家争鸣，更要引导学科之间的协同与融合。而结合各大高校的教学实际得知，专业课程之间的协同发展现状不佳，尤其是在思政领域，各专业长期处在独立作战状态。当下，单纯的思政课程已经难以面对互联网庞杂信息的巨大挑战，需要高校构建以思政课程为核心、各专业课程协同发展的系统化思政教育体系，各专业课程共同承担学生的德育使命，从而在专业知识的讲授中渗透思政思想，实现专业教育和思政教育的协同发展，共同培养全面发展的现代化人才。

（二）高校思政工作的需要

高校思政教育课程秉持"立德树人"的育人目标，对于提高学生的思想层次和道德修养有着积极的作用，是现代优秀人才必修的理论知识。构建高校课程思政的大思政教育体系，润物细无声地将思政渗透于专业教育之中，全体教职员工共同承担学生的思政德育职责，对于高校思政工作的落实有着极大的促进作用。课程思政将德政教育思想通过专业知识进行讲授，避免了单调乏味的说教式教育，实现专业课程与德育课程的协同进步，将专业课程教育的功能充分发挥出来。

（三）专业人才培养目标的需要

目前，农林高校教育对于学生的思想品质及专业素养同样关注。但在现实的工作之中，部分高校学生由于对所学专业的认同感低，导致学习主动性差，社会责任感低，凸显了专业课程在教育过程中的德育缺失问题。由此可见，思政教育是专业教育的基础，只有两者协同发展，才能真正落实人才培养的教育目标。作为茶学专业重要的基础课程，公共化学课程势必要发挥德育的作用，用化学领域的特色知识将德育理念进行趣味化呈现，切实将专业知识与思政教育有效融合，实现协同发展。

三、在农林高校茶学专业公共化学课程教学中实施课程思政的实践探索

（一）提升教师综合素养，有力践行课程思政教学理念

教师在知识教授、人才培养的过程中扮演着指引者的角色，对于公共化学课程思政的推进和落实发挥着关键作用。教师专业素养和综合能力的高低，对于课程思政的效果有着直接的影响。因此，公共化学教师应在加强专业积累的同时，注重思政和德育能力的提升。第一，落实和认可课程思政的理念。课程思政是系统性的教育体系，需要教师树立整体教育的大局观，转变传统的只"授课""解惑"的狭隘教育理念，切实做到教书、育人的有效融合。第二，增强专业授课的使命感。近些年来，茶学专业领域实现快速发展，公共化学教师应加强对领域动态的关注，提高对专业价值与社会融合的认知，从而增加教育的使命感。第三，优化教学方式。教师要勇于进行教学方式的创新和优化，避免简单的生搬硬套，而要结合专业知识进行生动的场景性传达，增强思政教育的趣味性和亲和力，切实做到思政与专业的融合统一。第四，重视自身的榜样价值，不断提高自身的师德修养和社会修养，做到以身作则、言传身教，无形中为学生做正向的引导。

（二）修订专业课程标准，凝练课程思政教学目标

在课程思政的大思政教育体系之下，公共化学课程应对专业教学目标与思政教育目标进行有效结合，修订新的专业课程标准，从而进一步指导专业课程思政教学计划和教学内容的优化和完善。专业课程标准的制订要立足于新时代综合性人才的培养目标，聚焦公共化学课程思政的价值，挖掘和明确公共化学课程的德育功能，将思政教育理念融合进各个教学环节，实现化学专业与思政的兼容并进。

公共化学不仅是茶学专业重要的基础课程，还是与社会生活密切联系的科学课程。所以，公共化学课程思政的教学目标和教学标准的修订，首先要遵从其自然科学的内在价值属性，对于人才要关注科学探索精神和专业理论素养的培养，同时兼顾实事求是、精益求精的治学精神培养；其次，充分考量茶学专业的人文属性及与生活品质的相关性，重视人文情怀、健康生活理念的培养。

（三）把握教学目标，设计课程思政教学方案

为了将课程思政的教育理念充分落实，在进行专业教学目标和教学标准的修订后，还要以此为指导，聚焦公共化学的思政教育价值，挖掘和明确其内在蕴含的思政教育元素，并进行教学计划和教学方案的优化和完善。值得一提的是，课程思政是对传统专业教育的补充和完善，用德育填补专业教育的不足，实现教书和育人的有效统一，而非对传统教学的挑战和对立。

在公共化学的教案优化完善过程中，教师应立足公共化学的专业魅力和价值，深挖其蕴含的人文精神，加强专业知识、自然规律、实验实践与创新理念、人文精神、社会生活的碰撞，激发学生的学习兴趣，逐渐提高其对专业的情感认同和学习信心，在科学知识的学习中获得人文关怀和思想指导。在具体的教学实践中，教师还应坚持理论联系实际，注重结合具体案例，用举例的方式使专业知识和德育理念更为生动易懂，从而提升课程思政的生动性和说服力。

（四）提高教学水平，优化课程思政教学方法

随着素质教育理念的不断普及，高校教学方式不再拘泥于单纯的讲授式授课，而是形式多样的趣味化教学，比如多媒体课堂、师生互动式授课、网络授课等。所以，高校教师应充分运用强大的现代教育技术，勇于进行教学方式的优化创新，切实提高课程思政的教育水准。

公共化学是一门兼具理论与实验的课程，教师在授课时应避免枯燥的、填鸭式的灌输，而应借助多媒体课堂将抽象的理论视觉化、情景化，增加实验操作让学生主动去探索和学习，开设网络课程，开展广泛的讨论与互动。与此同时，教师还应注重公共化学课程的德育职责，在进行学术理论传授和交流的同时，关注对学生治学精神、科学精神的培养，将科学家勇于探索、百折不挠的科学精神和忠诚爱国的高尚品格传播给学生，引导其树立科学的志趣和爱国的情怀；引导学生关注公共化学知识与现实生活的密切联系，充分援引案例对抽象的理论知识进行讲解，使学生建立专业知识与日常生活的交融联系，并在此过程中不断培养学生的创新精神、实践能力和科学思维，切实实现对学生综合能力的提升。

课程思政理念下对外汉语茶文化教学设计研究*

孔雅婷

一、对外汉语茶文化教学的必要性

首先，语言是文化的重要载体，语言教学与文化教学有着密切的联系，两者不可分割。留学生来到目的语国家学习，往往不只是想学习一门语言的听、说、读、写技能，更是希望通过语言这个工具，去更好地了解这个国家的政治、经济、文化、历史，因此对外汉语教学必须以一定的文化学理论为基础。

其次，将文化教学融入语言教学之中，有助于减少留学生减少文化冲突，提高语言学习能力，避免文化休克。留学生在"讲好中国故事，传播中国声音"方面发挥着重要的作用，但是由于个体在文化习俗、宗教信仰、思维方式上的差异，以及对异文化的成见，容易产生"文化休克"现象。"文化休克"是指在非本民族文化环境中生活或学习的人，由于文化的冲突和不适应而产生的深度焦虑的精神症状。将文化教学融于语言教学之中，可以起到"润物细无声"的作用，帮助留学生提高跨文化交际能力，减少文化冲突，从而完成汉语国际教育的使命，培养亲华、友华、爱华人士。

最后，《国际汉语教学通用课程大纲》（下文简称《大纲》）对文化教学提出了明确要求。《大纲》将语言综合能力分为"语言知识""语言技能""策略""文化能力"四个模块，其中第四模块对文化教学提出了明确要求，具体为：要求学生初步了解中国在文化、教育等方面的发展及成就；初步体验中国文化中的物质文化部分；初步了解简单的汉语故事、典故中的文化内涵；初步了解中国文化中的语言交际和非语言交际功能；初步了解中国的简单交际礼仪与习俗；初步了解中国文化的人际关系。《大纲》作为对外汉语教学的纲领性文件，在指导教师制订教学目标、选择教学内容、设计教学步骤等方面具有前瞻性和引导性作用，明确了文化教学的重要性。

二、对外汉语茶文化教学中的思政元素

中国茶文化蕴含着丰富的思政元素，是实施课程思政的良好素材。

茶文化很好地体现了中国的儒、道、墨哲学思想。儒家思想讲求修身养性，和谐仁爱，而品茶讲究静下心来，去除周身浮躁之气，在品茶过程中可以自悟自省，陶冶性情，提升自我修养。道家提倡道法自然，无为而治，与自然和谐相处。茶叶、茶水、茶具取之自然，茶融天、地、人于一体，提倡"天下茶人是一家"，体现出人与自然和谐共生的关系。茶亦有道，《茶经》中的"天育万物，皆有至妙"与老子的"道生一，一生二，二

＊ 本文发表于：福建茶叶，2021，43（5）：199-200.

生三，三生万物"有异曲同工之妙。墨家思想强调"非攻""兼爱"，中国人饮茶历史悠久，上至王公贵族，下至黎民百姓，茶叶成为"人家不可一日无"，体现出墨家思想中人无贵贱、众生平等的思想。

茶文化蕴含着中国的传统礼仪。礼在中国古代用于定亲疏，决嫌疑，别同异，明是非。"茶好客常来"，客来敬茶是中国人民几千年来重情好客的传统美德和礼仪。当有客来访时，主人要询问客人的口味，选择合适的茶叶和茶具，在为客人分茶时要水量一致，以显示无厚此薄彼之意。茶斟七分，寓意七分茶三分情，表达主人的情谊，并在共饮的过程中注意客人杯中的茶水量，注意及时添茶。茶礼还是我国古代婚礼中一种隆重的礼节。明代许次纾在《茶疏》中说："茶不移本，植必子生。"意思是茶树只能以种子萌芽成株，而不能移植。因此茶被看作是一种感情坚定的象征。民间男女定亲以茶为礼，整个婚姻的礼仪总称为三茶六礼。三茶，就是定亲时的下茶，成婚的定茶，同房时的合茶。下聘礼时，无论家境如何都应有茶具，体现出茶在中国传统文化礼仪中的重要地位。

茶文化彰显着中国的文化自信。中国是最早提出茶道的国家，距今已有1 200年的历史。中国茶文化是世界茶文化的源头，对世界茶文化产生了深远的影响。中国现存的有关于茶的诗词、绘画数量，中国饮茶人数，茶叶产量和质量均居世界第一。茶不仅是中国人民生活中不可或缺的物品，如今更是对外友好交流的名片，传递着中国的文化自信。

三、对外汉语茶文化教学设计

（一）教学目标

1. 知识与技能目标　掌握茶文化相关理论知识，包括茶史，茶叶的分类、名称、产地，茶具的名称、用途，不同茶叶水温的选择，不同种类茶的茶艺步骤等。

2. 思政目标　通过茶文化的学习，体会茶文化的内涵，了解茶文化中蕴含的中国儒、道、墨传统哲学思想，了解与茶相关的传统文化礼仪，以及中国茶文化在世界茶文化中的地位，感受中国的文化自信，增强对中国文化的学习兴趣。

3. 跨文化交际目标　通过茶文化学习，体会本国文化与中国文化的差异，用更包容的心态去了解、接受异国文化，感受异国文化的魅力，从而减少文化冲突，避免"文化休克"，提升自身的跨文化交际能力。

（二）教学原则

1. 直观性原则　从有利于知识理解与记忆的角度出发，创造条件，利用实物、图片、视频、现场观看等直观手段将抽象概念与具体形象相联系。

2. 针对性原则　茶文化课程选择汉语中高级水平留学生进行授课。

3. 实践性原则　除了学习理论知识外，还要给学生动手实践的机会，如客来敬茶、茶艺实践等，加强理论与实践的联系，巩固学生的记忆。

4. 趣味性原则　塑造轻松、愉悦的课堂氛围，使学生乐于发表自己的看法，勇于动手尝试，从而真正地体会茶文化的魅力，增强对中国文化的兴趣。

（三）教学对象

了解教学对象是教学取得成功的关键因素之一。教学对象分析包括学生国籍、年龄、语言水平、学习动机、学习策略、认知风格、情感态度等方面。对外汉语茶文化教学以汉语为基本语言进行讲解，阐释儒、道、墨等哲学思想，因此对学生的汉语水平及认知能力有较高的要求，学习者最好达到汉语中高级水平，词汇量达 2 000～2 500，熟知汉语语法知识，对中国文化有一定的了解，能够用汉语完成基本的日常交流。且学生需有较强的内驱力，对中国传统文化有较强的兴趣。

（四）教学内容及安排

对外汉语茶文化课程的教学内容及课时安排见表1。

表1 教学具体内容及课时安排

单元	课时安排	教学内容
第一单元 中国茶基本概况	2 课时	中国茶的起源、发展历史；茶叶的名称、分类、产地、功用；茶水的选择
第二单元 茶与中国传统哲学	1 课时	茶文化中蕴含的儒家、道家、墨家文化
第三单元 茶与中国传统礼仪	1 课时	客来敬茶礼仪、婚俗礼仪
第四单元 茶艺观摩与实训	4 课时	茶艺观摩、茶艺实训
第五单元 跨文化对比	2 课时	中国茶文化与其他国家茶文化的对比

（五）教学方法

1. 讲授法 讲授法以语言传递信息为主。老师用口头讲授的方式，将相关的理论概念直接讲出来，这也是目前使用最普遍的一种教学方式。在对外汉语茶文化教学中，关于茶史以及茶叶名称、分类、功用等都可以用讲授法直接授课，以提高课堂效率。

2. 演示法 演示法即老师通过现场演示的方式进行示范性教学，能够让学生用比较直观的方式获得知识，从而加深记忆。在茶文化教学中，关于敬茶礼仪、婚俗礼仪等内容，教师可以通过播放视频的方式进行教学，茶艺部分可以邀请专业的茶艺师进行现场茶艺展示，让学生通过观察获得知识。这种教学方式具有较强的趣味性，能够提升学生的学习兴趣。

3. 操练法 操练法指学生在教师指导下将理论知识付诸实践的一种方法。进行实践操练可以加深对理论知识的理解和记忆。在茶文化教学中，关于敬茶礼仪、茶艺等部分可以让学生进行实践操练，直接感受茶文化的魅力。教师在过程中要注意方法的指引，及时做出总结和反馈。

（六）教学评估

教学评估对课堂、教师、学生都非常重要，教师通过学生的反馈及时发现问题，总结经验教训，提高教学质量。学生通过课堂反馈反映自己的意见，与教师交流，并拉进与教师的距离。在茶文化课程结束后，教师可通过问卷、访谈等形式，评估教学目标的设定是否合理，是否符合学生的语言水平和认知水平；教学内容的安排是否恰当，有没有突出重难点，是否充分挖掘出茶文化中的思政元素；教学环节的安排是否清晰、合理、紧凑；教学方法是否适用，有没有体现成熟的教学技巧，是否遵循教学原则；教学效果如何，学生是否了解了中国茶的基本知识，体会茶文化内涵和精髓，有没有对中国文化产生进一步了解的兴趣，有没有提高跨文化交际能力等。

四、结语

对外汉语教学应坚持课程思政同向同行，将思政教育贯穿于教学的全过程，引导留学生积极参加课堂讨论和思考，激发留学生的积极性，在潜移默化中达到课程思政的教学目的。茶文化作为中国传统文化的精髓，包含着儒、道、墨传统哲学思想，体现中国人民重情好客的文化礼仪，更彰显着中国的文化自信。留学生通过茶文化课程的学习，可以体会中国民族精神、社会文化；可以更好地融入中国，增强对中国文化的认同，减少文化冲突；可以提高跨文化交际能力，增强学习中国文化的兴趣，进一步提高汉语水平。

基于"三实一体"教学体系的风景园林设计类课程思政改革探索——以园林规划设计（公园设计）为例

徐斌

党的十八大以来，习近平总书记对高校思想政治教育做出了一系列重要指示，为高校推进课程思政建设指明了方向。2016年12月7日，习近平总书记在全国高校思想政治工作会议上指出，所有课堂都有育人功能，不能把思想政治工作只当做思想政治理论课的事，其他各门课程都要守好一段渠、种好责任田。实现各类课程与思政理论课同向同行、协同效应的总体要求。2020年5月28日，教育部印发了《高等学校课程思政建设指导纲要》，要求各高校把思想政治教育贯穿人才培养体系，全面推进高校课程建设，发挥好每门课程的育人作用，提高高校人才培养质量。园林规划设计（公园设计）课程紧跟时代趋势，进行课程思政教学改革实践，构建了多目标同步的课程思政教学体系，为新时代培养德才兼备的风景园林专业人才提供借鉴与思考。

一、园林规划设计（公园设计）课程的思政教学需求导向与实践策略

本文针对课程思政和一流本科课程改革建设目标，立足风景园林的学科属性和长期的课程教学实践，把牢文化与生态两大主线，重点以生态文明、美丽中国、"绿水青山就是金山银山"理念等为引领，总结提炼出对风景园林学科课程思政的三大需求导向，即"文化浸润课程""设计情怀培养""专业素养提升"，提出了相应的三大实践策略，并结合规划设计全过程，构建了"三实一体"的课程思政教学体系，推进新时代生态人居环境建设人才培养。

（一）思政教学需求导向

1. 文化浸润课程 在教学实践过程中，我们发现很多同学看到较好的景观节点，便套用到自己的设计方案中，没有考虑场地适用性，导致设计内容与场地内涵矛盾的情况时常发生。在当前课程思政建设背景下，学生应更深入地挖掘和感受场地的文化内涵，做有灵魂、有内涵的公园设计。

2. 设计情怀培养 在国家越来越注重生态人居环境建设的背景下，风景园林规划设计要求学生响应国家号召，在具体实践过程中践行生态文明建设理念，关注生态、民生问题，培养应用专业能力服务社会的设计情怀。

3. 专业素养提升 此前的课堂设计任务一般周期较短，方法手段较为保守，学生对场地的调研不够深入，缺乏对方案的深度打磨。而当前课程思政的建设背景，要求优秀的风景园林设计师不仅要有过硬的专业技能，还需要有精益求精反复推敲方案的坚韧感，对学生工匠精神和职业素养的培养提出了更高要求。

针对上述需求导向，园林规划设计（公园设计）课程立足风景园林学科属性，以文化、生态、匠心为切口，坚持知识传授与价值引领相结合，将家国情怀、传统文化、工匠精神等思政教育内容微观化、细节化、基因化，"润物细无声"地植入课堂教学全过程。

（二）实践策略

1. 文化为魂，深挖场地内涵 课程选定真实地块、真实任务，把真实项目作为命题导入教学，通过典型案例植入、现场考察等手段，引导学生深度挖掘场所精神和内在文化，感受文化之于空间的重要性。从人的行为、需求、环境场景建设出发，培养学生的进阶思维。在实践过程中发掘、利用场地的文化内涵，赋予公园文化以灵魂，在培养学生的实践能力和对规划设计的综合把控能力的同时，坚定学生对社会主义道路的信念，增强对传统文化保护与活化利用的使命感和同理心，培养学生的文化自觉与文化自信。

2. 生态为基，厚植设计情怀 紧随时代脉搏，坚持以生态文明、美丽中国、"绿水青山就是金山银山"等理念为引领设计并指导教学。在教学和评价过程中，面向社会、面向需求、面向实际，引导学生在场地构思和具体设计过程中践行"自然中见人工"的设计理念，增强学生通过专业知识解决环境问题、社会民生问题的意识。在方案推演过程中，厚植设计情怀，激发学生的共情意识，培养学生的家国情怀和使命担当。

3. 匠心为铭，提升专业素养 结合规划设计任务、构思、布局、营造、展示五个环节，植入精益求精的产品服务思维，分阶段多维度进行教学设计，组织多种教学活动、多轮评图修改，反复推敲设计方案，引导学生树立爱岗敬业、专注严谨、创新创业的责任意识，在学习过程中培养学生的工匠精神和作为风景园林师的职业素养。

二、"三实一体"的课程思政教学体系

本课程实施"三实一体"教学路径，即实地、实验、实践一体，结合地块认知、公园营造和后期复盘等手段，从加强感知、内化素养、强化应用三个阶段出发，来激发学生的共情意识，培养学生的家国情怀以及提升学生的职业素养，真正实现"思政基因"润物细无声地植入到课堂全过程之中。

（一）实地风景育人

实地风景育人，顾名思义，是在实地进行课程的安排与讲解，包括设计地块考察测绘、优秀案例实地讲解和现场总结分析汇报三大块课程内容。主要是通过地块调研和案例解析的手段，来加强学生对场地的感知，激发学生的共情意识，丰富课程的教学内容和教学维度。

1. 设计地块考察测绘 设计地块考察测绘主要是带领学生前往设计地块现场，利用无人机等设备来辅助进行场地认知，完成前期的场地分析汇总，加深同学们对场地的空间印象。

2. 优秀案例实地讲解 在临安的吴越文化公园和临安博物馆等地实地讲解案例，让学生了解临安的历史变迁与发展，培养学生的家国情怀，增强文化自觉，坚定文化自信。

3. 现场总结分析汇报 现场总结分析汇报分为两部分：一部分是现场调研的总结分析汇报，小组成员调研完成后，在老师组织下直接开展汇报，没有前期准备，说出对场地的第一印象，较为真实可靠；另一部分是设计作品完成之后现场展览的分析汇报，能

够增强学生和当地居民之间的联系，培养服务社会的责任感。

（二）实验文化育人

实验文化育人，主要是通过构建与思政教育有关的公园设计五步法实验教学模式，通过思政案例与专业知识点结合的手段，在任务、构思、布局、营造、展示这五个公园设计环节植入思政教育内容，将传统的"灌输式"教育转变为"浸润式"教育，真正将情怀、文化、记忆等内化为学生的素养。

1. 社会出题，导入任务 了解现阶段风景园林学科的前沿热点内容，结合当前的国家政策重点和社会需求来进行任务主题的构建，并从可达性、场地现状、周围环境、内部要素等多方面来考虑，选择合适的真实地块，选定之后给出相应的设计任务书，导入设计任务，以此来引导学生关注社会民生问题，培养学生的家国情怀和社会服务意识。

2. 深度挖掘，感受文化 对于给定的真实设计地块，首先要做的就是对场地的文化、历史进行深入的挖掘，感受文化之于空间的重要性，增强学生对传统文化保护与活化利用的使命感和同理心，培养学生的文化自觉与文化自信。同时，赋予公园文化以灵魂，以文化为线索，串起整个公园的场景设计。

3. 生态布局，巩固知识 坚持以生态文明、美丽中国、"绿水青山就是金山银山"理念等为引领设计并指导教学，在规划理念和具体设计过程中，践行生态文明建设，倡导"自然中见人工"的设计理念，从生态角度出发对整体场地的布局进行规划，利用所学的生态环境学知识进行场地绿色基础设施的营造，形成城市与自然的过渡地带，响应国家生态文明建设的号召。

4. 匠心营造，以知化行 在具体设计过程中，采用"一人一周一图"的模式，每周课上安排集中挂图点评，通过多轮评图修改、多老师共同评价等一系列手段，带领学生不断进行设计方案的打磨、推敲，培养学生严谨专注的工匠精神，引导学生树立爱岗敬业、专注严谨、创新创业的责任意识，将知识转化为行动，提升学生的职业素养。

5. 展览交流，成果评价 就同一命题，同一专业、不同班级同频共振展开联合课程设计，促进专业交流及横向比较，提升学生的交流展示能力。在联合评图会完成后，于校内及项目场地举办设计展览，让学生接受来自公园使用者的真实反馈，帮助学生更好地反思设计的目标与过程，激发学生的责任感与使命感，建设真正为人民服务的大众公园。

（三）实践责任育人

在整体课程内容完成之后，本课程针对风景园林学科实践性强的特点，对标开展了后期的实践内容，主要包括设计方案复盘、基地项目实习以及暑期训练能力拓展这三个模块。通过这种多方联动的手段，使学生进行深度学习，培养专业兴趣，提升自身的职业素养，为未来成为合格的风景园林师打下坚实的基础。

1. 设计方案复盘 方案复盘是对总的设计方案的回顾，设计方案基本完成后，带领学生们回到原设计场地，与周边使用该场地的人群交流，复盘自身整体方案的优点与不足之处，对设计继续深化完善，力求设计出更为优秀的作品。

2. 基地项目实习 带领学生去课程发展中建立起来的实践基地参观学习具体真实项目的设计、施工流程，丰富学生的项目实践经验。

3. 暑期训练能力拓展 暑期训练能力拓展是针对有兴趣参与实际设计项目的同学开

展的，安排他们来学校的园林设计院实习，参与一些简单的图纸绘制、排版工作，亲身体验实际的项目设计流程，了解当下市场需求，以培养学生的职业素养，丰富实战经验，提升设计能力。

三、结语

风景园林是基于实践的学科，随着时代的发展，学科的内涵需要被更深入地挖掘和更新。园林规划设计（公园设计）课程的思政教学改革实践针对风景园林专业学生的三大需求导向，充分发挥课程的德育功能，运用德育的学科思维，提炼出本课程中蕴含的文化基因和价值范式，将其转化为社会主义核心价值观具体化、生动化的有效教学载体，在专业知识学习中融入理想信念层面的精神指引。

教学改革是一个与时俱进、不断调整更新的过程。在此后的教学过程中，园林规划设计（公园设计）课程依然会紧随时代步伐，立足于社会发展需求，积极进行全方位的创新改革，培养"知识、能力、素养、价值"四维一体的人才。

环境法课程的课程思政及参与式教学法的运用探索

陈真亮　　连燕华

习近平总书记在全国高校思想政治工作会议上强调，要用好课堂教学这个主渠道，各类课程都要与思想政治理论课同向同行，形成协同效应。课程思政是高校全面提高人才培养能力和水平，构建高层次人才培养体系，落实立德树人根本任务的重要举措。课程思政以课堂教学为切入点，强调所有的课堂都是育人的主渠道，着力优化课程设置，修订专业教材，完善教学设计，加强教学管理，梳理各门专业课程所蕴含的思想政治教育元素和所承载的思想政治教育功能，融入课堂教学各环节，实现思想政治教育与知识体系教育的有机统一。我国教育部《关于进一步深化本科教学改革全面提高教学质量的若干意见》（教高〔2007〕2 号）十分重视教学方法的改革和运用，其中有七处直接提到"教学方法"，"深化教育教学改革，全面加强大学生素质和能力培养"这一部分还明确提出"要大力推进教学方法的改革，提倡启发式教学，注重因材施教"。

2019 年 10 月教育部发布的《关于一流本科课程建设的实施意见》，对建设一流本科课程提出了课程思政的要求。2021 年，浙江农林大学启动"生态育人育生态人"工程，让生态理念融入"三全育人"改革各领域和"十大育人"体系各环节，贯穿学校思政工作各方面和人才培养全过程。在此过程中，参与式教学能充分发挥教师的主导地位和学习者的主体地位，在知识传授和能力培养中起到重要作用。近年来通过讲授本硕环境法系列课程，针对教学中存在的一些问题的心得和课程思政体会，谨做以下梳理，还请大家批评指正。

一、环境法课程思政的特色、优势及育人目标

（一）环境法系列课程的特色与优势

环境法学出现于 20 世纪六七十年代，和其他部门法学相比，其历史很短、基础很单薄，但是具有极强的生命力。作为一门新兴的发展中学科，环境法学具有贴近生活、立足于实践的内在特点。由于本教程较多关注环境法学的学术动态和前沿问题，对环境立法、执法与司法关注较多，课本中设置了一些供教学探讨用的案例和思考题。

环境法是一门多学科相互交叉、有机结合形成的法学新兴学科，具有很强的实践性和应用性。我校的环境法学类课程自 2003 年已连续开设至今，2005 年开始招收环境法研究生，在省内乃至国内属于较早开设该类课程、开展环境法研究生人才培养的大学。本课程是法学专业、环境科学的专业核心课；面向法学、公共事业管理、环境工程等专业，以及全校的公共选修、个性选修等课程；有助于学生掌握环境法学的基本概念及其与环境法学各分支学科的相互关系，让学生掌握并运用环境法学理论知识。学校开设了"环境法前沿""环境资源法 A""生活中的环境法""环境资源法 D"等本/硕系列课程；团队

率先使用智慧教室，通过环境法案例分析大赛、环境法律知识竞赛、模拟法庭、环境法法律诊所、环境法专题讨论、专业实习等各类活动，教学相长，成效明显。

近年来，我校对本/硕环境法学系列课程积累了丰富的教学与科研经验，理论联系实际，强化了司法实践与社会服务能力，充分发挥其在生态文明建设等方面的育人作用。尤其是充分发挥原国家林业局重点培育学科、世界自然保护联盟（IUCN）委员单位、中国环境资源法学研究会常务理事单位、中国环境资源法学研究会第二届教学研究专业委员会委员单位、浙江省环境资源法学研究会会长与秘书长单位以及浙江省省内唯一的环境法律援助站等平台的育人优势。

课程组负责人及教学团队成员积极践行"两山"理念和生态文明法治建设，积极建设省精品课程环境法学、省重点教材《环境法学》、省新形态教材《环境与资源保护法学》、校重点教材《环境政策学》等成果。负责人和团队成员曾参与省重点教材和精品课程项目建设，先后主持环境法学的校级重点学科项目、研究生重点教材项目、混合式教学改革项目、标准化课程建设项目等建设。负责人先后参加中国高校青年环境法教师技能提升培训（TTT1）暨师资库建设高端研讨会，以及由亚洲开发银行（ADB）全额资助世界自然保护联盟（IUCN）和北京大学法学院联合主办的"地区能力发展技术援助——加强亚太地区环境法能力：发展环境法领军人'培训培训者'项目"之首届中国高等法学院校环境法教师培训班；担任中国法学会环境资源法学研究会常务理事、中国法学会环境资源法学研究会第二届教学研究委员会委员、中国环境科学学会环境法学分会委员、浙江省法学会环境资源法学研究会秘书长、中国法学会环境资源法学研究会第二届教学研究委员会委员等。近年来，课程组教师们主讲法学本科（含双学位）、研究生等环境法学课程，广泛采用启发式、参与式、嵌入式、混合式等多元化教学方法，年度学评教情况良好，年度考核连续三次优秀。2018年在中国环境资源法学研究会教学指导委员会年会上，中国环境资源法学研究会副会长汪劲教授等与会专家高度评价我校环境法学学科的建设成效以及环境法学课程建设与育人成效。2020年，课程负责人荣获中国法学会环境资源法学会研究会第二届阿里巴巴"撷英青年环境法学优秀人才奖"二等奖。

（二）环境法课程思政的目标与成效

首先，在教学目标上坚持立德树人。通过本课程的教学和课程思政，使学生了解环境法学研究的基本问题，了解环境法学的研究概况，了解环境法学思维的特点、方法和一般模式（知识目标）。掌握环境法学的基本概念和一般理论，掌握环境法的基本理论知识和我国环境法律制度主要内容，提高学生对环境保护重要性的认识；培养学生运用环境法基本理论并结合法律的规定分析和解决有关问题的能力。培养德才兼备，致力于建设中国特色社会主义生态文明法治事业，有扎实的专业理论基础、熟练的职业技能、合理的环境法知识结构，具备科学立法、依法行政、公正司法的环境法律服务能力与创新创业能力（能力目标、素质目标）的学生。

其次，在育人目标上坚持专业育人。学习贯彻习近平生态文明思想，推进环境法学课程思政与"两山"理念的育人作用，实现全员育人、全程育人、全方位育人。具体如下：一是打造一支环境法学类课程的高水平教学团队，促进法学本科（含双学位）、环境法硕士、法律硕士研究生、"退役大学生士兵"专项硕士等人才培养的"四化"（立体化、一体化、生态化、国际化）；二是践行习近平生态文明思想，促进环境法"进教材、进课堂、进头脑"，以良性的竞赛/活动促学，实现师生互动、教学相长、教研相长；三是发挥环境法学课程思政的生态育人作用，强化师生对于环境法理论研究、法律服务、司法实践与社会服务能力，助力乡村振兴。

经过近年大量的参与式教学实践，环境法课程思政的育人成效明显，充分发挥出了环境法学课程思政的生态育人作用，形成了"教师为主导、学生为主体"的参与式教学模式。本硕学生能自觉践行习近平生态文明思想，环境法理论与方法做到了"三进"——"进教材、进课堂、进头脑"，增强了环境法理论与方法的亲和力、实效性。此外，通过第一课堂、第二课堂、第三课堂的联动，以良性的竞赛/活动促学，实现了师生互动、教学相长、教研相长；有效地强化师生对于环境法理论研究、法律服务、司法实践与社会服务能力，助力乡村振兴。

二、环境法课程思政与参与式教学法的内在关联

（一）参与式教学法的提出及其基本内涵

参与式教学法是一种以学生为中心，充分应用灵活多样、直观形象的教学手段，其旨在鼓励学生参与教学过程，加强教师与学生之间、学生与学生之间的信息交流和反馈。其目的在于培养学生系统性的思考、团队与创新精神和解决实际问题的能力，与生态文明建设有关的世界观、人生观、价值观。传统的教育模式以教师为主体，忽视了学生的个体差异性；而参与式教学转变了传统的教育模式，以学生为主体，倡导学生独立自主地对知识进行分享、协作、探究，以培养学生"完整人格"或全面发展作为育人目标。换言之，参与式教学法需要灵活运用多种教育形式，让学生在参与中领会新知识、掌握新方法、体验新情感，形成正确"三观"和社会主义核心价值观，并运用到实践中去。

参与式教学法是提高思想政治理论课教学效果的一种有效方法，通过教师的引导和学生的深度参与，将课程思政元素贯穿整个教学过程。思想政治理论课运用参与式教学法有其必要性：参与式教学法是思想政治理论课自身的内在要求，是大学生人才培养的客观需求，是思想政治理论课教学改革的必然需要。在某种意义上，参与式教学法也是一种启发式教学。比如，除了班级教学以外，参与式教学法可以采用小组教学、课堂讨论、个别化教学、网络教学等多元的教学手段和方法，让学习者更加自由地思考，更多地运用自己的智慧和时间，在上课方式、安排学习进度等方面享有更多的选择权利，从而提高教学效果和学习效果。因此，将参与式教学法引入到环境法学课程的本科教学中，有助于提高学生兴趣、引导学生积极思考、培养学生口头表达能力和锻炼动手能力。

（二）环境法课程思政引入参与式教学方法的必要性

第一，环境法等系列本硕课程具有多学科交叉性。其涉及环境科学、生态学、环境伦理学、法学、经济学、管理学等学科的概念、原理和方法，内容既涉及自然科学领域，又涉及社会科学领域。由于一些法学专业学生在此之前没有学过任何的环境科学、生态学相关知识，因此对环境科学、生态学的相关概念和原理理解起来较为困难。如生态系统、新生态学、法律生态化、环境成本外部外、负外部性、环境倒 U 型曲线等概念，都需要上课的时候结合一些事例或案例，让学生参与进来，甚至进行角色扮演，从而更好地发挥学生的积极性和主观能动性。

第二，本校以往的环境法等系列本硕课程，大多沿用教师讲授、学生听讲的传统的

教学方式。这种单一的教学法容易令学生丧失新鲜感，产生类似于"审美疲劳"的厌倦情绪，学生主动思考和参与课堂教学的积极性会下降，因而整个学期采用某一种或两种缺乏变化的教学方法，在环境法教学中是不可取的。因此，环境法等系列本硕课程的讲授需要改变传统的一言堂讲课形式，使学生真正有效地参与进来，以提高教学效果和教学质量。

第三，以往的案例教学异化甚至退化为事例教学。由于教师和学生长期以来养成的思维定式，学生的思考通常围绕着寻求事情的标准答案而忽略个人想法的表达，从而影响教学效果。而发挥学生主观性的参与式教学法正好符合教育部所提倡的"大力推进教学方法的改革，提倡启发式教学，注重因材施教"。

第四，环境法是应用性很强的学科，其教学任务主要是使学生学会利用环境法的理论和方法来思考和分析环境污染和资源问题及其对策。环境法学在诸多法学学科中是相当年轻的，其理论基础相对其他法学学科而言相对薄弱，传统理论中值得质疑的内容十分广泛，需要教学和研究人员不断探索和充实。

环境法学科的上述特点决定了当今环境法学科本身涉及知识面广、理论基础薄弱、先天发展不足的事实状态。这种状态要求施教者在教学过程中注重教学方法和内容的开放性，而参与式教学显然能够满足这一需要，因为参与式教学在激励师生双方拓宽知识面方面、在要求理论和实践的高度结合方面、在激发师生创造性思维方面，和单一的填鸭式教学相比，具有明显优势。因此，在环境法等系列本硕课程的讲授过程中，有必要引入参与式教学方法。

三、环境法本硕系列课程参与式教学的设计与实施

（一）树立"以学生为中心"的教学理念

"以学生为中心"即以充分调动学生学习的积极性为核心，实现教学过程中的转变。具体来说，在环境法等系列本硕课程的讲授过程努力尝试了如下五个转变：一是将"以教师为中心"变为"以学生为中心"；二是尝试将"教师教为主"变为"学生学为主"；三是"以教师组织教学为主"变为"学生自我控制为主"；四是"以单向传授为主"变为"双向沟通为主"；五是"以传授知识为主"变为"思维能力和实践能力的培养为主"。

（二）加强参与式教学方案的设计

环境法是一个处于发展阶段但同时很复杂的法学学科。课程思政就是要挖掘、发挥各门课程自身所蕴含的思想政治教育元素，有机融入教学中。参与式教学在环境法课程中的实现形式有情景演示、话题讨论、实践成果展示、角色互换等。本学期有如下内容在设计和实施方面可做优秀案例。

1. 设计若干前沿性专题或热点环境法问题 在课程建设、课程教学组织实施、课程质量评价体系的建立中，积极挖掘课程思政元素，注重增强思政教育的价值引领功能，在课程教学大纲等重要教学文件中突出"知识传授、能力提升、思政教育、价值引领"同步提升的实现度（表1）。比如，在讲授完环境法概述、基本原则等原理的基础上，结合最近几年发生的环境保护的难点、热点问题，设置了一些既有思考性又有实际意义的专题。比如环境是什么、法律生态化专题、环境法目的论专题、环境法调整对象专题、环境法方法论专题、环境法的社会化专题、环境侵权法专题、环境民事公益诉讼专题、环境法庭专题、环境司法专题、气候变化法专题、点评和分析电影《永不妥协》等，在

具体讲授过程中从专题的不同侧面提出分析的角度，并作简要说明。然后，要求学生以不同的角色和视角进行分组，并结合实际问题分析和讨论。在环境法目的论专题中，学生围绕《环境保护法》（1989 年）、《环境保护法》（1989 年）的修改草案第二版和《环境保护法（试行）》（1979 年）的第一条立法目的，并结合外国的立法例，如环境单行法、环境法典等，进行了热烈的探讨，从而真正提升了学生的参与兴趣与参与意识，提升了学习效果。有的学生认为，法学学习不应仅仅限于研究法条，更重要的是研究其背后的法理人情等。在课程的学习心得和体会（作为期末作业之一）中学生普遍反映对这些讨论过的专题印象特别深刻，学习的效果比较好。

表 1 课程思政教学计划

课程思政要点	思政映射与融入点	教育方法与载体途径	思政育人预期成效
1. 富强	美丽中国、"两山"理念、习近平生态文明思想、乡村振兴生态文明建设、国家公园规制试点	多媒体教学、课堂讨论、实践教学	理论学习、执法与司法案例
2. 民主	如马恩生态哲学思想、人与自然的和解、人与自然的辩证关系、乡村生态振兴、环境法的历史发展、基层环境治理	多媒体教学、课堂讨论、参观体验、实践教学	理论学习、执法与司法案例
3. 文明	生态文明、民法绿色原则、环境法基本原则、生态扶贫制度、生态补偿制度等；我国社会主要矛盾的变化、中国共产党领导的多党合作制度	多媒体教学、课堂讨论、参观体验、实践教学、案例教学	理论学习、执法与司法案例
4. 和谐	可持续发展原则、两型社会建设、循环经济、垃圾分类环境治理现代化、国家环境义务理论、中央环保督察等制度	多媒体教学、课堂讨论、参观体验、实践教学、案例教学	理论学习、执法与司法案例
5. 自由	以人民为中心、生存权、发展权、环境法立法目的（如公众健康、风险规制）、公众参与原则、环境影响评价制度、环境公益诉讼	多媒体教学、课堂讨论、参观体验、实践教学、案例教学	理论学习、执法与司法案例
6. 平等	社会治理体系和治理能力现代化（共建共治共享）、环境法的社会化调整机制、环境法律规制方法手段	多媒体教学、课堂讨论、参观体验、实践教学、案例教学	理论学习、执法与司法案例
7. 公正	环境国家的理论与制度 社会法治国家理论与制度 环境风险规制制度 环境法律责任制度	多媒体教学、课堂讨论、参观体验、实践教学、案例教学	理论学习、执法与司法案例
8. 法治	生态文明建设的政党法治与国家法治关系 比较环境法与全球环境法（如气候变化法、节能减排等）等 中国环境法与国际法的关系	多媒体教学、课堂讨论、参观体验、实践教学、案例教学	理论学习、执法与司法案例
9. 爱国	港澳台环境法律制度 一带一路环境法 国家安全、生物安全 大局意识、民族精神时代精神	多媒体教学、课堂讨论、参观体验、实践教学、案例教学	理论学习、执法与司法案例

（续）

课程思政要点	思政映射与融入点	教育方法与载体途径	思政育人预期成效
10. 敬业	环境伦理、公序良俗原则 一岗双责、党政同责、终身追责	多媒体教学、课堂讨论、参观体验、实践教学、案例教学	理论学习、执法与司法案例
11. 诚信	环境道德、环境公益诉讼	多媒体教学、课堂讨论、参观体验、实践教学、案例教学	理论学习、执法与司法案例
12. 友善	构建环境治理命运共同体 生态环境合作治理	多媒体教学、课堂讨论、参观体验、实践教学、案例教学	理论学习、执法与司法案例

2. 组建"学习型研究型团队" 在上述专题设计和教学的基础上，学生自由组合，4～6人为一组，形成若干相对固定的学习团队，来共同完成教师布置的上述专题设计项目的讨论。具体做法是，每个小组自愿选择一个专题，承担这个专题的准备和汇报工作，然后由其他同学进行点评和提问，该小组回答，最后是老师点评。适当的时候，会邀请法理学、物权法、行政法等专业的老师来参与讨论和指导。这种以学生为主的、问答相结合的答辩式学习方法有较高的学术要求，很好地体现了开放式教学的特性，同时还可以考察和体现同学们的合作情况。因为课堂内外的小组研讨、资料收集筛选、课件制作、口头表述都离不开团队的合作，最后的成绩来自大家的共同努力。这种团队学习与合作精神的锻炼，有助于学生将来在工作中发挥作用。

总之，团队或小组型合作学习是参与式教学中常常采用的方式，但是在实际的教学中，团队合作学习常常达不到预期的效果，有的小组敷衍了事，导致有的专题会流于形式。因此，如何有效组织小组合作学习，提高这种学习方式的实效性，在教学实践中做好团队或小组的组织和管理，增强小组合作意识是基础；把握合作学习时机，精心设计小组学习任务是重点；调控合作学习过程，检测评价并汇总学习结果是关键。有时采取一些激励性措施和手段也是必要的。

3. 营造互动式气氛 在参与式课程授课的过程中，尝试将各个章节的教学环节设置为三大块，比如教学目标提出需要掌握的知识点和相关理论等基本知识，"讲授与训练"阶段，教师的理论知识讲授一般占整堂课的 $1/3$～$2/3$，而"学生的谈论"等训练至少要占到 $1/3$，最后是教师的点评和总结。在环境法课程的参与式教学中，尤其需要注重教师与学生在教学过程中的互动环节，要充分发挥学生的主体性，必要的时候可以多让学生多种形式参与教学活动。比如互换角色式（让学生当老师或讲授某一知识点等）、师生对话式、专题研讨式、实践体验式、角色扮演式等参与，让学生以不同方式和不同程度地参与到教学过程中来，充分发挥了学生的学习主动性和求知积极性。

不少同学表示，通过环境法学课程教材，老师讲课，各个专题讨论中关于环境法的基本原则、制度等也极大开阔了视野，甚至对原先学习的传统法学产生了一种反思和批判的思维。有同学表示，在学习环境法之前并未仔细考虑过法律主体地位的定义，然而环境法中的代际公平原则，使他认识到除了需要保护当今世界不同地区不同人的利益，还需要保护人类子孙后代的利益。而子孙后代能否在法律上作为主体保护自身的权力，国家或者民间能否成立后代权力的代理机构代为进行诉讼，这些问题都是他从未思考过的。特别是关于法律主体资格的思考，也促成了这位学生选择环境法教研室老师们做他毕业论文的指导导师。还有不少同学成功考取本校和其他 985/211 高校的环境法研究生、博士生。

4. 组织学生参加环境法第二、三课堂实践 课题组近年连续举办浙江农林大学环境法案例大赛、法律征文大赛等学科竞赛。每年提前布置专题性的环境法竞赛任务，指导学生挑选近一两年发生的案例，鼓励和指导学生进行文本的撰写并参赛。赛后，不少学生反馈："这些比赛是十分锻炼人的，尽管时间不充裕，自身经验不够，但还是在查阅资料与在队友的协作下完成了论文与 PPT 制作；这次大赛中选取的是近期判决的一个比较典型的环境法案件，案例事实清楚、证据确凿，对于初学者来说再合适不过；在文本中小组成员对案件本身进行了剖析，将本案的主体、客体与犯罪事实一一列举，并且抓住焦点进行讨论，分清罪与非罪、此罪与彼罪、定罪量刑尺度等问题。几位老师在答辩中指出了不少问题，对大家的指导作用非常大。我们在最后意外地获得了三等奖，由于是第一次完整、系统地进行法学的案例分析，不足之处会不断改进；本次比赛对我的法学思维以及法学论文的写作有很大帮助与提升。"同学们通过环境法学习、比赛、获奖做出的反馈和体会，在很大程度上，也是对环境法老师们的肯定和莫大鼓励。

5. 产学研相结合与组织学生讨论环境资源立法草案 在环境法教学中，对于中央或地方立法部门颁布的一些立法文件的征求意见稿（如 2013 年《环境保护法》征求意见稿和草案的一些具体条文）组织学生进行讨论，将讨论的意见汇总向立法部门递交。这样既有助于激发学生参与讨论的积极性，督促学生理论联系实际，也有利于学以致用，以用促学，一旦讨论意见被采用，学生还能从参与中获得成就感。

此外，环境法教学团队老师在立法和司法等部门做专家顾问，受邀为生态环境、自然资源等部门做环境法知识讲座，为疑难案件提供法律咨询，参与环境资源法律法规草案的起草。这些"绿色使者"们身体力行，用心服务社会。老师们还带领学生一起研究讨论、撰写《国家公园法（草案）》《自然保护区条例（草案）》《湿地保护法（草案）》《浙江省自然保护地总体布局和发展"十四五"规划（征求意见稿）》《浙江天目山国家级自然保护区条例（草案）立法研究》《〈杭州市苕溪水域水污染防治管理条例〉立法后评估研究》《钱江源国家公园保护办法（草案）立法研究》等研究成果，相继被中国法学会、国家林草局、浙江省林业厅、地方人大采纳。

（三）加强参与式教学的组织与指导

参与式教学的关键在于教师在教学过程中为学生创建一个良好的、自由的学习环境，使学生畅所欲言，最大限度调动学生的积极性和创造性，从而产生创造性思维和观点，进行头脑风暴。因此，教师在教学过程中，可以采取多元化的课堂组织形式，包括启发式教学、事例教学、案例讨论、辩论等形式，充分激发学生的参与意识和思考能力。总之，参与式教学过程中，教师的指导作用很重要，需要提前下发一些经过老师筛选的材料让学生阅读，学生的提前预习和准备也很关键。教师需要引导分析思路，给出逻辑框架，要求学生客观地阐述观点，做到有理有据。同时对学生的汇报成果给予点评，评论的内容包括观点是否明确、内容是否充实、结构是否合理、逻辑是否严密、汇报是否简明扼要以及改进意见等。

有的时候，需要有重点的表扬、激励一些小组和个人，需要针对学生专业完成情况进行打分和有针对性的点评，这样学生可以感受到自己的劳动得到了老师的肯定和指导。

不管是老师的表扬，还是批评，学生在最后上交的学习心得里普遍反映老师这种有针对性的作业点评和分析，让他们有了继续努力的动力，感受到了被尊重，也体会到了老师的认真负责和辛勤付出，从而起到了很好的师生互动效果。

（四）重视参与式教学的反馈

除了上述提及的有针对性的点评以外，参与式教学的考评和反馈还包括教师对学生的测评和学生的自评和互评等。教师对学生的测评包括学生对基本知识、基本理论的掌握和理解程度，以及学生运用知识解决实际问题的能力。学生的自评和互评包括团队合作精神、课下参阅资料情况、课堂听课态度、课堂演讲、平时做作业情况、出勤率等，以方便教师了解学生的学习意愿，为后继教学提供依据。最后课程结束的时候，教师和学生可以总结的材料，或者说老师可以据以考察和打分的材料至少有专题讨论报告、《环境法》教材的书评、读书报告、学习心得、上课笔记等。

从期末考试情况来看，学生对基本知识和理论方法有一定的掌握，对讨论和老师补充的课外知识点以及一些前沿问题有一定的融会贯通能力，特别是从试卷主观题的回答上来看，学生在课外还对一些学术难点和热点问题进行了关注和思考，将其应用到了考试回答中。虽然所思所写不是很成熟，但是学生采用了多学科、多种方法和视角的分析，在本科阶段就有这样的呈现，至少还是让人欣慰的。

四、环境法课程参与式教学的若干改进与完善思考

环境法等系列本硕课程的教学目的是为了培养学生从环境政策和法律的角度来思考、分析和解决环境和资源问题的能力，而这些能力的培养有赖于教学手段和教学实践的创新。

（一）成绩考核制度需要改进或革新

传统的考试制度使学生认为花在参与式教学的时间不值得，考试时还是要死记硬背，否则不能取得好成绩，因而不愿意参与讨论、不愿意课外查资料。因此，参与式教学要与学生成绩考核制度的改进或革新结合起来，比如需要重点加强对学生学习过程及思考分析问题能力的考核，适当地采用开卷考试、扩大平时成绩的比例或写课程论文等方式来确定学生的成绩。总之，期末总成绩的考核方式和方法有待多元化，特别是有待加大平时分数的比例，将启发式教学中的学生表现和期评成绩挂钩。比如环境法的课堂教学中，学生在课堂内回答问题、参与案例和事例的分析以及讨论，可酌情记入平时成绩，这种方式比考勤或完成统一布置的书面习题更能准确地反映学生获取有效知识的情况。这样学生才有真正的动力和配合意愿，才能真正参与到参与式教学中来，真正实现教学相长。

（二）调整参与式教学的组织形式

相对优良的教学资源和教学组织水平是参与式教学取得良好效果的保障。学生普遍反映课程教学小组或学习团队是一种较好的参与式教学组织形式。当然，课程教学小组制度还包括首席教师的设定，一般由该学科的著名教授担任，负责课程中案例建设和讨论组织工作。这样既保证了教授参与本科教学，又有益于建设青年教师的培养平台。教学中，课堂讨论不宜集中进行，可穿插在每次授课后余下的部分时间里。这样做可以循序渐进，及时发现问题，便于修正和改进。此外，在学院层面要统筹环境法类教学的课

程实证体系的建设，本硕环境法教学要协同加强课程思政的建设和实施，明确其在课程思政建设中的主体地位及主体责任，促进各门环境法课程（比如环境法总论、自然资源法、污染防治法、生态保护法、国际环境法等）践行"同向同行、协同育人"的理念，达到不同环境法课程的合力育人效果。

（三）提高参与式教学教师本身的素质

经过近几年的教学经验，发现参与式混合式教学法虽然备受推崇，实践过程也体会到一些成功和喜悦，但是也深刻地体会到对教师的素质提出了更高的要求。比如，如何激发学生的参与意识，如何选择适当的参与载体，如何设置参与热点或专题等一系列问题都考验着教师的学识储备以及精力。这些既需要教师提高自身的素质，又需要教师具备丰富的知识面、快速的反应能力和语言综合表达能力等。单独地看案例式教学法、法律诊所式教学法、问题式教学法和讨论式教学法，它们在增强师生互动，锻炼学生的多种思维能力，提高学生学习过程中的成就感，激发学生内在的学习动机方面，各具优势。不过，这些教学方法一来对教师的要求非常高，往往需要教师事先做更多的准备，选择合适的案例，科学地设计问题，有技巧地引导思考和讨论；二来占用师生的时间较多（这在法律诊所式教学法中体现得尤其明显），这就导致它们未必能在环境法 32 个甚或 48 个课时中成为常规教学法；讲座式教学法在鼓励师生互动和激发学生的内在学习动机方面差强人意，几乎在所有谈及教学方法改革的场合屡遭批判，不过，我们也得承认，以教师为主讲的传统教学法并没有在文科领域的教学中丧失其主流地位，究其原因，不外乎其在常规课堂教学方面有难以取代的一些功能。

因此，在参与式教学过程中至少要做到：注重参加现代教育技术的培训；制作精美的多媒体教学课件；在课前进行认真思考精心筹划；相关材料的提前派发；建立环境法的案例库练习题库；正确引导学生进行有针对性的讨论，在适当时机进行适当的解释和提问，使台上和台下学生的思维有效融合；同时还要讲究沟通艺术；课后多和学生交流和互动等。除了多媒体教学以外，可以通过 Email 或 QQ 等即时通信软件针对某个问题进行交流，学生可以在教师的指导下，根据自身实际情况选择学习目标，利用网络获取信息和知识，提高自己在网络环境下吸收和处理信息的能力。尤其是在教学数字化的时代，需要坚持理论和实践相结合、育德和育心相结合、课内和课外相结合、线上和线下相结合，统筹课堂教学、实践教学、网络教学建设，充分发挥多媒体和网络等信息技术在环境法课程的思想政治理论课教学中的重要作用。

五、结语

课程思政指的是学校所有教学科目和教育活动，以课程为载体，以立德树人为根本，充分挖掘蕴含在专业知识中的德育元素，实现通识课、公共基础课、专业教育课与德育的有机融合，将德育渗透、贯穿教育和教学的全过程，助力学生的全面发展。而参与式教学理念的贯彻与运用，并不意味着简单地否定或肯定哪一种教学法；也不是将所有课程都当作思政课程，用德育取代专业教育；而是将高校思想政治教育融入课程教学和改革的各环节、各方面。相反，教师应当发挥主观能动性，努力克服教学管理方式的一些先天性限制和不足，尽可能地对教学内容融会贯通，提高驾驭能力。特别是要在教学过程中，结合参与式教学的实际需要，根据不同教学方法的实施条件、功能及局限性，结合自身的资源，对多种教学方法灵活取舍和组合。如以问题教学法锻炼学生思维方式，以案例教学法督促学生联系理论和实际，以讨论教学法激发学生学习的主动性，以诊所式教学法完成学生脑、手、口的综合协调训练和与他人的合作，以讲座式教学法完成对法学基本原理的梳理和对具体法律制度的系统分析等。

总之，环境法本硕系列课程的思政要点有：第一，根据课程专业教育要求，有机融入社会主义核心价值观、中国优秀传统文化教育，特别是习近平新时代中国特色社会主义思想教育的相关内容。第二，思政映射与融入点是通过理论知识点和典型案例教学研讨，将思想政治教育内容与专业知识技能教育内容有机融合。第三，教育方法与载体途径主要有多媒体教学、课堂讨论、参观体验、实践教学、案例教学等；使用环境法的"马工程"教材，充分利用智慧教室，通过环境法案例分析大赛、环境法律知识竞赛、模拟法庭、环境法法律诊所、环境法专题讨论、读书沙龙、专业实习等环节，促进教学相长、践行习近平新时代中国特色社会主义思想。

另外，环境法教学课程组老师们的深刻体会是：环境法课程以及课程思政讲解要讲究"顶天立地""要见物又要见人"，即理论的宏观高度和微观具象应当兼顾；教学内容在时间和空间维度应讲究"古今中外"全备；教学过程中以案谈法，以法谈理，实现案、法、理的融合；制度需上升为理论，理论需以制度为内容，避免理论法学与制度法学的人为分割；教学环节由课堂内向课堂外拓展，发挥学生的参与作用，实现教学相长和良性互动等。当然，这些要求也只是指明了教学内容准备的努力方向。一方面，这些组合其实在很大程度上取决于教师多年来的科研积累；另一方面，应当承认，教师的生命和智慧都是有限的，自身的知识积累也不可避免地存在局限性。教师并非全能者，要求其在每一个专业问题上古今中外无所不知，从理论到制度无所不通，几乎是不可能的。因此，每一个施教者应当结合自身的知识背景和教学风格，根据教学条件和教学对象的具体情况，选择自己能够驾驭的参与式教学等多元化的方式和方法。

综上，经过环境法课程组教学团队的协作努力，已经成功建立一支以法学专业为依托，以环境资源法课程为基础，有机融入社会主义核心价值观，专业方向明确、专业水平先进、实践能力较强，省内具有一定知名度的"环境法学"课程思政教学团队，提高了我校环境法学专业教学质量和人才培养质量。环境法课程思政建设也取得了一定预期成果：

一是探索出一套适合"00后"学生的环境法课程的教学模式，突显课程思政的"三全"育人成效，提高法科生的法律职业道德、环境司法实务与社会服务能力。

二是健全多元化学习考核评价体系，发挥环境法课堂育人的主渠道作用，将学科、专业与课程等资源转化为育人资源，实现"知识传授""生态育人""价值引领"的高度统一；强化习近平生态文明思想对卓越法律人才的育人效用。

三是兼顾科研育人、实践育人等要求，构建开放融合的环境法学理论与实践教学体系，促进本/硕法学人才培养的"四化"；促进学生参与更多的法科生相关竞赛并获奖。

四是定期发布每一年度的环境法课程的教学资源和教学成果汇编，进一步完善浙江环境法治网（http://zjenlaw.zafu.edu.cn）与环境法教学网站，开展混合式教学改革。

五是定期总结了环境法教学与科研心得，更新能凸显课程思政理念的《环境资源法A》教学大纲、新课件、新教案、教学设计表、案例库等教学数据库；出版浙江省普通高校"十三五"第二批新形态教材《环境法学》(法律出版社 2021 年版)。

六是形成一支教学科研兼顾、结构合理、教学水平高、教学效果好、数据库资源建设能力强的优秀课程教学团队;促进团队科研成果的教学转化并充实教学内容,以及教学成果的科研转化与教学改革,实现教学相长、教研互进。

最后,借用一个学生在环境法课程学习心得里一段话作为本文的小结:"生态文明建设是为了'万物和谐,用行动创造';从哲学或社会学角度来讲,生态文明建设就是人们为违背自然规律所付出的部分代价,但这种代价是积极的、主动的;从道德观来说,如果等到自然来向人类索取,后果将不堪设想。生态文明建设的意义在于崇尚自然,遵循自然规律,人的法则与自然法则冲突时,人的法则适应自然法则。要做到人与自然和谐统一,必须尊重自然内在价值,遵循自然规律,超越人自身局限的需要。与自然和谐共处才能促进人类社会的进步发展,而不是永不停止地索取。只有人与自然和平相处,才是环境保护的本质和最终归宿。"

新农科背景下园艺专业课程思政教学
体系研究与实践

王华森　高永彬

在全国高校思想政治工作会议上，习近平总书记指出，要用好课堂教学这个主渠道，思想政治理论课要坚持在改进中加强，提升思想政治教育亲和力和针对性，满足学生成长发展需求和期待，其他各门课都要守好一段渠、种好责任田，使各类课程与思想政治理论课同向同行，形成协同效应。2019年3月，习近平总书记在学校思想政治理论课教师座谈会上进一步强调，要坚持显性教育和隐性教育相统一，挖掘其他课程和教学方式中蕴含的思想政治教育资源，实现全员全程全方位育人。习总书记的系列重要论述为高校课程思政改革和实践指明了方向。2019年6月，"安吉共识"在"绿水青山就是金山银山"理念诞生地浙江省安吉县余村发布，标志着我国新农科建设三部曲正式唱响。宣言发布后，全国50多所涉农高校的100多位书记、校长和农林专家给习近平总书记写信，汇报了在浙江安吉围绕新时代农林学科建设开展研讨的情况，代表130万农林师生表达了肩负起兴农报国使命、为实现农业农村现代化矢志奋斗的决心。浙江农林大学园艺专业骨干教师参与了此次新农科研讨会及建设宣言的发布，始终牢记习近平总书记嘱托，认真学习贯彻落实习总书记重要回信精神。在新农科背景下，坚持把构建园艺专业课的课程思政教学体系作为实现立德树人的关键环节。浙江农林大学园艺专业是国家首批一流专业建设点，本专业相关课程拥有深厚的"三农"底色，其中蕴含丰富的思政元素。这些丰富的思政元素为实现"显性教育和隐性教育相统一"奠定了坚实基础。因此，挖掘和利用好这些思政元素对构筑园艺专业课程思政教学体系具有重要意义。同时，强化其与思政课的长效协同育人效应，全面落实立德树人的根本任务，为全面推进乡村振兴加快农业农村现代化培育新园艺人才。

一、园艺专业课程思政教学改革的意义

我国是全球最大园艺生产国，园艺总产值占农业的58.73%，浙江省园艺总生产值占浙江农业生产总值的80.25%。全国各地园艺产业特色各异，新业态和新模式发展迅猛，浙江园艺产业凸显的精品化、智慧化及三产融合居全国领先水平。当前园艺产业发展亟需业务能力强、技术过硬且勇于担当振兴"三农"事业的人才。在新农科背景下，如何将立德树人贯彻到园艺专业课堂教学全过程、全方位、全员之中，把红色基因、工匠精神、中华优秀传统文化等思政内容植入相关专业课程，构筑园艺专业教育课程思政教学体系，对培养"有志向，愿下去，留得住，能干好"的新园艺人才具有重要意义。

浙江园艺产业是展示"两山"理念实践和乡村振兴成果的重要窗口，浙江农林大学园艺专业是浙江省免学费、基层农技人员定向培养和"三位一体"招生专业，培育"三

农"情怀的政策优势明显。同时，本专业为我校首个国家级特色专业，先后获批教育部卓越农林人才培养计划改革试点专业（园艺为领衔专业，2014）、"十二五"及"十三五"浙江省优势专业（2012、2016），国家一流专业建设点（2019），专业建设居地方高校领先水平。通过前期"三全育人"和课程思政建设，已建成首批名师工作室（实践育人）1个、校课程思政示范课程11门，与安吉余村、余杭大径山乡村国家公园等"两山"理念转化的典型建立了"红种子·党建共同体"和学生实践基地，获省"三育人"先进集体等省部级荣誉5项，建成了26个凸显浙江园艺特色和优势的校外实践教学基地。这些党建共建单位、"两山"理念转化典型及具有浙江特色的校外实践教学基地等为园艺专业课程教学孕育了丰富的思政素材和产业典型案例。同时，新农科背景下，新形态教材、精品在线开放课程、线上线下混合式教学等新的教学模式不断涌现。但是，现有思政内容融入这些专业课程的新教学模式还不充分，致使思政引领育人的功能难以充分发挥。因此，亟需系统性构建和集成园艺产业相关思政元素数据库和产业发展典型案例库，并创新上述思政内容融入园艺专业课教学的机制，将马克思主义理论贯穿于专业课教学全过程，真正实现显性教育和隐性教育相统一。

二、园艺专业课程思政教学体系的改革创新与实践

以服务国家现代园艺产业发展战略需求为导向，通过系统构建园艺相关思政元素的数据库，树立园艺相关专业学生的"大国三农"情怀，引导学生以强农兴农为己任，爱国、爱农、爱校；并系统性集成园艺产业发展的典型案例库，为实现立德树人构筑园艺专业教育的精神家园。使"两库"（思政元素数据库和典型案例库）与线下课堂教学（新形态教材、课程、课堂）、实习实践及在线学习平台等形成深度三融合机制，以达到牢固树立和增强学生服务乡村全面振兴的使命感和责任感，为国家培养知农、爱农的新园艺人才。

（一）基于专业特色，挖掘并构建课程思政元素数据库

基于园艺专业课程体系，梳理和补充完善现有园艺相关思政元素，通过信息化处理构建思政元素数据库。将园艺在中国上下五千年中的重要作用、助力脱贫攻坚及乡村振兴发挥的作用进行凝练，使园艺专业课程教学内容与其相对应的思政元素形成嵌合体，为后续开展园艺专业课程思政教学实践奠定基础。

（二）基于人才培养，集聚并建立课程思政典型案例库

通过强化党建共同体、课程思政、名师工作室联建联动机制及持续深化师生"三同住"（住乡村、园区、农户）的实践育人机制，深挖园艺产业发展过程中的典型案例，并将这些案例集成课程思政典型案例库，与上述思政元素数据库形成"两库"模式，为实现立德树人的根本任务构建学生精神家园。

（三）基于持续运行，构筑"两库三融合"课程思政教学体系

开展思政"两库"与线下课堂教学、实习实践及在线学习平台等形成深度三融合机制，潜移默化地将生态理念、"三农"情怀、科学精神、创新精神、工匠精神、人文情怀和浙江精神等融入其中，细雨润物地厚植农林情怀、家国情怀和社会担当，为加快国家园艺产业发展培养"有志向，愿下去，留得住，能干好"的新园艺人才。学情分析发现，新时代大学的求知途径与互联网密不可分。在教学实践中，"互联网＋课程思政"可进一

步强化课程的思政作用。目前，园艺专业骨干课程已全部上线校内课程平台开展标准化课程建设，其中 8 门课程先后获批浙江省级精品在线开放课程。专业核心必修课"园艺植物栽培学"于 2018 年被认定为首批浙江省精品在线开放课程，2020 年获批省级线上线下混合式一流课程。2019 年"设施园艺学"被认定为浙江省精品在线开放课程。这些课程已将园艺产业中挖掘的课程思政元素与在线课程深入融合，如通过温岭西瓜产业分析，讲述小西瓜圆了院士育种强农梦、农技人（"西瓜皇后"）服务支农梦、农民（"全国劳模"）创业致富梦等。通过前期建设，"园艺植物栽培学""设施园艺学"分别获得浙江省"互联网＋教学"优秀案例（线上线下混合课程）特等奖（2019 年）和一等奖（2020 年）。近年来人才培养成效显著，涌现出"中国大学生自强之星"单幼霞、"全国无偿献血奉献奖金奖"获得者马嘉诚和"浙江省农业创业杰出青年"唐海峰等一批优秀毕业生。

（四）以立德树人为根本，实现园艺专业课程思政育人目标

课程思政改革实践育人目标的实现关键在于专业课程的师资队伍建设和课程思政教学体系的落实。目前，在园艺专业课教师中，党员教工比例已超 60％。通过支部建在学科上，以党建引领学科发展。坚持"红种子"农田网状党建工作的理念，强化园艺学科教工支部的战斗堡垒作用，充分发挥了党员先锋模范作用。当前，园艺学科党员教工率先在园艺专业课程思政改革与实践中做好示范。此外，新农科背景下，通识教育课程思政也不断完善和彰显自身的农林特色。这为专业课和思政课教师协同实现显性教育和隐性教育相统一提供了借鉴。园艺学科教工党支部通过与农林高校思政课教研组开展主题党日活动，共同探讨和落实思政育人工作。同时，充分利用园艺专业课程教师多元化的优势，实践双师制和多学科交叉，深度融合"政产学研用"社会资源，使课程思政教育密切对接现代园艺产业全产业链，充分体现新农科背景下园艺人才培养特色。

三、结语

在新农科背景下，始终坚持密切对接国家重大战略需求，坚守"三农"底色、聚焦园艺产业优势特色，是园艺专业课程思政改革和实践的基础。通过不断实践和创新，构建"两库"与线下课堂教学、实习实践及在线学习平台等深度融合的园艺专业课程思政教学体系，以实现园艺专业知识传授、价值塑造和技能培养的多元统一，为加快推进我国农业农村现代化发展及全面乡村振兴培养优秀的新园艺人才。

"走在乡间小路上"——农林经济管理专业实践育人探索与实践

吴伟光　余康　尹国俊　陈劲松　李兰英　朱臻　钱志权

一、成果简介及主要解决的教学问题

（一）成果简介

当代大学生是农业农村现代化与乡村振兴的希望，他们对"三农"的认识、理解和思考的深度事关中国农村乃至整个中国未来的发展。但大学生中普遍存在不知农事，不懂农民，不爱农村的现象。如何通过实践教育提升"三农"实践能力，增进"三农"情怀，是农林类高校人才培养中急需解决的迫切问题。但在"三农"实践教学中往往缺乏体系化育人载体，普遍存在组织松散化、资源碎片化、过程形式化等问题，导致实践教学效果不佳。本成果自1996年首届农经本科开始，持续创新、迭代升级，打造了"走在乡间小路上"实践育人品牌，形成了"一体多翼，多力同驱"实践育人特色，有效提升了师生"三农"情怀和实践能力。

本成果基于浸入式教学理念，以"走在乡间小路上"乡村田野调查为主要载体，运用项目化组织方式将来自多部门、多渠道的社会实践、创新项目、学科竞赛等多元任务进行整合，系统化集成为"一体多翼"实践育人新载体；通过乡村田野调查的组织创新、平台集成、资源拓展，形成了多部门联动、校内外共享的"多力协同"实践思政育人新机制，成果整体框架见图1。

农经本科专业自1996年成立以来，紧紧围绕时代"三农"热点，让一届又一届的学生深入基层，通过"走千村、访万户、读三农"，在浸入式实践中感知时代变迁、体察民生冷暖、思考乡村发展，将知化行，以行促思，在潜移默化中提升能力与"三农"情怀。师生足迹遍布1 500个村34 000户，撰写"三农"相关实践调查报告500多篇。《光明日报》《人民网》《浙江日报》等20多家媒体先后对本成果进行了报道；5项相关成果获得教学教育成果奖励，获得了"浙江省高校实践育人示范品牌"。成果得到教育部农业经济管理教指委与学科评议组专家高度肯定；实施过程中得到了国家林草局、浙江农业农村厅以及相关县市的高度赞誉。

（二）主要解决的教学问题

1. 原有实践教学普遍存在组织松散化、实践过程形式化　由于专业教师和调研观测点数量有限，许多学校的实践教学活动不得不分散进行，实际调研过程难以控制。导致

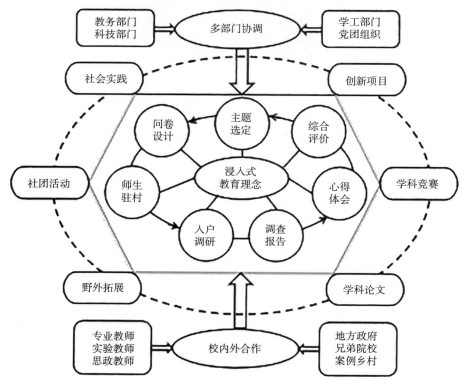

图1 成果整体框架

"三农"实践环节分散，学生获得感不强，"三农"实践育人教学吸引力不足，育人效果不佳。

2. 原有实践教学普遍系统性不强、功能拓展不够 很少有高校把学生的实习实践与学科竞赛、学生社团、毕业论文等多任务进行项目化整合，因而对于实践教学环节的深度与广度挖掘不够。导致"三农"实践教学资源碎片化、教师任务分散化、学生体验片段化，实践育人系统性差。

3. 原有"三农"实践育人教学资源协同性不足，实施主体单一 各单位、部门没有围绕教学这一核心目标，以学生成长为核心拧成一股绳，育人工作中往往是教务部门在唱独角戏。学校、社会、企业及学校各部门之间在"三农"实践教学上条块分割、协同不足。

4. 普遍存在"三农"情怀教育薄弱，缺乏有效实施载体 越来越多的学生来自于城市，他们不知农，也不爱农，更不想务农。即使是来自农村的学生，多数也一门心思"跃出龙门"，逃离农村生活，"三农"情怀教育尤为迫切。但目前"三农"思政育人具有很明显的灌输性、僵化性特征，难以通过春风化雨、润物无声的有效方式培养学生知农爱农的情怀。

二、成果解决教学问题的方法

（一）坚持项目式组织模式，提高实践育人效果

自1996年开始，每年围绕时代"三农"热点，确定调研主题，每一期的主题都反映

了我国乡村发展的时代特征。再由专业教师、思政教师与校外实践导师组成指导团队，按照科研项目要求组织实施。师生共同设计问卷，拟定调研大纲，选择科学的调查方法。设立50多个固定观测点，委派相对稳定的固定观测点联络人，实行双联络人制度，即指定一名本校专业教师与村书记、村长等一名固定观测点负责人对接，对这些观测点进行连续跟踪调查。并由教师带领学生驻村调研，现场指导学生的调研活动，针对发现的新问题，及时召开现场辅导会。要求每位学生完成指定调研任务，撰写调研报告及个人心得体会，其中调研报告包括县、乡镇和村三个层次的报告，既要完成小组报告，也要完成个人报告。导师团队根据学生调研过程、工作量、工作难度、调研报告与心得体会综合评定成绩。在整个调研实践过程中，师生密切合作，在每一个调研环节上都进行无缝对接，确保调研实效（图2）。此外，基于调研素材积累，开发了"种植业家庭农场经营决策虚拟仿真实验"国家级实践金课，通过组织创新和技术创新，设计和创造出虚拟的乡村场景，模拟现实田园生活，并把多项教学任务嫁接其中，实现虚实互补，弥补了阶段性实践无法有效了解农业生产全程全貌的不足。

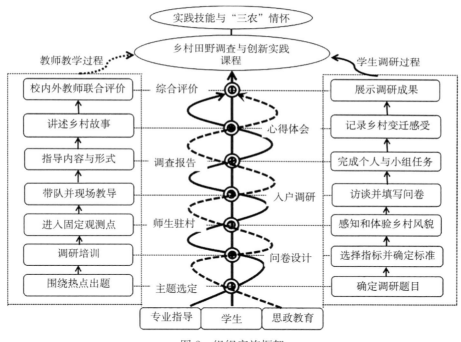

图 2 组织实施框架

（二）构建"一体多翼"实践育人载体，提高实践育人系统性

以独立设置2个学分必修课程"乡村田野调查与创新实践"为核心，嫁接多项教学任务，实现课程元素的互融互通，对乡村田野调查进行深入内涵挖掘和范围拓展，延伸其育人功能和价值，力求实现多方面的育人效果。即以"乡村田野调查与创新实践"为载体，将学科竞赛、创新项目、社会实践、学生社团、毕业论文、拓展训练、创业实训等多任务进行项目化整合。形成了一套集专业理论应用、创新创业能力培养、"三农"情怀提升多功能于一体的"一体多翼"实践育人新机制，提高了实践育人的系统性。

（三）打造共享式集成平台，提高实践育人协同性

本成果基于合作教育理念，建立"共建共享"多方联动机制，聚合校内外实践教育资源，实现人才链、应用链、产业链、创新链的有机融合。依托省重点培育智库浙江省乡村振兴研究院等6个省部级平台，建立多部门联动的共享式实践平台，系统化集成校内外实践教育资源；利用浙江省为基层定向培养"三农"人才契机（浙农科发〔2012〕12号），基于校地双方资源优势，按照"四同"原则（即共同制订课程体系，共同开发课程资源，共同建立实践基地，共同指导学生实践）打造"招生-培养-就业"全链条合作育人新模式；先后与嘉兴等多个地方政府共建"五个一"实践育人示范基地，即由基地配备一个导师，提供一个办公室，交办一项任务，承担一个项目，形成一个报告，多篇调研成果被政府相关部门采纳应用；与浙江虹越花卉股份有限公司在校内开设"虹越花卉"高级经理人班；选拔优秀人才进入浙江茶叶集团、浙农控股集团等38家农业龙头企业调研、实习、就业，实践育人与产业链深度融合；与兄弟院校通力合作，通过委托调研或联合调研等方式，每年与北京大学等著名高校互派师生到对方基地实习调研，有效拓展省外实践教育资源。

（四）秉承浸入式教学理念，培养学生"三农"情怀

让大学生带着问题、带着思考、带着问卷深入农村、走近农民，在团队化浸入式的切身体悟中感知时代变迁、体察民生冷暖、思考乡村发展，在潜移默化中提升洞察思辨能力与"三农"情怀；组建由专业教师和思政教师共同参与的导师团队，通过浸入式调研与撰写心得体会，使实践思政成为有组织、有载体、系统化的教学行为，增强了学生学习的参与感、获得感；将"三农"发展新趋势、新做法、新成就等思政元素植入"一体多翼"实践育人所有环节与过程中，形成校政行企、产学研用多管齐下的立体式实践思政。

三、成果的创新点

（一）项目化实施，全过程评价，构建"一体多翼"的实践教学新载体

以"走在乡间小路上"实践品牌为载体，将乡村田野调查实践纳入培养方案，单独设置实践课程与学分。将社会实践、学科竞赛、创新项目、毕业论文等多任务进行项目化整合，按照科研项目规范要求组织实施。导师团队全程参与调研、质量监督与评价。并基于乡村田野调查素材成功开发虚拟仿真国家实践金课，使现实与虚拟有机衔接。实现"浸入式"的实践与"三农"情怀教育、规范科研训练和创新实践有机结合，构建了校内外合作、多部门协同、师生联动、项目化实施、全过程评价的"一体多翼"实践教学新载体。

（二）多部门协作，多任务融合，探索"多力协同"的实践思政育人新机制

与一般课程实习或社会实践活动不同，本成果以"走在乡间小路上"实践育人品牌为载体，按照"三全"育人要求，结合人才成长的基本规律和内在要求，旨在探索一条专业理论学习、综合实践、创新能力及"三农"情怀提升"三结合"的实践育人机制。因此，项目启动之初便通过"项目式"实践育人组织创新，形成多部门、多任务联动，专业教师、思政人员与校外实践导师密切协作的实践育人机制。思政育人由传统的"黑板演示"转变为"浸入式"切身体验，由灌输说教转变为自我体悟，真正让思政育人活

起来、实起来、乐起来，让学生在亲身体验中认知和理解中国"三农"，让学生在潜移默化中不断升华"三农"情怀，探索出了一条可操作、可借鉴、校内外联动、专业与思政教师同向同行的"多力协同"实践思政育人新机制。

（三）持续创新，迭代升级，打造"走在乡间小路上"实践育人特色品牌

坚持20余载如一日，持续不断地改进与完善，实践育人经历了由最初林业经济学课程实习到独立设置2个学分必修课程乡村田野调查与创新实践转变，由最初的随机选择调研地点到形成固定调研观测点转变。自2018年开始，本项目还与浙江省首创的一类学科竞赛"乡村振兴创意大赛"有机融合，项目内容与形式持续创新、迭代升级，成功打造出了"浙江省实践育人示范"品牌——"走在乡间小路上"。有效解决了以往实践育人任务目标零散化、教育资源碎片化、一二三课堂不贯通、时间精力投入不少但实际效果不佳的问题。

四、成果的推广应用效果

（一）学生创新创业能力与"三农"情怀显著增强

自1996年，先后有2 000余名农林经济管理专业本科生、研究生及近400名教师参与其中，师生足迹遍布1 500个村34 000户，撰写1 500多篇，800余万字调查报告与体会心得。近几年，学生撰写的19篇"我的家乡林权改革故事"系列文章在《绿色中国》连载；134篇论文在全国大学生林业经济管理学术作品大赛中获奖；30项实践作品获"浙江省大学生乡村振兴创意大赛"学科竞赛奖，挑战杯国家级金奖1项，"浙里正青春—2017高校暑期实践队"省一等奖。

据校友会统计，本专业75％的毕业生从事涉农工作，先后涌现一批农业创业与"三农"研究管理典型代表。3名学生获"全国林科十佳毕业生""全国林科优秀毕业生"荣誉称号；2001级葛雯成为养鸡行业知名的"云彩土鸡"女掌门，年营业额超过2 000万元，被评为省级农村科技示范户；2001级王建南现任省政府办公厅农业处处长，主动申请援藏，记三等功2次；2010级郑晓冬在中国农业大学博士毕业后，进入省重点高校任教，并入选省级人才计划。

（二）教师实践教学与社会服务能力同步提升

依托本项目，学科专业老师每年带队深入基层调查研究，实践教学、社会服务与决策咨询能力也得到同步提升。先后有2名教师入选国家"万人计划"哲学社会科学领军人才；1名教师成为浙江省咨询委委员；2名教师被聘为农业农村部咨询专家。

近几年，42项教师撰写的决策报告获中央和省级领导肯定性批示，其中，2项成果直接被《中共中央 国务院关于稳步推进农村集体产权制度改革的意见》和2018年中央一号文件采纳。获批国家级虚拟仿真实验金课1门，全国高校经管类实验教学案例大赛二等奖1项，5项相关成果获教学成果奖励。

（三）学科专业美誉度与社会影响力持续扩大

得益于"走在乡间小路上"实践育人品牌的核心竞争力，2019年该实践项目获浙江省高校实践育人示范载体，2021年农林经济管理专业入选国家一流本科专业。成果得到了教育部高等学校农业经济管理类教学指导委员会与学科评议组专家充分肯定，并在福建农林大学等兄弟院校得到推广。在多次委托专项调查项目中，北京大学、中国农业大学、南京农业大学等知名大学一致对学生实践调查能力给予了高度好评。多个政府部门来函致谢，国家林业和草原局经济发展研究中心来函表示乡村田野调查"为今后我中心出台相关政策咨询报告提供了数据支撑"；开化县林业局来函"希望贵院继续坚持'走千村、访万户、读三农'的农村社会实践活动，为基层培养具有'三干'精神的农林经济管理人才"。

《光明日报》《人民网》和浙江电视台等20多家主流媒体对本成果进行了持续追踪报道，其中，浙江日报以"一部乡村史、记录大时代"为题进行了整版报道。依托本项目完成的《千村故事》成果在学习强国平台播出。

"一核两翼、三维并行"农林生物类专业实践教学创新与实践

王正加 伊力塔 王晨 林海萍 杨淑贞

一、成果简介及主要解决的教学问题

(一) 成果简介

浙江农林大学秉承农林生物特色办学道路,重视实践教学。建校初(1958 年)在天目山自然保护区建立了野外实习基地,2002 年开始系统建设,通过多年的建设和积累(图 1),构建了基于"一核两翼、三维并行"的实践教学创新模式。

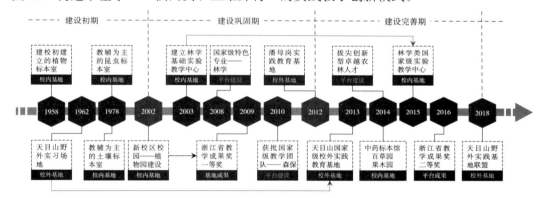

图 1 实践教学建设历程

完善的实践教学体系是保证农林院校相关专业人才培养成效的重要保障。浙江农林大学构建的"一核两翼、三维并行"实践教学体系贯穿于人才培养全景、全程,将实践教学从巩固课堂知识的层面拓展为"强化基础能力-优化专业核心能力-实化拓展能力",以实践基地、实践平台建设为两翼,形成了课上课下产教融合、课内课外虚实结合、线上线下混合互动的三维并行教学模式(图 2)。

浙江农林大学通过多年教学实践形成的实践教育资源融合与学校农林生物特色发展而凝练的银杏叶标志有异曲同工之妙。本模式已成为浙江省重点建设高校优势特色学科的重要参考。在此创新模式引领下,成果完成人获教育部新农科研究与改革实践项目、浙江省教育改革研究项 10 余项,主持一批国家重大、重点项目,促进了学科前沿研究和实践教学的结合。2013 年天目山成为国家级大学生校外实践教育基地,2015 年获批林学类国家级实验教学示范中心,2019 年成为首批国家和省级林学和生物技术专业一流专业建设点,并牵头联合国内 40 余所高校成立了天目山大学生野外实践教育基地联盟。在2016 年第四轮学科评估中林学学科名列全国第四(B+),指导学生完成各类专题训练计

划 200 余项，发表科研论文 150 余篇，获得各类奖励 100 余项（图 3）。

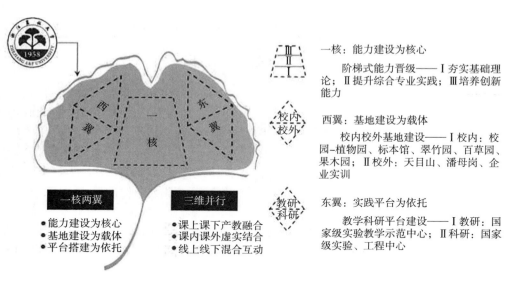

图 2 "一核两翼、三维并行"银杏叶模式框架

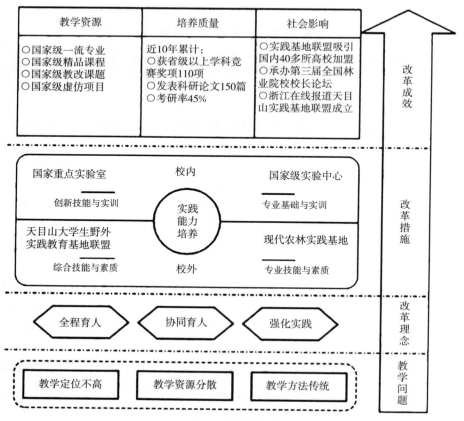

图 3 成果简介

（二）成果解决的教学问题

问题一，传统实践教学仅为巩固理论知识，补充课堂教学，教学定位不高，未能贯穿人才培养全过程。

问题二，实践教学资源分散，未形成有机整体，教学与科研相对脱节，人才培养同质化严重，未能达到人才培养全方位需求。

问题三，实践教学方法传统，课内课外、线上线下、虚实结合等形式教学建设力度不足。

问题四，实践教学与产教融合的育人功能发挥不足，合作教育的协调性、整体性、持续性不够。

二、成果解决教学问题的方法

（一）依据实践教学规律，构建"一核两翼、三维并行"教学模式（问题一的解决方法）

针对实践教学地位不高，学生个性化发展不强，人才培养同质化等系列问题，将基地和平台"两翼"教学资源建设，结合课上课下、课内课外、线上线下"三维并行"的教学方法，构建了"一核两翼、三维并行"的实践教学体系。贯穿学生能力培养全过程（图4），解决了实践教学仅作为巩固课堂知识的辅助教学定位问题。

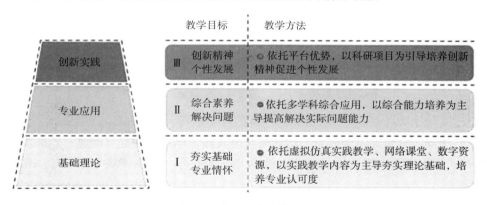

图4 三阶段人才培养核心

（二）加强实践基地和平台建设，满足精准定制的个性化需求（问题二和四的解决方法）

以天目山国家级校外实践教育基地、潘母岗校外实践基地为核心，辅以校园-植物园两园合一、标本馆、翠竹园、果木园、百草园等校内实践基地建设（图5），充分实现了特色鲜明，校内、校外互补的基地类型全覆盖。解决了教学空间分散，教学内容碎片化、缺乏时效性等问题。

以优秀的教学平台（林学类国家级实验教学示范中心）、科研平台（国家重点实验室，国家地方联合工程实验室）建设为重点（图6），充分整合资源，以解决生产实践问题、科学问题为导向，将科技成果转化为实践教学内容，形成有效的科研反哺实践教学模式。

牵头组建天目山实践教育基地联盟，打造高校实践教学资源平台，实现优质野外实践教学资源共享，已成为全国40多所高校野外实习实训场所；参照"大数据思维"和"用户体验"原理，定制教学方案，完成菜单式实践项目梳理，旨在让学生按照需求实现个性化学习。

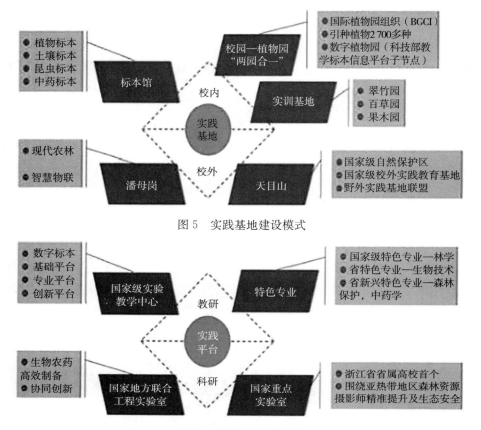

图 5 实践基地建设模式

图 6 实践平台构建模式

（三）贯穿农林生物特色要求，构建多维度实践教学方法途径（问题三的解决方法）

构建了课上课下、课内课外、线上线下"三维并行"的立体式全景教学（图 7）。通

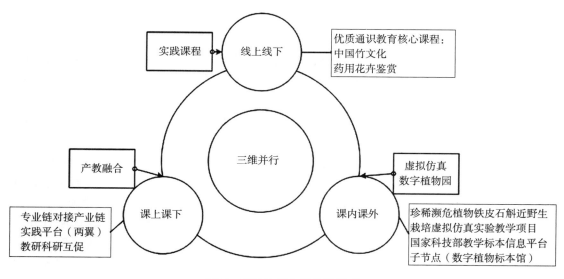

图 7 三维并行全景教学模式

过产教融合完成课上课下互动，利用数字信息、虚拟仿真技术手段形成虚实结合，构建线上线下混合教学课程群。实现了实践教学的多种形式，不仅指导学生进行实践能力培养，还将学生的课堂学习和日常生活联系到了一起，完成学生自我导向的隐性教学。

三、成果的创新点

（一）以实践教学贯穿于人才培养全过程为理念，促进"理论—实践—创新"教育主线的形成

为适应全方位培养现代农林学科创新人才的目标，将实践教学由传统的"巩固课堂知识"，拓展为"强化基础能力—优化专业核心能力—实化拓展能力"三阶段，形成了以实践教学贯穿教学全过程的新型教学理念，着力培养大学生"三农"情怀，成为适应于现代生态文明建设教育需求的理论基础。

（二）基地建设、平台搭建与人才培养过程相融合，形成"一核两翼"人才培养新模式

以多元化、个性化精准定制人才培养需求为导向，开展校内、校外基地群和教学、科研平台建设。以天目山校外实践教育基地联盟建设为重点，涵盖了学生认知、实训、创新全过程，校内、校外互补实现了基地类型全覆盖，具有不可替代性；以优秀的国家级教学、科研平台为依托，构建了教学科研互促互补，为人才培养提供了坚实的基础。

（三）实施"三维并行"，改变传统的实践教学方法，构成实践教学全景化

针对农林生物学科特点，实施"三维并行"手段，即产教融合完成课上课下互动，虚拟仿真技术手段形成虚实并行，重视线上线下混合全景化现代教育手段；打造实践基地与现代教学资源有机融合，将必备的教学要素融入到学生的学习活动中，利用互联网提供的广阔平台，开展学生自我导向的隐性教学，将学生的课堂学习和日常生活联系到了一起。

四、成果的推广应用效果

本成果自 2002 年酝酿探索，2012 年正式推行实施，迄今效果显著。

（一）实践基地建设受益面广、成效显著

由浙江农林大学和浙江天目山国家级自然保护区管理局共同发起组建的"天目山野外实践教育基地联盟"，打造了高校实践教学资源平台，实现优质野外实践教学资源共享，梳理定制实践课程 50 多门；目前已建成一个功能齐全，管理规范，集教学实习、创新教育、社会实践、毕业（生产）实习、就业培训、科学研究等功能于一体，年接纳学生数量超过 5 000 人次，辐射性强、受益面广的农科合作人才培养基地。

（二）多元化实践教学手段多样、辐射性强

针对教学素材不足，教材媒介缺乏等问题，结合农林生物特色，组织编写了基于天目山实践基地教材 5 册，形成了系统性、实用性强的系列教材。建设优质视频课程 3 门，虚拟仿真实验教学项目 3 项，形成了纸质教材、数字课程、手机 App、数字标本馆等立体化媒介系列。辐射至相关行业，面向相关企业、研究院所及全国兄弟院校开放，实现教学资源共享。

（三）创新能力为标志的拔尖创新人才培养效果明显、成绩突出

"一核两翼、三维并行"实践教学创新模式，使学生综合素质和创新能力明显提高，促进了创新型人才培养，为我校林学、生态学学科成为"省一流（A类）"建设学科做出了重要贡献。据统计，近年来学校本科生发表学术论文150余篇，获各类一类学科竞赛奖励100多项。

（四）示范推广效果获得兄弟院校与社会的广泛认可、好评不断

北京林业大学、南京林业大学、华南农业大学等18所高校来学校交流实践教学人才培养经验。承办专业建设研讨会4次，共有56人次参加24个国际、国内教学会议，8人在会上做了主题发言，使得该成果被越来越多的学校认可和广泛采用。相关成果在教育在线等主流媒体被21次专题报道，受到社会的肯定。

创新创业教育深度融合专业教育的双螺旋模式
探索与实践
——以浙江农林大学为例

尹国俊 鲁松 陈劲松

我国高校的创新创业教育起步于 2010 年，教育部印发《教育部关于大力推进高等学校创新创业教育和大学生自主创业工作的意见》，要求高等学校要把创新创业教育和大学生自主创业工作摆在突出重要位置。2015 年，国务院办公厅颁布的《关于深化高等学校创新创业教育改革的实施意见》明确提出，深化高校创新创业教育改革是推进高等教育综合改革的突破口，必须将专业教育与创新创业教育有机融合。虽然很多高校结合自身特点，开展各种形式的创新创业教育模式探索，对提高高等教育质量、推动毕业生创业就业发挥了重要作用，但是作为一种新兴的教育理念，创新创业教育仍存以下两个问题：一是专业教育与创新创业教育仍"两张皮"现象。部分高校推动的"双一流"建设中创新创业教育与专业教育培养目标不衔接，课程设置更与专业教育课程体系相割裂，过多依赖于实践教学，缺乏系统性（黄兆信、曲小远，2014；李杰，2019）；二是对创新创业教育理念理解不够，教学方式单一。刘学军、徐建玲等（2017）指出许多大学忽视了企业家精神、创新意识的培育，教学方式普遍沿用传统"重讲授轻辅导，重理论轻实践"的灌输模式，忽视了教师在课堂教学内容创新和教学方式创新中所产生的育人效果（居占杰、刘洛彤，2016）。由此看来，我国高校创新创业教育的形式化与"空壳化"问题严重，实际开展创新创业教育的过程中，并没有将创新创业教育和专业教育融为一体，严重影响了高校创新创业教育的系统性和实效性。这是我国高校创新创业教育工作亟需高度关注的现实问题（成伟，2018；黎怡姗，2019）。

一、文献回顾

近几年，创新创业教育研究成为高等教育改革探索的重点领域，创新创业教育如何融合专业教育是一个研究热点，也是其中的核心问题。创新创业教育融合专业教育研究的焦点主要集中在以下四个方面：一是两者有机融合的教育理念研究。很多学者从两者的关系角度进行观察，一方面，创新创业教育源于专业教育，但并不是一项独立的教学活动，只能作为专业教育的辅助和补充，更不能脱离专业教育而孤立发展（黄茂，2010；陈奎庆、毛伟等，2014；王占仁，2015；钱骏，2016；宋华明，2017；戴栗军、颜建勇等，2018）；另一方面，创新创业教育是专业教育的延续和深化，激发学生对专业知识的兴趣，从而提升专业学习的有效性（覃成强、冯艳等，2013；邵月花，2016）。同时，众学者也强调创新创业教育与专业教育的融合绝不仅仅是应对就业危机的一种手段，而是一种面对未来、适应社会的人才培养观（孙秀丽，2012；任永力，2015）。二是两者有机融合模式的研究。当前英美创业教育有磁石模式、辐射模式、混合模式三种（黄兆信、王志强，2013），将创业教育融入专业教育的发展模式有课程建设模式、课堂嵌入模式、专业实践模式等运作形式（曾尔雷、黄新敏，2010）。我国高校应该吸收和借鉴国外经验，注重移植过程中的本土特征（游艺、李德平，2018）。国内创业教育融合专业教育的运行模式主要有专业嵌入模式、跨专业联合模式和社会化合作模式，其中社会化合作模式是创新创业教育与专业教育相结合的最高层次（卢淑静，2015；钱骏，2016；刘帆，2019）。三是两者有机融合的路径研究。众多学者分别从教学目标、课程体系、教学方法、实践活动、考核评价等方面讨论如何将创新创业教育融入专业教育的相关要素中。孙秀丽（2012）认为课程内容是教学的核心环节，应当在专业课程中适时适当地融合创新创业课程内容（邵月花，2016）；黄茂（2010）主张创业教育和专业教育的整合必须实现课程结构体系的综合化；曾尔雷、黄新敏（2010）则指出教师的教学方法在教育教学活动中十分重要，教与学之间的关系是通过教师与学生之间的沟通与互动进行开展的（朱晓妹、李燕娥等，2017）；刘艳、闫国栋等（2014）认为创新创业实践是提高大学生实践创新能力的重要途径，需要贯穿大学实践教育始终；王清、柳军等（2016）提出考核评价是创新创业教育与专业教育融合过程中至关重要的环节，需重设置新的衡量学习效果的标准（卢淑静，2015），对开展创新创业教育有着天然的激励和评估作用（朱晓东、顾榕蓉等，2018）。四是两者有机融合的保障机制研究。促进创新创业教育与专业教育融合，离不开教师的支持和认可（黄兆信、王志强，2013；吴烨，2018），但专业教师对创业教育的支持并不是内源性的，其受到学校多方政策和条件的引导（曾尔雷、黄新敏，2010）；王丽娟、高志宏（2012）认为创新创业教育是一项系统工程，须进行顶层再设计，形成各部门联动的管理新机制；此外，陈奎庆、毛伟等（2014）指出，必须有一个良好的校内校外实践操作平台，才能实现学生专业学习与实践、"两创"学习与实践的深度融合（李爱民、夏鑫，2017）。

目前研究结果已经表明，创新创业教育与专业教育的有机融合是建设创新型国家的迫切需要，也是促进学科之间交叉融合的有效途径，这已被众多学者广泛认同，但就当前的探索结果来看，仍然存在一些理论问题有待解决。第一，学者多关注专业教育人才培养链条中某个环节与创新创业教育的衔接，研究带有很强的碎片化特征，忽略了各环节之间的连贯性、递阶性、整体性，缺少人才培养全链条的系统设计与内在衔接研究。第二，多数学者对于校外实践资源期待过高，对于理论课堂教学的主融合渠道挖掘有限，而更多研究实践内容再造、手段提升、课时重构。第三，对教师在创新创业教育中的角色定位认知偏差。部分学者和高校管理者片面认为高校现有的专业任课老师没有创业实践经验，难当创新创业教育的大任，这种观点忽视了高校教师一直从事创新创业活动的事实，是对创新创业教育的误解。

为此，本研究旨在通过理论研究与案例分析相结合的方式，基于"师生共创"理念提出创新创业教育深度融合专业教育的双螺旋模式，即在创新创业能力培养中，专业教育链条专注于传授学生某种专业领域知识和实践技能，而创新创业教育链条着力于培养学生具备创新创业思维及实践能力，两者通过内聚耦合的方式在培养目标、课程设置、课程开发、教学方法、第二课堂、学业评价六大关键节点开展深度融合，同时搭建系统的创新创业友好型教学软硬件设施与制度集成平台，打造"双创"教育与专业教育浑然一体的教育新形态。期待以此丰富创新创业教育理论，对创新创业教育融入专业教育的理论和方法进行拓展和深化。

二、创新创业教育深度融合专业教育的双螺旋模式的理论诠释

（一）专业教育链条分析

潘懋元先生在 2009 年版的《新编高等教育学》中对"高等教育"的概念进行最新阐释："高等教育是建立在普通教育（或基础教育）基础上的专业性教育。"虽说如今的专业教育已不同于传统狭义上"专门化"的专业教育，但我们仍承认高等教育在本质上属于专业教育。随着高等教育实践的不断深入，关于高等教育人才培养模式也引起广泛的讨论。董泽芳（2012）认为高校人才培养模式是培养主体为了实现特定的人才培养目标，在一定的教育理念指导和一定的培养制度保障下设计的，由若干要素构成的具有系统性、目的性、中介性、开放性、多样性与可仿效性等特征的有关人才培养过程的运作模型与组织样式。刘献君、吴洪富（2009）则指出人才培养不仅仅关涉教学过程，更涉及教育的全过程，包含制定目标、培养过程实施、评价、改进培养等环节。据此，笔者认为，专业教育培养模式应延伸到人才培养的整个过程，即"人才培养全过程"，在一定的教育思想指导下，培养目标保证学生具备专业基本理论与实践技能，同时兼顾"宽口径、厚基础"，课程设置做到基础课程与专业课程、理论课程与实践课程的有机统一，通过课程开发形成一系列前沿理论教学的逻辑链条；教学过程重视知识的传授与能力的培养，尊重知识的系统性和科学性，并在实践教育中加深专业知识理解与运用，注重"做中学、做中思"，最后以统一的知识掌握程度与运用能力来检验人才培养效果，培养人格健全的高水平专业型人才。

基于以上认识，人才培养模式应遵循个人成长和教育的基本规律，并渗透入教学活动的方方面面，体现育人的连续性、递阶性、互补性、适量性四个方面的特征。一是人才培养链条的连续性。杜威在《经验与教育》一书中将连续性视作教育活动的一个主要原则，并作为评定教育活动效果的一个根本性标准。人才培养链条中，教育目标是通过一系列阶段性的教育结果的实现而实现的，对下一个阶段而言，前一个阶段实现的目标就变成了下一个预定目标的手段，下一个阶段目标的实现一定要充分利用前一个阶段的结果，呈现出教育目标与手段相互循环转化的过程。这一特征不仅体现于课程设置中的前置课程和后继课程的关系，还体现在学生知识网络构建环环相扣，中间不能缺少任何一环。二是人才培养链条的递阶性，即教学要素之间的依赖关系。奥苏伯尔在《教育心理学：一种认知观》（1978 年）中指出：教育过程的各个环节不是同一的水平，而是参考学生的学习心理特点和心理发展特点，并根据学科知识的逻辑体系逐渐深化与提高。因此，培养链条在学生认识新事物的自然顺序和认知结构的组织顺序中不断分化发展，前面的知识和环节是后继知识和环节得以顺利展开的必要条件，具体在学生知识构建过程则是按照入门-精通-提高-应用-消化-创新的步骤和逻辑演进。三是人才培养链条的互补性。人才培养链条是由不同要素，不同成分组合而成的有机整体，其结构的互补性与适切性是能否形成教学整体功能、实现教学整体目标的关键所在。因而，充分体现理论与实践、课内与课外、专业与通识、形式与内容、智商与情商的互补与统一。四是人才培养链条的适量性。教学内容保证学科自身系统知识的完整性时，并非是越多越好，越全越好，而是应确保在本科四年中教学内容内在逻辑的完整性，达到应有的知识量并形成完备的知识体系。因此，在限定时间范围内的学习量不能过大，也不能过小，各个环节和内容必须在规定时间内完成。

（二）创新创业教育的培养要求

我们在探讨创新创业教育人才培养全过程中的要求和形式前，必须明确创新创业教育的内涵。创新创业教育不等于创新创业，而是以培养具有创业意识和开拓精神的人才为目标而产生的一种新的教学理念与模式（马小辉，2013）；张冰、白华（2014）认为创新创业教育关键在培养学生的创新精神以及富有远见、勇于面对挫折、具有批判性思维的创造能力。创新创业教育在形式上的表现是在创新的后面加上了创业二字，其实质是内在规定了创新的应用属性，是指向创业的创新，重在应用的创新，促进创新成果的市场化、商业化。在"创业"的前面加上了"创新"二字，其实质是全面统领了创业的方向性，是创新型创业，提高了创业的层次和水平（王占仁，2015）。创业的核心与本质是创新，创新支撑着创业，创新与创业缺一不可。

在准确把握人才培养链条特征和创新创业教育内涵的基础上，创新创业教育的开展不是将创新创业教育简单地与某种或几种教学活动联系起来，试图通过在专业教育链条中添加特定教学活动来实现新功能，而是回到教育全过程的"底层"，对专业教育链条各要素的重新整合，自然地形成创新创业融合专业教育的新形态。对此，创新创业教育实践中必须坚持以下四方面原则：一是创新创业教育不能割裂人才培养链条，任何割裂培养链条的行为，即在少数和个别环节开展创新创业教育都达不到人才培养的效果；二是针对人才培养链条的不同环节，应该有不同的创新创业教育要求和实现方式，单一的创新创业教育行为难以满足全链条环节的不同需求；三是创新创业人才的培养本身就是系统的工程，与专业教育一样都需要各个链条环节之间的互补与支撑；四是创新创业教育不能另起炉灶，必须依托和融合进专业教育。因为受到专业教育培养链条适量性的限制，另起炉灶的结果要么是在有限时间内增加学生学习内容，导致学习效果蜻蜓点水，要么只有少数学习能力强的学生挤出部分时间学习创新创业课程，演化为精英教育。由此，我们探讨的创新创业教育人才培养链条应以培养创新创业者为宗旨，创新创业教育在培养目标上强调具备创新创业思维及实践能力，在课程设置上强调创新创业精神、理论、技能、实践的统一，在课程开发上强调创新思维与创业能力的知识内容，在教学方法上强调教师引导作用与学生课堂主体作用，在第二课堂设置中强调资源整合与创新创业活动，在学业评价中采用注重实践能力的形成性评价，并从中寻找融合专业教育的突破口。

最后，必须准确定位创新创业教育中大学教师的角色。一方面，大学教师多数都在从事创新创业活动，因而能够胜任创新创业教育的教学工作。创新创业教育本身就包含了创新的属性，就创业本身也包含了岗位创业和自主创业，而且重点在于岗位创业。当前高校教师普遍从事着岗位创业活动，其中最重要的是从事科技创新活动，包括承接基础研究与应用研究课题、发表学术作品与申报科技专利、参加学术讨论并发表创新性观点、从事社会服务、开展课程教学模式改革等。另一方面，创新创业教育应该立足于"师生共创"。高校创业师资所承担的角色应该定位于创新意识启发者、创业知识指导者、创业信息传达者、创业活动组织者、创业过程指导者。创业指导课教师的角色必须重新定位，要从一个"授课者"转变为学生创业的"资源融合者"。因此，创新创业不仅是学生的事情，也是教师的职责，即"师生共创"。

（三）基于全过程融合的双螺旋模式

爱因斯坦曾说，大学教育的价值不在于记住很多事实，而是训练大脑会思考。但是，目前我们对教育都存在一种"把教育等同于知识，并局限在知识上"的系统性偏差。当然，也正如中国高教学会会长助理曹胜利所说:"我们开展的创新创业教育也决不能脱离知识教育和专业教育而孤立地进行,因为人的创造性是不能像具体技能和技巧那样教授和传授的,它必须通过现代科学知识和人文知识所内含的文化精神的熏陶和教化才能潜移默化地生成。"教育观念是先导,首先必须更新观念,树立基于专业的创新创业教育观。依据广谱式创新创业教育理论,创新创业教育必须"面向全体学生""结合专业教育""融入人才培养全过程",实施深层次创新创业教育。基于上述分析可知,在进行创新创业教育与专业教育融合的路径选择时,应在教育全过程中的培养目标、课程设置、课程开发、教学方法、第二课堂、学业评价六大关键节点开展层次递进的深度融合,同时搭建系统的创新创业友好型教学软硬件设施与制度集成平台,对二者相融合理念下的教学活动起到支撑作用。因此,需构建基于"师生共创"理念的创新创业教育链条全过程深度融入专业教育链条的"双螺旋模式"(图1)。

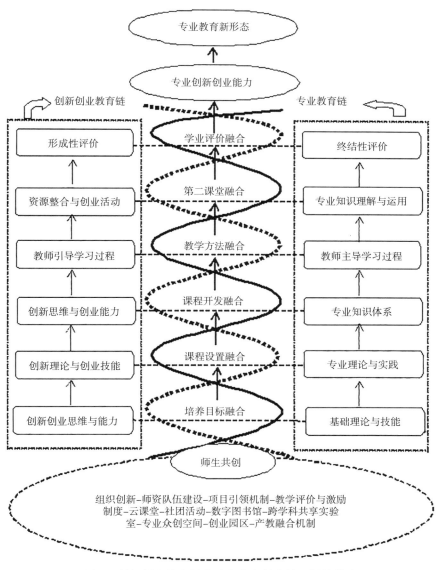

图1 创新创业教育深度融合专业教育的双螺旋模式

三、双螺旋模式的实施路径

高校创新创业教育融入人才培养全过程，是全面提升人才培养质量的重要保证。以高校创新创业型人才培养为出发点，依据创新创业教育链条全过程融入专业教育链条的"双螺旋模式"，必须努力促进创新创业教育链条在培养目标、课程设置、课程开发、教学方法、第二课堂、学业评价六大关键节点融入专业人才培养链条全过程，并搭建系统的友好型教学软硬件设施与制度集成平台，使双链同频联动、深度融合、相互支持、螺旋上升，构建起"双创"教育与专业教育浑然一体的教育新形态。

（一）以造就创新型专业人才为基础确立专业培养目标

人才培养目标是教育实践活动过程中具有先决性质的核心概念，是选择教育内容、确定教学方法、组合教育措施的出发点和依据，更是整个学校教育教学活动的最终归宿，并贯穿于人才培养全过程。依据不同类型高校办学理念和办学特色，将创新创业教育与专业教育深度融合，培养精通专业知识和具备创新创业能力的复合型创新人才，其培养目标不能是传统固化的知识体系培养，更不能是脱离专业而自成体系的创新创业能力培养。培养什么样的人才，关键在于突出基于创新创业的专业内涵建设，在专业教育中融入社会发展对人才素质的全面要求，注重需求导向与全产业链融合，加强专业设置的应用性和创新性，挖掘出教育新形态，强调知识、能力、情怀、创新、自律等多维素质的统一。此外，人才培养不仅仅是培养满足社会经济需求的工具人，而是要充分考虑教育对象的知识储备、能力特征和个性特征，以人的全面发展为基础，激发个性和创造力，培养有创新精神和创新能力的创造性人才。

（二）以提升创新创业能力为导向构建专业课程体系

课程体系是创新创业教育核心环节，在很大程度上决定了受教育者的知识、能力和素质结构，决定了教育理想能否成为现实。构建合理的课程体系是一项复杂的由理论到实践的系统工程，不是对原有课程内容的机械拼凑，也不是过分偏重知识的系统性和完整性而忽视应用性的课程设置。构建专业创新创业能力目标体系与课程体系的映射关系矩阵图，将创新创业教育要求分解并有机融入专业课程知识点，从而搭建起社会与学校、专业与经济的联动关系。应该在面向社会实际、强调学科交叉、重视能力培养、加强实践环节、培养团队精神、训练系统思考和创新能力等方面进行大胆探索。因此，需要我们从推进通识教育、基础教育、专业教育、拓展教育这四个环节上有层次、分类别、分阶段植入创新创业教育理念、内容、形式和手段，从而构建立体式创新创业教育课程体系。

（三）以学科专业一体化为载体进行专业课程开发

知识通常随着受教育程度的提高而增多，经济学家度量"人力资本"的做法是计算受教育的年限，但是创新思维与受教育年限的关系没有那么简单，更多取决于教育方法和课程开发。课程开发是培养创新思维和学科专业知识体系的有效途径，也是保证课程体系灵活性和生命力的根本措施。将创新创业教育理念融入人才培养全过程，必须在专业教育培养方案中进一步优化课程内容，通过压缩常规知识，即"死知识"的理论课时，挤出课程"水分"，推进学科相互交叉，融入最新科研成果和专业前沿信息，打造具有高阶性、创新性和挑战性的"金课"，着力提高学生专业创新创业能力。

（四）以学生为主体创新专业教学方法

教学方式是在教学中为达到教学目标，教师所采用的一系列教学行为和活动方式、方法的结合。在日常教学过程中，不单是知识的传授过程，也是师生情感交流的过程。要改变我国传统的"以教师为主体单一传授知识，教师以教材和课堂讲授为中心"的教学方式，大胆创新课堂教学方法，提高教师对学生成才的关注。根据建构主义学习理论，学生是信息加工的主体和意义的主动构建者，应该力求把教师变成推动学生独立思考的助手，把教材变成学生焕发兴趣的工具，把课堂变成学生开发自我潜能的舞台，调动学生的主动性和创造性。鼓励运用DIY、构建主义、体验式、互联网教学理论和手段，开发专业研讨课、翻转课堂、微课，通过教师教学方法的创新带动学生学习创新。

（五）以激发创新意识和提高知识应用能力为基础重塑第二课堂

专业教育是创新创业教育的基础，专业教育构建了一个完整的基础理论体系，它教会学生各方面的专业知识，让学生拥有解决简单问题的能力。创新创业教育课是一门综合性、开放性、实践性较强的课程，若要将其有效地嵌入目前高校的专业教育课程之中，必须有一个良好的第二课堂作为基础。第二课堂的实践活动是第一课堂教学活动的延续，并以后者为基础而有所侧重，突出创新创造、理实一体的教学方式。通过引进企业家讲座、专业导师制度、科研项目训练、学科竞赛、科技创新创业沙龙等改造原有的学生社团活动，让学生从实践中发现问题，形成自身的"问题域"，从理论中推演实践，从实践中把握理论，促进两种不同思维间的转化，激发创新创业潜能。

（六）以创新创业综合素质培养为目标改革学业评价体系

创新创业教育的评价是在高校实施创新创业教育中，对大学生的创新创业意识、创业技能和创业精神的培养和提高程度，以及其社会价值的实现等方面做出判断的过程。科学合理的学业评价不仅有利于提高学生学习积极性，更促进教师更好地调整教学方法。教师们要摒弃仅仅考核死记硬背知识的做法，树立基于学生能力培养和素质提升的学业评价导向，实施多样化课程考核评价方式，大力推行形成性评价与终结性评价相结合的学业评价方法。鼓励多采用阶段性的考核评价，加深对知识的深刻准确理解，并结合理论课成绩、企业实习报告、学科竞赛、毕业答辩、创业导师评价、创新创业成果等给予综合评价。

（七）搭建系统的创新创业友好型教学软硬件设施与制度集成平台

创新创业教育与专业教育深度融合是一项系统工程，需要相关要素的整合支持并贯穿于高等教育各阶段与各个方面。建立以校内资源为基础、以外部力量为补充，相关组织广泛参与的协作关系，联动面越大，产生的效能越高。一言蔽之，以师生共创为主体，重塑组织、制度和载体。其中师生共创建设内容是师资队伍建设、项目引领机制、文科云课堂和社团活动；组织创新是以教务部门为核心，统领分散于学生处、招生就业处、团委、创新创业学院的相关业务和资源，建立跨部门组织；制度创新的重点是建立创新创业导向型的教学评价与激励制度、产教融合规范；载体建设则是按照培养创新创业能力要求建立和优化数字图书馆、跨学科共享实验室、专业众创空间、创业园区等（图2）。

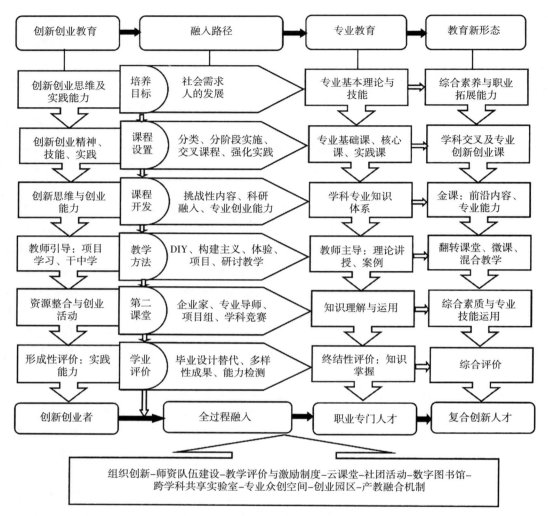

图 2 双螺旋模式的实施的路径

四、浙江农林大学的案例

在"双创"的政策背景下，为适应中国教育改革与发展需要，部分高校引进西方的创业型大学模式，进而探索一条中国本土特色的创业型大学办学之路，其中浙江农林大学结合自身特色和发展需要，在 2010 年明确提出"到 2020 年，实现初步建设成国内知名的生态性创业型大学"的发展战略目标，通过 10 年的探索，生态性创业型专业教育体系初步形成，创新创业教育与专业教育在培养目标、课程设置、课程开发、教学方法、第二课堂、学业评价六大关键节点开展深度融合，同时搭建起系统的创新创业友好型教学软硬件设施与制度集成平台，打造出"一体多翼、协同发展、立足"三农"、聚焦农林、产学融合"的"双创"教育与专业教育浑然一体的教育新形态。2010 年以来，浙江农林大学先后获评"浙江省普通高校示范性创业学院""2016 年度中国校企合作好案例""2017 年产学研合作创新成果优秀奖"；开展的创新创业教育相关成果多次获奖，其中

"多校联动共享共赢的产学研合作教育创新与实践"荣获国家教学成果二等奖、浙江省教学成果一等奖，"基于政产学联动的林业 IT 应用型人才培养模式研究与实践"荣获省教学成果一等奖，教育部网站以"浙江农林大学积极打造现代农林业创新创业教育体系"为题，作了专题介绍。另外，学校创新创业育人方面也同样成效显著，近三届本科毕业生升学率提升 47.3％，2016 届本科毕业生创业率排全省第五；毕业生创业典型不断涌现，有"创新中国十大年度人物""年度科技创新人物"俞德超，"全国就业创业优秀个人"、第七届"全国农村青年致富带头人"杨珍等 60 余位在国内外有较大影响力的创新创业典型。2015 年以来，国家和省级媒体累计报道学校师生创新创业事迹 200 余次。《人民日报》《光明日报》《中国青年报》头版头条、《中国教育报》头版头条、新华网、人民网等集中肯定学校以创业实践报告替代毕业论文、开设创新创业类课程、重奖本科生科研创新等开展创新创业教育的重要举措。尤其教育部网站以"浙江农林大学积极打造现代农林业创新创业教育体系"为题，对学校把创新创业教育融入专业教育的做法作了专题介绍。那么浙江农林大学如何实现创新创业教育链条与专业教育链条的全过程有机与动态融合呢？

（一）准确专业定位，明确人才培养目标

习近平同志在十九大报告中指出，实施乡村振兴战略，培养造就一支懂农业、爱农村、爱农民的"三农"工作队伍。解决"三农"问题和实施乡村振兴战略核心要素是拥有大批优秀的会经营、善管理、能创业的乡村人才。然而，一方面由于农业产业的特殊性，农科大学生面临的工作环境条件艰苦、工作压力大于其他学科学生；另一方面农业行业工作回报率低、周期长，需要长期的坚持和努力，无论是从事农业科研工作，还是农业推广经营等工作，都更需要从业者具有良好的心态和长久的责任心。浙江农林大学根据自身办学优势，紧紧围绕打造生态性创业型大学的战略目标，按照服务永无止境、创新创业要谋新篇的要求，培养熟练掌握现代农业科学技术、具有强烈的生态文明意识和"三农"情怀、躬身入局、勇于创新创业的卓越农林新型人才和浙江省农林业的未来领军者，担当起中国乡村振兴的历史重任。

随着科学技术的不断发展，浙江农林大学为保持学校专业培养的可持续发展，建立多方专业评估机制，突出基于创新创业的专业内涵建设，实施专业预警与退出制度，不断优化专业结构的新陈代谢机制，提高整体办学水平，彰显办学特色。具体可分两方面，一方面是减法制度下的淘汰机制，学校在《浙江农林大学中长期发展规划纲要（2011—2020 年）》中提出，招生专业数控制在 55 个左右，使专业结构更加适应国家和地方、经济社会发展对人才的需求。另一方面是加法制度下的学科完善机制，根据浙江重点产业发展，围绕学校"1030"发展战略，根据《浙江农林大学专业发展规划（2014—2018年）》，构建了十大专业群，每个专业群稳定在 3～5 个专业。在专业群不断发展的基础上，以"生态性创业型大学"为战略目标，以"立足三农、聚焦农林、彰显生态"为指导思想，按照产教融合理念打造若干对接农林产业和生态环境特色的服务全产业链的专业体系，所有专业都要对接一个或多个产业链，加强专业与行业产业对接，各专业成立由对接的行业、企业、用人单位、政府和专家组成教学指导委员会，加强社会共同参与人才培养全过程，提升专业人才培养与社会需求的契合度。

（二）重构创新创业课程，构建多层次课程体系

学校按照"全覆盖、深融合、广参与"的目标，构建学科相互交叉、研究与应用相互结合、课程教材与创新创业内容相互衔接以及通识教育、基础教育、专业教育及课外教育相互贯通的立体型创新创业教育课程体系，构建起"通识教育、基础教育、专业教育、跨专业教育、课外教育"相结合的创新创业教育教学课程体系，实现创业课程和创新创业活动100％全覆盖。在学校本科人才培养方案中，首先，在通识教育课程模块，明确全体学生修读大学生就业指导、大学生职业发展2门通识必修课，并根据学校办学要求和特色推出生态创业类、自然科学类、人文社科类三类通识教育核心选修课程，例如"环境与人类生活""创业管理与实践""国石之鸡血石的鉴赏""中外风景园林""智慧林业"等课程，要求全体学生必修2个创业类学分；其次，在基础教育课程模块，各专业开设学科前沿性及专业导论、创新方法类等必修课程，例如"创新能力提升与创业精神养成""农业生态学""聚合物材料""工程力学"；最后，在专业教育课程模块，各专业根据行业、产业以及学生的职业发展和就业方向开设个性发展的1～2门创新创业类选修课程。目前已建立创业管理学等57门创业类课程，并完成115门在线课程建设，533门在线开放课程上线并开展教学。

（三）农林特色，持续专业课程开发

学校基于"农林学科＋人文学科＋信息技术"思维，进行学科交叉融合，进一步优化专业教育课程内容，把最新科研成果融入教学，反映现代农业前沿，打造具有高阶性、创新性和挑战性的"金课"，着力提高学生专业创新创业能力。截至2016年，建设完成"大学生创新与创业指导""产业发展与农村创业""创业项目评估"等创业类课程46门，修读学生达6 042人次。其中创业管理学等8门课程已建设为校级精品课程，同时已完成115门在线课程建设，有553门在线开放课程上线学校网络教学平台并开展实际教学；此外，引进"创新思维训练""创业管理实战""创业创新领导力"等37门创新创业类网络课程，建立课程在线学习与学校通识限定选修课学分认定和学习认定制度，2016年在线学习选课人数达到2 500余人。

（四）协调育人，创新教学方法

通过教师教学方法的创新带动学生学习创新与思维创新。围绕"建立优质高效课堂""打造名师工作室""改革学生学业评价"等主题开展课堂教学改革，要求每个专业至少有8门课程开展混合式教学改革。广泛开展讨论式、互动式、启发式教学方法改革。全校714门课程参与课堂教学改革，其中12门课程通过教学公开课、42门课程通过教学沙龙的形式将教学模式探索与实践的优秀经验在全校范围内推广。一方面，积极推动小班化教学，采取大班和小班、长课和短课有机结合的方式开展课堂教学，不断提高小班化教学占总学时数的比例；另一方面，根据学生自身兴趣、学习能力、职业取向实施分层教学，先后实施了创业实验班、创业班、创业管理双学位班、创业海外班、创业专项培训班等多样化培养模式，满足不同需求。具体来讲，学校在探索实践的基础上，进一步拓展与政府、企业、高校和科研院所合作。实施现代农林业领军人才培训计划，加强与农业厅、林业厅、省粮食局深度合作培养农林类定向培养，开办粮油储检专业；加强校企深度合作培养，与浙江虹越花卉股份有限公司共同举办高级经理人班，与中国农业科学院茶叶研究所合作培养茶学专业学生，与加拿大UBC（University of British Columbia,

不列颠哥伦比亚大学）大学联合开办林学合作项目，与西南林大等高校建立校校协同育人合作关系。力争每个专业都摸索出适合自身发展的人才培养新机制，提升利用社会资源和国外优质教育资源办学的能力。浙江农林大学在校校、校地、校企、校际合作成效显著，20 余个专业参与了探索实践，近 30% 的在校本科生从中受益，有效促进了人才培养与经济社会发展、创新创业需求的紧密结合，并获"2016 年度中国校企合作好案例"荣誉。

（五）理论联系实际，积极开展第二课堂

学校通过与各二级学院、校外基地共同完成创业体验和创业实践，将创新创业教育与学科专业、基地企业有机融合，形成特色鲜明的实训与实践模式。从制度改革上看，首先，学校加大第二课堂实践教学的学分比例。实践教学环节的学分数占总学分的比例增加到 15% 左右，其中偏重应用型的理、工、农类专业为 20% 左右；此外，建立以科研创新训练、学科竞赛、人文素质竞赛、职业技能竞赛等形式的大学生创新创业学分项目库，要求全体专业学生需获得 4 个创新创业学分。从实现形式上看，每个专业开设 2~3 门认识实习、生产实习、社会实践、专业实习、毕业实习等综合实践课程；此外，在农业企业家、农村创新创业带头人、专业导师的指导下，构建创业宣讲、创业沙龙、集贤创业大讲坛、创业大赛等通识教育活动模块，不定期举办以创意、创客、创业为主题的"创客学堂"系列活动，充分发挥第二课堂创新创业教育作用，培养学生知农爱农情怀和创新创业资源获取与整合能力。学校设有 93 个学生社团，其中学术科技类、创新创业类共 44 个。2015 年以来学校立项国家级大学生创新创业训练计划累计 55 项，校级大学生科研训练项目 250 项，新苗人才计划共 97 项。累计立项各类科技创新竞赛 140 项，仅 2015 年获得省部级及以上科技创新竞赛荣誉 467 项。积极组织学生参加包括大学生职业生涯规划大赛和"互联网＋"创新创业大赛在内的各类创意创业大赛 10 项，共 3 023 名学生参与，254 项作品申报，其中获得第六届大学生电子商务"创新、创意及创业"挑战赛全国一等奖，挑战杯省赛金奖等若干国家级竞赛荣誉。

（六）大胆创新，丰富学业评价体系

学校改变以往单一的终结性评价，实施形成性评价与终结性评价的双重评价体系。首先，日常教学过程中，加大形成性评价在总体评价中的比例，逐步提高日常考核在总成绩中的比重，实行多形式学习考核评价，真实考查学生综合素质与能力，鼓励采取课程作业、调研报告、读书报告、课程设计与课程论文等形成性材料进行考核；其次，实施多样性创新创业成果评价，出台《浙江农林大学本科生发表论文、参加创新创业实践活动替代毕业设计（论文）实施办法（修订）》，实施多样化毕业论文改革。学生参加科技创新活动发表的论文、参加创新创业实践活动完成的创业实践报告，可申请替代毕业论文。2015—2018 届毕业生共计有 53 人以上述形式替代毕业论文，其中 2016 届林学专业王帅通过以创业报告替代毕业论文顺利毕业，新华社、《人民日报》等媒体分别对这一举措进行了报道，认为学校这项改革是可复制、可推广的；再者，学校实施弹性学制，明确本科生学制可延长两年，允许学生休学开展创新创业实践。同样，学生若提前修完专业培养方案规定课程取得相应学分并符合相应申请条件，也可申请提前毕业。

（七）多维联动，健全教学集成平台

机制保障方面，学校成立了以校长为组长的创新创业教育工作领导小组，形成了"一体多翼"的创新创业教育组织领导体系，并建立由教务处、科研、学工部、团委、社会合作、集贤学院等相关职能部门齐抓共管、协同推进的"学校-学院-学科"三级联动创新创业工作机制；师资建设方面，在校内深入实施《浙江农林大学高校创业导师培育工程实施计划》，加强创业教育师资的培养。2015年以来共有62人参加浙江省创新创业导师培育工程培训，派出47人到企业挂职锻炼，目前学校创业导师105人，其中国家级创新创业导师1人，省级创新创业导师2人。实践平台建设方面，校内建有12个本科教学实验中心，其中省级以上试验教学示范中心6个。此外，利用地理区域优势，抓住杭州城西科创大走廊建设机遇，与政府或企业合作共同创建若干个"众创空间"或"创客小镇"平台，共建星创天地、开发跨学科虚实结合的共享实验室等各类创业实践基地。服务保障方面，以大学生就业创业指导站和创业法律服务基地为平台，为学生实时提供国家政策、市场动向等信息，落实创业培训、工商登记、融资服务、税收减免等各项优惠政策和法律咨询、法律培训、法律指导及必要的法律援助等服务。创新创业文化方面，学校大力对创新创业类社团的扶持力度，成立创新创业型学生社团34个，举办创业沙龙、集贤创业大讲坛、创业大赛等各类创新创业文化活动。2015年以来，学生创业成功案例库《创业路上——浙江农林大学大学生创业典型选编》已累计出版6期，《人民日报》、新华社等主流媒体累计对我校师生创新创业事迹报道200余次，让学生创新创业蔚然成风。

五、结语

本研究在对创新创业教育内涵研究成果的思辨基础上，溯本求源，剖析人才培养全过程各个环节之间的密切关系，以此提出在培养目标、课程设置、课程开发、教学方法、第二课堂、学业评价等关键环节上深度融合创新创业教育链和专业教育链的双螺旋模式，搭建系统的教学软硬件设施与制度集成平台，打造"双创"教育与专业教育浑然一体的教育新形态。并借助浙江大学创新创业教育的实践案例，证明了双螺旋模式及其融合路径的适用性。通过系统分析，得出以下几点主要结论：

第一，创新创业教育全过程深度融入专业教育链条。人才培养链条是多个教学要素和环节围绕人才培养目标串联成的一个完整的教育过程，只有在人才培养全过程中六个关键节点展开深度融合，才能有效解决当前创新创业教育与专业教育的衔接问题，实现创新创业教育与专业教育的全过程融合。

第二，系统的创新创业友好型教学软硬件设施与制度集成平台能有效支撑创新创业教育与专业教育的融合。以师生共创为主体，构建起"学校—学院—学科"三级联动，多部门协调配合的组织体制；完善体现教师创新创业业绩的评价体系和保障学生创新创业实践的政策制度；搭建跨学科虚实结合的实验实训平台和众创空间等。从而实现教学相互促进、创业拥有技术、创造得到支撑。

第三，创新创业教育应坚持师生共创理念，准确定位教师在创新创业教育中的角色。一方面，高校创新创业教师不仅是学术的生产者和学生创新创业的指导者，更应该是创新科研成果的转化者和共同成长者；另一方面，积极鼓励并引导学生参与教师的科研项

目和团队，实现知识转化实践，激发创新意识，衍生独立的创业项目。

第四，创新创业教育应注重专业课堂教学内容创新和教学方式创新的育人效果。教学过程是教学相长、师生互动的过程，要不断引入前沿成果和科研进展优化教学内容，运用构建主义、启发式、互联网教学理论和手段，开发专业研讨课、微课，通过教师教学活动的创新带动学生学习创新。

地方农林高校创新创业教育保障体系构建研究
——以浙江农林大学为例[*]

王康

一、浙江高校创新创业教育的生动实践

我国创业教育起步于 1999 年，经过 20 多年的实践探索，已经在全国开花，因地域文化等方面的差异，各地方高校双创教育发展呈现不同的趋势和特点。浙江省作为我国高校创新创业教育的示范地之一，近年来成效显著。2015 年 5 月，国务院办公厅下发《关于深化高等学校创新创业教育改革的实施意见》，吹响了全面推进高校创新创业教育改革的号角；同年 8 月，浙江省教育厅出台《浙江省教育厅关于积极推进高校建设创业学院的意见》，明确要求在全省高校普遍建立创业学院，以创新创业教育改革为突破口，改革高校人才培养模式，使高校的人才培养更好地适应经济转型升级和建设创新型国家、创新型省份的发展需要。截至目前，浙江省有 102 所高校建立创业学院，并且普遍启动"2＋1""3＋1""4＋2"等新型创新创业骨干人才培养改革，成立了浙江省高校创业学院联盟。许多学校积极调动各类资源，建设大学生创业园、孵化园和众创空间，建立校级大学生创新创业基金。

二、地方高校创新创业教育发展中的问题与困境

各地方高校创新创业教育发展虽成效显著，但政府协调、企业支持、高校反哺的多元一体化协同机制尚未真正建立，存在的主要问题有：①思想认识方面，部分高校对双创教育工作的重视程度不够，没有将其融入于学校长期发展战略的具体进程中，容易流于形式和功利，将简单的技能与技巧培训等同为双创教育；开放、多元、包容的创业观念也尚未形成。②师资队伍方面，专业化程度不够，缺乏实践经验；企业型、社会型导师在师资队伍中比例偏低；高校创新创业教育教师缺乏系统权威认证。③体系建构方面，创新创业思想未融入整体教育教学体系；措施与激励引导的制度与体系尚未形成；政府、高校及社会未围绕创新创业形成合力；创新创业"线上线下"服务体系不够完善。④硬件资源投入方面，创业扶持资金的来源单一且数量有限；校内创新创业孵化平台种类数量不够丰富；产学研创新创业平台搭建数量与投入不足；针对创新创业研究的相关资助与成果偏少等问题并存。这些现实问题已构成了地方高校创新创业教育进一步深化发展的阻碍，亟须解决。

科学的创新创业保障体系应是高校主体、政府扶持、企业协作的多元一体化系统，

---

* 本文发表于：创新创业理论研究与实践，2019，2（4）：80-81。

三者相互作用和影响，缺一不可。该文以浙江农林大学为典型案例进行研究，从加大资金力量投入、提高师资队伍建设、深化课程体系改革、强化双创制度和平台建设、充分利用政策扶持、加强校企联动协作等方面做出努力，有利于构建科学完备的地方高校创新学业教育机制和保障体系，促进我国创新型国家战略的顺利实施和高等教育改革的进一步深化发展。

三、地方高校创新创业教育保障体系构建的探索与实践

浙江农林大学是浙江省唯一一所农林类高校，该校创业教育始于2010年，是浙江省内较早进行创业教育的高校之一，在农林类高校中具有典型的代表作用。近年来，该校的创新创业教育发展日臻完善，创新创业教育生态体系初步形成，主要由创业教育课程体系、创业教师成长体系、创业教育平台体系、创业教育人才培养体系、创业教育管理体系、创业教育服务体系等六大体系构成。呈现了"一体多翼、协同推进、全面覆盖、发展个性，聚焦农林、产学相益"的创新创业教育工作格局，2018年获评"浙江省普通高校示范性创业学院"，"一体多翼、深度融合"的创业教育模式和经验已被多所高校吸纳借鉴应用。

（一）体制保障是前提

学校成立了以校长为组长的创新创业教育工作领导小组，形成了"一体多翼"的创新创业教育组织领导体系。"一体"指学校创新创业教育实施的主体集贤学院，"多翼"指在学校创新创业教育工作领导小组带领下，建立了由教务处、学生处、团委、集贤学院等相关职能部门齐抓共管、协同推进的创新创业工作机制。集贤学院是兼具行政职能的实体学院，统筹全校的创新创业教育、创业专项培训和创新创业教学研究。

（二）经费保障是基础

2015年以来，学校累计投入创新创业教育经费1 500余万元。每年设立创业教育基金200万元，创业平台建设260万元，校友设立"嘉韵风险投资基金"1 000万元，2017年起设立"许行贯农创教育基金"100万元。累计发放校外创新创业奖学金150万元，资助学生创业团队40余万元。学校对本科毕业生自主创业根据不同情况进行奖励和资助，资助现代农林业毕业生创业240余万元。

（三）制度保障是根本

浙江农林大学加强双创教育制度设计与创新，将创新创业工作纳入学校整体发展规划，将"培养具有生态文明意识、创新精神和创业能力的高素质人才，造就一批浙江现代农林业的未来领导者"作为人才培养总目标，将创新创业教育融入人才培养全过程。制订、修订了《浙江农林大学创新创业活动管理条例》《浙江农林大学创新创业学分认定管理办法（修订）》《浙江农林大学教学、科研等效评价指导意见》等双创教育制度7个，释放了巨大的改革红利。通过制度创新，调动了教师指导学生创新创业活动的主动性和积极性，扩大了学生参与创新创业活动和实践的比例。通过创新创业成果（报告）替代毕业论文的方法，实现创新创业教育的改革与突破。

（四）师资保障是关键

继续深入实施《浙江农林大学高校创业导师培育工程实施计划》，通过开展创业导师选聘、师资培训、人才库建设、创业导师工作室创建和导师团队建设、创业导师和大学

生培训结对等活动，并将教师指导学生创业实践和创业项目等计入教师考核相应工作量，培育一支数量充足、水平较高的创业导师队伍，现有校聘创业导师 105 人，其中国家级创新创业导师 1 人，省级创新创业导师 2 人。2015 年以来，共有 62 人参加浙江省创业导师培育工程培训，派出建设创业导师数据库，学校出台有鼓励进修、挂职锻炼、外聘教师等文件。2015 年以来学校共派出 47 人到企业挂职锻炼，259 人次参加各级创业教育教学培训。

（五）课程保障是核心

学校按照"全覆盖、深融合、广参与"的目标，构建起"通识教育、基础教育、专业教育"相结合的创新创业教育教学课程体系。在学校本科人才培养方案中，明确全体学生需修读大学生就业指导、大学生职业发展 2 门通识必修课、2 个学分创业类通识选修课、1～2 门结合各专业优势和区域特色的创业类专业选修课；全体学生须在各类双创实践活动中获得 6 个创新创业学分。建成创业管理学等 57 门创业类课程。校方已完成 115 门在线课程建设，553 门在线开放课程上线并开展教学，引进以创新创业为主要内容的网络课程 37 门。集贤学院为学校创业班制订了个性化培养方案，实行"三位一体"（创业理论＋创业体验＋创业实践）的培养模式。

（六）服务保障是重点

2015 年以来，学校新建校外创业实训实践基地 30 个，与各二级学院、校外基地共同完成创业体验和创业实践，将创新创业教育与学科专业、基地企业有机融合，形成特色鲜明的实训与实践模式。学校积极实施国家、省、校三级大学生创新创业训练计划。集贤学院搭建了以"创业讲坛、创业大赛、创业沙龙、创业参访"为框架的"四创"活动体系，实现了学生参与的全覆盖。

学校建有省级科技企业孵化器——浙江农林大学创业孵化园，还建有大学科技园、现代农林科技园、校内外各类创业实践基地等，全方位满足大学生创新创业需求。不断增强创业服务能力，除提供物业、会务、法律咨询、财务服务、代办工商税务证照、专利代理、技术许可转让、科技信息咨询、申报各类高新企业等基础服务外，还与有关银行及投资机构建立合作关系，借力为入孵师生创业团队提供投融资服务，构建了"创业苗圃—孵化器—加速器—产业园区"的创业孵化链条。

协同创新背景下林学类实验教学中心建设实践[*]

伊力塔 俞飞

当前，国内高校为了实现深度转型发展，通过协同创新机制改革提升创新能力成为重要手段和趋势。协同创新为高校从封闭式教学向开放式教学方式的深度转型发展提供了良好的发展契机。人才培养方面，多数高校采用共享共赢合作教育理念，构建基于需求的多学科导师团队，依托主体学科，多学科汇聚，构建与需求相对应的教学体系；由学校、学院、学科聘请协同行业、企业专家，直接参与教学内容的设计环节，使课程教学内容与职业标准对接，专业设置与行业需求对接，实践教学过程与生产过程紧密结合，为学生提供一系列创新技术研究和应用项目。这将逐步打破原有的部门、学科、管理的各种壁垒，构筑完整的创新主体网络，实现创新要素最大限度的融合，提高学生的综合素质和创新创业精神。

国际上普遍采用的实验教学模式是开放式的，即自助式个性化实验教学模式。开放式实验教学设置多层次模块化实验内容体系，让学生在规定的教学时段内，自主选择实验项目和实验时间，赋予学生更多的自主权、更大的灵活性和学习空间，更加有利于对学生创新能力的培养。其开放性体现在实验时间和空间的开放、教学内容的开放、指导方法的开放、实验成绩评价的开放和实验室管理的开放等方面。作为实验教学改革的一项重要举措，许多国内高校纷纷实行开放式实验教学，并且取得了一定成效。但在具体实施过程中，经常陷入因配套改革不到位所造成的诸多困境，如实验教学资源不足、实验室管理手段落后、运行经费不足等。

一、实验教学中心运行特点

(一) 协同创新背景下的新要求

利用协同创新平台完善实践教学是国内高校较为常见的做法，特别是校外实践教学基地建设（尤其是实践要求较高的地方行业高校），使学生到企业实习由参观型向参与型转变。在具体做法上，一是在现有的实践教学基地基础上，强化建设几个专业对口、实践教学质量相对稳定、校企关系密切的实践基地群，来承担本科生的实践教学任务，并可以介绍部分本科生到基地进行课题研究；二是重视实践环节指导教师队伍建设，通过高层次人才引进工程、资助教师进行进修和培训、聘请企业在职工程技术人员作为学校的实践教学兼职教师等措施，提升实践教学教师的整体业务水平；三是在实践教学体系的运行方面，提高各方合作的积极性，进一步提高协同创新的经济和社会效益。一方面，采取走出去和请进来措施，既有专业教学教师到企业进行业务培训，又有企业工程技术人员进入高校实践教学环节授课，形成校企合作、优势互补的人才培养机制。另一方面，

* 本文发表于：实验技术与管理，2019，36（4）：224-227.

不断增加开放创新实验项目，以企业项目为基础，提高学生的综合分析能力和设计能力。

协同创新机制将对实验教学中心的运行提出如下新的要求：

1. 运行模式 由于协同创新是将各类资源优势、学科优势、科研优势转化为人才培养优势，需打破原有的传统单一的专业、班级管理模式，这就要求高校本科实验教学中心采取更加灵活、开放、共享的运行方式；

2. 培养模式 更加重视学生的个性化发展，为了配合社会进步与发展，培养多样化的高素质专业人才，需要更加灵活的协同创新机制。学生可根据自身职业规划与兴趣特长，选择不同的发展方向，这就要求高校本科实验教学中心切实完善教学体系，分层分类开展实验教学；

3. 协作模式 基于协同创新机制中多机构共建的特殊性，实验教学中心要保证学生与协同创新主体、学生与专业教师之间的协同创新渠道的畅通。因此，构建基于协同创新机制的管理体制，是打破原有管理壁垒的核心问题。

（二）协同创新背景下的新问题

协同创新机制下的人才培养工作，面临以下两方面问题：

1. 学分互认导致管理难度加大 校政企合作是协同创新的必然要求，有利于整合政府资源、行业资源和校内资源。这将逐渐打破高校原有的专业行政班组织，推行课程互选和学分互认，从而使传统的针对群体进行统一管理的实验教学工作模式受到严峻挑战。如何在原有教育体制背景下，充分发挥个性化人才培养机制的优势是应着重解决的现实问题。

2. 管理部门协同机制不完善 协同创新机制下人才培养的核心是整合各类资源优势、学科优势、科研优势，并转化为人才培养优势。但一些高校作为协同创新机制下人才培养的主体，尚没有从体制上提出更加符合新机制要求的协同方案，实验教学仍采用传统的管理方法与模式，很难满足全程育人、全方位育人的要求。

在以培养学生创新精神和创新能力为重要导向的协同创新人才培养机制大背景下，如何完善具有专业特色的实验教学中心运行机制，如何与其他创新主体有效开展协作，成为不可回避的重要问题。为此，应从以下方面着手：

第一，提高各协同主体积极性。产学研合作应将高校向企业转让技术、人力资源合作开发及高校受企业委托开发等的合作方式，逐步提升为建立以企业为主体的创新机制，互利双赢、共同发展。因此，实验教学中心应创新管理机制，主动对接协同创新主体，进一步深化合作，提高各主体的主动性、积极性，共同解决当前产学研协同创新与人才培养脱节的现象。

第二，建立人才培养协调机制。在坚持走出去、请进来的同时，应建立实验技术人员和中心教师到企业进行业务培训，以及企业工程技术人员进入中心参与实践教学的机制，实现校企在人才培养上的优势互补。逐步打通学校各行政部门的管理壁垒，完善学分互认措施，使学生在学校和企业的实践活动均能得到认可。

第三，着眼于完善实验教学体系的建设。要培养学生实践能力，必须进一步完善教学内容，提高实践教学效果，着眼于学生的实践设计能力和综合分析能力。要改进课程设计，使其内容来源于真正的工程项目，除了注重专业基础技能，还要注重学生的工程设计能力和实践能力。要增加开放创新实验项目，以企业项目为基础，提高学生的设计能力和综合分析能力。要在原有的实验教学内容中，补充各协同创新主体的优势特色实训项目，不断完善实验教学中心的教学体系建设。

二、大学林学类实验教学中心建设实践

（一）实验教学体系建设

中心在"基于行业、顶层设计、整合资源、开放共享"思想的指导下，经过多年建设，逐步形成了独具特色的实验教学体系和教学方法——以"树木"之理，建"树人"之体。

树木的生长需要肥沃的土壤、适宜的环境、科学的管理，这和"树人"异曲同工。我校有悠久的林学专业教育历史和传统积淀，一直以"树木"之理，建"树人"之体，为现代林业建设输送了大量的优秀人才。良好的基础技能犹如肥沃的土壤，中心建立了培养学生植物分类与识别、植物生理生化分析及森林生态环境监测能力的基础实验教学平台，强化学生基础技能。扎实的专业技能犹如科学的管理，中心建立了培养学生林木种苗繁育与管理、森林生态经营与管理、森林资源调查与规划及森林病虫害检疫与防控能力的综合实验教学平台，强化学生专业技能。学生的技能拓展犹如树木生长与环境的关系，中心建立了以提升学生科研思维能力、团队协作能力及创业实践能力为目标的创新创业实训平台，将创新创业能力的培养贯穿于整个"树木"过程。50多年来，坚持"坚忍不拔、不断超越"的精神，培养了学生"肯干、实干、能干"的"三干"精神。面向产业，为浙江林业总产值连续8年位居全国前列提供了人才支撑；面向基层，培养了500多名乡镇以上干部，其中300多名为县处级，30多名为厅级以上；面向世界，一大批校友到哈佛、耶鲁等世界一流大学留学、任教。

（二）实验教学平台建设

根据创新型人才的培养规律和现代林业建设需求，中心对实验教学进行了大胆改革，通过资源整合优化，以林学、生态学2个省级一流学科A类（包含森林培育、森林经理、森林保护、遗传学4个二级学科）为依托，以培养学生基础技能、专业技能和拓展技能为核心，建立了基础实验教学、综合实验教学和创新创业实训3大平台（图1）。

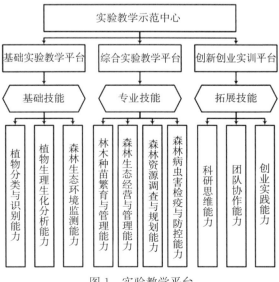

图1　实验教学平台

1. 基础实验教学平台 以培养学生植物分类与识别能力、植物生理生化分析能力及森林生态环境监测能力为目标，开设了植物学、微生物学、植物生理学、生物化学、气象学、土壤学、生态学等22门实验课程。

2. 综合实验教学平台 以培养学生林木种苗繁育与管理能力、森林生态经营与管理能力、森林资源调查与规划能力及森林病虫害检疫与防控能力为目标，开设了种苗学、森林培育学、森林经理学、森林资源管理信息系统、城市林业工程设计、植物检疫、植物病虫害防治等25门实验课程。

3. 创新创业实训平台 以培养学生科研思维能力、团队协作能力及创业实践能力为目标，实施"大学生创新科研计划""大学生创新实验项目""大学生生命科学竞赛"等创新创业项目。

（三）实验教学中心运行机制

中心实行独立的实验教学管理运行体制，组建了中心建设领导与教学指导委员会。该委员会实行中心主任负责制，全面负责中心的建设、发展和运行，通过校内与教务处、科技处、学科建设办公室等部门协作，及校外的校校联合、校企共建等方式满足实验资源需求。采取"开放式、共享型"的实验室运行模式，建立了校内外实验资源全方位开放共享机制。在校内，学生在选择实验项目或自拟实验项目后，可网上预约实验，实现了实验场地、设备、时间及内容的全开放。在校外，通过学校与学校之间、学校与行业、产业之间互补与合作，建立集教学、科研和社会服务为一体的共享型示范基地，形成了设备共享、教师共享、学生学分互认等多种形式的共享机制。

中心除了执行学校的各项规章制度外，还建立并实施了林学类实验教学示范中心管理规则，主要包括中心实验室工作人员岗位职责、中心各实验室规则、实验室安全与卫生要求、仪器设备固定资产的使用和管理制度、实验室安全事故应急处理预案、大型精密仪器设备开放管理规定、危险品管理办法、中心特种设备管理与使用办法、实验室工作档案管理制度、中心开放工作制度、实验室信息管理条例、本科生科研训练培养环节实施细则、科研课题进室管理制度、大学生实验室创新项目管理办法等。具体运行措施如下：①对实验课教师、技术人员、实验室、实验仪器设备及实验经费实行统一调配，实现资源优化；②采取实验室全天候（包括节假日）开放，确保创新人才培养过程中自选式、设计型、研究型实验所需的实验教学环境；③建立教学实验中心与科研平台共享式集中管理的新模式，促进实验教学与科研相结合，为扩大研究型实验教学开拓空间；④构建网络化、开放化的实验室信息化管理平台，相关信息均在网上公布；⑤建立实验课程负责人制，聘任实验教师为实验项目负责人，技术人员则实行固定与流动相结合、竞争上岗的用人机制；⑥中心建设领导与教学指导委员会全面负责实验教学中心的建设和发展规划以及实验教学和管理改革工作，负责对实验中心主任、副主任工作的考核，监督和检查实验教学过程和教学计划的落实情况，组织实验教学质量评估。

（四）实验教学中心建设成效

中心以专业链对接产业链，加强与省内现代林业企业合作，通过多种途径进行协同育人，深化"校企结合，产学一体"的实验教学模式。现已与四川重庆、安徽黄山，以及浙江杭州、宁波、温州、衢州、宁海、松阳、临安等市县建立产学研合作平台32个。如树木学实验，学生完成在校内的基础实验课程后，再到浙江森禾种业有限公司或浙江虹越花卉有限公司进行为期半个月的、以 3～5 人为一生产单位的实际生产操作实践。其间，任课教师及企业相关人员随时为学生答疑解惑，让学生边实习边思考，切身体验岗位工作环境，了解技术在生产上的应用情况。"校企结合、产学一体"的实验教学模式，降低了学校对实践教学资源的投入，并实现了课堂讲授与实践的有效结合，提高了学生结合社会、行业需求，综合分析和运用知识解决实际问题的能力，增强了学生的团队意识和协作精神。此成果是"多校联动共享共赢的产学研合作教育创新与实践"和"以学生个性化发展为中心的林业类人才创新创业分类培养探索与实践"两项研究课题的重要组成部分，这两项课题分别获得国家教学成果二等奖和浙江省教学成果二等奖。

三、结语

我校林学类国家级实验教学示范中心作为浙江省林业人才培养的重点基地，以现代林业发展对多层次人才特别是对实用型高技能人才、高层次创新人才的迫切需求为抓手，对实验内容不断整合重组、与时俱进。注重协同创新机制的建立，通过内外互动的教学方法，整合优质资源，在路径上打通课内与课外、教学与科研、教学与生产的壁垒，从而实现多路径培养，逐步完善了三平台的互通式林学类实验教学体系，构建了"校企结合，产学一体"的实验教学模式。多年教学实践表明，该实验教学体系及实验教学运行模式，有利于教学资源的合理、充分利用，降低仪器设备重复购置，有利于学生掌握基础技能及专业技能，提高团队协作能力及创业实践能力。协同创新机制的引入，使得百分之百的学生参与了创新创业实训，其中超过 30％的学生因此而对林业科研产生浓厚兴趣，从而选择读研深造，此类学生是林业高层次创新人才的后备力量。在协同创新背景下，通过实验教学中心、科研院所、行业企业的通力合作，不断创新完善管理运行机制，已建成面向全校、社会开放，具有行业特色的实验教学中心。

农村水环境治理虚拟仿真实验的建设与应用[*]

张艳　柳丹　王懿祥　曹玉成　李梅　骆林平

在我国农村，随着畜禽养殖业的蓬勃发展，污水排放量急剧增加，部分水体氮、磷等有机物含量超标，破坏了乡村居住和生态环境。然而截至 2015 年底，全国 88.65% 的行政村尚未对生活污水进行集中处理。由于农村污水水质、水量及排放特征与城镇生活污水和工业污水相差甚大，所以农村水环境治理的方案、工艺等与城镇污水不同。

"水污染控制工程"是高校环境工程专业核心主干课程之一，但该课程的实践教学受到设备、场地、时间和经费限制。虚拟仿真技术的引入为实践教学带来了新发展，但目前水处理虚拟仿真软件还很少，通常是模拟一个装置或某一项工艺，缺少完整的工艺流程，而且没有针对农村污水处理的内容。浙江农林大学作为一所以农林、生物环境学科为特色的浙江省属重点建设高校，学校的环境工程专业致力为农村、农业污染防治培养专业特色人才。为了使学生学好"水污染控制工程"这门课程，熟练掌握应用专业技术，开发并建设了农村水环境治理特色虚拟仿真实验。

一、农村水环境治理实验系统的设计

农村水环境治理实验系统牢牢抓住农村水环境治理这一核心，把握农业集约化、市场化生产经营对水环境造成的影响，结合农村稳步改善的经济条件和农业人口不断提高的生活环境需求，按照新农村居民点布局及规划设计方案设计水环境治理的工艺流程，突显农村特色，实现经济效益、环境效益和生态效益共赢。

（一）需求设计

农村水环境治理不同于城镇污水处理和工业污水处理，不是简单地建造一个污水处理厂，它涉及农村经济发展模式、新农村的整体规划和农村生态环境保护等多个方面，最终要与农村的生产、生活融为一体。

1. 以农村污废水为处理对象　以农民生活和农业生产过程中产生的污水、废水为处理对象，分析其物理性质、化学性质和生物性质，针对污水、废水的性质与污染指标，选择适合的处理工艺、设备。

2. 需要完整的工艺流程　包括截留大块悬浮物和漂浮物，将大分子有机物变成小分子有机物，各种污染物质的降解，泥水分离等全部工艺流程，各工序完整、联系紧密。

3. 绿色清洁，杜绝二次污染　无论是对水处理工艺的选择，还是对副产物的处置，都要遵循绿色、环保、清洁、可持续发展的原则，把控全程，防止二次污染，充分实现废弃物资源化利用，达到治理有效、生态宜居的目标。

* 本文发表于：实验技术与管理，2019，36（4）：152-155，160.

（二）教学目标设计

农村水环境治理实验安排在"水污染控制工程"课程教学完成之后，目的是强化理论教学效果，补充实践教学设计、操作内容。

通过实验课程完成以下教学目标：①进一步理解、掌握格栅池、辐流式沉淀池、厌氧池、调节池、上流式厌氧污泥床（up-flow anaerobic sludge bed/blanket，下文简称 UASB）、序列间歇式活性污泥法（sequencing batch reactor，下文简称 SBR）、氧化塘、人工湿地等工艺的工作原理或净化机理、适用条件、设计原则、计算等；②熟练操作各主要装置设备、水泵、风机；熟练调控进水、反应、排水、排泥、闲置等工序；③学会根据污水特征选择适合的处理工艺、计算参数、设计工艺流程，灵活运用各工艺、装置、设备。

（三）特征设计

农村水环境治理实验设计凸显以下特征：

1. 针对性　农村水环境治理实验以农村生活污水和畜禽养殖废水为主要治理对象，针对水中高浓度的有机物、氮、磷等污染物选择最适合的处理工艺。

2. 完整性　农村水环境治理实验选取一级物理处理、二级生物处理和深度处理等工序，包括从进水到出水的全部处理过程，并且还包括处理过程中产生的二次污染物的处置过程。

3. 资源化利用　对于水处理的过程中产生的二次污染物污泥和沼气，采用污泥堆肥、沼气发电等废弃物资源化工艺，实现农村水环境治理系统全程清洁生产，绿色节能。

4. 适用性　针对农村水污染物特征，选用适合农村特殊环境的污/废水处理工艺，例如 SBR、UASB、人工湿地、氧化塘等。SBR 工艺组成简单、高效、稳定，适合中小水量污水的处理，尤其适用于污水中氮、磷去除；UASB 有很高的有机污染物去除率，能适应较大幅度的负荷冲击、温度和 pH 变化，适用于处理畜禽养殖场的高浓度有机废水；人工湿地和氧化塘工艺简单，建设、运营成本低，操作、管理简便，系统基本无能耗，污泥零排放，出水水质好，对于有机污染物，特别是氮和磷的处理效果显著。

还可充分利用地形，发展种植、养殖业，在净化污水的同时可以获得可观的经济效益，真正实现污水的资源化利用，因而特别适用于土地资源不紧张的农村地区。

（四）主要工艺流程

农村水环境治理虚拟仿真实验包括生活污水处理、禽畜粪便污水处理、污泥堆肥、沼气发电等 4 个主要工艺流程（图 1 至图 4）。

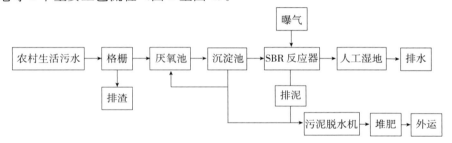

图 1　农村生活污水处理工艺流程

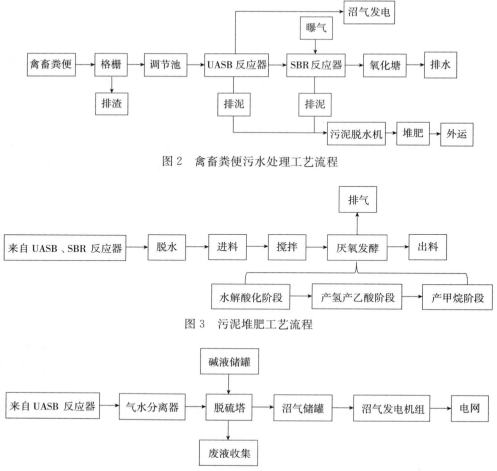

图 2　禽畜粪便污水处理工艺流程

图 3　污泥堆肥工艺流程

图 4　沼气发电工艺流程

二、农村水环境治理虚拟仿真实验软件的开发

为实现农村水环境治理虚拟仿真实验的功能，全方位展示水环境治理的工艺流程、工作原理和运行状态，该虚拟仿真实验软件采用 C++语言并通过 Visual Studio 工具进行程序开发。使用 SVN（subversion）、Microsoft Project 等工具进行程序版本控制和项目管理。选取 MySQL 作为数据库管理系统，通过后台模块化模型的搭建和链接实现数据仿真，并通过 Maya、3ds Max 等工具制作仿真资源（贴图、动画、模型），实现农村污水处理全过程、多角度仿真，在设计和建设的过程中，注重细节、力求逼真。

（一）以真实乡村为原形进行实景摄取

虚拟仿真实验系统以浙江省某村为原型，该村的水环境治理厂为本学科教师设计。虚拟仿真实验设计农村生活污水进水量为 50m³/d；禽畜粪便污水进水量为 1 000m³/d；出水中 COD_{Cr}、BOD5、NH_3-N、TP、SS 含量执行 GB18918—2002《城镇污水处理厂污染物排放标准》一级 A 排放标准。

（二）工艺流程图和处理现场图的配合使用

4个主要工艺流程都配有仿DCS（distributed control system，分散控制系统）界面的工艺流程图和处理仿真界面图。

仿DCS界面的工艺流程图标注了各装置、设备、构筑物的名称、位号和结构，展示了各阀门、风机、泵的位置，管道的布设，以及泥、水、气的线路和走向，使工艺流程真实、具体地展现出来，让学生了解每个阀门的作用和每条管道的功能。处理现场图展示了主要工序的工作运行场景，使用flash、3ds Max制作出动画文件，形象、逼真地演示污水进入系统后的流动和变化，泥、气的产生，使学生如身临其境，对整个工艺流程一目了然。

（三）设备剖面图和工作原理动画的配合使用

粗格栅、污泥脱水机、辐流式沉淀池等主要设备都有剖面图和工作原理动画。设备剖面图让学生清楚地了解这些主要设备内部结构，弥补了工厂实习不能随意拆卸设备的不足。工作原理动画动态展示了该设备的运行状态，把课本中用文字和图片描述的设备和原理，立体、生动地演绎出来。

（四）参数设置和工况选择相配合

虚拟仿真实验的4个主要工艺流程的参数是按照实际工艺设置的，可通过仿真实验界面进行参数设置和工况选择。每道工序的参数都可以让学生自己动手设置，增加了学生实际操作经验。该虚拟仿真实验还设置了正常开车和污泥泵故障2种工况，可以锻炼学生处置突发事故的能力。正常开车又包括进水操作、曝气操作、排泥操作和沼气发电操作4个步骤。

（五）知识点讲解和仿真模拟相配合

除了设备装置、工艺流程的虚拟仿真外，每道工序和每个工艺流程都配有知识点的讲解，可以用于虚拟仿真实验开始前的预习，也可以用于实验结束后的复习，使学生加深对理论知识的理解和记忆。

（六）教学管理和学习使用相配合

农村水环境治理虚拟仿真系统采用C/S（client/surver，客户机/服务器）、B/S（browser/server，浏览器/服务器）架构相结合的架构方式。通过B/S架构，用户可以访问管理平台，查看相关功能（软件列表、课程列表）和统计信息（学习记录、考试成绩）。

教师可在虚拟仿真系统中进行实验教学安排、考核管理、班级管理、成绩管理等操作，可根据教学计划进行线上的仿真考试，统一启动和控制虚拟仿真实验项目，评判成绩，统计分数，从而掌握学生的学习效果，有针对性地指导学生学习。

学生可在线下进行仿真练习，在练习过程中可以得到关于知识点、实验步骤和操作方法的指导和提示，实验结果由虚拟仿真系统自动评判并给出成绩，还可显示不得分原因，通过查漏补缺，加深理解，熟练操作。

三、农村水环境治理虚拟仿真实验系统的应用

自农村水环境治理虚拟仿真实验系统在我校建成并投入使用以来，受到了师生的一致好评。学生的工程设计能力不断提高，在各类竞赛中取得了优异的成绩，获得了全国

大学生节能减排社会实践与科技竞赛二等奖、2018年全国大学生化工设计竞赛华东地区二等奖、第十二届浙江省大学生化工设计竞赛二等奖等多个奖项。随着虚拟仿真实验系统的不断完善，对该系统的应用也在探索中逐步加深。

（一）应用于课堂教学

课堂教学一直是传授专业理论知识的主要形式。在课堂教学中引入虚拟仿真实验，对于提高工程类课程教学质量效果十分突出。利用该虚拟仿真实验系统中知识点的讲解和主要设备的剖面图、工作原理演示动画，使学生对该部分内容有总体的认识和初步的理解，上课时可重点听取疑难内容。课前预习形式多样化，可增加学生课前预习的兴趣。课后还可利用该虚拟仿真实验进一步熟悉各主要工艺和关键设备的工作原理、使用范围、功能特点和操作方法，加深对水处理工艺流程的理解和运用。

（二）应用于真实实验课程

虚拟仿真实验与真实实验课程相结合，可以延长实验课时间，拓展实验室空间和实验教学内容，突破经费和设备台套数的限制，真正实现开放式、一对一的实验教学。在虚拟仿真实验系统中，学生可以见识到工程中使用的真实设备和完整的工艺流程。当输入参数和操作有误时，系统会出现提示，还可给出错误的原因和正确的做法。教师不仅限于在课堂上，在课后依然可以查看学生学习情况和指导学生学习，通过系统的交流窗口可以与学生及时沟通，增加了师生交流机会，提高了学生实验课的体验度，增强了学生自主学习的兴趣。

（三）应用于工程实践

专业实习是工科专业教学中必不可少的教学环节。但在实际的实习中，往往会受到时间因素、安全因素、生产因素的影响，学生动手操作的机会十分有限，达不到期望的实习效果。而在虚拟仿真实验系统中，学生不但可以充分练习各装置的开停车操作、参数设置以及紧急事故处理等内容，还可以观察到设备、装置的内部结构和管道中泥、水、气的流向、状态，调控整个处理过程，把控全局，增强学生的专业自信。

（四）应用于科学研究

该虚拟仿真实验系统采用经典模型计算，经原型工程实际排水质量检测数据校正，通过系统的交互式操作和后台运算，可产生和真实实验一致的实验现象和结果。学生通过对农村水环境治理工艺的学习和虚拟仿真软件的操作，在掌握了原理、工艺和操作的基础上，可以灵活运用该软件进行课程设计，申报大学生创新项目和参与教师科研。学生可借助虚拟仿真系统自行设计实验，发现问题，与教师或同学分析问题，在解决问题的过程中释放自身潜能，培养创新意识。

农林类高校多维多尺度工程训练
教学体系构建与评价[*]

姚立健　倪益华　金春德　侯英岢　赵超　徐丽君

　　工程训练中心为学生提供创新、开放的公共实践教学平台，已成为高等工程教育重要的实践教学场所。工程训练（以下简称"工训"）教学注重理论知识、工程素养和实践能力的有机融合，注重提高学生动手能力和工程意识，是普通专业课程无法取代的。教育部网站显示，截至 2019 年 6 月 15 日，全国有农林类本科院校 35 所，这些院校越来越重视加强工程训练中心建设。有的农林类高校的工训中心与机械类二级学院共建，两者师资、场地与设备共享共用；有的则拥有独立的办学场地与师资。工训中心的发展为我国实现农业现代化提供了强有力的工程人才支撑，但在多年的建设和运行过程中存在如下问题：

　　（1）工训课程的教学目标未能充分融合经济社会需求及学校办学宗旨，导致校际之间或学校内各专业之间的训练科目区分度不高，缺乏农林特色。

　　（2）各工训科目边界重叠、难易层次模糊，无法为课程评价提供一个明确的、可衡量的标准，因此很难构建有力的教学质量持续改进机制。

　　（3）工训考核偏重操作技能和作品质量，忽视对学生创造精神和创新思想等卓越工程师应有素质的培育。

　　基于上述问题，本文以浙江农林大学机械设计制造及其自动化专业工训课程改革为例，围绕国家战略与社会需求，以 OBE（outcomes-based education，产出导向教育）理念为指导，结合学校办学宗旨、专业功能、课程定位等，阐述工训课程在完成机械专业人才培养目标中应承担的角色，继而反向设计多维度课程目标，再根据课程目标细化层次有序、特色鲜明、可量化考核的训练科目，为农林类高校工科专业工训教学创新提供参考。

一、工程训练中心课程定位

　　学校现有 64 个本科专业，其中工科专业 16 个、农科专业 9 个。为更好落实教育部等部门《关于进一步加强高校实践育人工作的若干意见》要求，加强实践育人基地建设，在原有主要面向工科专业的金工车间的基础上，于 2012 年新建工训中心，现面向全校所有专业开设 3 类工训课程，受训学生约 1 200 人次/学年。近年来，机械专业工训课程设置主动对接国家及地方农林装备重点行业转型升级及乡村振兴战略，与学校、专业办学方向同频共振，旨在培养参训学生在发现、分析和解决农林业生产领域复杂工程问题时的设计、制造和使用工具的能力，以及强烈社会责任感、良好职业规范和团队合作精神。据此，学校机械专业工训中心课程应体现如下三方面要求：①课程目标应体现学生具备服务现代农林产业的制造技

＊　本文发表于：实验技术与管理，2020，37（4）：205-209.

能与工程素养；②训练科目应植入应用于农林产业的工具使用和设备操作等教学内容；③应建设实现上述课程目标的师资队伍和实训场所等保障条件。基于上述要求及 OBE 理念，学校机械专业工训课程体系构建思路如图 1 所示。

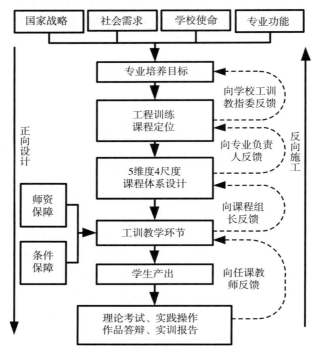

图 1　工程训练课程体系构建思路

二、工程训练中心教学体系构建

（一）多维度课程目标分解

根据浙江省教育评估院等第三方机构统计，学校机械专业毕业生除在传统机电工程领域就职外，还在涉农、涉林行业供职，且占比有缓慢上升趋势。毕业生在工作中所面临的复杂工程问题一般具有鲜明的产业特色，如：如何制造和使用农业生产装备、如何操作机床进行板材加工和家具制造等。这就需要工训的课程目标能覆盖上述问题，从而在教育分类中找准自己的位置。另外，现代产业技术更新迭代迅猛，毕业生不仅应具备具体的操作技能，还应具备创新能力、工程素养及持续学习的能力。基于以上分析，结合工程教育认证思路，将工训课程目标横向分解为 5 个能力维度，实现对毕业要求的全覆盖（表 1）。

表 1　农林特色的多维度课程目标分解

能力维度	维度 A：设计开发	维度 B：使用工具	维度 C：社会责任	维度 D：职业规范	维度 E：团队协作
能力目标	能设计产品、机械系统、制造过程、装配工艺和生产工序，在设计中体现创新性	能合理安排工艺和工序，使用机床、农机等设备进行制造或农林生产，并能分析自身不足	能了解机械领域技术体系、知识产权、产业政策和法律法规，理解不同社会文化对工训的影响	能理解诚实公正、诚信守则的工程职业道德和规范，并在工训中自觉遵守	能组建或参加团队，并在团队中独立或合作开展工作

维度 A 为设计开发能力，即学生应具备在设备、功能、效率、成本等条件的约束下设计出创新性作品的能力，作品包括图纸、程序、工艺或工序等。对于优秀作品，通过作品展览、参加学科竞赛、申请专利等形式予以鼓励。维度 A 将创新设计思维引入工训，让学生体会到创新设计是一切创造性工程的前提。

维度 B 围绕学生设计的作品、特定产品或生产任务，开展制造与生产训练，以促使学生具备认识并熟练使用工具的能力，这是工训的核心能力。学生不但应具备根据自己设计的图纸、程序和工艺操作冷热加工设备、数控设备，制造一般机械零件并成功装配的能力，还需掌握根据生产工序的编排，驾驶主要农业机械进行农业生产的能力。维度 B 突破传统训练科目的边界，体现了农林类高校的工训特色。

维度 C 和维度 D 主要通过学习并遵守法律法规、政策制度和劳动纪律，提升学生社会责任感，并养成良好的职业规范，最终形成现代产业所需的良好工程素养。这两个能力以往在工训实践和考核中并不被重视。

维度 E 训练的是学生团队协作能力，主要指依靠团队开展课程设计、学科竞赛、科研项目等的能力。该能力体现了学生持续发展的潜力。通过训练在学生中形成团队友爱、团队协作的文化氛围。

（二）多尺度训练科目难易细化

工训教学与其他专业课程教学一样，都应遵循由浅入深、由简到繁的教育规律。按先后次序，在本科 4 年中将工训难易程度纵向细化为通识、基础、综合、拔尖 4 个尺度，实现大一到大四工程训练不断线。通过逐层递推、循序渐进的方式，不断提升学生解决机械工程及其相关领域复杂工程问题的能力。高、低层之间尺度界限清晰、分辨率高，同时又具有一定逻辑关系。各层的尺度描述如表 2 所示。

表 2 农林特色的多尺度训练科目难易细化

训练难度	尺度描述	完成学期
尺度 1：通识	普及设计理念、制造方法、规章制度、团队价值等工程知识和工程师素养，启迪大工程思想，唤起学生的好奇心	2
尺度 2：基础	通过分工协作和纪律约束，让学生学会设计方法、掌握制造技能，体验制造过程，增强工程实践能力	2
尺度 3：综合	体验产品研发、先进制造和特色生产作业过程，提高综合运用知识解决实际工程问题的能力，培养学生诚实守信的职业操守	4
尺度 4：拔尖	以国创项目、省新苗项目、各类学科竞赛为载体，通过设计制作作品和样机，培养学生创新能力、团队精神、管理能力	5~8

尺度 1 为工程领域应知应会教育，即通识层次，目的是让学生理解工程技术对社会的价值，激发学生的责任感、使命感，共 0.5 周，采用理论教学授课形式。

尺度 2 主要任务是让学生掌握基础的设计方法和制造技能，并具备良好的工程素养。采用理论教学和实际操作相结合的形式，尤其设置操作木工机床和驾驶农业机械特色训练科目，最终实现通才与专才兼顾、理论与实践融通，共 2.5 周。从课程设置上，尺度 1 和尺度 2 由工训 I 课程负责实施，在第 2 学期完成，共 3 学分。

尺度 3 为综合训练层次，在第 4 学期完成。这个阶段的学生已经完成工程材料、机械设计、机械制造基础等部分专业核心课程，初步具备完成小型项目的能力，此时通过问题引导、案例驱动等教学策略，训练学生综合运用各种制造方法，结合电子、自动化等技术设计制造复杂机电产品的能力。共1.5周，对应课程为工训Ⅱ，1.5学分。

尺度4为拔尖层面，是主要面向以机械专业为主的大三和大四本科生科研项目、学科竞赛等第二课堂，激发学生主动实践的意愿，让学生在拔尖竞争中体验高阶特质的创新创造乐趣，实现理论、实践、再理论、再实践的循环上升。本尺度对大学4年工训实践不断线极为重要。对应课程为创新创业类公选课工训Ⅲ，共32学时，2学分。

（三）条件保障

在师资方面，重视双师型人才的内培和外引。从机械专业年轻教师中选拔培养对象，加强对其专业实践技能的培养，对已有工程师背景的原金工指导教师，应鼓励他们积极学习理论知识。两种类型的师资应相向努力、取长补短，力争成为双师型工训教师。同时应加强与业界的合作，积极从机械、板材、家具企业、农业合作社和农机管理部门等社会单位聘请兼职教师指导学生工训。在场地方面，打破原有工训中心物理空间限制，积极拓展校外实践基地，选择行业知名企业和农业合作社作为校外工训场所，让学生在真实的生产环境中进一步提升技能。

三、工程训练能力达成度评价

（一）评价内容与权重

评价学生的学习产出是OBE教学闭环中的重要环节，不仅体现教育公平和对用人单位的负责，也是持续改进工训教学质量的前提和基础。按照科目全覆盖、能力可衡量的原则，将机械专业工训Ⅰ、Ⅱ、Ⅲ的教学内容按前述的5个维度和4个尺度形成5×4矩阵，使之成为可量化计算的学生工训行为表现，其达成度评价内容和分值（权重）如表3所示。

表3　评价内容与分值（权重）设置

能力维度	维度A：设计开发	维度B：使用工具	维度C：社会责任	维度D：职业规范	维度E：团队协作
尺度1：通识	CAD（computer aided design，计算机辅助设计）/CAM（computer aided manufouturing，计算机辅助制造）概念（5%）	常见机床、主要农机基本结构与原理（5%）	安全规程、制造业的社会价值（5%）	工程师职业道德与规范（5%）	为完成课程任务组建或参与团队（10%）
尺度2：基础	单元构件设计、能完成数控加工程序设计（20%）	传统冷热加工操作、先进制造实操、农业机械拆装与驾驶、木工工具与机床操作（30%）	知识产权、中国制造2025和乡村振兴等制造业产业政策（5%）	劳动着装、劳动纪律、劳动态度（5%）	在团队中有明确分工并能胜任自己的角色（10%）
工程训练Ⅰ各项能力分值	25分	35分	10分	10分	20分

（续）

能力维度	维度A： 设计开发	维度B： 使用工具	维度C： 社会责任	维度D： 职业规范	维度E： 团队协作
尺度3：综合	设计满足一定需求的农业机械与家具作品及其装配工艺（20%）	综合运用各种制造方法，结合电子、自动化技术等设计制造复杂机电产品（50%）	产品质量保障体系（10%）	诚实公正地独立或合作完成工训作品设计与制造（10%）	与老师及团队内其他专业同学有效沟通（10%）
工程训练Ⅱ 各项能力分值	20分	50分	10分	10分	10分
尺度4：拔尖	设计具有创新性的参加学科竞赛的作品或科研项目的样机（20%）	制作具有创新性的参加学科竞赛的作品或科研项目的样机（45%）	理解不同社会文化对工程活动的影响，认识到作品的局限性（10%）	设备保养与清洁（10%）	有效组织、协调和指挥团队开展工作（15%）
工程训练Ⅲ 各项能力分值	20分	45分	10分	10分	15分

注："CAD/CAM概念"权重5%是占整个工程训练Ⅰ的权重，其满分为5分，下同。表中不同的底色代表不同的考核方式。浅浅灰色：理论考试。浅灰色：实践操作。白色：作品答辩。深灰色：实训报告。

根据训练形式的差异，分别采用理论考试、实践操作、作品答辩和实训报告4种方式对这20类科目进行考核。理论考试为笔试，主要考查学生对工业技术的社会价值、工程师的社会责任与行为规范、安全知识和产业政策，以及常见设备基本结构与原理等的理解，为后续的现场实训打下一定工程基础。实践操作采用现场考核方式，通过在真实工程环境中，观察学生操作设备的熟练程度及规范程度、作品制造的质量和效率、劳动纪律遵守情况及设备保养习惯等，甄别学生掌握上述技能的等级。作品答辩采用公开答辩方式，以组为单位，由组长上台对项目进行全面汇报，考查学生是否能正确表述设计理念、设计方案、设计过程，还考查学生理解文化对工程活动的影响以及评价自己作品优劣的能力等。本环节突出形成性评价，而不仅仅评价作品质量高低。实训报告采用书面方式，主要出现在综合实训即工程训练Ⅱ中，要求学生写明每次实训的目的、内容、进度、结果等。通过批改实训报告，教师应考查学生是否能很好地展示在实践中解决复杂工程问题的方案，分析其对社会、健康、安全、法律以及文化的影响，并理解应承担的责任。

（二）评价细则

对学生工训能力的评价最终要落实到课程上来，根据表3的考核方式及分值权重，按工训课程Ⅰ、Ⅱ、Ⅲ分别汇总如表4所示。

通过表3~表6可计算课程总评成绩及5个能力维度的各自达成度。

表4　工程训练Ⅰ考核方式与权重设置

	理论考试	实践操作	作品答辩	实训报告
考核科目	A1、B1、C1、C2、D1	B2、D2	A2、E1、E2	—
权重	25%	35%	40%	0%

注：A1对应维度A和尺度1的训练科目，下同。

表 5　工程训练 Ⅱ 考核方式与权重设置

	理论考试	实践操作	作品答辩	实训报告
考核科目	—	B3	A3、C3	D3、E3
权重	0	50%	30%	20%

表 6　工程训练 Ⅲ 考核方式与权重设置

	理论考试	实践操作	作品答辩	实训报告
考核科目	—	B4、D4	A4、C4、E4	—
权重	0	50%	50%	0

根据表 3，在工训 Ⅰ 中，某生 A1 科目的实际得分为 4.5 分，A2 科目的实际得分为 15 分，而工程训练 Ⅰ 中维度 A 的满分为 25 分，则该生工程训练 Ⅰ 中维度 A 的达成度为 (4.5＋15)/25＝78%。

根据表 5，在工程训练 Ⅱ 中，实践操作、作品答辩和实训报告的满分分别为 50 分、30 分和 20 分，某生实际得分分别为 37 分、25 分和 15 分，则该生工程训练 Ⅱ 的课程总评成绩为 37＋25＋15＝77 分。

（三）持续改进机制

持续改进机制如图 1 所示。通过计算课程总评成绩及 5 个能力维度的各自达成度，能发现教学环节中存在的问题并反馈给相关教师，再由教师从完善教学方法、调整教学内容开始，逐层正向反馈、优化调整，评价周期为 1 年，最终达到持续改进教学质量的目的。建立由学院督导、工训中心主任及机械专业骨干教师组成的工训教学质量督查小组，对日常工程实训教学进行定期听课和检查。除了自查和督查外，还要经常听取"工程材料""先进制造技术""农业机械学"等并修和后续课程对工训教学的意见和建议，不断完善工训科目与其他课程的有序衔接。另外，定期搜集雇主对毕业生工训能力的间接评价，也是实现持续改进的重要途径。

四、改革成效

自 2016 年学校工程训练中心全面启动新一轮教学改革以来，取得的成效体现在以下三个方面：

（1）构建了具有农林特色的机械专业工程训练课程体系。以提升学生综合工程素质为核心，将农机驾驶、家具制作等科目植入工训课程，将工训能力细化为 5 维度、4 尺度，形成 20 类可衡量的训练科目，构建闭环的在线监督及反馈机制，为农林类高校中各专业工程训练教学体系构建提供借鉴。

（2）通过持续改进教学内容和教学方法，学生整体工程实践能力显著提升，为参与科研项目、学科竞赛等课外活动提供了丰富的可选生源。2016—2018 年，机械专业学生参加各类科技创新创业训练项目 30 多项，其中国家级创新训练项目 5 项，新苗人才计划 7 项；学生发表学术论文 14 篇，授权国家专利 33 件；在工程综合能力训练竞赛等各类学科竞赛中获奖 211 项，其中省部级以上竞赛奖项 52 项，尤其是在"东方红杯大学生智能农业装备创新大赛""中国农业机器人大赛""圣奥杯智慧家具创新大赛"和"金砖国家创客大赛"等特色鲜明的学科竞赛中取得良好成绩。

（3）办学条件不断完善。通过制订相应政策和采取有效措施，引进和培养了一批综合素质良好的工程训练师资队伍，工训教师中有工程师背景的占比从 2013 年的 56％提升到 2018 年的 100％，教师在全国金工与工训青年教师微课教学比赛中表现优秀。积极拓展工训中心的物理空间，先后与 5 个机械制造企业、4 个农机合作社和 7 个家具企业合作建立校外实训基地，聘请校外指导教师 20 余名，极大地改善了办学条件。通过与相关企事业单位建立定期的联络反馈机制，增强与这些单位的全面实训合作，完善了校外教学质量闭环反馈体系。

五、结语

基于 OBE 理念对农林类高校工程训练课程进行教学改革，通过明确课程培养目标、拓展训练科目、细化考核评价等方式，构建起具有农林特色的工训课程体系，符合新工科建设理念，有助于进一步推动工程实践教育教学改革。通过教改实践，学生的实践动手能力、工程素养得到极大提升，解决复杂工程问题的能力得到加强，在学科竞赛、科研项目、授权专利等方面均取得较好成效，提升了学生就业的社会竞争力。在教改过程中，教师工程经验、实践基地建设也得到极大改善，为培养符合社会需求的工程人才提供有力支撑。在后续建设中，将更加注重信息技术在工训教学中的应用，大力推广"互联网＋工训教学"活动，将虚拟仿真、线上线下、翻转课堂等信息技术引入工训教学，努力打造工训体系中的金课。

学科专业支部一体化育人
——林学类专业创新人才培养廿年探索与实践

周国模　黄坚钦　苏小菱　王正加　伊力塔　郑炳松　周湘

一、成果简介及主要解决的教学问题

本成果是自 1999 年学校在森林培育学科试点实施学科制以来，在林学类（含林学、森林保护、经济林）本科专业教育教学改革过程中不断总结和创新探索形成的。自 1999 年来，始终坚持以本为本，通过学科和专业一体化、支部建在学科专业上，打造一体化的组织育人工作机构，形成了党建引领下的学科、专业、支部协同育人保障机制；注重科研反哺教学，探索一体化的人才培养运行机制，形成了"三化并举"的创新人才培养新模式；推进政产校联动，实施一体化的教育教学资源配置模式，形成了五阶递进的创新训练与实践教学新体系，构建了完整的林业创新人才培养体系（图1）。

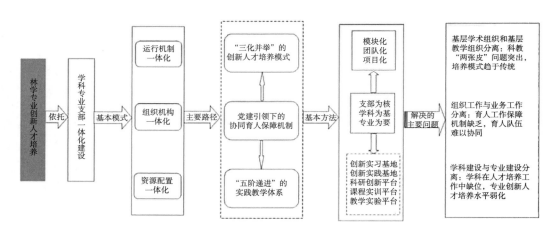

图 1　林业创新人才培养体系

经过项目实施，林学学科评估排名从 12 位上升到并列第 4 位，林学专业成为首批国家一流专业建设点；森林保护学获批国家级教学团队；学科党支部被中共中央授予"全国先进基层党组织"、获评教育部全国高校"双带头人"教师党支部书记工作室。已为社会输送了 2 000 余名在基层一线建功立业的林业创新人才，并涌现出江苏省特聘教授、青年科学家 MCED 奖获得者姜姜，浙江农村青年致富带头人、省新农村建设带头人"金牛奖"提名奖胡冬冬夫妇、浙江省服务欠发达地区优秀志愿者屠晓波等一大批先进典型，为我国林业事业和农业农村现代化发展提供了智力支撑和队伍保障。

主要解决的教学问题：一是，基层学术组织和基层教学组织分离。传统的研究所不直接承担教学任务，且在科研中偏重于关注当前利益和短期效应，使得学术组织的师资难以让教学组织共享，学术创新成果难以转化为特色教学内容；教研室教师因组织的相对封闭性，对教学新方法、新手段的开发与思考也受到局限。科教"两张皮"现象突出，培养模式趋于传统。二是，学科建设与专业建设分离。近年来的大学学科制偏于强调团队建设和科研产出，对教学的关注和投入都非常有限；科研平台与教学平台功能定位不统一，教师科研项目难以成为学生对现代林业科技创新认知和实践的支撑。学科在人才培养工作中缺位，专业创新人才培养水平弱化。三是，组织工作与业务工作分离。党支部作为基层党建组织，因为与业务工作间缺乏共同目标和工作载体，党支部书记没有参与学科、专业重大工作决策的过程，支部联系广大师生的桥梁纽带作用不明显，党的先进思想和理念难以指导教育教学改革方向。育人工作保障机制缺乏，育人队伍难以协同。

二、成果解决教学问题的方法

（一）打造一体化建设的组织机构

通过学科和专业一体化、支部建在学科专业上，打造一体化建设的组织机构（图2），推进思想引领与人才培养紧密融通，党组织先进性与学科专业创新力有机融合。

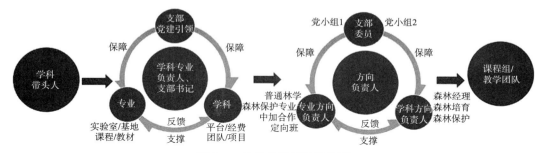

图2 一体化建设组织机构图

为了促进基层学术组织与教学组织基本功能的融合与提升，浙江农林大学于1999年开始探索实施学科制，并以林学领域作为试点率先成立森林培育学科。同期，在该学科试点实施支部建在学科上的基层党组织建制工作模式，并在学科中提出以党的建设引领全面发展，突出师德师风建设一流队伍，强化教育教学培育栋梁人才的育人工作理念。然而，随着经济社会的快速发展，大学基层组织职能不断提升，为了将学科研究与发展的成果更好地传递到专业建设中，学校于2004年在林学领域率先实施学科专业一体化建设方案，明确学科带头人既要带学科也要建专业；学科负责人、专业负责人、党支部书记一体化配置；学科建设经费同步支持专业建设和人才培养，实现平台共建、资源共享、人才共育。

为确保组织育人工作实效，支部按学科、专业方向选优配强支部委员，并把党小组设在教学团队里，形成现代林业教育的课程思政示范党小组，明确支部要充分把好学科专业建设和教育教学的方向关、思想关和政治关。经过多年探索实践，形成了在学科专业重要会议后直接召开支部会议的惯例，明确学生指导、课程建设、项目建设等重点、难点工作由支部带头落实，由党员带头完成。清晰呈现支部领办、党员带头、学科支撑、全面共建、专业实施、具体推进的工作局面。

（二）注重科研反哺教学

通过"三化并举"构建人才培养一体化的运行机制（图3），深化一流支部引领一流人才培养，一流学科支撑一流专业建设。

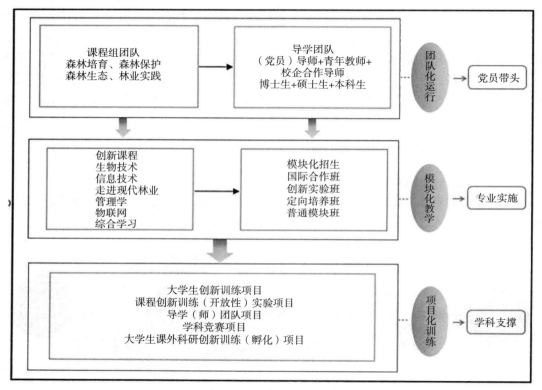

图3 "三化并举"的创新人才培养模式

1. 模块化教学模式 基于不同岗位的创新人才需求，学校对林学专业在入口上实行分模块招生，设林学中加合作办学项目班、林业技术定向班、创新实验班和普通模块班。将生物技术、信息技术、物联网、机械制造、管理学等学科知识纳入课程体系，并先后引进16位外籍教授为学生开设全英文和双语课程。

2. 团队化运行模式 依托学科团队方向，组建了森林培育、森林保护、森林生态等基层教学团队，并强化科研转化教学奖励力度，鼓励教师将丰富的科研成果和科研经历转化为教学素材。同时，面向低年级本科生开辟"本硕1＋1"学长助学平台，组建"（党员）导师＋青年教师＋校企合作导师＋博士生＋硕士生＋本科生"的六级导学团队。既增强导师队伍力量，又融合本科生与研究生的培养与管理，拉长本科生科研训练时间，推动本科教育与研究生教育的衔接，促进本硕博一体化培养。

3. 项目化训练模式 依托一流学科建设规划出台《关于支持本科生开展创新训练项目的管理办法》等相关制度，鼓励团队老师将学科前沿融入到学生创新项目设计中，为学生提供满足其个性化需求的创新训练项目。学院同步进行项目跟踪，推进项目孵化，探索实施竞赛项目入课堂制度，全面拓展学生创新思维。同时，先后与 UBC（University of British Columbia）、UMC（University of Minnesota Crookston）等知名学校开展合作办学，出台《林学一流学科关于资助学生出国访学的管理办法》等制度，为学生提供 1 个月至 2 年不等的出国留学机会，拓展学生国际视野。

（三）推进政产校联动

通过教育教学资源一体化配置，建设五阶递进的创新训练与实践教学基地（图 4），全方位构建学生创新学习与研究平台。

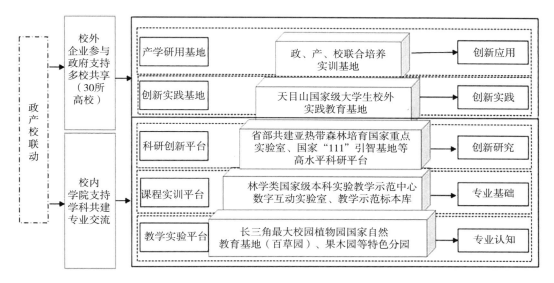

图 4　五阶递进的创新训练与实践教学平台

1. 教学实验平台 利用办学办校优势资源，将校园同步打造成长三角地区最大的植物园，同时建成百草园、果木园、耕作园等分园，是树木学、种苗学、造林学等核心课程的天然教学实训基地。

2. 课程实训平台 整合跨学院、跨专业的教学资源，在全国优先建成林学类国家级本科实验教学示范中心，建设数字互动实验室，植物学、中药学、昆虫学教学示范标本库和数字标本库等完整的教学实验基地。

3. 科研创新平台 依托学科高平台优势，将省部共建亚热带森林培育国家重点实验室、森林碳汇国家工程技术中心、国家"111"引智基地等高层次科研实验室作为学生开展各类创新项目的重要实践平台。

4. 创新实践基地 借助学校属地的天然资源优势，建成天目山国家级大学生校外实践教育基地和潘母岗现代林业校外实践基地，并为华东地区 30 余所高校的林学等相关专业提供了 50 余门课程的综合实习。

5. 产学研用基地 结合现代林业的产业发展优势，先后与浙江森禾种业股份有限公司等百余家企事业单位开展人才共育合作，建立了大学生教学实习和校外实践基地，并聘请 20 余位高级工程师担任企业导师，开设名师讲堂和专业导论课。

三、成果的创新点

（一）育人机制创新

形成了党建引领下的学科、专业、支部协同育人保障机制。通过支部建在学科专业上，把支部书记、学科负责人、专业负责人一体化配强，并明确学科专业中的重点、难点工作由支部领办、党员带头落实，从组织构架上推进组织工作与业务工作融合，政治引领与教育培养紧密融通；坚定了学生将学业初心铺撒在强农兴农大道上的学业信念。

（二）培养模式创新

打造了科研反哺教学的"三化并举"创新人才培养新模式。通过模块化、团队化、项目化串联课堂内、外的各个培养环节，促进了培养模式改革与创新；又形成了一流教学团队，打造了一批优质课程，开辟了一系列创新项目，从运行机制上推进一流支部引领一流人才培养，一流学科支撑一流专业建设；全方位提升学生的创新意识和创新能力。

（三）实践体系创新

构建了政产校联动的五阶递进创新训练与实践教学新体系。通过党员带头，学科专业共建，开辟了跨区域、跨校、跨学科的育人通道，建成了一批国家级本科实验教学中心、国家级校外实践教育基地等高层次实践教学平台，拥有完整的林学类专业学生创新实践技能培养体系，全方位满足学生各类创新学习与研究活动需求，同时打造了服务高校现代林业创新实践教学的重要窗口。

四、成果的推广应用效果

项目实施以来，基层组织建设成效凸显，教育教学成果日益丰硕；学生学农爱农、强农兴农的使命担当坚实有力；社会关注度持续提升，成果推广积极有效。可为新农科建设和乡村振兴人才培养提供重要参考，可在全国农林院校卓越农林人才教育培养计划2.0中推广实施。

（一）组织保障有力，建设工作成绩斐然

经过多年实践，本学科专业党支部在一体化育人工作中保障有力，先后荣获"全国先进基层党组织"、全国高校"双带头人"教师党支部书记工作室，浙江省先进基层党组织等系列荣誉。林学学科评估由 12 位上升至并列第 4 位。本专业先后成为国家级特色专业建设点，国家"专业综合改革试点"，教育部首批卓越农林人才教育培养计划，国家拔尖创新型农林人才培养模式改革试点项目，浙江省"十三五"优势特色专业建设，首批国家一流专业建设点。通过项目实施，先后培养了 18 名全国优秀教师、全国林业与草原教学名师等省部级以上教育教学先进个人；获得国家级教学团队等省部级以上团队成果 10 项；建成中国竹文化、土壤学、森林经理学等国家和省级精品课程 11 门、虚拟仿真实验教学项目 8 项，出版省部级规划教材 16 部，在本专业领域形成了重大影响。

（二）教师争做表率，引领学生成长成才

支部主动服务乡村振兴、精准扶贫等战略，牢牢把握"科技竹""富民果""万元山"

"特派员"等关键核心，把论文写在了农民脱贫致富奔小康的大道上。2008年，专业团队在安吉县打造了全国首个"竹林碳汇试验示范区"，并制定了全国第一个林业推进美丽乡村建设规划，创建了现代化新农村的"安吉模式"，实现浙江省竹产业总产值近百亿元，实实在在将绿水青山转化成了金山银山。以党员教师黄坚钦、吴家胜、戴文胜等知名专家组成的干果团队，坚守二十多年，攻克了山核桃、香榧等干果的种植技术难题，并将技术无偿传授给农民朋友，实现人均收入翻番，帮助多个地区摘掉"贫困帽"。团队成果在浙江、安徽、贵州等7省92县市推广，累计增加产值200多亿元，成为人民日报、中央电视台等媒体报道的"最美科技人员"中唯一的高校科技服务团队。而这一切，也成为巩固学生专业思想和培育农林情怀最生动的教学素材。

（三）专业思想稳固，基层就业勇于担当

近年来，在学校"零门槛"转专业的政策下，林学专业学生的转专业率一直保持净转入增长状态。毕业生就业情况跟踪调查显示，毕业学生在本专业领域和基层岗位就业匹配度超过80%，是推动基层事业发展的重要力量。同时，涌现出了江苏省特聘教授、青年科学家MCED奖获得者姜姜，浙江农村青年致富带头人、省新农村建设带头人"金牛奖"提名奖胡冬冬夫妇，浙江省农业科技成果转化推广奖、宁波市劳动模范邬玉芬，浙江省服务欠发达地区优秀志愿者屠晓波，浙江省公益林建设先进个人谢力，浙江省森林资源保护先进个人陈奔等一大批青年先进典型，为我国林业事业和农业农村现代化发展提供了智力支撑和队伍保障。

（四）创新意识极强，创新能力全面提升

近年来，本专业学生100%参与导学团队活动，成为团队内开展创新研究的小助手；学生100%参加了学院或教师团队组织的学生学术沙龙；并逐步开始申报各级各类创新项目，100%参与科研创新活动。毕业生研究生录取率由原来的3%上升到近年的平均48%；学生出国深造和访学近100人次，5人获得国家留学基金委全额资助的UC Davis留学项目、4人获得UBC大学UBG奖学金、2人获荣誉毕业生称号。近年学生第一作者发表核心论文21篇；先后获得"挑战杯"全国大学生课外学术作品竞赛二等奖，全国大学生生命科学竞赛二等奖，浙江省大学生职业规划与创新创业大赛一等奖等省部级及以上奖项33项，培养和孵化了省级及以上大学生创新创业项目54个。60余人次获梁希优秀学子、林科"十佳"和优秀毕业生等省级以上荣誉。

（五）注重积累与总结，社会推广积极有效

通过不懈的探索与实践，我们在学科制建设、支部建在学科上、学科专业一体化、"学科-专业-课程"一体化育人和新农科建设等方面进行了系统研究，制定了一系列制度文件，总结形成了丰富的一体化建设和育人工作经验。同时，本成果得到了中国工程院院士曹福亮等知名专家学者和浙江省委书记等领导的高度评价，浙江省农业农村厅、浙江省林业局以及相关行业协会也对这一教学改革给予充分肯定，并被浙江省教育厅称之为"农林经验"。该项目团队共获批国家、省级教改课题10余项，发表相关教改论文12篇，该成果已先后在浙江大学、南京林业大学、北京林业大学等30余所高校交流成果实施经验；先后在南京林业大学等兄弟院校广泛推广，受邀在国际教育论坛、教育部教学指导委员会等做专题介绍15次。

地方本科院校学科专业一体化建设探索与实践
——以浙江农林大学工程学院为例

姚立健

学科与知识是大学存在的逻辑起点，是现代大学的立学之本。学科是相对独立的知识体系和学术分类，我国高等学校将学科划分为哲学、经济学等 13 个门类。专业是按照特定的社会分工满足人才需求、依托相关的学科组织课程体系、分门别类讲授专门知识的教学活动，具有很强的职业导向。可见学科是专业的基础，专业是学科的载体与集成。学科与专业之间既相互依存又不能相互替代，两者共同决定培养人才的质量和数量。在国家"双一流"政策的影响下，一些地方本科院校在学科与专业建设方面存在如下问题：

一是，同步规划建设难。高校中负责学科与专业建设工作的分属两个平行部门，规划周期和建设目标并不一致。学科建设一般围绕学科评估周期展开，而专业建设更关注本科教学评估的周期。学科建设规划侧重于与科研相关的项目、成果、队伍和条件等，目标瞄准"双一流"，而专业规划更侧重于课程建设、教改课题、教材编写、教学成果等，目标则聚焦在"一流本科"。

二是，功能使命不一样。学科的主要功能是科研和硕士及以上层次人才的培养，因此关注的是其学术队伍能否很好地支撑学科方向。专业的功能是本科生培养，因此更关注的是培养目标能否满足社会需求。因为各自承担的使命不一样，所以学科方向很难做到与社会需求方向保持一致。

三是，两者发展不均衡。受现有评价机制影响，许多地方本科院校用于学科与专业建设的资源并不均衡，学科建设经费往往远高于专业建设经费，以达到赶超"双一流"高校的目的。部分一流学科的优质资源并未很好地转化为专业的办学优势，出现"大学科小专业"的现象。另外校内考核评价制度侧重科研成果，导致教师在专业教学方面的投入不足。

基于上文分析可得，学科与专业建设长期存在"两张皮"现象，导致学科与专业地位失衡、各自为阵、难以协同。因此加强学科专业一体化建设的研究，有助于构建学科与专业建设相互融合的协调机制，全面提升高等学校的办学质量与效益。本文以浙江农林大学工程学院为例，介绍该院在学科专业一体化建设的做法与成效，探索出一种学科专业相互促进、共同发展的一体化建设模式，对于地方本科院校的学科专业建设提供思路与借鉴。

一、做法与举措

（一）组织架构一体化

早在 2014 年学校新一轮岗位聘任时，学院便将所辖的 2 个学科改为一级学科名称，使得学科的内涵与功能得到进一步扩大。2018 年学院正式设立"学科专业负责人"岗位，统揽本学科的学科建设与专业建设，从而在组织上完成对学科专业一体化建设的顶层设计。基于这种新型学科专业组织架构，学院配套出台相应制度，学科带头人兼任专业负责人、学科方向负责人兼任课程组长、学科秘书兼任专业秘书。构建学科专业之间共商发展、共建平台、共享资源的协同机制，如教学、科研业绩点等量互换方法，本科生参与科研团队、导学团队管理办法等，分摊学科专业组织在知识、技术上的发现、形成与流动过程中的成本与风险。在经费使用方面，学院林业工程学科为浙江省一流学科（A类）、学校"高原"学科，机械工程学科为学校培育学科，两学科每年建设经费超 1 000 万元，学科在规划经费使用时设置专业建设专栏，充分考虑师资队伍、专业实验室等专业条件的建设。

（二）目标使命一体化

学院根据现代社会发展和经济建设的需要，围绕产业链部署创新链，不断调整学科科研方向、专业培养方案等，实现两者使命趋同、相向而行。在凝练学科方向时，综合研判自身优势、前沿科技、社会经济发展、行业人才需求四方因素，在此基础上集聚学术队伍，营造良好研风、学风，确保通过一流的学科建成一流的专业。通过组建"科研团队""导学团队"等第二课堂形式，吸引优秀本科生参与教师科研项目与学科竞赛，训练他们的创新思维和发现、分析并解决复杂问题的能力。鼓励学科在方向建设、科学研究过程中将探索的新知识凝练归纳、汇编整理成系统的知识体系，成为专业建设中课程开发、教材建设的素材来源。学院定期组织研究团队围绕本科课程、教材和人才培养进行经验交流，确保培养理念和传播的知识与社会需求始终一致。

（三）教研活动一体化

学院明确学科专业负责人不仅是学科开展科研活动的领导者，还是专业人才培养的第一责任人，是学科开展教研活动的组织者。在队伍建设方面，将学术队伍和师资队伍一体化建设，扩大教学科研型教师占比，明确教师既是学科建设的承担者，又是专业建设的主力军，两者互为补充、不可割裂。对于教学为主的教师，由于平时专注教学研究或课时量较大，对本专业前沿科技可能了解不足，所以学院定期对这些教师进行学术培训，避免出现课程教学活动与社会发展脱节的现象。教学为主的教师在教学活动中发现的社会需求和技术难题，可触发其科研灵感，成为申报课题、开展研究的重要素材和动力。对于科研为主的教师，学院加强对其教学方法的指导培训，确保他们能通过课堂教学、学术讲座的形式，将在科研活动中产生的优秀的研究成果及最前沿的知识及时、充分地传播给专业学生。

（四）条件建设一体化

学院高度重视学科专业实验、实践和实训基地等平台建设，在人员配置、制度设计上保障两类平台相互促进、共建共享。学院通过建设一批省部级以上高水平研究平台，加强与国内外同行的学术交流和合作，产出高水平学术成果，同时也为专业课程建设、师资培养、学生实验建设提供了强有力支撑。学院结合自身特点与地方企业紧密合作，通过专业实验、实践和实训基地的建设，为学科科研合作、成果转化和社会服务提供新的途径。根据地区和产品结构差异性，以企业为主、学院为辅，分别成立木门智能化生产实习基地（江山欧派）、生态地板生产实习基地（浙江良友木业、千年舟新材料）、家具生产实习基地（莫霞家居、圣奥家具、浙江省家具行业协会）、木质装饰材料生产实习基地（德华兔宝宝装饰新材、浙江升华云峰新材）、装备制造（浙江内曼格机械、桐乡市易锋机械、浙江先锋机械）等实训基地。这些实训基地现已成为学院人才培养和科学研究最重要的条件保障。

二、成效与成果

（一）学科平台支撑专业发展

学院经过多年发展，拥有国家级平台1个、省部级平台5个。科研平台总面积6 800米²，科研仪器设备总值超过4 000万元，其中有30万元以上设备28台套。仪器设备总值和先进程度已位居全国前列。这些高层次学科平台已成为专业课程教学、实验实训的重要场所。目前，共有21个学科科研实验室承担了木材、高分子、家具等共19门专业课程的本科教学实验任务，承担实验课时量为324课时/学年，有力促进了专业发展。学科实验室承担专业课程实验情况如表1所示。

表1 学科实验室承担专业课程实验情况统计

序号	科研实验室名称	承担本科实验课程	承担课时量
1	张齐生院士珍贵木材标本库	专业认识实习、木材学	8
2	竹木科技馆	专业认识实习	4
3	微观构造室	木材学	32
4	冷场发射扫描电镜室	木材科学研究方法	4
5	电子显微镜分析室	木材科学研究方法、功能性木材	4
6	XRD衍射仪分析室	木材科学研究方法、功能性木材	4
7	材料热稳定分析室	木材科学研究方法、功能性木材	4
8	阻燃分析室	功能性木材	4
9	力学性能分析室（测试）	木材学	4
10	木材加工实验室	木质产品制造装备、木材切削原理与刀具	14
11	木材装备与自动化实验室	木质产品制造装备、木材工程数控机床操作、3D扫描技术及应用、3D打印技术	136
12	甲醛分析室	木质复合材料表面装饰	8
13	人造板性能测试室	人造板工艺学	16
14	生物质材料与室内空气治理实验室	木质复合材料表面装饰	8
15	人造板加工实验室	人造板工艺学	16
16	木材阻燃性能分析室（测试）	功能性材料	8
17	木材干燥分室	木材干燥学	12
18	木材功能性改良实验室	胶合材料学	16
19	复合材料实验室	木质复合材料表面装饰	8

（续）

序号	科研实验室名称	承担本科实验课程	承担课时量
20	木材标本室	专业认识实习、木材学	6
21	生物质复合材料功能化构造实验室	木质复合材料表面装饰	8
	合计课时量	324	

这些实验室的仪器设备除满足面广量大的本科生课程实验外，还为越来越多的学生参加课外的自主创新、创业等实践活动提供了优良的软硬件条件，为保障本科教学实验质量、拓宽本科生学术视野发挥了巨大的作用。

（二）专业学生参与科研项目

近年，学院共获国家科技部重点研发计划项目、国际科技合作专项、国家林业局重大行业专项、国家自然科学基金项目、中央财政林业科技推广示范项目、农业农村部国际交流与合作项目、浙江省自然科学基金项目、浙江省公益技术应用研究计划项目等国家级、省部级项目 175 项，科研总经费达 6 100 万元。仅 2018 年，项目到账经费就达 1 243 万，获国家级项目 10 项，省部级项目 7 项。先后有多名优秀本科生参与教师科研项目，成为教师完成科研项目的得力助手。学生参与导师学校Ⅳ类以上课题情况见表 2 所示。

表 2　近年本科生参与导师Ⅳ类以上科研项目情况统计

序号	学号	本科生姓名	参与科研项目名称	项目负责人
1	201402150128	祝新强	木竹材碳基三元复合电极材料三维孔道构筑机制及构效关系研究（国家自然科学基金青年基金，25 万元）	陈浩
2	201402150116	章璐敏		
3	201402150133	徐科挺		
4	201402150135	张焱		
5	201502150216	朱恩惠		
6	201502010233	张一凡	竹材细胞自组装制备温敏性不霉竹材的机理及驱动机制研究（国家自然科学基金，81 万元）	杜春贵
7	201502010227	郑明霄		
8	201502010228	徐皓诚		
9	201402080317	王忠	竹林机械化经营设备研发-系列竹林机械化经营关键技术与装备研发（浙江省重大科技专项，170 万元）	杨自栋
10	201402080318	陈健		
11	201402080319	李晓鹏		
12	201502080204	王曼溶		
13	201502080202	常宇航		
14	201502080231	张玉桃		
15	201402080227	钱丁炯		
16	201502080322	王正立		
17	201502080426	陈兴法		

（续）

序号	学号	本科生姓名	参与科研项目名称	项目负责人
18	201502080323	沈晓东	竹林机械化经营设备研发-系列竹林机械化经营关键技术与装备研发（浙江省重大科技专项，170万元）	杨自栋
19	201602080107	付佳辉		
20	201602080218	陈涛		
21	201602080205	王依人		
22	201602080124	朱铭钧		
23	201602080202	范佳惠	丘陵山区马铃薯、药材适度规模生产全程机械化关键技术集成与示范子课题（国家重大专项，69万元）	倪忠进
24	2017704561006	陈磊	基于磷氮共聚接枝木质素的生物基阻燃剂的构建与构效关系研究（国家自然科学基金面上基金，60万元）	宋平安
25	2017704561005	孙一奇		
26	2018104321003	徐潇东		
27	201402150113	黄舒鑫	石墨烯/木塑复合材料多尺度界面的构建及摩擦学性能调控机制研究（国家自然科学基金青年基金，20万元）	刘丽娜
28	201402150121	吕明航		
29	201402150218	和诗翔		
30	201502150206	廖显军	氯氧镁水泥胶合板快速固化机理和性能研究（国家自然科学基金，80万元）	马灵飞
31	201502150131	郎俊彬		
32	201502150132	施超		
33	201502150133	吴绍宁		
34	201402010213	周海瑛		
35	201402010101	陈君		
36	201402010114	陈威	家具用速生材改性及应用关键技术研究与示范（国家林业公益性行业科研专项）	
37	201402010129	蔡泰龙	自粘性木纤维制备新技术及其胶合机理（国家林业公益性行业科研专项）	孙庆丰
38	201702180714	郑理		
39	201702180909	刘淑敏		
40	201602010204	王银丹		
41	201702180924	杨晓锋		
42	201702180614	吴杰		
43	201702180202	胡文婧	沼气渣无公害化处理技术对土壤理化性能的影响（国家自然科学基金青年基金，25万元）	李彬
44	201602150214	李越虎	纳米纤维素基气凝胶的结构调控及其对芳香族化合物的高效吸附行为（国家自然科学基金青年基金，20万元）	李倩
45	201602150213	何杰		
46	201602150215	金泽华		
47	201602150216	陈立飞		
48	201602150212	赵钢钢		

（续）

序号	学号	本科生姓名	参与科研项目名称	项目负责人
49	201402010204	周茜		
50	201402010123	徐浩	大幅面原竹无应力展平材料高效节能制造关键（浙江省科技厅重大科技专项农业项目，220 万元）	张晓春
51	201402010133	程杜兴		
52	201502010206	周喆喆		
53	201602010211	张欣		

（三）导学团队助推学生创新

导学团队是学院贯彻全国、全省思政工作会议精神，落实立德树人根本任务，构建全员、全过程、全方位育人的具体举措。学院于 2014 年实施导学团队制度并不断细化完善，现有 17 个导学团队在有效运行，有力助推学生创新活动。以学院教育部"青年长江学者"孙庆丰教授导学团队为例，该团队充分利用科研优势，在科研育人中发挥示范和引领作用。近年，先后培养了 15 名优秀本科生，其中梁希优秀学子 1 名、浙江省优秀毕业生 6 名；指导本科生在项目申请、学科竞赛、发表论文等方面均取得了优异的成绩。具体成效见表 3、表 4 和表 5 所示。

表 3　孙庆丰导学团队指导的大学生创新创业训练计划项目

序号	立项时间	项目编号	项目名称	项目负责人	指导老师	项目类别
1	2016	2013200045	竹质基纳米纤维素/石墨烯复合气凝胶的制备及其对水中抗生素的吸附研究	盛成皿	金春德、孙庆丰	国创
2	2016	2013200016	木材表面水热生长 Ni@Fe304 纳米材料及其电磁屏蔽性能研究	王伟丁	孙庆丰	校科研训练
3	2016	2013200033	荷叶效应超疏水自洁环保垃圾桶的研发与推广	李瑶	李松、孙庆丰	校科研训练
4	2017	2017R412011	木纤维/纳米碳酸钙无胶复合板制造技术研究及推广	蔡泰龙	金春德、孙庆丰	省新苗
5	2018	201810341013	自组装的具有纳米短链桥接纳米球形态的 3D 网络分层结构木质素气凝胶的制备和应用	匡丽文	孙庆丰、金春德	国创

表 4　孙庆丰导学团队指导的大学生发表论文情况

序号	学术论文题目	作者姓名	专业班级	发表刊物名称、刊号	发表时间	刊物级别	指导教师
1	Self-photodegradation of formaldehyde under visible-light by solidwood modified via nanostructured Fe-doped WO_3 accompanied withsuperior dimensional stability	盛成皿	木材科学 132	Journal of Hazardous Materials ISSN 0304-3894	2017.04	SCI I 区	孙庆丰、金春德、李松
2	Utilizing cellulose sheets as structure promoter constructing different micro-nano titanate nanotubes networks for green water purification	徐璐璐	木材科学 142	Carbohydrate Polymers ISSN0144-8617	2017.11	SCI II 区	孙庆丰、金春德

（续）

序号	学术论文题目	作者姓名	专业班级	发表刊物名称、刊号	发表时间	刊物级别	指导教师
3	Fabrication of nitrogen-doped porous electrically conductive carbon aerogel from waste abbage for supercapacitors and oil/water separation	蔡泰龙	木材 141	Journal of Materials Science：Materials in Electronics ISSN：0957-4522（Print）1573-482X（Online）	2017.12	SCI Ⅲ区	孙庆丰
4	The properties of fibreboard based on nanolignocelluloses/CaCO₃/PMMA omposite synthesized through mechanochemical method	蔡泰龙	木材 141	Scientific Reports ISSN 2045-2322（online）	2018.03	SCI Ⅲ区	孙庆丰
5	木纤维/碳纳米管复合无胶纤维板的制备及其性能	蔡泰龙	木材 141	林业工程学报 ISSN：1001-8081	2018.07	学校 B 刊	孙庆丰

表 5　孙庆丰导学团队指导的大学生学科竞赛获奖情况

序号	竞赛名称	竞赛级别	获奖等级	参赛本科生	参赛时间	指导教师
1	"建行杯"第五届中国"互联网＋"大学生创新创业大赛全国总决赛项目（超纤科技——新型多功能无醛纤维板先行者）	国家级	金奖	陈逸鹏、党宝康等 14 人	2019.10	孙庆丰、苏小菱、王康
2	第十六届"挑战杯"浙江省大学生课外学术科技作品竞赛决赛（基于珍母贝层状结构的仿生超强无醛纤维板）	省一类竞赛	一等奖	陈逸鹏、党宝康、王银丹、吴昊、王媛媛、郑理、鲍佳丽、应文娴	2019.05	孙庆丰、苏小菱、邱曦露
3	第二届全国农林院校研究生学术科技作品竞赛（变废为宝——厨余垃圾在制作电极材料上的研究）	省部级	三等奖	王汉伟、钱佳慧、程意斐、朱通	2018.12	孙庆丰、谢婷婷
4	第十届浙江省大学生职业生涯规划与创业大赛（智木科创——生物质仿生智能板）	省一类竞赛	一等奖	蔡泰龙、盛成皿、刘建功、惠莹莹	2018.11	孙庆丰、邱曦露

（四）学科专业共享实训基地

学院重视科研成果转化和社会服务工作，先后与 200 余家企业建立科研合作关系。在众多合作企业中遴选 40 余家优质企业，建立专业校外实习基地，形成"学研协同，以研促学""学产协同，以产导学""产研协同，以研助产"3 种类型和"平台""项目""创新班"等多途径的产教融合协同培养人才模式。这些优秀的企业资源成为学院教书育人的坚强支撑。部分科研合作单位承担教学实践基地的功能情况见表 6 所示。可以看出，有些企业与学院的合作关系已经从科研向教学，再向助学、赞助大赛、党建等全方位合作发展。

表6 部分科研合作单位承担教学实践基地的功能汇总

序号	企业名称	实践基地功能	面向专业（方向）	建设时间（年）
1	浙江圣奥家具有限公司	产业定向班	木材、家具	2007
2	浙江江山欧派门业有限公司	认识实习、生产实习	所有专业	2007
3	浙江省家具行业协会	产业定向班、企业员工培训	木材、家具	2011
4	浙江莫霞实业有限公司	产业定向班	木材、家具	2013
5	浙江良友木业	生产实践	木材、家具	2016
6	德华兔宝宝装饰新材股份有限公司	认识实习、生产实习、文化交流	木材、高分子、家具	2017
7	西子电梯集团	认知实习	机械	2018
8	千年舟新材料科技集团公司	毕业实习、优秀毕业生计划、校园文化、大学生课题、大学生助学计划、党建	木材、高分子、家具	2018
9	德华家居	赞助文创设计大赛	所有专业	2018
10	大艺树地板	助学成长计划	所有专业	2018
11	中国一拖集团有限公司	生产实习	机械	2018

三、特色与亮点

（一）高层次学科平台有力反哺教学

学院拥有国家木质资源综合利用工程技术研究中心国家级平台1个，浙江省木材加工产业科技创新服务平台、浙江省竹资源与高效利用"2011"协同创新中心、浙江省木材科学与技术重点实验室、亚热带森林资源培育与高效利用学科创新引智基地、国家林业与草原局林业感知技术与智能装备实验室等省部级平台5个。与学院紧密合作的校外企业不乏上市公司、国家高新企业、国家认定企业技术中心、国家认可实验室等。这些高层次平台不仅是学院承担科研攻关、服务推广、合作交流的重要载体，也是承接本科生课程教学实验任务的重要场所。学院各类高层次平台资源与专业共享，是本科教学质量提升的有力保障。

（二）高素质专业学生有力促进科研

近年有98位优秀本科生参与到21位老师高水平的科研项目中。本科生不但得到了很好的科研实践与训练，同时也成为老师完成科研项目的有力帮手。例如，孙庆丰教授指导的郑理同学、徐璐璐同学，非常熟悉科研仪器设备的使用与维护，已经先后进入多名教授的科研实验室，徐璐璐同学已以第一作者身份发表SCI Ⅱ区论文一篇。章凯、严钰琳、覃乾等同学的毕业论文选题与导师的课题密切相关。采用"科研团队""导学团队"等第二课堂形式发现、培养高素质专业学生，能有力促进教师科研水平和效率的提升。

四、思考与展望

学科建设与专业建设共同构成了高校工作的重心，建设质量关乎学校科研水平、人才培养质量和社会影响力，因此学科与专业建设必定是高等教育发展的永恒主题。在国家"双一流""一流专业""金专金课金师"等一系列政策指引下，学科专业一体化建设必将成为一段时期内教学研究的热点。本文从学科专业的逻辑关系出发，在分析当前问题的基础上，围绕组织架构、目标使命、教研活动、平台共享等领域，系统介绍了浙江农林大学工程学院对学科专业一体化建设的探索与实践，并呈现了学院在学科专业一体化建设工作上的成效和特色，希望为地方本科院校一流学科、一流专业协同建设、同步发展提供借鉴与参考。

"三全育人"视域下学科竞赛组织管理机制
的构建与实践

姚立健　倪益华　杨自栋　倪忠进　侯英岢　彭何欢　徐丽君　赵超

一、成果简介及主要解决的教学问题

(一)成果简介

学科竞赛是学生创新精神和实践能力达成的重要途径,导师的指导能力、队伍的训练方法和竞赛的价值导向等因素极大地影响着高校学科竞赛组织管理的水平。本成果坚持以立德树人为根本任务,以优化工科专业学科竞赛的组织管理机制为创新主线,围绕组织、制度、文化等要素,组建由专任教师、实验员、辅导员、企业工程师、高年级学生等五方共同参与的全员育人团队,形成以课程改革为抓手的大学四年全过程系统化教学模式,塑造拼搏奉献、求知探索、强农兴农的竞赛文化,并以此为价值引领促进学生全方位发展。最终形成了"三全育人"理念下学科竞赛组织与管理机制,探索出一条学科竞赛驱动人才培养质量提升的途径,并凝练出一套可复制可推广的学科竞赛训练方式。成果总体思路如图 1 所示。

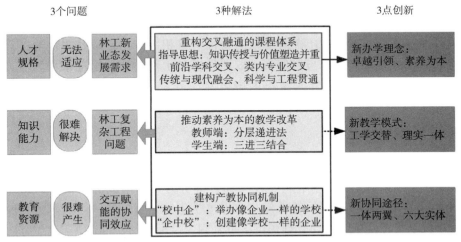

图 1　成果总体思路

成果在多所高校进行推广与应用,显著提升了工科专业学科竞赛的组织能力和人才培养质量,获得了同行专家的高度评价。

(二)解决的问题

问题 1:竞赛对抗的全面性与导师能力的局限性之间的矛盾。

问题 2:人才培养的系统性与组织参赛的临时性之间的冲突。

问题 3：竞赛育人的多维性与师生参与的功利性之间的碰撞。

二、成果解决教学问题的方法

(一) 问题 1 的解决方法

以全员育人理念为指导，组建由专任教师、实验员、辅导员、企业工程师、高年级学生等五方参与的导师团队。团队中各方的角色分工如下：专任教师是导师团队的发起者，主要训练学生利用工程理论知识分析、解决竞赛中复杂工程问题的能力；实验员通过设计开放项目，探索出一条使实验场地和仪器设备为学科竞赛服务的路径；辅导员对学生习性较为了解，因此承担学生团结协作、沟通交流能力的培养工作；企业工程师承担竞赛作品的制造工艺与性能调试等的培训；高年级学生要与低年级学生分享参赛经验与教训，并进行一些基础技能的指导和示范。

(二) 问题 2 的解决方法

以课程改革为抓手，以制度建设为根本，形成一套覆盖大一到大四循序渐进的全过程学科竞赛系统性教学模式。大一看一看：在新生课程教学中，使学生了解本专业相关学科竞赛，理解学科竞赛有助于培养学生创新精神和实践能力，激发学生对学科竞赛的好奇。大二试一试：通过实践性较强的课程设计进行有针对性的科目训练，让学生尝试制作竞赛作品，通过年级模拟赛让学生感受竞赛氛围、发现不足并持续改进。大三拼一拼：为大三学生制订详细的第二课堂训练计划，包括巩固基础、强化技能、提升素养。大四帮一帮：将积累下来的参赛经验和教训以书面报告、座谈交流、现场演示等形式毫无保留地传授给低年级同学。

(三) 问题 3 的解决方法

打造拼搏奉献、求知探索、强农兴农的竞赛文化，在这种价值观的引领下促使学生全方位发展。竞赛文化是全体师生对学科竞赛的价值认同。通过对竞赛作品、获奖证书、赛场风采等进行展示与宣传，让拼搏奉献的精神财富积厚流广；举办文化节提升竞赛软实力，让求知探索的创新精神与时偕行。以课程思政示范学院和示范课程为着力点，将大国"三农"、乡村振兴等德育元素不断融入竞赛作品中，激发学生强农兴农的使命担当。

三、成果的创新点

(一) 构建了"三全育人"学科竞赛组织管理新机制

该机制包含组织、模式、文化等三个要素。即五方人员组成的全员育人组织，覆盖从新生入学到本科毕业全过程的教学模式，促进学生知、情、意、行全方位发展的竞赛文化。为高校学科竞赛的组织与管理提供了可复制、可推广的新范式。

(二) 探索出学科竞赛驱动人才培养质量提升新途径

该路径有以赛促教和以赛促学两个起点。在教师端，加强服务学科竞赛的课程改革，构建支撑学科竞赛的课程矩阵；在学生端，通过新生教育、参观竞赛成果、学长现身说法等手段唤起好奇心，激发学生参与学科竞赛、探求科学真知的兴趣志向。

(三) 凝练出"两法两制度"的学科竞赛训练新方式

"两法"是指以老带新法和本研互助法，要求高年级学生定期向低年级学生演示操作技能、传授经验教训等，确保大一到大四竞赛培训不断线；要求本研结对互帮互助，提升本科生竞赛能力及科学素养。"两制度"是指暑期训练营制度和实验室开放制度，可解决制约竞赛质量的瓶颈问题，提高实验室场地和设备利用率。

四、成果的推广应用效果

（一）学生成长

成果在学校推广，年受益学生超过 2 400 人，围绕学科竞赛培育导学团队 16 个，在队学生稳定在 200～300 人。学生三年平均就业率保持在 95％以上；2015 年以来，工程学院年均省级以上获奖数由 20 项上升为 100 余项，其中 2019 年还获得了中国"互联网＋"大学生创新创业大赛金奖。学生公开发表论文 80 余篇，其中 SCI 收录 12 篇，获国家授权专利 150 余项。

（二）教师发展

2015 年以来，工程学院教师中获省级以上教学奖励 20 余项，获批主持省部级以上教改项目 11 项；获省级教学竞赛奖项 3 人次，校一等奖 5 次；共发表教改论文 12 篇，其中 B 类以上论文 2 篇；主编各类规划教材 12 部。

（三）专业提升

2014 年，获批浙江省特色专业建设项目，并于 2018 年顺利通过验收；2019 年，获批浙江省一流专业建设点。

（四）同行认可

在全国性学科竞赛组织系统建设经验介绍会上推介了本成果。经甘肃农业大学、西安石油大学、福建农林大学、山东理工大学等 4 所兄弟高校推广，受益学生达 3 000 人以上。

农学类高校公共实验平台管理模式研究[*]

石敏

一、公共实验平台建设的重要性

随着各学科交叉程度及科研实验复杂程度的增加，功能简单的小型科研实验室已经不能满足日常科研工作的需求。公共实验平台的创建能够实现实验室空间资源、仪器设备资源和实验教学资源的集约化，达到重组教学资源、实现资源共享、促进学科发展的目的。从而改变高校实验室小而分散的运行管理模式，促进各学科的交叉融合和资源共享，从根本上推动国家基础研究事业的发展。

二、公共实验室平台管理中存在的问题

（一）实验室硬件设施规划不合理

实验室所在房屋建造较早，由于空间紧张，部分位于一楼的实验室是停车库改造而成的，改造后的实验室位置相对分散，不便于集中实验管理。

（二）仪器设备的配置不科学

仪器设备购置缺乏充分的论证，存在重复购买、闲置以及重报废轻处置现象。现实情况中，购买科研设施与仪器设备的调研时间比较仓促，专家论证过程常常被忽视，专家论证的作用也仅限于签字。另外，购置的精密仪器价格高昂、型号新颖而实际使用率低下，高档低用，维护维修不及时，导致隐形浪费。高校的公共实验平台必须兼顾教学和科研两个方面，需要满足教学、科研、学科建设以及对外服务的需求，因此在购置仪器设备时既要考虑教学的需要，又要考虑科研所需的常规仪器与大型仪器的配置。

三、构建先进的公共实验平台管理模式

仪器设备在公共实验平台教学科研中起着十分重要的作用，它在一定程度上反映着教学科研实力和水平，特别是在教学和科研相结合的研究型大学，大型仪器是开展教学科研活动的必备条件，是建设高水平实验室的重要指标，也是产出高水平研究论文，取得高新技术成果的主要工具。

（一）完善仪器共享平台，实现资源共享

以浙江农林大学为例，学校建有大型共享服务平台，全校师生可以直接登录查询并了解仪器设备信息及设备现状等，便于选择、安排实验时间。平台仪器设备档案信息化建设，包括仪器设备名称、配置、数量、型号、功能、使用状态、生产厂家、主要技术

---

* 本文发表于：新一代·教育管理，2019，（13）：78.

指标、购置日期、存放地点、仪器管理员及联系方式等。建立仪器设备使用动态数据的采集模块，包括操作规程、使用记录、保养维护记录等；建立仪器设备维修模块，提供设备维修申请、审批、送修情况、修理费用等。完善仪器共享平台为实验室的建设、开放、仪器设备资源共享奠定了良好的基础，使教学质量和能力得到了保障和提高。信息化管理能有效提高实验室仪器设备资源的利用率，优化服务，打破区域界限，实现资源共享。

（二）科学论证，合理配置仪器设备

仪器设备的购置是实验室仪器管理的前提。近年来，随着实验平台的不断完善，为了提高高校实验室科研水平，培养高层次创新人才，高校公共实验平台购买大型仪器设备需求增加。高校实验室与设备管理处对于大型仪器设备的采购有一套"论证-招标-采购"的流程，论证是保证所采购仪器设备具有较高利用率的前提，有利于进一步优化资源配置，提高资金的使用效益。大型仪器设备购置可行性论证报告，要求对购置的必要性、紧迫性、可以解决的主要问题和所起的重要作用作详细的阐述，还必须提供不少于3家国内外厂商同类型仪器的性能、价格、主要技术指标及功能、同类设备在单位内外配置情况、预计使用效率及风险、设备辅助条件落实、管理仪器设备的技术人员配置、经费预算等情况。根据仪器使用方向合理安排教学与科研所需仪器的配置。

（三）规范管理制度，实行精细化管理

完善仪器预约登记制度，提高仪器利用率。传统预约方式无法跟踪仪器使用情况，经常出现预约后无人使用的情况，造成仪器机时浪费。因此利用网络信息化技术，完善网络预约登记制度，当预约人不能按时使用仪器时，系统自动取消该仪器的预约，避免造成仪器机时浪费。

实验平台管理队伍的建设是高校公共实验平台管理的核心。实验技术管理人员的技术及管理水平、工作积极性以及服务意识与高校公共实验平台的运行有着密切关系。高校实验室水平的高低，不仅是拥有先进的仪器设备和优越的环境条件，更重要的是必须具备一支水平较高、技术过硬、长期稳定、具有创新能力的实验人员队伍。实验队伍做到人员管理到位，设置专职的实验管理人员并定期培训，使他们熟悉和掌握先进的仪器设备的工作原理和使用方法。重视实验管理队伍人员的继续教育，鼓励参加有关学术讲座，组织参加培训和交流，定期展开实验技术人员的技术培训和进修等，以提高实验人员的管理及专业技术水平。另外，稳定的实验队伍是保证实验室正常运行的基础，高校公共实验平台管理应以实验队伍的建设为核心，采取引进和培养相结合的办法，改善实验管理人员的经济待遇，留住人才，建立高水平、相对稳定的实验管理队伍。

基于生态学视角的大学生课堂学习投入度及影响因素研究[*]

胡彦蓉　刘洪久　戴丹

自 1999 年高等教育扩招政策实施以来，我国高等教育已由精英化教育阶段过渡到大众化教育阶段，学生也从教育资源的无偿享受者转变为消费者，高等教育在某种程度上已经成为一种消费和投资行为，因此，如何提高教学质量，促进大学生学习就成为社会各界关注的热点。然而，汪玉侠调查发现，近 1/3 的大学生在行为投入方面不足，如课前预习、上课听讲等方面；在认知投入方面，有 28.2% 的学生只学习教师讲授或和考试有关的知识；在情感方面，有 38.4% 的学生认为上课是迫不得已和无聊的事。大学生课堂学习投入现状令人担忧。大学生在大学期间如何进行课堂学习、影响大学生课堂学习投入度的因素是什么、如何有针对性地提高大学生课堂学习投入度，对这些问题的研究有着重要的现实意义。

关于大学生学习投入度的研究，国外始于 20 世纪 80 年代，其研究主要表现在两个层面：一是学习投入度理论研究，如泰勒的"任务时间理论"、阿斯汀的"学生卷入理论"等；二是学习投入量表的实际应用，如美国知名的"全国大学生学习性投入调查"（National Survey of Student Engagement，简称 NSSE），自 2000 年正式启动运行。在我国，对学习投入度的研究时间还比较短，2007 年，清华大学引进 NSSE 项目，并进行了汉化，之后发起了"中国大学生学习投入调查"。目前对于国内大学生学习性投入的研究主要包括两方面：一是评价 NSSE 项目，并研究对我国高等教育质量评估产生的影响；二是结合我国实情对 NSSE 项目测量表进行本土化编制和应用。

本文基于教育生态学视角，研究大学生课堂学习投入度及影响因素。教育生态学由美国著名教育学家劳伦斯（1976）在《公共教育》中率先提出，是一门边缘学科。它的基本理念是从生态系统的观点出发，研究整个教育生态系统中的人、教育、环境之间的相互关系，从而揭示教育生态系统基本规律。本文通过构建大学生课堂学习投入度的生态学模型，分析影响大学生课堂学习投入度的因素，并在此基础上提出提高大学生课堂学习投入度的措施。

一、影响大学生课堂学习投入度的生态学模型

（一）大学生课堂学习投入度的生态系统内涵

教育生态系统是指一定时空范围内，由教育主体、相关主体与教育环境因素所构成的，具有生态系统特征的系统，其中，教育主体、相关主体与教育环境之间可以通过物

---

* 本文发表于：扬州大学学报（高教研究版），2019，23（3）：66-70.

质、能量、信息的流动进行相互作用，具体如图 1 所示。

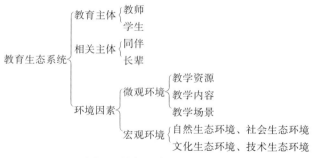

图 1　教育生态系统的内涵

（二）大学生课堂学习投入度的生态系统构成

生态系统（ecosystem）由英国生态学家 Tansley 于 1935 年首先提出。从生态学的视角看，教育主体、相关主体与教育环境之间也可以构成一个生态系统，划分为生物成分和非生物成分，其中生物成分由教育主体和相关主体构成，非生物成分由教育环境构成，同时生物成分也扮演着生产者、消费者和分解者的角色。

1. 生物成分　教育生态群落的生物成分主要由学生、教师、同伴、长辈等种群组成。其中，学生和教师是教育生态系统中最主要的参与者，是系统能量的来源，在教育生态系统中扮演生产者的角色；在课堂教学过程中，教师和学生会对已学知识进行再消化和吸收，实现教学相长，因此又扮演消费者和分解者的角色。同伴和长辈不参与教学活动，但是他们可以营造有利于学生学习的外部环境。根据群体社会化发展理论，同伴的关系会影响大学生对学习的态度，同伴越优秀，对学习越认真，越会让大学生在环境和情景熏陶下形成认真的学习态度。家庭是大学生的第一所学校，家庭成员尤其是父母更是孩子的第一任老师。中国有一句古话"三岁定八十"，说明家庭在成长过程的重要影响。大量的研究表明，父母的背景和自身学历对孩子学习成绩的影响是显著的，家庭成员的学习态度也影响着孩子学习态度的形成。

2. 非生物成分　在教育生态系统中，非生物成分主要指宏观环境和微观环境。宏观环境包括自然生态环境、社会生态环境、文化生态环境、技术生态环境；微观环境包括教学资源、教学内容和教学场景。其中，在自然生态环境中，一些人长期身临其境、受到耳濡目染的熏陶，会形成某些相同或相似的行为或禀性，如生活在平原和沿海地区的人接受新生事物比生活在山区和高原的人更快。社会生态环境对教育生态系统的影响，主要是通过社会流动，帮助具有不同兴趣、爱好、主观愿望和能力的人获得不同的专业技能，进入不同的社会阶层或不同的职业群体。钟云华研究表明，借贷贫困生通过增加课堂投入度来提高学习成绩，他们的社会流动性也要高于非借贷贫困生。文化与教育则是一种相互联系、相互影响的非线性作用关系，文化既是教育的生态环境，也为教育生态系统不断进行物质、能量和信息的交换，而教育依赖于文化生态环境，教育的目的、内容和方式等，都是一定文化环境的反映，文化同时也影响人们对教育的价值取向。研究表明，在一个家庭中，热爱学习的气氛会促使家庭成员自觉或不自觉地进行学习，从而引发强烈的求知欲望。随着计算机和互联网的发展，大学生的学习方式开始向泛在学习转变，翻转课堂、微课等新型教育模式越来越受到关注。与传统的实体课堂相比，信息化条件下的教学环境、师生关系、教学模式等发生了天翻地覆的变化，这些都会影响大学生的课堂学习投入度。此外，教学资源、教学内容和教学场景虽不能构成以自身为主的活动体系，但是它们从属于教师的教授活动和学生的学习活动，是教师和学生之间联系的重要纽带。例如，教学场景既可以为教学过程提供场所、设备等物质资源，也可以影响大学生课堂学习的投入度。研究表明，教室的大小和布局会影响课堂教学的效果，小规模班级比大规模班级的教学效果更好，圆桌形、椭圆形、半圆形和马蹄形的教室布局有利于师生的双向交流，促进学生课堂学习投入度；而学生在教室中的座位也能体现其学习动机、学习态度和行为表现。

3. 大学生课堂学习投入度的生态系统运行机制　在自然生态系统中，生物和非生物环境是其主要构成成分。在课堂生态系统中，构成成分主要包括"人"（教育主体与相关主体）和"环境"（宏观环境与微观环境）；其中，"人"相当于自然生态系统中的生物，"环境"相当于自然生态系统中的非生物。课堂生态系统中的这些成分相互作用、相互影响、相互依赖，共同构成了课堂学习投入度的生态系统，具体如图2所示。

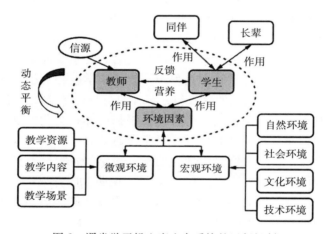

图 2　课堂学习投入度生态系统的运行机制

可以看出，教师、学生承担课堂生态系统中的信息传递、分解和加工，其中，教师是课堂学习生态系统中的生产者，将外部的信息和知识以学生能接受的方式传授给学生；学生消费并分解这些信息和知识，并把学习结果反馈给教师，因此学生是课堂学习生态系统中的消费者和分解者；而同伴和长辈又与学生相互作用、相互影响，进而形成能量和信息流通。此外，环境因素尤其是微观环境因素既影响教师和学生的教与学，也受到教师和学生的影响而改变。

二、影响大学生课堂学习投入度的生态学因素

基于大学生课堂学习投入度的生态学模型，可以看出，影响大学生课堂学习投入度的因素包括学生自身因素、教师因素、同伴及长辈因素、环境因素。

（一）学生自身因素

大学生课堂学习投入度体现在个体的心理和行为层面。研究发现，大学生对于感兴趣的课程会主动投入更多的时间和精力，对于不感兴趣的课程则大多是应付、敷衍。而

大学生在长期学习过程中养成的学习习惯、学业自我效能感、长辈和教师的期望也是大学生保持学习投入和努力的重要因素。由于个体差异性和学习经历的不同，每个人的学习习惯也各不相同，成绩相对好的学生很多时候并不一定是因为学习兴趣的浓厚，而是有稳定的学习习惯，如上课认真听讲。王伟的相关研究表明，自我效能感会对学生的努力程度和持久性等产生明显的积极影响，也会影响学习动机、行为和学习成就。家长的期望（如人格、健康、学习和职业）对大学生也有很大影响，甚至会潜移默化影响大学生的性格、行为和学习兴趣。学生一般对家长的看法和评价很重视，许多学生会通过努力学习来迎合家长的这些期望。

（二）教师因素

在课堂学习生态系统中，教师扮演着重要的生产者角色。在教学过程中，教师依据所掌握的教育理论、理念和专业知识来传授知识，其教学方法和模式是影响学生学习的关键因素。当教师能够表现出对学生的期待和支持时，学生就会在学习中表现出浓厚的兴趣。Fredricks 研究发现，教师在教学活动中如果给予学生支持和帮助，那么学生的认知和情感投入水平都会提高。此外，教师的观念和行为也会影响大学生课堂学习投入度。Ryan 发现，在课堂学习中，当教师不仅讲解教材内容，还充分重视学生在社会发展中的学业需求时，学生往往表现出较高的学习投入水平。Helme 和 Clarke 的研究也发现，学生学习投入程度受课堂活动和任务的影响，新颖的课堂活动和任务能提高学生课堂学习的投入水平。

（三）同伴和长辈因素

研究表明，同伴已经超越父母和教师，成为影响学生课堂学习投入度的"重要他人"；同伴对学习的积极参与，能促进其他学生个体积极参与学习。权小娟利用多层次模型，验证了班级同伴对于个人学习的影响，结果表明，班级群体对大学生学习的影响，几乎接近甚至在某些情况下超过大学生个体学习能力的影响。同时，同伴之间的互动也可以促进大学生的学习，如徐锦芬对语言学习的研究就揭示出，同伴互动增加了大学生尝试使用语言的机会，并且促进了大学生语言产出的流利性。此外，长辈的生活方式、学习态度、兴趣取向、教育方式及期望等都会对大学生课堂学习产生影响。根据马斯洛需求层次理论，需求是兴趣的前提，一旦学生的学习需求成为第一需求时，其学习的动力就会加强，而学生的学习需求受到各种因素的影响，其主要影响则来自家庭，由于子女从小到大都在接受家庭给予的教育，所以家庭成员尤其是长辈的思想观念、学习态度等都会对其学习态度的形成产生极大影响。

（四）环境因素

生态学是关于生物与环境关系的科学。在课堂学习生态系统中，教师和学生的教学活动发生在特定环境中，因此从本质上讲，教师和学生的教与学活动也属于生物与环境的关系，受到环境因素的影响，而随着自然生态环境等的发展变化，教育制度、教育内容、教育结构、教育方式、学习模式也会发生变化。例如，随着信息技术发展和互联网的普及，运用计算机网络开展教学的模式已得到推广和应用，如网络课堂、慕课、微课等。与传统课堂教学相比，信息化课堂教学不仅能提供多种媒体形式的学习，而且还能根据学生的学习兴趣和知识的掌握程度实现区分学习。此外，多元化的沟通平台增加了师生之间的互动和沟通，这些都是传统课堂教学所不能提供的。

三、提升大学生课堂学习投入度的策略

（一）合理利用"限制因子定律"，重构课堂教学的生态平衡

自然生态系统中的限制因子是指达到或超过生物耐受限度的因子，如温度和时间等。在课堂学习生态系统中，教师的教学理念、方法和内容，学生的学习态度、教学资源、物理环境等都可能成为限制因子。比如，在教学过程中，大学生可以通过视觉、听觉等途径来获取知识，如果只有单调的黑板、呆板的教学内容，课堂学习则会显得沉闷；但过度使用教学媒体和资源，而没有对知识进行深刻的思索，也会影响课堂学习的质量。因此，要改善课堂学习生态，使教学资源得到充分利用，控制课堂生态中的限制因子，就要重构课堂生态平衡，变限制因子为非限制因子。一方面，教师要改变教学方法和模式，在教学过程中不能局限于课本和教学大纲，应结合先进的教学理念，选择合适的教学模式，采取多种教学手段和评价方法，激发学生的学习热情，提高学习兴趣；另一方面，要改善课堂学习的生态环境，应用现代信息技术创新课堂环境，开发有价值的学习资源和课程资源，为学生提供更好的教学氛围。

（二）遵循"耐度与最适度"原则，构建以学生为本的课堂

"耐度"定律是谢尔福德于1911年提出的，他认为生物对其生存环境有一个最小和最大的界限，生物只有处于这两个限度范围内才能生存，任何一个生态因子在数量上不足或过多，都会影响到生物的生存和发育。在最适生态区，生物处于最佳的生存状态，否则将处于不理想状态。同时，在生态因子大于或小于某种生物的耐受限度时，限制因子的负面作用将显现出来。

在课堂学习生态系统中，学生对周围的教育生态环境和各种生态因子，都有自己的承受度和耐受度，超过或达不到应有的"度"，都会产生不利或相反的影响。例如，在课堂教学过程中，教师教学进度太快、讲授内容太难，都会增加学生的惧怕心理，影响课堂学习投入度。另外，在课堂学习生态系统中，每个学生都有自己的生态位，该生态位的形成受学生的性格、动机、学习风格、学习环境、家庭因素等影响，因此每个学生都有自己的强项和弱项。这就要求教学过程要关注学生的个体差异，设计与学生特点相宜的教学方法，确立学生在教学过程中的主体地位，构建以学生为本的课堂。同时，对"耐度和最适度"偏离均值的学生应因材施教，最大限度保证学生掌握学习内容，提高课堂学习的效果。

（三）克服"花盆效应"，营造良好的课堂生态环境

生态学上也称"花盆效应"为局部生境效应，是指在一个半人工、半自然的空间内，人为地创造出适宜的生长环境（如人工控制温度和湿度），一段时间内，花盆内的个体和群体可以长得很好；其后，一旦离开了此生态环境，个体和群体便失去了生存的能力。

在传统教育生态系统中，课堂教学也似"花盆"环境，学生在设计好的教学环境和教学过程中接受教育，学生的学习被局限在课本和教室；一些教师长期沿用一成不变的教学理念、教学内容和教学方法，这样也会产生"花盆效应"，使课堂教学呈现僵化、冷漠的局面，导致学生丧失学习的兴趣。要摆脱"花盆效应"，提高课堂学习的投入度，就要为学生营造良好的课堂生态环境。首先，课堂教学应打破传统的单一讲授知识的格局，根据学生的实际情况，构建学以致用、开放的生态化教学体系，尽可能地将教学内容与

社会、学生实际相结合。其次，教师也要努力拓展教学空间，从生态学视角看，课堂教学不是单向的知识传递，学生也是教学活动的主体，师生之间应该是互为主体的关系，只有师生共同参与教学活动，才能达成教与学之间的生态平衡。总而言之，课堂教学是一个生态综合体，内部的各要素相互作用、相互影响、相互依赖，共同构成了课堂学习投入度的生态系统，使得师生之间的教学活动顺利进行。

农业资源与环境专业学生转专业的
动机分析及对策研究[*]

孙璇　　陈俊辉

资源与环境是国家经济社会发展的重要基础，是我国建设生态文明社会的重要物质保障。当前我国主要矛盾的转变进一步说明了党和国家对生态文明建设的迫切要求，意味着我国在当前及今后很长一段时间内需要大量具备资源、环境科学基本理论及实践技术的复合型人才充实农业资源与环境领域。农业资源与环境专业于 1998 年由原"土壤与农业化学""农业环境保护""渔业资源与渔政管理""农业气象" 4 个专业的部分内容合并而来，旨在培养从事资源高效利用、农产品安全和环境保护等方面的专业人才。然而，近年来，高校农业资源与环境专业提出转专业的人数普遍较多，专业学生流失率较高，不利当前农业技术人才的培养。为此，笔者根据浙江农林大学该专业学生的转专业现状，结合自身就读该专业的体会，对学生转专业的动机进行了分析，提出了若干对策，以促进农业资源与环境专业建设和高素质人才培养。

一、学生转专业动机分析

（一）专业认同度不高

笔者对 2014—2018 年浙江农林大学农业资源与环境专业五届班级共 150 余名本科生进行了分析，发现只有约 1/2 的学生是被第一志愿录取的，其余是非第一志愿或调剂录取的。多数学生是因为自身高考分数不高，或者报考高校一志愿专业招满后被迫调剂的。大部分学生对所学专业不够了解，专业兴趣爱好不高。多数一二年级的学生没有接触专业课，听到学长或家长的一些片面或主观言论，以为该专业只是从事肥料加工、销售或植物生产的，造成对专业认可度不高，缺乏专业学习兴趣和热情。一些学生想借转专业这个跳板，追求自己喜欢的专业，从而改变自己的职业规划，这未尝不可。但是，多数学生对想转入的专业也不甚了解，只是盲目跟风。

（二）就业导向驱使

农业资源与环境，"农"字打头，尽管国家越来越重视生态环境发展，专业就业前景仍受到较大影响，毕业后从事本专业工作的学生人数还是不多。为了找到更好就业和更高薪酬的工作，多数学生扎堆转向园林、经管、工程等所谓的热门非农口专业。一些学生就业观念消极，认为农业资源与环境专业毕业后会从事农业生产活动，干一些累人的农活，因此对就业望而却步。

（三）从众心态影响

大一第二学期是提出转专业申请较多的时间，这段时间是学生从一个高中生转变为大学

＊ 本文发表于：报刊荟萃，2018（6）：80.

生后的适应时期。从入学开始，学生离开原本熟悉的环境，开始独立生活，一些学生对高校的自主性学习氛围和集体生活方式不适应，容易产生心理障碍，对学习和专业兴趣降低。特别是受到高年级学生或朋友转专业案例的影响，会产生转专业的想法。此外，学生也会受到班级或者宿舍的同学转专业想法的影响，从而随大流地提出转专业的申请。此外，当前高校转专业政策比较自由，基本没有硬性指标，方便学生将转专业的想法变为现实。

（四）家庭观念影响

现在的大学生大都是"90后"，在思想和人生规划上受到父母意愿的深刻影响。农业资源与环境专业学生多数来自农村，多数父母期待孩子找一份就业形势好，相对轻松，不用从事农业方面的工作。因此，学生在选专业及转专业方面都受到父母意愿影响。

二、转专业对策分析

不可否认，转专业对于弥补学生高考失利带来的专业选择弊端具有积极作用，也有利于提高学生学习积极性，改善学校教育资源分配。但是，盲目跟风的转专业难以推崇。笔者根据上述动机分析，提出如下对策：

（一）加强入学专业教育，引导学生充分了解所学专业，客观、理性地对待转专业

专业认知度不够引起的转专业要求学科教师在学生入学后，加强本专业课程介绍、就业前景分析。如，本专业经常在新生入学后邀请浙江大学、中国农业大学、南京农业大学等高校的知名专家做报告，专家从其自身成长和成就方面介绍专业的发展前景和对个人职业生涯的推进作用。通过开设专业导论课，由本专业教师介绍专业的学习内容、课程结构、发展趋势和就业平台，激发学习热情和兴趣。同时也可以邀请本专业高年级学生，讲述他们的学习经历，激发新学生的学习动力，树立成功的榜样，形成专业好感，确立学习目标。

（二）加强就业引导，推行多样化的人才培养体系

每个专业、每个行业都有各种出色的人才。在学生进行职业生涯规划和就业时，适当介绍本专业毕业生所从事的行业和典型案例，介绍成功的经验，从而减少学生对就业的担心。如，本专业历年都有通过考研，考取浙江大学、加州大学等国内外知名高校的毕业生；也有通过引进人才政策，进入公务员、事业单位工作的佼佼者；还有一些则进入名企或自己开创农业生态类公司。

（三）做好心理辅导，正确认识转专业对自身发展的利弊

部分学生服从调剂，没有从高考失利中走出来，比较自卑和焦虑，心理比较脆弱。针对这种情况下的转专业动机，班主任、辅导员及心理医生都需要加以及时的疏导，引导他们正确认识自己的兴趣爱好和专业利弊，理性对待转专业。专业任课老师适时地对学生进行指导，进行专业培养和学业规划方面答疑；鼓励学生参与教师的科研项目，融入专业教育氛围，从转专业的情绪中走出来。

三、结语

转专业对学生专业发展有利有弊，产生动机和影响因素较多。我们应该以学生为主体，引导学生客观理性对待转专业，充分认识自己的兴趣爱好和优势，避免盲目跟风的转专业。通过加强入学教育、就业引导和心理辅导，正确认识社会需求和自身特点，合理进行职业规划。

新时期高校教务管理工作面临的
挑战与对策探讨[*]

孙璇

教学质量是立校之本，教务管理是高等院校教学管理的重要内容和核心环节，在高校管理中起着承上启下的桥梁作用。高校教务管理水平高低和质量直接影响到高校的教学质量，反映出学校整体教学工作的状态。当前，国家高度重视高校"双一流"目标建设。除了建设一支高水平的科研师资队伍外，更需要建设一套完备高效的教务管理体系，培养一支高效、高素质的教务管理队伍。随着"互联网＋"时代的到来、国际化办学深入发展，高校办学规模不断扩大，招生方式和授课形式也逐步变化，高等教育朝着多学科、多层次的方向发展，使得高校教务管理工作也更加多样化和复杂化。因此，认清当前信息化、国际化、多元化的形势背景对教务管理工作带来的挑战，积极思考和研究如何提高教务管理工作效率，有助于加强教学监督和实现高素质人才的培养。

一、新时期高校教务管理工作面临的挑战

（一）"互联网＋教育"时代对教务管理带来的挑战

"互联网＋教育"是互联网科技与教育领域相结合的一种新的教育形式。学生通过电脑、手机等终端随意挑选课程和教师，进行自主学习，教师也可利用互联网发布自己制作的课程供学生学习。"互联网＋教育"明确要求以学生为中心，注重用户体验，具有开放、自由、平等、协同等特点，能极大程度影响高校的传统教学模式与教学组织管理。当前 MOOC（大规模开放式网络课程，简称慕课）、SPOC（小规模限制性在线课程）等课程形式的出现挑战并颠覆了传统的教育模式，学习将变得更加主动、便捷，更加充满个性化。这些课程的出现及其逐步引用到课堂教学，必将要求高校教务部门调整和改变高校教务管理方式，以适应新的课程体系。

（二）国际化办学对教务管理带来的挑战

国际化办学是提高高校国际竞争力和知名度的重要途径。国际化办学除了要求生源国际化、课程国际化及师资国际化外，还需要办学理念、要素和行为跨越国界。这就要求对应的教务管理工作和人员也要国际化调整。生源的国际化要求教务管理人员必须具备一定的外语交流能力，能及时沟通和解决问题。课程名称和内容设置最好符合多语种配置，教务系统设置也需要按要求进行调整。在"一带一路"倡议等引导下，国际化办学必将深刻地影响高校教育的管理理念和管理制度，推动我国高等教务管理的创新。

---

* 本文发表于：山西青年，2018（11）：192.

（三）多元化办学方式对教务管理带来的挑战

学分制的全面推行，增大了学生选课自由度，无疑会造成一些课程的开课、选课产生困难。自由选课的推行，也会因选课期间大量学生登入教务系统，造成服务器的瘫痪。跨年级、专业、学科、甚至跨校区选课，容易出现课程冲突。此外，近年来践行的"大类招生"人才培养模式也给教务管理带来了挑战。大类招生专业分流的学生学籍管理模式往往导致班级人员调整较大，学籍管理难度增加，一定程度上也增加了教务管理的困难。这些办学方式的改变对新形势教务管理工作带来了新的挑战。

二、提高教务管理工作效率的对策

（一）以人为本，树立服务意识

以人为本，站在学生和教师的角度，设身处地为师生考虑。根据学生提出的问题全心全意为学生解决。按照事件的轻重缓急，统筹规划，合理安排工作次序。针对每学期的重点工作目标，提早制定周密计划，增强教务工作人员主动性和预见性，理清工作头绪，按部就班开展工作。充分利用微信、公众号等现代化信息交流工具发布和管理教务信息，建立快速的师生沟通平台，提高教务管理效率和服务质量。

（二）结合校情，加强队伍建设

由于高校普遍对教务管理工作人员的选用要求不高，导致人员队伍来源渠道庞杂、能力素质参差不齐、梯队结构不合理、人员间知识背景相差较大。事实上，教务管理工作具有涉及面广、事务烦琐、工作强度高、责任重大等特点。因此，建设一支素质能力强、技术能力过硬、人员结构合理、分工明确、团结合作的教务管理队伍，是提高教务管理工作效率的必备条件。在引进人才之时，根据学院和系部教务管理人员现状，结合校情，适当引进一批组织协调沟通能力强、专业背景接近的管理类人才。学校应提高对教务管理工作重要性的认识，在岗位待遇、职称晋升和教育培训等方面提高相应奖励，增加人员编制，缓解教务工作人员压力。

（三）不断学习，提高自身能力

教务工作面临的挑战要求教务管理人员通过不断学习，接受新的知识，提高教务管理技能。一方面，学校应加强在职教务人员的师资培训，组织工作人员去优秀的高校学习工作经验，加强与兄弟院校间的交流，拓宽视野，吸取精华；另一方面，加强校内教务工作人员的交流，以座谈会、茶话会等形式交流管理经验、总结得失和归纳方法。此外，应利用闲暇时间加强自我修养，学习管理学、教育学、计算机和网络技术等方面的知识，提高计算机操作能力。加强外语学习，提高口语表达与沟通能力，以应对国际化办学的要求。

基于"慕课"理念的新一代网络教学平台建设与应用[*]

罗士美　谢玲英　汪翠翠　吴美芳

随着"慕课"（Massive Open Online Course，MOOC）的快速发展，国内"慕课"平台学堂在线、好大学在线、中国大学 MOOC 及地方高校优课联盟（UOCC）等相继创办成立，同时教育部也陆续出台《关于加强高等学校在线开放课程建设应用与管理的意见》、首批国家精品在线开放课程认定、以在线开放课程建设和应用为主要抓手推进中国高等教育变轨超车等多项举措，将信息技术与教育教学融合发展不断推向深入。在此背景下，基于"慕课"理念重建校本网络教学平台，加强在线开放课程建设和应用，成为高校亟待解决的两个难题。

一、"慕课"理念及启示

"慕课"即大规模在线开放课程，具有大规模、开放性和网络化的特点。

首先，大规模体现了"慕课"的多元化与多样性，为当前急速增长的非正式学习和终身学习开辟了新的路径。一是"慕课"的使用者背景多元，有在校学生、在职人员、家庭主妇和退休老人，年龄跨度和知识结构的差异都比较大；二是"慕课"的建设者、参与者范围广，有学校、企业、知名教授、讲师或助教；三是"慕课"的课程数量大、类型多，截至 2018 年初我国"慕课"上线 3 200 多门课程，数量已经稳居世界第一，涵盖通识教育课、专业基础课、专业核心课等多种类型。可见，"慕课"为世界各地的使用者提供了一个经由互联网向世界顶级大学的顶级教授学习优质课程的机会，这是一种非正式学习的机会，也是一个终身学习的机会。

其次，开放性体现了"慕课"的共建、共享与共生，为构建全员育人、相生相惜的全新教育生态系统提供了新的思想。开放不仅是指一种开放的教育形式，而且还蕴含着一种共同建设、共同分享、共同成长的教育理念。在这一理念的指导下，学生、教师、学校、家长、社会五大育人主体之间不再是孤立、对立的状态，而是一种"以学生为中心、产出为导向、教学平台为纽带"紧密关联的命运共同体，这正是对全员育人要义的真实诠释。为此，新一代网络教学平台的构建，应紧紧围绕全员育人为出发点，通过教学平台联通五大育人主体，重构育人保障、教学互动、学业督查与信息传递的新机制，重塑全新育人新生态，实现更加开放、更加平等、更加可持续的教育（图 1）。

最后，网络化体现了"慕课"的社群性与自主性，为推行学生自主学习和混合式教学改革指明了新的方向。"慕课"的课程开发、学习参与、考核评定等都是在网上完成

* 本文发表于：河北农业大学学报（农林教育版），2018，20（5）：72-76.

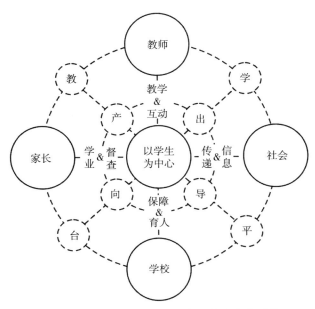

图 1　基于"慕课"理念的全员育人生态系统

的，不受时空限制，可以自主选择、任意连接、随意混搭。在这种模式下，学习者是演员，可根据自身需求在"慕课"平台中找到自己想学的课程，找到自己心仪的老师，找到自己学习的同伴，自主定制学习计划，探究性、协作式开展学习，不断自我构建；教师是导演，一方面要引导学习者开展问题探究、课程讨论与学习，另一方面要组织教学团队进行"慕课"建设与教学应用、业务学习和理论探讨。由此可以看出，"慕课"契合了自主学习和混合式教学所倡导的教育理念，增强了师生交互与个性化沟通，有助于提高学生的学习兴趣和效果。

二、平台设计与构建

按照先进易用、成熟稳定、安全可靠的设计原则，学校提出基于"慕课"理念，定制、研发兼具多样、开放与自主等特性的新一代校本网络教学平台，全面助力教学改革、管理变革与服务创新。

（一）总体架构分析

平台总体架构包含设施层、数据层、应用层和表现层 4 个部分（图 2）。其中，设施层提供硬件支撑，分为本地服务器、校园网络、云平台及 CDN（Content Delivery Network，内容分发网络）；数据层即数据中心，提供平台数据的存储、管理和挖掘等功能，涉及机构库、用户库、角色库、课程库等；应用层亦称业务层，以"苹果架构＋App 市场"作为基础架构，包含课程建设、互动教学、网络空间、资源中心和系统管理等模块；表现层提供用户接入服务和信息综合展示服务，集成了统一身份认证、单点登录等功能，并依据用户登录方式提供适配的展示门户。从设计模式分析，为降低业务的耦合度、增强系统的扩展性、减少代码的冗余、降低程序的负载、提升系统的性能，平台采用了面向对象设计与模块化编程。从开发技术分析，为确保系统的跨平台性和轻量级开发，平台采用了 B/S 开发模式和"J2EE＋AJAX"技术架构，前端使用 JSP 开发，后端使用 JAVA 开发，底层使用 Oracle/Mysql 数据库。从软件部署分析，为保障系统的安全性与稳定性，平台选择了本地＋云端的混合式部署，云端部署可扩展式服务集群，本地部署 2 台 Web 服务器、1 台数据库服务器和 1 台存储服务器。从用户体验分析，平台支撑外部系统接入、身份认证统一和用户单点登录，支撑视频、码流、文档等文件的格式转换自动化和终端访问自适应，支撑 Ie9、Safari、Firefox 及 Chrome 等跨平台、跨终端的无差异访问。

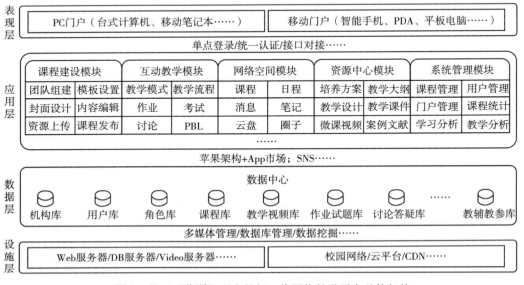

图 2　基于"慕课"理念的新一代网络教学平台总体架构

（二）主要功能模块

平台主体包含课程建设、互动教学、网络空间、资源中心和系统管理五大功能模块。具体来看，课程建设模块支持微课、标准化网络课、在线开放课（MOOC/SPOC）等创建、编辑与发布，支持课程的共建、共享和应用，支持课程模板和课程封面的个性化设置；支持富媒体课程内容的友好编辑、便捷导入，支持课程知识点的导入、编辑以及文档、PPT、图片、音频、视频等批量导入与上传，支持本地资源、云盘资源、互联网资源等友好接入。互动教学模块支持辅助教学、纯网络教学、翻转课堂和混合式教学等多种教学模式，支持作业、考试、讨论等互动教学环节的开展，支持题库管理、试卷管理及智能随机组卷，支持师生在线交流、讨论与答疑等功能。网络空间模块融入了苹果 APP 应用市场模式和 SNS（Social Net-work Software，社交网络软件）服务理念，为学生、教师、家长、教学管理人员、用人单位等不同类型用户提供了不同的应用服务，主要包含课程、日程、消息、笔记、云盘、圈子、班级等 App 应用，用户可以根据自己需要便捷添加个性化应用。资源中心模块提供对各种教学资源的系统归类、整理、管理和存储，支持人才培养及标准、专业岗位能力标准、人才培养方案等专业资源上传，支持教学大纲、教学设计、教学课件、教学案例、教学录像、微课视频等课程资源、试题库、试卷库及素材库上传，提供按资料类别、媒体类型等个性检索、应用，支持基于教学资源分布、访问及应用的个性化统计分析。系统管理模块提供对所有课程、用户和资源的管理、监控、统计及分析，支持新开课、开新课网络审批流程办理，支持对学生、教师、管理人员、家长及用人单位等用户信息管理，支持对教学门户栏目的信息管理，支持对课程资源、课程选课、教学互动、学生成绩等数据进行多维度监控、统计和分析，提供多样化展示和数据导出功能。

三、平台应用与实践

新一代网络教学平台应用与实践的总体思路以政策制度为基础保障、网络平台为实践载体、课程建设和课堂教学为改革核心，运用政策制度的引领推动作用和网络平台的联系纽带作用，以在线开放课程为手段，促进普通网络课程、优质通识课程和特色品牌课程等改造升级，通过建设改造智慧教室和试点探索混合式教学及翻转课堂等举措，支撑课堂教学改革创新，构建新一代网络教学平台"三位一体"应用实践体系，持续深化信息技术与教育教学深度融合（图3）。

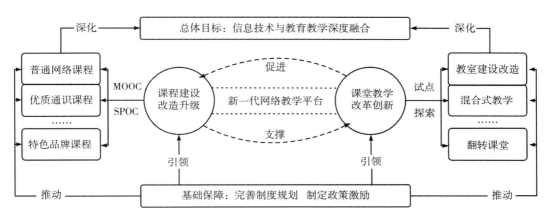

图3　新一代网络教学平台应用与实践总体思路

（一）以政策、制度为基础，全面保障课程与课堂建设

政策激发改革活力，制度夯实改革基础。课程、课堂作为深化信息技术与教育教学深度融合的核心要素，高校如若没有配套的政策、制度作为支撑，相应工作的推进将会变得举步维艰。围绕"保基础""增活力"两个主要方面，学校研究出台了"在线开放课程建设、应用与管理实施意见""混合式课堂改革实施意见""优课优酬实施意见"等一系列政策制度文件。一方面，通过制度夯实课程与课堂建设的基础保障，明确课程建设与管理职责，确立课程负责人是课程建设与管理的首负责人，学科专业带头人是所辖课程建设的总负责人，学院（部）是所辖课程管理的主负责人。明确课程建设基本要素与质量标准，确立师资队伍、教学内容、教学方法与手段、教学成效等13个评价指标和27个质量观测点。明确课堂教学改革与创新要求，规定小班化教学学时比例达到当期总学时的30%，分层分类教学课程占当期总课程的40%。另一方面，通过政策激发教师教学的改革活力，推行优课优酬制度，认定荣誉课程、优质通识课程、品牌特色课程、精品在线开放课程以及评估结果排名前20%的课程等为"优课"，并按照不同类别、层级给予不同工作量系数奖励。提升教学业绩权重，将教学建设与改革项目、教学论文、教学成果及育人成果等纳入教学业绩统计范畴，等同科研论文、项目及成果，在年度考核与聘

期考核中业绩可相互冲抵。重视教学学术研究，将教学项目、教学成果及育人成果纳入职称评聘必备条件，与相应级别的科研项目、研究成果效力等同。

（二）以开放、共享为手段，全面推进课程改造与升级

"慕课"作为提高教育质量、促进教育公平、加快推进教育现代化的重要手段，是教育部本科教学"变轨超车"计划的重要内容。以"慕课"理念为指导，大力推进精品在线开放课程建设，成为高校加速课程改造与升级的重要路径。2016 年以来，学校多措并举，推进、落实课程建设"111"工程，到 2020 年建成 10 门特色品牌课程、100 门优质通识课程、1 000 门普通网络课程。

1. 扩大课程开放、共享与辐射效应　学校大力推进课程简介、教学大纲、教学日历、教案、讲义、教材、参考书、教辅材料、习题库、试题库和案例库等基本教学文件和资源上网，要求优质通识课程、特色品牌课程以知识点为单元进行重构，重新设计教学，拍摄、制作课程微视频，建成省校级精品在线开放课程，推荐至知名联盟平台上线运行。

2. 提高课程建设经费投入　学校设立本科质量工程专项经费，单独进行年度预算，实行专款专用；与"十二五"时期相比，当前年度专项总经费保持平稳，每年大约 700 万元，增幅超出 40%；特色品牌课程、优质通识课程、精品在线开放课程的单项资助经费增幅亦大，均超出 100%，现分别为 20 万元/项、8 万元/项、5 万元/项（校级，省级 10 万元/项）。

3. 创新课程建设管理服务　针对在线开放课程"建设难"与"应用难"的问题，一方面，学校通过服务招标方式，引入社会力量参与课程建设，要求入围公司组建本地化技术服务团队，支撑课程拍摄、制作、上线与应用等；另一方面，学校设立"求真讲会"教师培训品牌，特设在线开放课程培训专题，定期组织专家报告、教学沙龙和示范课等活动，服务教师教学理念更新、教学经验分享和教学成果推广。

（三）以自主、混合为理念，全面深化课堂改革与创新

课堂教学是人才培养的主要形式。为应对"互联网＋"时代学习方式变革，全面深化课堂教学改革创新成为当下高校的共识。在此背景下，学校于 2014 年研究、出台《课堂教学创新行动计划实施方案》，围绕创建优质高效课堂这一核心目标，创新课堂教学方式、完善课堂教学评价、严格课堂教学管理，多措施分步推进改革。首先，保障课堂改革创新的硬件基础，升级改造一批传统多媒体教室。自 2016 年以来，学校投入专项建设经费，升级改造 63 间传统多媒体教室，其中新建智慧教室 22 个、智能录播教室 3 个、智能活动教室 21 个，为翻转课堂和混合式教学的试点改革提供了条件保障。其次，筑牢课堂改革创新的理论基础，启动实施一批课堂教学改革研究项目。围绕自主学习、翻转课堂及混合式教学，学校特设"课堂教学改革"专项，计划"十三五"期间启动并完成 600 项研究，覆盖全部学院（部）、专业，以及 30% 左右的开设课程和 50% 以上的授课教师，切实更新教师教育教学理念。最后，抓实课堂改革创新的实践基础，培育、挖掘一批混合式教学卓越课堂。学校分步推进课堂教学改革与创新实践。第 1 阶段（2015—2016 学年），试点学生自主学习课时改革，出台《学生自主学习课时试点实施意见》，将 10%～30% 的课内学时设计为学生自主学习课时，先后已试点课程 80 门，增强了学生自主学习意识与能力，为后续混合式教学试点做好了铺垫；第 2 阶段（2016—2017 学年），试点线上线下混合式教学改革，出台《混合式课堂改革实施意见》，推行课前视频学习、课堂讨论学习、课后反思学习，线下学时不低于课程总学时的 1/2，教师线上指导学生时间不低于学生线上学习课时，总计试点课程 60 门，推进了在线开放课程建设和应用，深化了信息技术与教育教学的有效融合。

四、结论与展望

在推进新一代网络教学平台建设与应用过程中，学校进一步深化了"学生中心、客户至上"的教育理念，初步形成了"四个一"的实践成果，即重塑了一个汇聚学生、教师、学校、家长、社会五大核心育人主体相生相惜的全员育人生态系统，建设了一支由省级以上优秀翻转课堂教学案例获得者、课堂教学比赛优秀教师和校级优质教学奖获奖教师等组成的优秀教师队伍，建成了一批涵盖省级以上 29 门、学堂在线 4 门、智慧树 1 门及超星尔雅 1 门等优质精品在线开放课程，建立了一套兼具个性化、智能化与精细化高效的教学管理服务机制。但就现实来看，如何运用"互联网＋"、虚拟仿真、人工智能等现代信息技术手段，进一步推进在线开放课程建设与应用，建立并形成持续改进机制，将成为今后高校推进信息技术与教育教学深度融合的重要议题。

图书在版编目（CIP）数据

新农科建设：理念、机制与行动：浙江农林大学一流本科教育改革与实践 / 沈月琴，郭建忠主编 . —北京：中国农业出版社，2022.8
　　ISBN 978-7-109-29616-9

　　Ⅰ.①新… 　Ⅱ.①沈… ②郭… 　Ⅲ.①农业科学－学科建设－教学改革－高等学校－文集　Ⅳ.①S-53

中国版本图书馆 CIP 数据核字（2022）第 111325 号

中国农业出版社出版

地址：北京市朝阳区麦子店街 18 号楼
邮编：100125
责任编辑：刘　伟　　文字编辑：张潇逸　喻瀚章　蒋依秋
版式设计：杨　婧　　责任校对：刘丽香
印刷：中农印务有限公司
版次：2022 年 8 月第 1 版
印次：2022 年 8 月北京第 1 次印刷
发行：新华书店北京发行所
开本：787mm×1092mm　1/16
印张：22.75
字数：525 千字
定价：116.00 元
